U0168382

／张华夏科学哲学著译系列／　任远 编

系统观念与哲学探索

一种系统主义哲学体系的建构与批评

张志林　张华夏◎主编

中国社会科学出版社

图书在版编目（CIP）数据

系统观念与哲学探索：一种系统主义哲学体系的建构与批评/张志林，
张华夏主编 . —北京：中国社会科学出版社，2020.7
（张华夏科学哲学著译系列）
ISBN 978 - 7 - 5203 - 6371 - 6

Ⅰ . ①系⋯ Ⅱ . ①张⋯②张⋯ Ⅲ . ①系统哲学—研究 Ⅳ . ①N94 - 02

中国版本图书馆 CIP 数据核字（2020）第 067982 号

出 版 人 赵剑英
责任编辑 孙 萍
责任校对 夏慧萍
责任印制 王 超

出 版 中国社会科学出版社
社 址 北京鼓楼西大街甲 158 号
邮 编 100720
网 址 http：//www. csspw. cn
发 行 部 010 - 84083685
门 市 部 010 - 84029450
经 销 新华书店及其他书店

印刷装订 北京君升印刷有限公司
版 次 2020 年 7 月第 1 版
印 次 2020 年 7 月第 1 次印刷

开 本 710×1000 1/16
印 张 35.75
字 数 498 千字
定 价 198.00 元

出版前言

张华夏先生（1932 年 12 月—2019 年 11 月），广东东莞人，中国著名哲学家，曾先后长期执教于华中科技大学和中山大学，在自然辩证法和科学技术哲学等领域取得了杰出成就。

2018 年春，中山大学哲学系有感于学人著作系统蒐集不易，由张华夏先生本人从其出版的二十部著译中挑选出六部代表性作品，交由中国社会科学出版社另行刊布。这六部作品是：卷一《系统观念与哲学探索：一种系统主义哲学体系的建构与批评》（张志林、张华夏主编）、卷二《技术解释研究》（张华夏、张志林著）、卷三《现代科学与伦理世界：道德哲学的探索与反思》（张华夏著）、卷四《科学的结构：后逻辑经验主义的科学哲学探索》（张华夏著）、卷五《科学哲学导论》（卡尔纳普原著，张华夏、李平译）、卷六《自然科学的哲学》（译著，亨普尔原著，另由中国人民大学出版社再版）。其中两部译著初版于 20 世纪 80 年代，影响一时广布。四部专著皆为张华夏先生从中山大学退休后总结毕生所学而又别开生面之著作，备受学界瞩目。此次再刊，张华夏先生对卷一内容稍加订正，对卷四增补近年研究成果，其余各卷内容未加改动。张华夏先生并于 2018 年夏口述及逐句订正了《我的哲学思想和研究背景——张华夏教授访谈录》，交由文集编者，总结其学术思想与平生遭际，置于此系列卷首代序。

这六部著译，初版或再版时由不同出版社刊行，编辑格式体例不一，引用、译名及文字亦时有漏讹。此次重刊由编者统一体例并校订。若仍有错失之处当由编者负责。

　　2019 年 11 月，先生罹疾驾鹤西去而文集刊行未克功成。诚不惜哉！愿以此文集出版告慰先生之灵。

编者
2020 年 5 月

我的哲学思想和研究背景

——张华夏教授访谈录

访谈者　任远（中山大学哲学系）

第一节　引言：哲学何为

一　张华夏教授的最新成果

本文是一个访谈录，我事先研究了张华夏教授的历史经历和一些论著与论文，然后提出 20 个问题请他回答。这些回答是我记录整理的，最后经他审阅，个别地方做了一些修改。

任远（以下简称为"任"）：2018 年 4 月 15 日上午，86 岁的张华夏教授仍旧像往常一样在家继续伏案工作。早先几个月的体检情况并不乐观，有一系列严重的疾病困扰着他。但他仍花费了两个小时与系里的同事详细讨论《张华夏科学哲学选集》的编撰与校正。他觉得他在 15 年前出版的《系统观念与哲学探索》这本书里，有一些概念没有交代清楚，需要再补充一些注释。送走同事时他说，"我现在要回到床铺上了"。

就在这个时候，张华夏还在阅读《系统科学学报》已经发表了和将要发表的两篇重要学术论文，其中一篇是《从逻辑与科学哲学的观点看黑格尔矛盾辩证法的两个论题》①，另一篇是《从逻辑与

---

① 《系统科学学报》2017 年第 3 期。

科学哲学的观点看黑格尔矛盾辩证法的两个论题》的续篇《黑格尔矛盾辩证法不能解决芝诺悖论》[①]。这两篇论文对辩证法和科学哲学有非常深刻的见解。他严格区分了辩证矛盾（两极性相逢[②]），差异关系，互补关系（某物与他物），逻辑矛盾（在这一点同时又不在这一点，在同样条件下"是它"又"不是它"等）这些不同的概念。张华夏教授认为，这些不同概念许多哲学家将它们与"对立统一"的模糊概念混淆起来，造成了对辩证法的对立统一规律的许多错误理解。

张华夏教授一直到现在还在进行学术工作，尽管他患有重病也是如此。正如他在 2014 年接受中山大学校报采访时所说的："学术永远没有退休。"[③] 事实上，自从 1996 年退休后的 20 年，张华夏又发表了 80 篇学术论文，包括 7 篇英语论文，并出版了 10 部科学哲

---

① 《系统科学学报》2019 年第 1 期。

② 马克思：《中国革命与欧洲革命》，《马克思恩格斯选集》第二卷，人民出版社 1972 年版，第 1 页。马克思将对立统一规定为"两级性相连"（contact of extremes）或两级性相逢（extremes meet）。

③ 张惠林、吴柯璇：《教授治学 学术永远没有退休》，《中山大学报》2014 年 1 月 10 日。

学方面的学术专著。很难想象，如果不是对于学问本身有着极高的热情，怎么能够在古稀之年后仍旧如此发奋著述，并如此高产。张华夏说"我要了解世界的奥秘，追求真理，这一点贯穿了我的一生，从来没有改变"①。

二　"哲学何为"是一个很关键的问题。

张华夏教授认为，哲学要"了解世界的奥秘"，而我国相当多哲学家认为，这根本不是哲学问题，至少不是根本哲学问题。北京大学哲学系原主任朱德生就认为"哲学是研究什么什么普遍规律的一说是错误的"，想找寻这样一种"最根本的实在只能是人类童年时代的一种幻想"。吉林大学哲学系原主任高清海教授认为"今日哲学的主题和任务也不再为求解'宇宙之谜'而去追求什么终极存在、始初本原和永恒真理，它所关注的是人自身和人生活于其中的那世界的根本问题"，"从这种观点看来，'自然本体论'当然就变成不足取的理论。挣脱'自然本体论'的理论束缚是对我们来说的一项主要任务"②。原中国人民大学哲学系教授杨耕也说过"哲学的聚焦点已从宇宙本体转向人类世界"，"拒斥形而上学是马克思哲学的基本原则"③。张华夏对哲学的理解与他们的观点完全不同。

张华夏教授反而同意英国科学家史蒂芬·霍金的看法：霍金认为，自从维特根斯坦以来，以寻根究底为己任的哲学，变成语言分析，不再关心"宇宙之谜"，"这是从亚里士多德到康德以来哲学的伟大传统的何等堕落"④。霍金在《时间简史》中，分析了科学家和哲学家的最近走向："大部分科学家太忙于发展描述宇宙为何

---

① 张惠林、吴柯璇：《教授治学　学术永远没有退休》，《中山大学报》2014年1月10日。
② 《我的哲学思想——当代中国部分哲学家的学术自述》，广西人民出版社1994年版，第121、148、151页。
③ 本刊记者 哲生：《综合、创新和不倦的探索——访张华夏教授》，《学术研究》1998年第2期。
④ 霍金：《时间简史》，许明贤、吴忠超译，湖南科技出版社1992年版，第156页。

物的理论，以至于没有功夫去过问为什么的问题。另一方面，以寻根究底为己任的哲学家不能跟得上科学理论的进步。在 18 世纪，哲学家将包括科学在内的整个人类知识当作他们的领域，并讨论诸如宇宙有无开初的问题。"① 科学家和哲学家只是到了 19 世纪和 20世纪才不正确地大大缩小自己的研究范围。可见，求解'宇宙之谜'并不是人类童年的幻想，而是哲学家的本来责任。其实，马克思也是主张哲学的任务是探索"自然界的基本奥秘"。他说到黑格尔时这样写道："有一个爱好虚构的思辨体系，但思想极其深刻的研究人类发展基本原则的学者一向认为，自然界的基本奥秘之一，就是他所说的两级相联（Contact of extremes）定律。在他看来，'两级相逢'（extremes meet）这个习俗用语是伟大而不可移易的公理（axiom），就象天文学家不能漠视刻卜勒的定律或牛顿的伟大发现一样"②。请注意，马克思在这里所说的"两级相联"和"两级相逢"和一般人所说的"对立统一"有根本区别。所以，张华夏教授始终如一地从哲学上追求宇宙之谜或马克思所说的"自然界的基本奥秘"是完全正确的。

三 张华夏谈：我的哲学追求

任： 但是另一方面，这种勤奋里又何尝不是包含着某种无奈。1998 年，张华夏刚刚出版了他的代表作《实在与过程》③ 不久后，他在一篇回顾文章里叹息道："写完了这本书我已经快 65 岁了，这本书不过是我的'哲学三部曲'的第一卷，对本体论哲学的探索与反思，尚有第二卷《多元价值论——对价值哲学的探索与反思》和第三卷《多重真理观——对认识论哲学的探索与反思》。历史阴差

---

① 霍金：《时间简史》，许明贤、吴忠超译，湖南科技出版社 1992 年版，第 156 页。
② 马克思：《中国革命与欧洲革命》，《马克思恩格斯选集》第 2 卷，人民出版社 1972 年版，第 1 页。译文张华夏教授根据马克思写的 1857 年 4 月 10 日《纽约每日论坛》报社论，做了一些修改。
③ 张华夏：《实在与过程——本体论哲学的探索与反思》，广西人民出版社 1997 年版。

阳错，错位了 20 年，本来第一卷应该在我 40 岁左右完成，我便有
充分的时间建构第二、三卷。现在，我年老力衰，虽十有五就有志
于学哲学，可是到了五十才知思天命，六十而耳鸣，身体不行了，
七十大概完全力不从心了。[①] 我的哲学研究现正进入第三个阶段也
就是最困难的最后的阶段，不过我仍在探索着、追求着。"他还说：
"我愿顺流而下，寻找它的踪影，无奈前有险滩，道路又远又长；
我愿逆流而上，无奈激流险阻，道路曲折无比。然生命不息、探求
不止。"[②] 事实上，在今天，他的哲学三部曲基本上已经完成了。第
二部改名为《现代科学与伦理世界——道德哲学的探索与反思》
[2010 年中国人民大学出版社第二版（增订版）]。第三部《科学的
结构：后逻辑经验主义的科学哲学探索》（社会科学文献出版社出
版），是他对多元知识论和科学哲学的探索与反思。在该书第 4 页
上写道："想不到老天爷在我退休之后到现在还整整给了我 20 年，
让我每天能用八小时到十小时'从心所欲不逾矩'地学习和研究
'科学哲学'和知识论。"[③] 不过他仍然觉得错位了 20 年，总是一
种不可弥补的损失与遗憾。

第二节 "吾十有五而志于哲学"

任： 张华夏在《我的哲学追求》一文中写道："我出生于广州
一个知识分子家庭，祖居东莞可园，可以说是出身书香门第。"大
概是在 2008 年的一天，张华夏去东莞可园访旧，被看门的拦下来
盘问"你不知道进门要买门票的吗？""他们不知道这本来是我家
的园子"，张华夏自嘲地说。

---

① 这里模仿孔子的《论语》"为政"篇：子曰："吾十有五而志于学，三十而立，四十而
不惑，五十而知天命，六十而耳顺，七十而从心所欲不逾矩。"
② 张华夏：《我的哲学追求》，载张志林主编《自由交谈》，四川文艺出版社、人民出版社
1998 年版，第 26—27 页。
③ 张华夏：《科学的结构：后逻辑经验主义的科学哲学探索》，社会科学文献出版社 2016
年版，前言，第 4 页。

东莞可园是全国重点文物保护单位、蜚声海内外的"广东清代四大名园"之一，由东莞博厦人、晚清名士、武将出身的江西按察使署理布政使张敬修建成于19世纪五六十年代。与可园几乎同时建立的"道生园"，其主人张嘉谟是张敬修的侄子，在诗画方面有深厚造诣。可园和道生园长期为"岭南画派"鼻祖居巢、居廉提供寓居，而成为晚清岭南文化重要的的策源地。

1903年张嘉谟的孙子张启正出生在可园。张启正的父亲（即张华夏的祖父）是个纨绔子弟，因为抽鸦片而导致倾家荡产，等到张启正出生时，家道已经破落，父亲外出谋生不久潦倒而逝。后来张启正在他姐姐的资助下发奋读书，并于1929年成为中山大学数学天文系的第一届毕业生。

一 访谈问题（一）

任：可园是如何离开张家的？

张华夏（以下简称为"张"）：

一个人的童年和他（她）以后的成长与他们的家庭背景有着密切关系，特别是与他的父母的言传身教有密切的关系。

我是广东四大名园之一——"可园"主人的后代。关于"可园"主人，我有我的家族传家版本：可园是清代末年一个镇压太平天国运动有功的大官僚张敬修所建。据说他因为与曾国藩有矛盾并与太平天国大战有胜有败，而三起三落，曾任广西按察使和江西按察使（相当于省级公、检、法机关总负责人），后因被太平天国水军打败而退职，隐居可园，以图他日东山再起。我的父亲的祖父张嘉谟（张敬修之侄子）主持建筑可园，与此同时他自己也建了"道生园"。由于可园在新中国成立之初的土地改革时期由中共华南分局书记陶铸指定要保留下来成为博物馆，与顺德清晖园、佛山梁园以及番禺余荫山房合称为广东四大名园，故得以保留至今。而道生园在整个清代没落过程中渐渐凋零，在土地改革运动中，分给贫苦农民居住，不到一两代人就完全瓦解了，变成一片贫民窟。有亲戚从香港回来，想看看老家（我幼年一度也住在这里），看后叹息道：不是"雕栏玉砌应犹在，只有朱颜改"，而是"门庭人面两皆非"。这就是我的祖辈和祖居。

不过，我的父亲成长于不同的时代，他 1903 年出生，1929 年毕业于中山大学算学天文系，为该系第一届毕业生。我一直到现在还保留了他的毕业学士证书。他读书非常用功，毕业后因成绩优异而留在中山大学附中任教近十年。1937 年抗战爆发，1938 年广州沦陷。我们全家逃到东莞最偏僻的乡下东莞"望牛墩"乡附近的"洲涡村"（日本人从来没有到过那里）。这时我父亲已经离开广州、东莞到香港德明中学任教。这就是我的幼年时代的动荡童年和动荡生活。

在广州沦陷前，我在广州中山大学附小幼儿园过着幸福的童年生活。可是日本鬼子一来，我们全家就得扶老携幼逃难洲涡村。逃难过程痛苦极了，走不动还得走，我还有一个弟弟不到三岁必须有人背着。我当时六岁要自己走，一到东莞最落后的农村"洲涡"，就失学了。我的表兄是国军，被日本鬼俘虏后活活剖腹而死。洲涡村民只要瞭望到日本鬼子的队伍从附近经过或误传"日本鬼来了"，我们就得连忙逃入甘蔗林。这段时间，日本鬼子曾在"望牛墩"（洲涡村所属于的乡）将村民关入祠堂施放毒气后，在门口堆了两个人堆，他们后来是死是活我不得而知。我们因逃入甘蔗林而逃过一劫。总之，逃难和失学就是我的痛苦与动荡的童年。它是侵略中国的日本人造成的。

二　访谈问题（二）

任：小学阶段为什么只念了 3 年？在东莞住在哪里？

张：我逃难到东莞最落后的农村"洲涡"，就失学了。幸亏我母亲陈剑潭是个小学教师，毕业于广州市市立师范学院，我的小学阶段主要是由我母亲在家庭教育，她教我和我姐姐读书识字，当然二人只能同一个进度，否则繁忙的家务怎样顾得过来？当时所用教本是我爸爸从香港买来的。到了我达到小学三年级的水平时，大概由于日伪政府成立的缘故，东莞县城还算稳定，于是为了子女上学读书，我们全家（父亲除外）迁回东莞城"道生园"，开始我的读小学的生活。我读三年级，我姐姐读四年级。所在的小学是东莞第三小学，它的教学质量相当差，我又比较顽皮，所以这几年上课收获不大。读完五年级，我便跳班考上东莞中学，在那里读初一。这时，香港沦陷。

我父亲回到东莞中学教书，主讲各种初等数学：代数、几何、三角之类；有时还上点物理学课程。我父亲本来不想在汪精卫政权下当教师，便改行做生意。可是，读书人做生意失败，为了全家人活命，就不得不"下水"了。

我父亲很擅长于教学，主要是他教学逻辑清晰，你要接受它的前提就不能不一步一步接受它的结论。他讲解课程生动、直观，使人可以非常形象理解其中的原理，他被人称为中学数学教师的"四大天王"之一。而且我父亲亲自上我的课，平日要求很严。我爱他，但又有点怕他，我不敢上课开小差、不听课搞小动作之类，便集中精神听课。渐渐我对数学发生浓厚兴趣，做数学习题像是一种人生享受，逻辑的享受，解题解出结果的享受，这是我整个中学时代以及后来我的人生观和教学方法得益的地方。我的"恋学情结"在这家庭背景下开始形成。

任：受到战火影响，张启正辗转于广州、东莞和香港教书，逐渐在数学教育方面声名鹊起，后来因此成为广州市政协委员。1946年抗战胜利，张华夏再次随父亲回到广州，并考入了广雅中学。

三 访谈问题（三）

任：请回忆广雅中学对您的影响。

张：1946年抗战胜利，我们回到广州市，大概2月份我便考入广雅中学读初二乙班。广雅的学习气氛非常好，大家有一种竞争心理，以敢于熄灯后仍然点油灯"谜"书学习为荣。这间学校是当时广州市最好的中学，实行德、智、体、美全面发展。物理老师上第一堂课，就讲物理的重要性：不是用了物理学家发明的原子弹，我们能这么快打跨日本鬼吗？说得我和我们几个同学私下议论，将来也要当物理学家，造原子弹。这应该是一种爱国主义教育和科学救国、科学兴国教育。就这样我完成整个初中学习阶段。我由于打足球跌断了手臂骨，我父亲不让我继续在广雅读高中，便在中山大学附中度过我的整个高中学习阶段。音乐是广雅美学教育的主要内容，我现在还记得当时音乐教师教的联合国歌：歌曲的作者是苏联著名音乐家肖斯塔科维奇：

> 太阳在天空露出笑容，大地涌起雄壮歌声。
> 人类同歌唱崇高希望，赞美新世界的诞生。
> （合唱）联合国家团结向前，义旗招展，为胜利自由新世界，携手并肩。
> 奋起解除我国家束缚，在黑暗势力压迫下，
> 人民怒吼声发如雷鸣，如光阴流水般无情。
> （合唱）联合国家团结向前，义旗招展，为胜利自由新世界，携手并肩。

少年时代的我，受父亲的影响，迷上了数学和物理，并在这方面显示出卓越的才能。1947 年秋天，我考入中大附中，开始高中阶段的学习。在 1947—1948 年间，我在周记中写到："我最喜欢看报，关于科学极有兴趣，我曾在广州考入了广雅中学，蒙各先生指教，现在已经毕业而且考进本校（中山大学附中）了，我的志向是在研学，为国家谋复兴。"[①] 50 年后，我在《我的哲学追求》中写道："科学救国、科学兴国始终是许多年轻人的生活理想和主导信

---

① 张华夏先生高中的"周记本"。

念，我自己也是其中一员。可是命运使我改变了这个主导信念。"①

四 访谈提问（四）

任：您当年数理成绩那么好，为什么后来弃理从文，考大学改读经济学了？

张：在广雅和中山大学附中，我一向重理轻文，成绩以数学为最优，我怎么在大学进了文科，同时考上中山大学和南开大学的经济系呢？这是因为 1948—1949 年，我就读的中山大学附中，在地下党的领导下，掀起了一场规模巨大的学潮。在学潮中和学潮后，我们这些卷入学生运动中反对国民党反动统治的青年，如饥似渴地学习马克思主义，成立秘密的"新知识学习小组"，将进步书藏在一个同学家的夹墙里以便取出阅读。仅仅是十五、十六岁的我就读过马克思的《共产党宣言》、恩格斯的《反杜林论》、毛泽东的《新民主主义论》、陈伯达《中国四大家族》、米丁的《新哲学大纲》、列昂节夫的《政治经济学教程》、河上肇的《资本主义入门》以及艾思奇的《大众哲学》等。当时对哲学是这样的着迷，以至踢一块石头都问同学这块石头为什么动？然后告诉别人是因为这块石头在一个地方，同时又不在一个地方。可惜经过 20 多年以后，当我企图用这个观点去解决微积分的逻辑基础问题失败之后，才发觉这个观点本身是不能成立的：辩证法是不应该违反形式逻辑的，违背逻辑学的"辩证法"论点应该改进。② 不过当时，当我还来不及仔细思量我这个人的基础知识和心理素质到底适合读理工科还是读文科的时候，历史的潮流已经将我冲进中山大学的经济系本科和上海复旦大学哲学系的研究生学习生涯了。一旦定了自己在大学阶段的专业，我入学前就准备好怎样收集资料，怎样分类，怎样整理，

---

① 张华夏：《我的哲学追求》，载张志林主编《自由交谈》，四川文艺/人民出版社 1998 年版，第 18 页。
② 张华夏：《从逻辑与科学哲学的观点看黑格尔矛盾辩证法的两个论题》，《系统科学学报》2017 年第 3 期。

具体说来就是使用活页纸来做学习笔记，以便按问题分类，每一类可以为写一篇论文作准备。我是入学之前就想到将来准备在大学当大学教授的。而当大学教授的目的就是建立自己的一套哲学体系和经济学体系。当时我就扬言大学毕业论文要写一篇《新民主主义经济论》。

在时代的大潮下，我暗中怀抱着建立一个新经济学体系的雄心，考入了中山大学经济学系。在广州石牌校园念了三年之后，赶上1952—1953年全国范围的院系调整，中山大学经济学系并入中南财经学院。从中南财经学院政治经济学专业毕业后，我分配到了华中工学院马列教研室担任中共党史方向的助教。

五 访谈提问（五）

任：您在大学里学到了您想学的经济学知识了吗？当时的政治风气对大学学习有什么影响？大学毕业后是否分配到理想的工作单位，继续您建立经济学体系的抱负？

张：我在大学时学到的经济学知识，主要是马克思的《资本论》，至于我曾经想学的数理经济学，只是在《经济学说史》课程中有一点点的介绍。而且毕业分配，也没有分配到理想的单位，如"科学院经济研究所"，综合性大学的"经济系"，以我的成绩看，分配到这些单位是完全够条件的。不过，当时我是一个要求入党的进步青年，服从组织分配是个原则，那时年纪轻，觉得将来自己有大把时间凭自己的力量实现我的理想。当时我搞党史很认真。教中共党史，我不但通读了能收集到的所有毛泽东的著作，当然包括已出版的几卷《毛泽东选集》；公开出版的还有东北书店出版的1948年的《毛泽东选集》（六卷合订本）我都收集到。1948年东北书店版的《毛泽东选集》内容非常丰富，例如其中一篇《第二次帝国主义战争讲演提纲》一直到现在党史界还没有人提到过，那里面的例子可生动极了。毛泽东自从写了《辩证唯物主义（讲授提纲）》以后，他将辩证唯物主义运用来分析中国革命的各个领域，如论持久战，中国革命的战略问题，都有很丰富的哲学思想，我当时准备写些文章一篇一篇地研究其中的哲学问题并将它们介绍出来。当时我的哲学兴趣比经济学还要强。

在党史的学习研究以及其他哲学问题的研究中，我尊崇马克思、列宁的两句话。马克思在资本论中有一句话对我影响很大，他说："研究必须充分地占有材料，分析它的各种发展形式，探寻这些形式的内在联系。只有这项工作完成后，现实运动才能适当地叙述出来。"① 什么叫作"充分地占有"？列宁补充说："凡是人类社会所创造的一切（以往的科学所提供的全部知识），他（马克思）都用批判的态度加以审查过，任何一点也没有忽略过去。凡是人类思想所建树的一切，他都重新探讨过，批判过，在工人运动中检验过，于是就得出了那些被资产阶级狭隘眼光所限制或被资产阶级偏见束缚住的人所不能得出的结论。"② 马克思和列宁这两句话是我做学问的座右铭，是我一生所追求的。这是从政治经济学学习中，从《资本论》中得来的。

六　访谈提问（六）

任：您怎么去的复旦哲学系念研究生？导师是谁？研究生学习了什么内容？做了硕士论文吗？

张：大学毕业分配到华中工学院教了一年党史，后来考入复旦大学，1955—1956 年在复旦大学哲学研究生班学习，导师是苏联专家柯斯切夫教授，他是当时莫斯科大学哲学系的系主任。这近两年能集中时间学习是我做学问历史上的"第一个春天"，将辩证唯物主义与历史唯物主义当时的整个理论体系搞清楚了，它的缺点和问题我也开始明白了。这个正因为这样，我开始萌发了将来我要搞一个新哲学体系的愿望。其实，我的哲学兴趣要比经济学兴趣还要

---

① 《马克思恩格斯全集》第 23 卷，人民出版社 1972 年版，第 23 页。
② 《列宁选集》第 4 卷，人民出版社 1960 年版，第 347 页。

大，不过我父亲曾经劝告我不要读哲学系，说读哲学会读出神经病来的。于是我本科读的是经济学而不是哲学。但我的第一篇论文是经济学的，即《对于光远（笔名丁肖邃）从马克思扩大再生产公式来研究生产资料优先增长一文的意见》，运用我的数学知识搞了一个比于光远更加简明并解释更多问题的数学证明，证明在 C/V 有机构成提高的情况下生产资料生产优先增长。它发表在当年经济学的最高刊物《经济研究》1957 年第 1 期。这不过是我的学术研究初试锋芒而已，这篇论文连同寻找数学公式在内只花了五天便写出来了。我的兴趣仍然在哲学，当时我正在写研究生毕业论文《社会主义内部矛盾论》。只可惜这篇毕业论文我虽然抄了三份，在"文化大革命"时期中都丢失了。

七　访谈提问（七）

任： 研究生阶段还有没有发生什么特殊的事情令您非常难忘？

张： 在复旦大学读研究生还有一个收获就是在上海收集了 30 年代出版的几乎所有的苏联哲学中译本，包括米丁的《辩证唯物论与历史唯物论》、《新哲学大纲》、西可洛夫的《唯物辩证法教程（苏共中央高级党校教材）》以及恩格斯《自然辩证法》1931 年的最早的中译本。还搞到了未公开出版的毛泽东同志的《辩证唯物论（讲授提纲)》（《矛盾论》《实践论》只是其中的两个部分）、刘少奇的《人为什么犯错误》。后者是皖南事变后刘少奇在新四军当政治部主任时的一个讲演，是一本重要哲学著作。当时复旦大学的阅览室就有一本，我还记得里面说过这样的话：动物没有思维，它不会犯错误，只有人才会犯错误。在这个意义上，"不犯错误不是人"，"就算你读通了自然辩证法，在与自然界的斗争中还会犯错误"。这个讲稿现在可能失传了。所有这些都说明了苏联前斯大林时代（指的是斯大林《辩证唯物主义与历史唯物主义》小册子出版前）的马克思主义哲学与毛泽东为代表的中国的马克思主义哲学，在那个时代，在基本问题上是完全一致的。毛泽东的《辩证唯物论（讲授提纲）》基本上是参考前者而写成的，而且可以说是苏联 30 年代马克思主义哲学体系中的最好的一本。我明白这一点并将它说出来，因此在文化大革命一开始就被打成"牛鬼蛇神"，这件事等一下再说了。我一直都保留了毛主席写《辩证唯物论（讲授提纲）》参考过的苏联教材，以备别人查考，不是因为怕"第二次文化大革命"（如果有第二次文革，我也不在人间了），而是我有一个"情结"在那里。至于斯大林《辩证唯物主义与历史唯物主义》小册子的学习与宣传，其教条主义达到登峰造极的地步，就没有什么好说的了。苏联批判了斯大林的错误后的哲学原理教科书，我称它为后斯大林的苏联教科书体系。斯大林前后苏联的哲学教科书体系和中国的哲学教科书体系的关系在我国始终没有得到认真的学术讨论，我认为这是中国当代哲学发展的重大问题之一。对苏联 20 世纪 20—70 年代的马克思主义哲学教科书体系的评价与批判，是现在的一代马克思主义原理概论的教师所没有经历过的，他们事实上按照这个教科书体系（包括有一些号称为标准教材而不署名的教材）组织教学与研究，而不去问它的内容是怎样来的并且对不对。你们说这是不是一个大问题？

"我在高等学校读书，毕业后又被分配到高等学校（华中理工大学）教哲学，本来应该有一个很好的条件来做学问的，可是正当我最年轻、最渴望学习、最渴望做研究工作之时，学校的政治运动却一个接着一个。"[1]

第三节　蹉跎岁月的 20 年

一　访谈提问（八）

任：您 24 岁发表的第一篇论文是 1957 年在经济学领域的权威

---

[1] 张华夏：《我的哲学追求》，张志林主编《自由交谈》，四川文艺出版社、人民出版社 1998 年版，第 19 页。

刊物《经济研究》上的《马克思扩大再生产公式的哲学分析和数学证明——对"从马克思扩大再生产公式来研究生产资料优先增长的原理"一文的意见》，对著名经济学家于光远的观点提出质疑和论辩。这个时候您已经结束了复旦的学业了吗？这篇文章对您以后的学术生涯有没有什么影响？

张：前面讲过，我在《经济研究》发表的那篇论文，当时于光远很重视，他以为我在科学院经济研究所工作，打电话到经济研究所找我。我的同学张卓元在电话里告诉他，我在复旦大学哲学系读研究生。1977年底，于光远主持全国科学大会自然辩证法规划会议。大概是他叫我参加的。会议期间，我问于光远，是否还记得我们在1957年争论的那个问题？他说：记得！他是自然辩证法的老前辈，在哲学上我支持他反对存在"耳朵听字"等"人体特异功能"。

任：1957年7月您从复旦毕业，又回到了武汉华中工学院，这次去的是哲学教研室担任助教。时值大跃进和人民公社运动如火如荼之际，仅仅半年之后，1958年2月，您奉命到湖北红安县建苏农业生产合作社参加下放劳动。当年秋天，您再回哲学教研室进行教学研究。此后于1959年升为讲师，此后并担任哲学教研室的副主任。请您谈一谈哲学教研室里的主要工作和人事情况，以及三年饥荒时期的工作情况。

张：哲学教研室约有十来个人，主要由华中工学院学生中抽调出来的政治水平和文化水平比较高的学生组成，如何辅导他们学哲学主要就是我的任务。虽然当时是困难时期，但学习时间反而是充分的。因为困难时期没有多少政治运动。

三年饥荒期后，国家获得了短暂的调整时间。这个方针是"调整、巩固、充实、提高"，于是1962年秋我有机会去中国人民大学自然辩证法进修班学习一年。

二　访谈提问（九）

任：您在中国人民大学自然辩证法进修班学习情况如何？

张：我特别对自然辩证法有兴趣。1962—1963 年我在中国人民大学自然辩证法进修班学习了一年恩格斯的《自然辩证法》一书，我是跟着自然辩证法进修班将它一句一句地读懂。通观全书，我认识到自然辩证法就是马克思主义的自然观，是关于各种物质运动形态及其运行机制的学说。后来我还将马、恩、列有关论述自然辩证法的段落编成一本《马、恩、列论自然辩证法》。我从《马克思恩格斯全集》和《列宁全集》每一本书后面的《名目索引》中找到有关"自然"与"科学"的条目，反过来一页一页的查，查出来的文献按恩格斯《自然辩证法》一书的同样顺序编辑起来，这成了我的一本很有用的参考书。特别是恩格斯的《反杜林论》哲学篇是按他的《自然辩证法》同一大纲写出来的，将它的重要论述编入《马、恩、列论自然辩证法》是顺理成章。经过一年的学习，我们还读了数学史、物理学史、化学史、生物学史和各种方法论问题。这些都是我后来在中山大学哲学系搞自然辩证法的模式。从教学体系上说，我认识到自然辩证法作为马克思主义的自然观，在本体论上是关于物质运动形态及其机制的学说，在认识论上是科学史与方法论。这是当年我对于自然辩证法的认识，我现在基本上还是这样认识。①

困难时期一过，政治运动又来了，第一个就是社会主义四清运动。学习回来，1963 年我赴湖北天门县参加社会主义教育工作队，是整整一年。1964 年华中工学院停开政治理论课，让政治教师住到学生宿舍中做脱产政治辅导员，又是整整一年。

任：请您回忆一下四清运动中的情况。

---

① 齐磊磊：《自然辩证法学科的历史和未来——张华夏教授访谈录》，《自然辩证法研究》2018 年第 9 期。

张：四清运动的目的本来是处理农村干部中的贪污腐败问题并解决一些公私关系问题。但执行下来，一些农民说得很形象："斗完地主斗干部，斗完干部斗群众，斗完群众斗工作组，沟沟搂到（"'搂到'是湖北方言，这里指的是水稻田除草时，水稻之间的草都要除掉"）。当时他们还不知道斗完工作组就要斗"所谓'走资本主义道路'当权派"，像"文化大革命"那样，"斗倒一切"。

不过，在华中工学院差不多20年，这是最宝贵的年华，大部分时间被分配去做其他一些事情，这些事情当然另有一番风景。例如下放农村劳动，能天天看到地球，那个圆形的、自然的地球，这是多么好的风景，而且了解农民对自己也是很好的身体锻炼，我在这里不去说它。但对于我的哲学教学与研究来说这段时间是浪费了。不过在辩证唯物论和自然辩证法的规范下，我还是做过一些工作，我编写过《马克思恩格斯列宁论自然辩证法》①。前面已经说过了我还写过一本《自然辩证法讲座》②，署名是华中工学院自然辩证法教研室、第一军医大学政治部政治教研室合编。那时写书出版是不能用个人的名义署名，否则会被批评为"个人名利思想"，学术刊物的文章也多数如此。这和现在不同，不署名的论著或者某种意识形态机关写的或者迫于无奈写出来自己也不同意这种观点。"文化大革命"中，也有用个人名义发表的文章。我在《数学通报》用个人名义发表过《用运动的矛盾观点来看微分》这篇文章还在《科学通报》（1975年第1期）再发表过，并在日本，还有人在刊物上译成日文发表。此外我还在《力学》《化学通报》与别人合作发表过论文。③ 这些论文对辩证唯物论对自然科学的意义估价

① 华中工学院政治理论教研室、学报编辑组编：《马克思恩格斯列宁论自然辩证法》，华中工学院出版社1973年版。

② 华中工学院自然辩证法教研室、第一军医大学政治部政治教研室合编：《自然辩证法讲座》，湖北人民出版社1979年版。

③ 华中工学院化学教研组自然辩证法学习小组：《化学的发展始终存在着唯物论和唯心论的激烈斗争》《化学通报》1974年第3期；华中工学院力学教研组自然辩证法学习小组：《古典力学是怎样产生和发展起来的?》，《力学》1975年第1、2期。

过高，现在看来是有浓厚的教条主义色彩，是应该反思和批评的。但同时在这段时间我积累了许多需要思考和需要解决的哲学问题，也为今后解决这些问题准备了一定的知识基础和教学工具。我没有虚度过我自己能控制的年华。

二　访谈提问（十）

任：您说过："五十年代和六十年代我的宝贵青春大部分消耗到与我的专业和目标无关的事情上去了，对于我的哲学追求来说，这是一个多么大的悲剧啊！"[①] 但是悲剧仍在继续，"文革"随之而来。"文革"中您被打成牛鬼蛇神，是否跟您的家庭出身有关，还是有其他的原因？1966年对于您是否发生了特殊的事件？

张：我是一个书呆子，对当年哲学争论的政治背景没有认识，1966年报上批判杨献珍的"合二而一"。我为他辩护说"一分为二是对的""合二而一也是对的"，并写了一封信给《人民日报》指责人民日报"只登批判杨献珍的文章，不登杨献珍反驳文章，违反百家争鸣的惯例"。这封信发出前在政治教研室主任会议上宣读过然后发出。这是一件事。不过在座的人没有什么反应。

另一件事可能更加严重。1962年左右，有个年轻的教师在自己的房间里备课时对我说："我们备课都是抄抄写写，马克思怎么样说，列宁怎么样说。没有自己的东西"。我回答说，"备课抄抄写写是不可避免的，连毛主席的矛盾论、实践论也有一些话是抄苏联的，例如'感觉了的东西，我们不能立刻理解它，只有理解了的东西才能更深刻地感觉它'这句话就是从李达翻译的一本苏联教科书上来的。""文革"中，这句话被一些记忆力好的人记起来了。于是被上纲上线为："攻击毛泽东思想"，说"毛泽东思想是抄抄写写""一贯疯狂反毛泽东思

[①] 张华夏：《我的哲学追求》，载张志林主编《自由交谈》，四川文艺/人民出版社1998年版，第20页。

想"等等。现在的青年不会知道，这句话足可以置人于死地的。当年武汉大学的校长李达也说过类似的话，"文革"开始时就知道自己过不了关，恰好这时毛主席畅游长江来到武汉，李达立刻写了一张条子给毛主席说："主席，救我一命"，毛主席立刻将条子转交当时中南局书记王任重，但他们都没有采取什么措施，结果三天后李达被斗得一命呜呼。可见我的问题的严重性。至于我系统研究中共党史了解到的林彪曾经犯过错误的情况，林彪在井冈山时代，曾经怀疑过红旗能打多久，毛主席的《星星之火，可以燎原》就是针对林彪的错误写的。我当时不知道后来有一天这些事是不能说的。但我偶尔给人说过，便在"文革"中成了"炮打（文革）司令部"的材料。而现在说文革的这些事，对于今天的年轻人来说，真好像是天方夜谭似的。

四　访谈提问（十一）

任：到了"文革"晚期，您已经调动到湖南长沙770厂，时代的政治范围发生了微妙的变化。1977年恢复了中断多年的高考。这会影响到您的教学和生活心态吗？您有没有想过以后会重新回到高校？请您回顾一下"文革"晚期的情况好吗？

张：还值得一提的是"文革"后期，我在华中工学院还没有调到770厂（长沙曙光电子管厂）的时候，已经出了林彪事件，毛主席提出"要认真看书学习，弄通弄懂马克思主义"。我根据恩格斯和列宁都讲过《反杜林论》是一本马克思主义百科全书式的著作[①]，建议以《反杜林论》为教材对华中工学院全院教师进行讲

[①]《马克思恩格斯全集》第36卷，人民出版社1975年版，第139页。这里恩格斯于1884年4月11日致伯恩斯坦。他说道：尽管同不足道的对手进行论战不可避免具有枯燥的性质，但是我们百科全书（encyclopedia）式地概述了我们在哲学、自然科学和历史问题的观点，还是起了作用。"列宁则说："反杜林论分析了哲学、自然科学和社会科学中最重大的问题"，《列宁选集》第一卷，人民出版社1972年版，第92页。

课，我和教研室几个教师负责这件事，大大地提高了我们自己的学术水平和对马克思主义的系统了解。本来经过"文化大革命"后，我到了770厂这个无线电工厂，曾经下过决心不再搞马克思主义理论了，我利用我的数学物理知识和我业余学得的无线电技术与测量搞点技术工作，当个准技术员算了。不过给华工几千老师主讲《反杜林论》出了名，到处有人有单位找我作报告，使我又燃点起对马克思主义哲学和自然辩证法的兴趣。想返回高校搞老本行是很自然的了。

五 访谈提问（十二）

任：您在《我的哲学追求》中提到了在那些艰难的岁月里，您还是苦恋着读书和学习？能不能说说有哪些难忘的读书经历？

张：怎样可能找到这么多的时间来阅读大量的马克思主义的著作和自然科学的著作呢？我有一个秘诀，叫作"青黄不接好读书"。举个例子来说，在毕业分配到华中工学院之前，大家等分配，整个宿舍是乱哄哄的，今天宣布那几个人到科学院，明天宣布那几个人分配到广州高等学校，可是我都不管这些，我的心情还在读书方面，利用差不多十天的时间，我读完捷普洛夫的《心理学》，这本书的内容一直到今天还记得清清楚楚。在土地改革时候，报上（1952年4月）发表了毛泽东的《矛盾论》，当天，我在农村开完会后，花了整个通宵将《矛盾论》读完，一合眼就天亮了。总之不论搞什么政治运动，或非专业事务，总有许多"青黄不接"的时光为我提供学习时间。又如我调到中山大学哲学系之前，在调动工作过程有一段空白的时间，我利用这段时间学习了塔尔斯基《数理逻辑与演释科学方法论》，并做了读书笔记和一些习题。一个寒假或暑假是可以学习一两门课程的，一个暑假两个月，每天10小时就有600小时，通常一门份量很大的课程的教学时间最多也不过两三百个学时。

我特别要提到我自己最有兴趣的学科：数学。1964年我们教研室本来要系统给学生讲授辩证唯物论与历史唯物论哲学课程，当时领导硬要将一年的时间停开哲学课改成给学生做专职政治辅导员以加强思想政治工作，并要求政治老师住入学生宿舍和学生打成一片。我对这种做法非常反感，便利用这段时间的星期六、日和有时用其他时间的晚上，我将我的单人住房的门反锁在那里学习高等数学。同济大学的高等数学教材是最好又是最难的教材，它的《高等数学》的500多道习题几乎被我做完。①

由于我上面所说的知识准备，后来到了770厂我居然能给工人大学的学生上高等数学、逻辑代数和开关电路以及部分的电工基础课程。我能给工科学生上数学和部分电工课程，这不是因为我的自然科学的知识底子很足，而是我对这个工作比较努力。记得为了备好课程，我找来一大堆数学和数理逻辑的书，以770厂之大，当时竟然找不到一张书桌来读哲学书。于是我爬到一个做仓库的礼堂阁楼，把那紧闭了的满是灰尘的窗台当作桌子，拖了一张板凳，在那里看书，突然间顶上的玻璃因年久失修掉落下来，当我摸一摸我的头，发现有血才知道是怎么一回事。

还有一个问题，研究自然辩证法和科学哲学，必须有比较好的科学基础知识和兴趣广泛的一般知识。我自己在华中工学院跟着学生听完物理学的"力学"和"热力学"，在复旦大学跟化学系同学听完"电学"，我深深感到自己"光学"和"量子力学"知识的不足，它大大地影响自己的哲学研究。不过，我以后再没有机会补上这两门课。此外，学哲学和社会科学的人还得学点技术知识，我跟华中工学院无线电系学生完整地修读了《无线电技术与测量》的课程并自己用电阻、电感、电容等电子零件装配了三台电视机。这些都是对自然辩证法和科学哲学的研究很有帮助的。

---

① 张华夏：《系统观念与哲学探索》，中山大学出版社2003年版，第461页。

第四节　姗姗来迟的学术生涯的春天

一　访谈问题（十三）

任：您在长沙工厂里教书，怎么会有机会调到中山大学哲学系的呢？

张：我本来就是一个哲学老师，只是因为其他原因（我和我爱人结婚十多年分居两地，我的第二个儿子快出生了这些原因）调动到长沙770厂。"文化大革命"的晚期和结束时，我的母校哲学系中我的老师和同学，他们对我的政治与业务情况略有所知，便发函将我调回中山大学哲学系。我来中山大学之前，我的老同学袁伟时，去找了当时是中山大学教务长的（当年我们的学生运动的领袖）黄焕秋，他通过当时的"中山大学革命委员会"机构，很快（1977年8月）就把我调动到中大来。后来副校长兼系主任刘嵘通过袁伟时，告诉我准备要我担任自然辩证法教研室主任。于是1977年我受命组建中山大学哲学系自然辩证法教研室并担任教研室主任。当时的哲学系位于现在的研究生院所在地，这是我们当年在中大读书时住的宿舍。后来哲学系才搬到文科楼。

任：那时教研室有几位老师，各自的研究方向是怎样的？自然辩证法教研室什么时候改成科学哲学教研室的？

张：这是改革开放之初，当时叫作"自然辩证法"的学科的教师不好找，教研室共有六七个人左右，没有什么固定的研究方向，一般是教什么就研究什么。根据我在中国人民大学自然辩证法研究班学习的经验，我们开设了数学史、物理学史、自然科学史、以及科学方法论讲座，这些就是我们最初的研究对象。等到留下77级几个毕业生，我们教研室有十人左右。我组建自然辩证法教研室的基本思想是追求真理、学术自由、尊重传统。这里所说的追求真理，就是有志于研究科学与哲学，学术自由就是无论什么样的观点和理论只要言之成理，持之有固，无论什么观点都可以自由发表、自由讨论。至于研究课题我只能提建议，无论什么课题你完成教学任务之后都可以作为主题自由地进行研究。所谓尊重传统就是你必须对这个学科，这个课题的前人的研究传统、前人的研究成果有所了解，有所研究，而不是什么问题都可以乱说一顿。追求真理是目标，学术自由是主要手段，尊重传统是研究基础，最好是归属于某一个有相当份量的学派。这在相当程度上是要求我们具有一种为学术而学术的精神。我是以这个基本思想来指导组建教研室的进人、研究、教学和办各种学术讲座的。有些想图清闲到大学来混的人，我都统统加以拒绝。我最反对的是当教研室主任要求"你们都要听我的"这种霸道作风。我是一个很虚心、很平和、很民主，甚至常常在工作上没有主见，要大家一起来讨论的人。但在我自己要搞的理论，我是有很强烈的主见的。正因为我采取学术自由的方针，为学术而学术的"大学精神"，教研室许多教师在学术上都有自己的独立见解。例如某些人对周易和风水，某些人对问题学，某些人对人工智能，某些人对中国问题，某些人对分析哲学或归纳逻辑，都有被公认的独立见解，至于对科学哲学、技术哲学和自然哲学，那就更不用说了。

二　访谈问题（十四）

任：您当时开设的课程有哪些？是否有些学生令您印象深刻？

张：本科开设的课程有高等数学、数学史，物理学史，自然科学史，以及科学方法论讲座，自然辩证法等。多年没有讲过自然辩证法了，我用了许多功夫准备课程，力图讲得生动具体，使大家有兴趣。由于我的知识面比较广，解答问题比较满意，我被认为是77级最受欢迎的老师之一。而他们的学习热情，例如他们（像他们有人说的像电影《望乡》某个镜头那样）跑步抢占图书馆的自修座位，也深深地感动了我。所以我认为"给77级上课，是我生平最美好的时光之一"。

"像他们说的：张华夏老师回忆起当年点滴，深情地说，最幸

福最快乐的时光，是和 77 级的同学在一起。"① （见下图）

在 77 级同学庆祝入学 40 周年之际，我这句话引起一阵阵雷鸣的掌声，惊动了我这个中风不久的人。现在回头看看我们这些一辈子不断地从一个大学到又一个大学的学者的感受：每一期学生的入学和毕业，就像海潮一浪一浪地冲击着陆地，有时轻轻地拍打，有时则是翻腾起惊涛骇浪（例如反饥饿、反内战运动）。无论学校生活的历史是单调的还是狂暴的，有一点是永远不改变的，这就是青春的活力和对真理的追求，这都是任何人所想往的。77 级同学在这方面特别突出，所以有机会给这一级同学上课，是我的整个生活中最美好的时光之一。给我印象最深的学生有陈向、李平、段志强（班长）、黄力撸、刘悦伦（学习委员）和朱秉衡。还有"八大金刚"，就是从本科生中抽调到理科去听数学和物理课的八个同学，使他们有更好的自然科学基础。

1980 年我被聘任为副教授。以下是 80 年代前期在担任副教授期间上过的课程：

1980 自然辩证法专题研究（研究生），自然科学史（本科）

---

① 见 http：//blog. sina. com. cn/s/blog_ ada41e460102xcqf. html，左图是张华夏先生和黄力撸等同学在一起。

1981 西方科学哲学（本科），自然辩证法（研究生），西方科学哲学（研究生）

1982 自然辩证法研究专题（研究生）

1983 哲学原理专题（本科），西方科学哲学（研究生）

1984 系统论（在湖北大学讲授）系统哲学（研究生）

1985 西方科学哲学（研究生）

任：当时科学哲学这个方向从哪一年开始招收硕士生的？您带过哪些研究生？

张：大概是从 1980 年开始招收硕士生，是改革开放后第一届研究生。我带过的研究生的毕业论文我都保留着，大概有二十来本罢。

三　访谈问题（十五）

任：您的主要开设课程和研究领域是自然辩证法和科学哲学，这两个领域之间您看来关系是怎样的？自然辩证法与您关注的系统哲学之间是否也有着某种密切的联系？

张：现在我们可以讨论什么是自然辩证法了。自然辩证法是马克思主义自然观，是马克思主义哲学的一个组成部分。以恩格斯的《自然辩证法》一书的基本思想为准，这本书的研究对象或中心思想是关于各种物质运动形态及其相应的物质形态载体的发展学说。恩格斯的目的是分析物质运动形态从机械运动到物理运动再到化学运动，进而生物运动，再通过劳动进入社会运动形态的物质运动形态从简单到复杂、从低级到高级的发展。它的发展机制是从连续性到连续性中断的"飞跃"的"关节点"①。这实质上就是我们今天系统哲学和一般哲学讨论的"突现机制"。不过恩格斯时代没有使用突现的概念。这个概念主要是 20 世纪初（1912，摩尔根②）关于

---

① 恩格斯：《自然辩证法》，人民出版社 1971 年版，第 269 页。

② 摩尔根：《突现进化论》，商务印书馆 1938 年版。英文版：Conwy Lloyd Morgan, *Emergent Evolution*, 1927. London。

生命是活力论的还是机械论的争论而出现的突现学派使用的概念。如果使用这个概念，自然辩证法在本体论上实质上是一种突现进化论。

关于这个问题，曾经担任美国马克思主义研究会主席的罗伯特·科恩（Robert Cohen）指出，恩格斯的自然辩证法因此与马克思的自然观都是一种特殊类型的突现进化论。他说："变化的机制和结构的突现（emergence of structures）是自然辩证法的唯物主义源泉，是生命的不断更新的永恒源泉。"①爱尔兰马克思主义哲学家赫莉娜·谢汉（Helena Sheehan）说："科恩强调，恩格斯的自然辩证研究计划是将根本的社会分析和革命的实践观植入宇宙的突观进化中。"②恩格斯自己早就说过："我们所面对着的整个自然界形成一个系统"，"要认识到宇宙是一个系统"③。所以，系统哲学的许多概念和定律（系统、突现、控制、自组织、层次、适应性进化等等）都可以纳入今天发展了的自然辩证法学科中。至于包含科学哲学和科学社会学学科的部分内容的"广义自然辩证法"广义到什么程度则各有各的看法了。自然辩证法与科学哲学作为课程可以分开来讲也可以合在一起讲。马克思主义的哲学原理和自然辩证法不能停留在19世纪，它是需要发展的。系统哲学可以提供这种发展的一个重要源泉：

（1）系统世界观，邦格叫作系统主义：系统世界观认为，我们所知道的整个世界是一个系统。整个世界的一切实体，即一切具有过程和关系的实体，不是系统就是系统的一个组成部分（例如夸克还没有发现它内部的组成部分），而具体系统由它的组成元素、元素的结构和系统的环境三大要素来定义，系统之所以能够稳定，是

① Cohen R. S. , *Engels*，*Friedrich – Dictionary of Scientific Biography*，Vol. XV. Suppl. 1. New York：Charles Scribner's Sons. 1978. p. 145.

② Sheehan H. , *Marxism and the Philosophy of Science*：*A Critical History*，New Jersey：Humanities Press，1993，p. 64.

③ 恩格斯：《自然辩证法》，人民出版社1971年版，第54页。中文版将system译成"体系"。

因为它有负反馈的作用，系统哲学家拉兹洛称它为适应性自稳的性质。

（2）系统最基本的特性是自组织的突现，或自组织与突现，即元素因自组织而突然出现完全新的性质，突现的微观动力学是它由独立组成的元素经局域的相互作用扩展到导致全面组织秩序的自发、自组过程，这是微观的因果作用。突现的环境动力学是这种突现是在一定环境下，特别是在混沌边缘自组织的环境下产生的。突现的宏观动力学就是突现经过涨落，分叉而达到整体有序结构，这里必须肯定非决定性的、偶然的、盖然性的作用。例如磁化过程的磁场，贝纳德元胞形成的温度以及飓风形成的气压对流层。三种动力学的实例：例如铁在磁场环境，磁化是必然的因果决定的，但其中铁的南极、北极的方向是偶然的，非决定性的。

（3）层级观念：每一个重大的突现都是自然界系统发展的一个新阶段，于是连续的重大突现出现了世界的层级。

自然界是划分层级的：物理层级、化学层级、生态生物层级、人类社会层级就是四个进化的层级。

关于层级形成的机制，经济学家西蒙说：相对独立的、稳定的子系统组成的系统，比直接由组成元素组成的系统更能经受环境的干扰和破坏，因而变成在环境中更加稳定。他是用隐喻的方法来证明这个机制的。我个人喜欢生物数学家罗森（R. Rosen）在 1970 年给出的漂亮数学证明①，他还指出系统分为子系统，由子系统组成系统，其子系统有多少为最有成功的机会呢？答：有素数个子系统最佳，这就解决了一个"一分为几"的问题，不仅是"一分为二"或"一分为三"，而是"一分为素（数）"。

（4）系统适应性进化和优化原理

系统适应性进化是系统的进化论，系统的整体优化是进化的价

---

① 张华夏、叶侨健：《现代自然哲学与科学哲学》，中山大学出版社 1996 年版，第 174—177 页。

值论，后者根据前者，认为自然界总是"最节省的"，以最少的可能规律指导它们的复杂的相互作用，这个"最小作用量原理"：莱布尼兹和爱因斯坦说，这是宇宙的"前定和谐"。哲学要说明这种"前定和谐"是真的、善的和美的。以上可以看出，我的本体论哲学观点和系统哲学观点相互之间是完全对应的。

复杂系统科学的研究比一般系统科学的研究更为重要。21 世纪的系统科学基本上就是复杂系统科学。一般系统科学只是后者的导言或历史叙述罢了，有一批诺贝尔奖金获得者在完成它的诺贝尔奖金课题以后，有不少人转向复杂性和复杂系统的研究，企图扩大他们获得诺贝尔奖金的研究的狭窄范围，扩大到生命世界和社会科学中。西蒙（H. A. Simon）和盖尔曼（M. Gell-Mann）就是一个典型。前者是经济学诺贝尔奖的得主，写作了《人工科学——复杂性面面观》，后者是粒子物理的诺贝尔奖奖金获得者，还是《夸克与美洲豹》的作者。在研究所方面，圣菲研究所就是一个典型，它的研究对象是复杂适应系统。

因此，我退休之后，特别注重学习与研究复杂性系统科学。这时我应聘到华南师范大学系统科学和管理中心当客座教授，主要上的课程和研究题目就是这项工作。和前面我的研究原则一样，首先要搞清复杂性和复杂系统科学本身的问题，我花了五年的时间，与颜泽贤、范冬萍合作写了一本大部头著作《系统科学导论——复杂性探索》（2006 年人民出版社出版）。在这段时间，为了搞清其中一个学派的见解，还翻译了鲍威斯的《感知控制论》，他主张"目的性就是控制系统的基准信号"这个观点，我就与他的见解一致，而目的性就是系统内在价值这个观点我和他辩论了很久，后来他好像也同意了。复杂性研究用到很多数学，其中美国物理学家费根鲍姆的吸引子分叉层叠（局部与整体的自相似），蒙德布罗集的层层放大，洛伦兹的在气候变化的分叉点上的蝴蝶效应，沃尔弗拉姆的元胞自动机和康威的人工生命深深吸引了我。为什么巴西一只蝴蝶拍拍翅膀就可能在美国德洲引起一场大风暴？为什么元胞自动机的元胞只遵循最简单的迭代规则，反复多次迭代后会在混沌中演化出"滑翔机"，"滑翔机枪"，"太空船"的运动？这类数学的奇妙难道不就是我在少年时代所追求的"自然界的奥秘"吗？从哲学来看，只有哲学才能说明它是数学的真，数学的美和数学的美妙。现在有人在网上说《系统科学导论——复杂性探索》一书，"在综合吸收国际上复杂性研究各学派成果方面反应敏捷，在国内学术界第一次给出了复杂性系统科学研究的一个相当完整的理论化表述"①。其实这本由我与颜泽贤、范冬萍合著，而主要由我起草的书，对于我来说，探索自然界的数学美和自然界的奥秘才是真正的研究动力。马克思说过"两极相逢（Contact of extremes）是自然界的基本奥秘之一"②，而混沌边缘的突现自组织是复杂自然界的更基本的奥秘之一。这两个基本奥秘是统一的。

任：1986 年您晋升为教授。这时候离您重回哲学系也已差不多有 10 年。到 1987 年，10 年间除了教学之外，您写下了 30 多篇论文，出版了 4 部专著（即《自然辩证法讲座》《自然科学发展史》《物质系统论》《综合与创造》），在对科学哲学领域进入深入研究的基础上形成了自己独特的思路。

您在 1998 年的回顾文章里说："我的教学、研究领域主要是科学哲学、系统哲学。在科学哲学方面，我很快掌握了逻辑经验论的科学哲学、波普尔证伪主义的科学哲学和库恩历史学派的科学哲学，翻译了科学哲学领域的两本世界名著：卡尔纳普的《科学哲学导论》和亨普尔的《自然科学的哲学》，在科学问题、科学解释的研究上有了一些进展。可是我在科学评价与科学进步的研究上却是一筹莫展。在科学哲学上我走进了一片大丛林，在大丛林中迷失了方向，在科学评价和科学进步标准问题上，劳丹学派的解决问题观点，以及其他学派的观点基本上是等价的，不过说法不同而已，我

---

① http://product.dangdang.com/9223071.html.

② 马克思：《中国革命和欧洲革命》，《马克思恩格斯全集》第 9 卷，人民出版社 1961 年版，第 109 页。

因此而确定不了自己的立场，我也无法在这方面获得进展。我深有感触的是：在我的哲学生涯的前 20 年，人们告诉我，在这个领域里一切问题都已经解决，我暗中想，那要我干什么？可是我进到世界的科学哲学领域，在这里，好像一切问题都没有解决，可是我已经老了，我暗暗想，那我能干什么？在这方面，我的工作似乎只是编写整理了一本自认为比较满意的教材，将科学哲学各派的论点归纳起来。在系统哲学方面，我研究了第二次世界大战后发展起来的系统哲学著作。贝塔朗菲的一般系统论、维纳的控制论、邦格的系统的世界、拉兹洛的系统哲学导论等，凡能够收集到的材料，全收集到并基本上看过了。在这个领域我也没有发现什么新的东西，不过我将系统科学的自然观念和辩证唯物论的自然观念之间做了比较细致的比较，从而在重建一个新自然哲学体系方面做了比较系统的综合工作，在这方面，我写了《物质系统论》一书，后来我和叶侨健副教授合著了一本《现代自然哲学与科学哲学》，这本书不失为当代中国自然辩证法教学的好教材，是我研究系统哲学和科学哲学的一个小结"[1]。您现在是否还是这个看法？

张：不过，话又得说回来，以上是 1998 年写《我的哲学追求》时说的，从那时到现在，又过了 20 年了，我终于采取不同的知识体系有不同的价值评价标准和进步标准，提出多维度知识论来解决认识论和科学哲学问题写出了我的哲学的第三部曲：知识论与《科学的结构：后逻辑经验主义的科学哲学》，这已经不是"在大丛林中迷失了方向了"这是我自己对于科学评价标准的的看法[2]，这本书也可以算作了了我的认识论和科学哲学心愿。

---

① 张华夏：《我的哲学追求》，载张志林主编《自由交谈》，四川文艺出版社、人民出版社 1998 年版，第 24 页。

② 张华夏：《科学的结构：后逻辑经验主义的科学哲学探索》，社会科学文献出版社 2016 年版，第 35—80 页。

四 访谈问题（十六）

任：您在一些访谈和回顾里都强调对阿伯丁大学的访问成为您的学术研究的一个重要分界。您在阿伯丁大学的合作研究者是哪位。这次访学对您后来的学术研究的内容、方法、气质有怎样的影响？

张：到中山大学后，我认为，我的学术道路来说是最要紧的事情就是抓紧时间学习英语，以便跟上国外的文献。我甚至和我的77级学生一起参加外语学习班学习英语。这时我已经50多岁了，还好，我补习英语的水平，使我能达到四川外国语学院学习半年就能通过准许出国的英语口试，虽说不是流利的英语，但也达到能听懂专业课，能结结巴巴表达日常生活需要的用语，这样我便有机会到阿伯丁大学访问，当了一年多的访问学者。我的目的是除研究他们的一般哲学之外，主要研究科学哲学，收集材料，编写一本科学哲学教材。后来我想这不是了解英国哲学教学的好办法，于是我干脆跑到学生那里和低年级学生一齐上课。这种课程的课室很大，约有100多人上课，而哲学系的学生只占1/10，十来个人左右。可见学生之中，无论学什么专业都想要听听哲学课。它不但有许多理论课程，而且有很多实用课程。例如，

圣安佐大学

有门课叫作《哲学、技术、社会研究》，讲一些关于资源分配管理，能源的节约，医疗资源的分配，生物技术开发的界限。还有自动技术与就业，版权与专利，都进入哲学家和一般学生的视野，老师用哲学和伦理学的观点给学生做分析。我听课时最有趣的事是我当年57岁了，脸上没有胡子，而英国人有些一年级学生都长满了胡子，他们看不出我的年龄，问我你读几年级，我说也是一年级生（freshman）呢！以这种方式返老还童，真是大滑稽了，也太美妙了！这是第一件有趣的事。第二件有趣的事是我参加许多哲学讨论会，例如苏格兰哲学年会之类，我常常遇到一个问题，他们问我：你是一个科学哲学家呢？还是道德哲学家呢？啊?! 原来苏格兰哲学家，言必称休谟，休谟是苏格兰哲学家的始祖，他严格区分两类命题，第一类是实然问题或"事实陈述"，它回答 what is 或 what is to be done，第二类是应然问题或"规范陈述"，它回答 what ought to be 或 what ought to be done。"是"与"应该"，在这里各占同等地位，所以就有对应的形而上学和道德哲学。至于苏格兰最古老的大学——圣安佐大学（建立于1413年），哲学系干脆有两个，逻辑与形而上学系和道德哲学系。分别挂在两边对称的两个门上（见上页图）。这件事情对我启发很大，我们原来认为，搞哲学原理主要是一个本体论和认识论，我想建立的哲学体系主要是本体论哲学体系，现在思想上经过这样的冲击，我的哲学体系应该主要是本体论、价值论以及它们的应用——科学认识论了。这样，阿伯丁大学对我的哲学思想的影响是决定性的。没有阿伯丁大学的学术访问，就不会有我的包括价值论的哲学体系，也不会有我认为自己写得最好的一本书《现代科学与伦理世界：道德哲学的探索与反思（第二版）》。

五　访谈问题（十七）

任：20世纪八九十年代，国内有哪些单位研究科学哲学比较有影响。您觉得这方面的研究能与国际同行进行对话吗？

张：20 世纪八九十年代，科学哲学界主要由山西大学、清华、北大掌握潮流，我认为它们没有注意后逻辑经验主义的科学哲学理论的难题，也没有注意科学哲学中的本体论的作用和发展。他们比较注意研究新实践主义和新经验主义。这种新实践主义和新经验主义也有自己的本体论系统，它就是"斑杂的世界"和"破碎的系统"，而不是混沌边缘的系统层级突现的世界观。还有，现代许多科学哲学工作者，到国外留学，跟了那个导师就只搞那个学派，再没有自己的独创。这也许是一种"门户之见"了。

任：请谈谈您的科学哲学和本体论哲学方面的思想和工作。

至于我自己的科学哲学思想主要体现在我最近出版的《科学的结构：后逻辑经验主义的科学哲学》一书中。这个后逻辑经验主要的"后"字，主要是讲逻辑经验主义以后的科学哲学界争论的一些重大问题的观点[①]。这里说的绝非全部重大问题，只是有关科学结构的几个问题：

（1）关于科学与实在问题

科学被认为是一种知识，我改变了柏拉图关于知识的定义，即"知识就是得到辩护的真信念"。我扩大了这个定义，认为"知识就是得到辩护的（真的、善的或美的）思想信念和行动技能"。这样我就反对了科学霸权主义的知识观，将知识划分为日常知识、科学知识、伦理知识、宗教知识、文学艺术知识与数学与逻辑知识七大类，并认为它们之间有着不可逾越的逻辑鸿沟，我们只能建立整合多元主义的知识图景。知识的合理性包括科学合理性、价值合理性、社会交往合理性以及社会科学中自然主义和诠释主义的合理性。

在这个知识多元主义合理性的基础上，我讨论自然科学的合理性。我提出这种合理性包括假说演绎的逻辑合性性；归纳概率合理

---

① 范岱年：《点赞张华夏教授的著作〈科学的结构——后逻辑经验主义的科学哲学探索〉》。2017 年 8 月在南京大学召开的中国科学哲学研究会年会上的讲话。见张华夏《科学哲学选集》第六卷《科学的结构》序言。

性、科学理论评价规则和算法的合理性。我的主要主张是，科学理论评价有它的算法合理性的一面，并用一个数学表达式来论证了这一点。正确处理了科学家个人评价的主观合理性一面与客观算法合理性的不可分离的关系。

在这个基础上，我讨论了科学实在论。在逻辑经验主义和历史学派衰落之后，国外国内科学哲学界有一个关于实在论与反实在论的争论。沃勒的结构实在论占了主导的地位。连曹天予的《流代数与量子色动力学的哲学》也要加上一个副标题"结构实在论的一个案例分析"。不过我的观点与曹天予的观点仍然相同，认为结构是实在的，实体也是实在。每一门科学都要讨论它的研究对象的"基本实体"。

（2）关于科学理论的结构问题，我认为这是科学哲学中最困难的问题，将科学理论的结构划分为理论词和经验词，理论规律和经验规律进行研究的逻辑经验主义科学理论结构观早被"经验渗透着理论"的观点驳倒了。于是大多数研究者主张理论是一个模型。不是从语法的观点来研究理论的结构，而是用语义的观点来研究它。萨普和范弗拉森主张用状态空间模型来研究它，分析它的超语言实体。苏佩斯和史纳德和穆林主张用集合论来分析理论的"结构种"，史纳德（J. D. Sneed）果然运用了布尔巴基的"结构种"，不但用集合论将经典力学公理化，而且还用它将化学周期表也公理化[①]。这样就打开了一条路，运用集合论将物理学的理论公理化，集合论有足够的算子和算法（特别是其中的幂集和笛卡尔积集），将物理学公理化。这样，我便称这个用"结构种"来解决科学的理论结构问题为"布尔巴基妖"，也许是一种"逻辑理性主义"的东西。

我花了整整半年的时间，阅读研究布尔巴基的"集合论"，特别是其中的结构种。布尔巴基不是一个个人，而是法国一个著名的

---

① J. D. Sneed, *The Logical Structure of Mathematical Physics*. D. Reidel Publishing Company, 1977.

数学家团体。这个团体当年获得了世界顶级数学奖的四分之三，他们从 20 年代开始编写"数学原理"，到现在共出了四十多卷，第一卷就是我读的"集合论"，科学哲学的"结构种"的概念就是从这一卷中得来。

（3）关于自然律与因果性问题

科学哲学有一个重要问题是科学解释，它遇到了很大的困难，我采取了研究自然类的进路用自然类的机制，即因果性、随机性和目的性去说明自然律，这就便得到 DN 解释模型；IS 解释模型用本体论机制（OM）得到解释，即由 OM 来解释说明定律，再用定律来解释自然界的事实。

任：您认为本体论哲学在您的哲学思想中占据着很重要的位置。您的专著《实在与过程》由广东人民出版社 1997 年出版，曾经引起国内科学哲学界同行的广泛讨论，后来获得教育部第二届人文社会科学成果奖和广东省人文社会科学优秀成果一等奖。请您谈谈您的本体论思想好吗？

张：在回到中山大学以前，我是华中工学院教和学的主要课程是哲学原理。我想建立自己的本体论、价值论体系首先是因为我对传统的苏联式的辩证唯物论非常不满，它的基本体系是：世界是物质的，物质是在与时空中运动的，运动是有规律的。规律有三条：对立统一、质量互变和否定之否定。这些话几乎被人背得烂熟了。它的内容从初中、高中、大学本科一直到研究生都念得很烦了。我不说这些问题不对，这些问题本身是存在的，只是它的教条式的讲授，照本宣科式的研究以及论证不讲逻辑，不讲道理，不准讨论不同的意见，完全脱离现代科学和现代社会发展的情况，又完全否定和脱离了 20 世纪和 21 世纪现代哲学的研究成果。如何评价前斯大林（他的 1938 年的《辩证唯物主义与历史唯物主义》出版前）的苏联马克思主义哲学教科书和后斯大林的苏联马克思主义哲学教科书（苏联批判斯大林后的），是一个值得严肃思考的问题。改革开放以后，对待这个老体系有各种不同的态度和看法。有一些学者，接受逻辑经验论的"拒斥形而上学",认为哲学原理的陈述本身是无意义的,因而干脆采取取消主义,不想去改进,也不想根本改进哲学本体论体系,我把这种态度叫作"休克疗法"。另外有一些学者在反对苏式教科书的同时,认为主要研究要返回康德,结果被批评为"是一种精神污染",闹得很不愉快。这个问题一直到今天还没有解决。

我认为,本体论哲学,仍然是第一哲学,它是研究"存在"(Being)和"存在者"(being)的哲学。当时自然辩证法界对存在或实在有许多不同的讲法:"关系实在论","结构实在论","过程实在论"等等。我的观点与他们不同,我仍然是一个"实体实在论"者,认为世界除了具有关系、过程的实体之外,什么也没有。思维也不过是人类主体这种实体的一种属性。根本不存无实体的实在,无关系者的关系,无结构载体的结构。实体实在就是世界上的具体系统和具体个体事物的总称。

从这个基本观点出发,我提出实体、关系、过程之间的相互关系的研究,提出世界是有规律的,但规律不只是个一般性的命题而已,而是由它所属的自然类决定的。这个自然类的事物怎样决定规律?这是由它的运行机制来决定的。事物或实体的运行机制有三类,决定性的因果运行机制,非决定性的随机盖然运行机制以及目的性和意向性的运行机制,也许还有第四类运行机制,它就是与前三种运行机制密切相联系的竞争与协同运行机制。辩证法的对立统一规律不过就是竞争与协同机制的一种特殊表现。

由于有了目的性,特别是生命系统和生态系统的目的性,这就出现了这些系统的内在价值。生命的新陈代谢,血液循环等不过是达到生命内在价值的手段。这是从控制论的观点来看问题的,控制论认为目的性就是控制系统的"基准信号"(reference signals)。在这个方面,我与《感知控制论》创始人鲍威斯(William T. Powers)的意见相同。他说:"在控制系统模型中,目的不过就是基准信号,基准信号决定着这样一个状态,其中一个输入即感觉信号会被带进到这个状态，并在那里维持下来。"① 这样，我就将本体论和价值论有机地联系起来。我现在不想再谈《实在与过程》一书，那是1997年出版的，我在2003年出版的《系统观念与哲学探索》一书，更加系统地回答了这个本体论和价值论的问题。此书中的"靶子论文"挂在网上后不到3个月就收到17篇批评性论文，这使得哲学系在2002年4月专门举办了关于该文的全国研讨会，30多位学者就此文的观点和论证展开为期4天的热烈讨论，我对所有评论一一回复（见该书）。现在除了一般哲学家将本体论形而上学当作一个学科加以发展之外，许多科学哲学家也研究本体论和自然哲学。例如，埃利斯（B. Ellis）的《自然哲学》（2002）②，波德（A. Bird）的《形而上学：规律与性质》（2007）③ 也通过研究本体论来解决科学哲学问题。可见，我的本体论和价值论思想是有一定的超前性的，至少我在这方面是跟上国际哲学发展的前沿的。

六　访谈问题（十八）

任：请您解释一下您的"一揽子主义"的哲学纲领。

张：我想通过这个问题来谈谈我研究哲学的体会。

（1）在哲学领域里，也许在社会科学和自然科学的许多领域里，走进一个理论体系比较容易，要走出一个理论体系则比较困难。我走进马克思主义哲学体系，两年就够了。要走出这个理论体系，则二十年也是不够的。因为我们走进一个理论体系之后，就有一个先入为主的观念系统，如果不充分了解这个体系的缺点和问题，以及这些缺点与问题不能在这个体系中得到解决，是不可能走出这个体系的。而一旦你走了出来，要重返这个理论体系则是更加

---

① William T. Powers, "The Origins of Purpose: The First Metasystem Transitions". in: World Futures Vol. 45, special issue on *The Quantum of Evolution*, Heylighen F., Joslyn C. & Turchin V. (eds.), 1995, pp. 125 –138.

② Ellis B., *The Philosophy of Nature*, Chesham: Acumen, 2002.

③ Alexander B., *Nature's Metaphysics: Laws and Properties*, Oxford University Press, 2010.

困难的事，因为这时你必须有自己的一个新理论体系，从这个体系中不但看到先前那个体系的缺点和问题，而且要充分看到先前那个体系的优点。我的自然辩证法研究就充分体现这个"走进""走出"和"重返"的过程。

（2）使用事实与价值缠结的方法、科学与哲学缠结的方法研究哲学。现代科学越分越细，这种分析和分工的方法深深影响了我们的研究工作。对于哲学工作者来说，有人要求，一开始就要将哲学问题与科学问题划分清楚，将事实问题和价值问题划分清楚。如果是一个科学问题，哲学家就不应加以研究，如果是一个哲学问题则科学家不应猎涉。可是现实的科学和哲学问题，它常常并不是划分开来而产生的，而是一开始便缠结在一起。爱因斯坦和波尔关于量子力学完备性的争论，一开始就是科学问题和哲学问题缠结在一起进行讨论。今天的计算机科学家们，复杂性科学家们讨论"突现"的概念，也是哲学问题与科学问题缠结在一起。所以科学家要研究哲学问题，哲学家要研究科学问题。这种"跨学科的研究"总是十分有益的，我个人的哲学研究得益于我对科学问题的研究。数学问题的研究，物理学问题的研究，经济学问题的研究，特别是系统科学问题的研究，它们有时对我的哲学研究是否取得成果起决定作用。用黑格尔的话说，就是"在它者中实现了自身"。

（3）"哲学问题要么就不解决，要么就一揽子解决。"这是我始终坚持的信念，这就是我为什么长期被哲学搞得很筋疲力尽的原因。这里所谓力图一揽子解决哲学问题，并不是像黑格尔一样企图建立一个无所不包的哲学体系，一劳永逸地去解决所有的科学问题和哲学问题，而是要解决一个哲学问题必须从最基本的问题着手，从最基本的本体论、价值论和认识论问题入手，对于该问题有关联的其他哲学问题，也必须弄个清楚明白，否则你的哲学问题是解决不了的。这是一个整体论的研究方法，是研究哲学特别需要的，这和技术问题的解决多少有些不同。从前华中科技大学有一个刀具专家，他不是研究一部机床，而是专门研究机床中的一个刀具，他并不是研究这个刀具的专家，而只是着重研究刀具中某一个尖角，一辈子的主要研究精力都放到那里，取得卓越的成绩，大概哲学研究主要并不是这样的。

当然，哲学研究也是有一个分科的问题。特别是中国哲学工作者的哲学分科是很成问题的，我们的二级学科是：马克思主义哲学、西方哲学、中国哲学……等，这是按地域和学派进行分门别类进行研究的。那么基本的哲学，如本体论哲学（形而上学），价值哲学，认识论哲学，语言哲学谁来进行研究呢？难怪有人说（好像是张志林说的），中国的哲学家学家太多，而哲学家太少。这与我们的哲学的错误分科不无关系。

一揽子主义有两个方面：（1）从研究某一个具体哲学问题来说，像马克思说的，研究必须对相关问题作一揽子"充分收集材料，分析材料的种种形态，探寻这些形态的内在联系"。只有这项工作完成后，对问题才能有适当的认识。我的体会是：要么就不研究，要么就一揽子研究问题。（2）另一方面，整个哲学问题也是一样，要么就不研究，要么就一揽子研究。这个一揽子包括本体论、价值论和知识论。我一辈子写了二十本书，它们不是孤立的，而是一揽子式的。见以下的参考文献。

参考文献
张华夏的回忆与访谈
张华夏：《我的哲学追求》，载张志林主编《自由交谈》，四川人民出版社1998年版。

张华夏：《综合、创新和不倦的探索——访张华夏教授》，《学术研究》1998年第2期。

张华夏：《知其不可为而为之，是"情结"乎?》，http://blog.tianya.cn/post-115403-2763297-1.shtml。

张华夏：《走进、走出和重返、重访马克思主义哲学——描述与反思的一段哲学经历》，http://www.docin.com/p-165375.html。

张华夏:《系统主义哲学新视野——访张华夏教授》,《学术动态》2001 第 1 期。http://www.docin.com/p-1632414093.html;http://www.doc88.com/p-2827147447976.html。

张华夏:《访苏格兰哲学见闻》,《学术研究》1991 年第 6 期。http://wuxizazhi.cnki.net/Search/XSYJ199106016.html;https://max.book118.com/html/2014/1224/10842706.shtm。

张华夏:《莫斯科大学哲学见闻》,《科学哲学文化》,中山大学出版社 1996 年版,https://max.book118.com/html/2014/1224/10842706.shtm。

齐磊磊:《自然辩证法学科的历史与未来——张华夏访谈录》,《自然辩证法研究》2018 年第 9 期。

张华夏:《回忆入学广稚雅七十周年》,《广雅中学五零届同学通讯》2016 年第 45 期。

张华夏的著作

张华夏编:《马克思恩格斯列宁论自然辩证法》,华中工学院政治理论教研室学报编辑组编,华中工学院出版社 1973 年版。

张华夏:《自然辩证法讲座》,华中工学院自然辩证法教研室、第一军医大学政治部政治教研室合编出版。1978 年 3 月,湖北人民出版社 1979 年版。

张华夏、杨维增:《自然科学发展史》,中山大学出版社 1985 年版。

张华夏:《物质系统论》,浙江人民出版社 1987 年版。

张华夏:《综合与创造》,广东人民出版社 1987 年版。

张华夏译:《自然科学的哲学》,C. G. 亨普尔著,中国人民大学出版社 2006 年版。

张华夏、李平译:《科学哲学导论》,R. 卡尔纳普,中国人民大学出版社 2007 年版。

张华夏、叶侨健:《现代自然哲学与科学哲学》,中山大学出版社 1996 年版。

张华夏、张广宁主编：《系统工程方法与管理战略决策》，北京和平出版社 1996 年版。

张华夏、叶侨健、张志林主编：《科学·哲学·文化》，中山大学出版社 1996 年版。

张华夏：《实在与过程——对本体论哲学的探索与反思》，广东人民出版社 1997 年版。

张华夏：《现代科学与伦理世界——对道德哲学的探索与反思》，湖南教育出版社 1999 年版。

张华夏：《现代科学与伦理世界——对道德哲学的探索与反思》（第二版增编），中国人民大学出版社 2009 年版。

张志林、张华夏：《系统观念与哲学探索》，中山大学出版社 2004 年版。

张华夏、范东萍等译：《威廉·鲍威斯：感知控制论》，广东高等教育出版社 2004 年版。

张华夏、张志林：《技术解释研究》，科学出版社 2005 年版。

范冬萍、张华夏主编：《基因与伦理》，羊城晚报出版社 2003 年版。

颜泽贤、范冬萍、张华夏：《系统科学导论》，人民出版社 2006 年版。

张华夏：《系统哲学三大定律》，人民出版社 2015 年版。

张华夏：《科学的结构：后逻辑经验主义的科学哲学探索》。社会科学文学出版社 2016 年版。

李平、陈向、张志林、张华夏主编：《哲学、认知、意识》，江西人民出版社 2004 年版。

目 录

绪 论

靶子论文

评 论

回 应

附 录

绪　　论

系统进路与哲学主题

中山大学哲学系　张志林

本书基本上由三部分构成：立论性的靶文、批判性的评论和答疑性的回应。靶文的标题揭示本书讨论的主要内容，其一是哲学研究中系统主义的进路；其二是哲学领域中本体论、价值论和科学解释三个核心主题及其相互关系。正是系统进路和哲学主题使本书所收各文组成了一个对话性的整体。

一

作为靶文所述哲学研究基本进路的"系统主义"，张华夏至少给出了两种表述方式：其一是如靶文标题所示的"引进系统观念"；其二是如靶文第一章所说的"整体主义"和"扩展主义"（或"扩展思维"）。

根据靶文第二章所引进的系统观念由系统的 6 个基本特征得以体现，即系统的整体突现性质、适应性自稳定性质、结构功能性质、适应性自组织性质、适应性进化性质以及等级层次性质。靶文还告诉我们，这些"基本系统观点，说明的是本体论的某些基本观念，勾画的是本体论的基本宇宙图景（请不要与宇宙学中的宇宙图景相混淆）；同时它们又是进一步研究本体论和价值哲学的方法上的新视野"。正是立足于此，靶文提出了"一种既使用分析方法又使用系统方法的本体论和价值哲学的研究纲领"，具体展示为第一章第四节所列出的 14 个要点。

　　按靶文第一章第二节所述，张华夏认为，整体观念和扩展思维来自那种由超越还原论所表征的"20 世纪的首要的自然观念"，即"自然界被理解为一个复杂的系统，它具有动态的内部结构，是不能还原为简单的组成部分来加以理解的。当然，系统的思想和方法并不是反对分析方法与还原方法，而是在这个基础上着重考察部分是怎样组成一个有机整体的，它们组成整体时出现什么突现性质与功能，一个事物处于一个更大的整体中会发生什么变化。这就是所谓整体主义和扩展主义"。

　　可以说，正是"整体主义"使张华夏确信："哲学问题要么不解决，要么就一揽子解决。"从靶文所涉哲学主题上看，张华夏的雄心是试图一揽子解决本体论、价值论和科学解释的相关问题，并把它们整合成一个相互关联的理论体系。

　　上文提及的研究纲领确实集中体现了张华夏的雄心壮志。依我看，正是为了实现这一研究纲领，张华夏采取了坚持系统进路、提炼核心主题的策略，试图将靶文布局成一篇显示研究纲领伟力的标志性成果。按第一章末尾的提示，靶文论及的哲学主题可被提炼成 5 个问题，即系统整体问题、实体与物类问题、过程机制问题、广义价值和多元价值问题以及解释问题。

二

　　对于靶文中的系统哲学进路，胡新和与林定夷的批评基本上是解构性的，而吴彤、邬焜、王志康、韩东晖、桂起权和彭纪南的批评则基本上是建构性的。

　　胡新和本来期待靶文是一篇科学哲学论文，因为靶文序中提到此文的思考原来是从科学解释（scientific explanation，胡喜欢译作"科学说明"）这一典型的科学哲学问题出发的。但他读完全文后，

"就品出一点儿怪味儿了"：原来靶文作者是"醉翁之意不在酒"，他根本不满足于固守科学哲学疆域，而志在构造一种自然哲学式的"系统哲学世界体系"。相反，胡新和宁愿"从科学哲学的观点看"这一"体系制造"的举动。如此一看，便发现靶文染上了自然哲学的通病："这就是对于科学和哲学不加区分：一方面套用科学概念之名，另一方面却并不遵守科学的定义和界限；一方面明明是哲学家身份，另一方面却总愿越俎代庖，去干应当属于科学家的事"。针对靶文显示的从系统科学到哲学体系的思路，胡新和认为它"必然要面临这样一个难题：如此一种由（科学的）'点'到（哲学体系的）'面'的'扩展思维'是何以可能的？这一问题实际上蕴含着两点质疑：其一是这种'点'的可靠性问题；其二是这种'点'的普适性问题"。特别是对后者的质疑使坚信"一个解释一切的理论，等于什么也没有解释"的胡新和对靶文提出了如下批评："当什么都成了系统时，系统也就失去了其质的规定性，无以区别于其他，从而也就等于什么也都不是系统了。"同样，"当'系统主义'的'扩展思维'拓展到意在用系统观点去建立体系并说明一切时，它也必然落入自然哲学倾向的固有陷阱"。

作为张华夏的老同事和老朋友，林定夷的批评并不局限于靶文，而是从张华夏长期的学术经历入手，带有"算总账"的意味。这"总账"可简述为：张华夏有挥之不去的"五大情结"，即辩证法情结、体系情结、形而上学情结、数学情结和经济学情结。在林定夷看来，张华夏钟情于系统哲学有点儿像患上了前三种情结的综合征，特别像辩证法情结的并发症。林定夷认为靶文所列研究纲领第8个要点便是"系统病"的表现形式之一："实体组成系统或元素相互作用的聚合物，世界上一切事物不是系统就是系统的组成部分，它们组成相互联系的世界整体。"对此，林定夷提出了如下质疑和批评：既然万物皆系统，宇宙即系统，"那么，如何描述一个系统呢？张教授又说：'任何自然系统都可以用4个基本参量来对它们进行描述。或者说，任何自然系统都有4个基本因素。这就是系统的组成、系统的结构、系统的性能和系统的环境.'① 这就是说，宇宙作为一个系统，也是由这 4 个'基本因素'组成的。而何谓作为 4 个基本因素之一的'系统环境'呢？张华夏教授明确地说'所谓系统的环境指的是与系统组成元素发生相互作用而又不属于这个系统的所有事物的总和'（同上书，p. 99）。我们真不知道，'与宇宙的组成元素发生相互作用而又不属于宇宙的所有事物的总和'是什么东西。在宇宙之外，另有'天国'事物的总和组成了宇宙的环境吗？若如此，则按张教授关于系统层次性的理论，宇宙还会与它的环境一起组成一个更高层次的系统，宇宙则成了这个更高层次系统中的'子系统'。但我们在张华夏的书中，却看到宇宙似乎是所有自然系统中的'顶级''系统'。除了宇宙之外，似乎没有更高的系统了。在这里，我们似乎看到了一个明显的悖论。"林定夷认为，悖论来自对科学概念和原理的"蒙混"或不适当的"推广"（正如胡新和批评的那样）。他甚至认为，无论是 W. V. O. Quine 的"整体主义"，还是张华夏的"系统主义"，都是运用上述两种"通天手法"把科学和哲学搅成了"一锅稀粥"。基于同样的理由，林定夷还对张华夏所使用的"形而上学""本体论""广义科学""因果作用效用性质"等概念提出了批评。

看来胡、林二人对"系统主义"及其"扩展思维"提出的关键批评是：那些被系统化地推广的概念或原理可能既缺乏科学的可靠性，又没有哲学的普适性。其实，张华夏本人对此是有足够清醒的认识的，这由靶文第一章第三节关于系统哲学研究基本程序的论述即可看出。以下引自张华夏《对批评论文的答辩》（以下简称《答辩》）中的一段话可以看作对胡、林二人关于"系统"概念所作批评的回应："只要我们生活在世界中，在我们各门科学研究的对象里，绝大多数的事物都在不同程度上是个系统，我们就至少能在统计意

---

① 参见张华夏、叶侨健编著《现代自然哲学与科学哲学》，中山大学出版社 1996 年版，第 88 页。

义上将系统规律看作普遍规律。我想，只要我们采取一种非本质主义的态度，我们就不会落入胡新和教授所说的自然哲学陷阱的。"

这里涉及一个问题：是否有必要将世界上的事物区分为系统和非系统？对此，张华夏的回答是否定的，而吴彤的回答则是肯定的。这种分歧属于系统哲学内部的分歧。可以这样看：面对胡、林提出的类似批评，吴彤主张通过区分要素与元素，进而区分系统与非系统来予以回应，以便更好地坚持系统哲学的研究方式。他之所以取此策略，乃是因为他觉得张华夏的有关论述难避如下矛盾：一方面靶文说"世界上一切事物不是系统就是系统的组成部分"，而不存在非系统；但另一方面，根据张华夏认可的"系统就是具有动态学联系的元素之内聚统一体"这个定义，以及靶文从元素之间"紧密关联"角度对此作的说明，那种非紧密联系的元素集合就不是系统，亦即说，必须承认非系统存在。正是为了消除这一矛盾，吴彤挥舞概念分析之剑，将全部存在状态劈为三个部分，即系统、非系统和"无"，并提出如下结论："从系统逻辑上的退化方向看，系统是从一种非加和性复合体的有序结构退化到一种局域化的加和性复合体（即非系统），而后才能进一步退化到'无'。"而要素与元素之分的重要性在于"对系统而言，要素是不可或缺的，元素则不是不可缺少的"，因为"要素是一种从性质上相互区别的质元，而元素则是从数量上构成系统的数量性单元"。据此，所谓"非系统"即为由同质单元组成的堆积物。对此，张华夏在《答辩》中反驳说："于是，演化中的原始星云、热力学理论中的理想分子运动系统其组成都是同质单元，但它们却是公认的系统。"同样，张华夏认为胡新和所列"书房中的家具""同一班级的学生""一个商场中的顾客""宇宙""夸克"等都不足以成为非系统。不过，在张华夏回应吴、胡的论述中，有两段结论性的话值得注意：第一，"我在本体论上不同意吴彤教授将世界上的事物截然地划分为系统与非系统两类。至于他的那个'无'，只是黑格尔的'特定的无'，他自己也承认，它事实上是'有'（有'物质、能量和元素'）。所以更不能将世界划分为系统、非系统和无这三类"。第二，"不过，从方法论上，从逻辑上，从理论模型上，我们还是承认非系统或堆积物这个范畴"，因为这样便于处理系统的极限情况和加和性现象。

邬焜对张华夏的系统主义"表示完全的赞同和支持"，同时又提出了"系统是直接存在和间接存在有机统一的整体"的观点，而这里所谓直接存在和间接存在分别指的是物质和信息。王志康也赞同张华夏的系统主义，但又认为张华夏的研究尚缺乏"对系统作为本体论研究的出发点何以可能的阐释"。对此批评，张华夏的回应是：在他的系统本体论中，"从逻辑上看，系统并不是出发点"。因为一方面，"系统是由元素、关系、生成、过程这些初始概念来定义的。因此在讨论系统之前，必须讨论实体、关系、过程这三个范畴"。另一方面，从系统哲学发展过程看，"系统、突现、进化、层次都成了系统本体论的几个中心概念"。

本体论的研究方法是靶文第一章的中心议题。采用《答辩》中的表述，该问题是："除了用语言分析的方法研究本体论之外，是否可能有一种经验概括的研究方法呢？跨学科领域（包括系统科学）的出现是否可能为后一种研究方法提供一点什么？"靶文在论述将本体论看作"广义科学"的理由时，实际上对此问题做了肯定的回答。《答辩》中也有这样的话："我除了采取语言分析的方法之外，还采取了半经验的综合方法"来研究本体论问题。我们已知，林定夷和胡新和是反对在本体论研究中采用所谓"半经验综合方法"的。而彭纪南则为这种方法作了明确的辩护。比较而言，韩东晖对张华夏的本体论研究表示了谨慎的支持。

说到张华夏的"辩证法情结"，林定夷是持批判姿态的，而彭纪南和桂起权则表示赞赏。不过桂起权认为张华夏试图以系统辩证法改造并取代矛盾辩证法的努力有在倒掉"斗争哲学"洗澡水时，连同澡盆中的婴儿一起倒掉的危险。桂起权本人则认为两种类型的辩证法"在自组织动力学机制的解释上是高度一致的"。

三

张华夏说他的系统本体论是一种"实在论的系统本体论",有时又称为"物质系统论"。靶文所列研究纲领中的第2、3、7条要点表达了这里所谓"实在论"的三个关键论点,可分别称为世界组成的终极性论点、实体的自立性论点和实体的可变性论点。靶文第三章第一节末尾的如下论述可作为这三个论点的总结性表述:"如果一定要在世界所组成而又复归于它的意义上回答终极实在究竟是什么,我们只能作这样的回答:世界的终极实在是变化着的实体或实体的过程";"终极实在就是一般的存在本身,这就是说,终极实在是这样的存在,我们只能指出它的一般的特征,我们要分析的是存在的一般形式(实体、属性、关系与过程等),以及存在的共同特征。这样来看问题,实体、属性、关系、过程都是存在的和实在的,都有资格挤入'终极实在'的行列。问题在于何物的存在更有独立的意义。我们认为更有独立意义的存在就是实体。"

由此可见,当张华夏最终主张实体是世界的终极实在时,他已抛弃了那种把实体和终极实在看作绝对不变的存在者的传统观点。现在,作为世界终极实在的实体,与属性、关系和过程一样,表征的是"一般的存在本身"或"存在的一般形式",而不是存在者。有趣的是,同海德格尔相比,这里从一个不同的角度也强调了存在与存在者相区别这一"存在论区分"。按此理解,实体、属性、关系、过程都可作为世界的终极实在,只不过从逻辑的彻底性看,由于"更有独立意义的存在就是实体",所以,张华夏认为主张实体是世界的终极实在更具有合理性。

看来上述意义上的"实在论"之所以能够成立,确如胡新和所说,"无论是对于'实体'还是'终极实在',靶文中都按照自己的理解和需要作了与其传统意义不同的独特定义"。可是,胡新和认为不遵循概念使用在传统意义上的规范性,就有可能导致违反逻辑的概念混淆。以"实体"概念为例，其传统的规范性意义是指"不变的，基础的，本质的，是使一事物为一事物的根据"。"因此，说'可变的实体'，就如同说'冷的热'和'苦的甜'一样不合逻辑，是不可随意一说，而需要详加说明的。"公正地说，靶文第三章表明，张华夏对他的新实体观是力图"详加说明"和避免"随意一说"的，只不过胡新和不接受这些说明罢了，因为他认为这些说明违反了"实体不变"的规范性意义。对此，张华夏在《答辩》中用两点说明进一步地去予以反驳："首先，无论在科学中还是在哲学中，任何一个基本概念的意义，都是要看它在其所处的理论体系中如何使用来加以确定的，不可能有什么超越不同历史、不同学派的不变的'规范性'必须加以保持。"而科学和哲学的发展表明，"从许多古代哲学家到许多现代的物理学家，都将实在和终极实在看作是某种实体与过程的统一"。作为这种情况的最新哲学反映，"当今英、美众多的'形而上学'或'本体论'教科书都将实体定义为具体事物，并且认为不但属性是变化的，实体也是变化的"。基于此，张华夏重申了亚里士多德关于判定实体的三个标准（对应着主语，独立于属性，区别于普通物）后，明确指出："我不但不想遵守实体是不变的这个'规范'，而且要在亚里士多德的实体三标准中加上实体的第四标准：一切实体都是暂时的，在时间中变化的，不过相对于属性的变化来说，有某种恒定性或持续性罢了。"

张华夏认为他的新实体观还可引出新物质观："有了这个分析（按：指以上所述关于实体概念的分析），我们就可以给物质下一个本体论的同时又是认识论的定义：物质是标志具有属性和关系的一切实体的范畴，这种实体是宇宙间一切变化与过程的主体，它是离开人们的意识独立存在着，在一定条件下产生了人们的意识并为人们所认识。这种对实体的分析和对物质的定义，无任何假定宇宙有永恒不变实体的含义，也没有将哲学物质定义与自然科学关于物质的论说有任何混淆之嫌，相反它可以澄清自从将物质定义为客观实在以来引起的许多疑难。"可是，胡新和认为此说不仅没有澄清疑难之功，"反倒又趟进传统哲学问题的混水中去了"。在他看来，张华夏固守"自然辩证法"式的思维方式，仍钟情于以"物质"实体作为其本体论的基础，从而落入"实体"与"物质"相互定义的循环之中，便是"趟进混水"的明证。针对这一严厉的批评，张华夏的反驳简洁明了：这里"并不发生循环定义的问题"，因为"在我的哲学体系中实体是原始概念，不依赖于物质来定义，而物质却要依赖于实体来定义"。关于这种依赖于实体来定义的物质概念，吴彤担心它难以同列宁那种基本上如张华夏所说"将物质定义为客观实在"的概念区别开来。对此，张华夏的回答也是简明的：这里也"不发生混同于列宁的物质定义问题。因为我们的实体概念，是相对于属性和关系来说明和定义的，不像列宁的物质概念，只是相对于人的意识来定义的"。

我们已知胡新和并不赞同张华夏的系统观，现在又知道他也不赞同张华夏的实体观。退而言之，即使接受张华夏的系统观和实体观，胡新和认为系统观蕴含的多元论也与上述实体观蕴含的一元论相悖。换句话说，胡新和似乎认为张华夏的系统观也缺乏彻底性。类似的批评也由邬焜挑明了。他说："在张先生著作的多处行文中都流露或渗透出试图把实体实在论、关系实在论和过程实在论加以统一的倾向，但他并未将这一倾向贯彻到底。由于他强调了实体实在第一性的完全存在的意义，并认为在'研究本体论时，实体、属性与关系，它们之间的地位是不能任意调换的'，所以张先生的系统本体论便少了一些多元协同综合的系统辩证关系，而更多陷入了实体决定论的经典哲学的樊篱。"桂起权的论文表明他似乎也持有类似的批评意见。事情显得颇为有趣："协同生成子"这一由张华夏和金吾伦共创的概念本来看起来是有些"多元协同综合的系统辩证关系"的，但邬焜则认为张华夏借言"实体可变"的革命性意义已消泯于"实体的先在性和本源性"的预设中。桂起权也认为张华夏主张"自我支持"的孤立存在的实体观与他本人坚持的"依赖于系统整体或场境的、生成的、潜在的实在"论点相对立。正因如此，张华夏被判为"不知不觉陷入了牛顿本体论的泥潭"。与此批评异曲同工，罗嘉昌从清理"实体"概念的历史演变入手，将张华夏的实体观定位在"实体即载体"式的"本质上属于十八世纪唯物主义的观点"上。他本人则以"关系实在论"来对抗这种"实体实在论"。进一步说，金吾伦认为张华夏对"协同生成子"的理解有一个关键错误，即把"生成"仅仅理解为"有生于有"，而未考虑"有生于无"，因而将"生成"强行纳入"实体"和"结构"之中。正是基于类似分析，金吾伦断言，张华夏的系统本体论是一种用系统观念作"伪装"的"精致的构成论"，而不是"生成论"这种"与当代科学水平相适应的新概念和新方法"。对于以上这些批评，张华夏的《答辩》中有两个要点值得注意：第一，他重申了实体自立性和可变性的论点，并强调实体自立性"不是相对于其他实体、其他事物来说的"，而是相对于属性和关系而言的。"因此，将实体相对于属性具有的自我支持的自立性或自在自为的性质当作与其他事物或整体场境隔离开来的'牛顿式本体'来加以批判显然是对错了号。"张华夏还特别声明："我的实体实在论并不否认系统整体或场境的、生成的、潜在的实在，它只否认无对象的场境，无关系者的关系，无生成者的生成，所以需要实体实在作为基础来补充关系实在、过程实在和潜在实在，以便消除将事物看作感性要素的'集'，属性的'串'和关系的'束'这种无实体的形而上学见解。"第二，张华夏认为他的实体可变性论点表明的是生成论观点，却被金吾伦判为构成论了。原因在于"金吾伦的批评论文有个缺点，就是他首先将'构成论'定义为'将宇宙的事物及其变化看作不变要素的结合和分离'，然后将许多主张事物有自己的实体与结构的观点，以及变化是从一种实体及其结构变化到另一种实体及其结构的观点都打成'构成论'"。进一步说，"金先生造成某种概念混淆的原因，在于他对于生成有哪几种不同的形式或类型不去作过细的分析，以至于将许多生成的类型划入'构成论'中去了"。至于"有""无"的问题，张华夏说："作为生成，我们现在只能找到有生于有的实例，并未找到有生于无的实例。""过程哲学将终极实在追溯到纯粹作用过程，已经走得够远了，再将作用过程追溯到'无'，主张存在的终极实在是无，这似乎走得过远一些。"

四

以新的实体论为基础，靶文又提出了自己的物类论和过程机制论。靶文所列研究纲领中的要点 6 和要点 11 分别表述了这两论的核心观点，而靶文第四章便是对物类论核心观点的详细论述，第五、六、七章则讨论了过程机制论的核心观点。

在分析随机作用机制时，靶文指出："有两种随机性和随机事件，一种称为客观上的本质上的随机事件，一种称为操作上的或方法学上的随机事件。"（第六章第一节）在张华夏看来，前一类随机事件表征的是绝对的偶然性，它只受统计规律支配而不受因果决定论规律支配；后一类随机事件则表征了相对的偶然性，它在根本上受制于因果决定论规律，但限于现有知识和技术水平，难以对其作严格的因果描述和解释，于是权且采用统计方法予以描述和解释。确如谭天荣所说，"在《引进系统观念的本体论、价值论与科学解释》一文中，作者张华夏断言，量子力学中的薛定谔方程、迭加原理和测不准关系对决定论做出了最为坚决的打击，从而成为证明自然界存在客观的、本质上的随机事件，存在绝对的偶然性的有力论据"。而且"作者是根据量子力学的正统诠释引出上述结论的"。针对这种论据和结论，谭天荣在澄清现实的"统计分布"与观念的"概率分布"的区别的基础上，以量子力学正统诠释的历史演变为线索，以一些非正统诠释为参照，对本质随机性和绝对偶然性论点提出了批评，并提出了如下猜测："我想，如果作者（按：指张华夏）更仔细地考察一下量子力学正统诠释的历史与现状，并且耐心地将它与其他诠释作一横向比较，他或许会放弃'绝对的偶然性’或‘本质上的随机事件’等哲学结论。”可是，我的感觉与这种猜测正好相反。换言之，我觉得张华夏从系统的突现进化和存在的生成模式看绝对偶然性在事物存在和发展中的作用（参见靶文第六章第四节），是很难放弃绝对偶然性或本质随机性观点的。

在论述目的性作用机制时，张华夏颇为得意地提出了“广义目的性”概念。他之所以对此概念感到得意，主要有四点理由：其一，它有控制论和系统论关于目的性行为的目标定向和负反馈调节的说明作理论支撑，在亚里士多德泛灵式目的论和马克思的人脑定位式目的论之间辟出了一条中道；其二，它有助于对以现代科学成果的反思为基础，对目的性作用机制作新的探讨；其三，它还能为功能解释、目的论解释和行为解释奠定新的基础；其四，更为重要的是，借助于它，可以找到从本体论向价值论过渡的内在线索，进而打破“是”与“应该”或“事实判断”与“价值判断”之间传统式截然二分的壁垒，并且以奠基于它的广义价值论为非人类中心主义的生态伦理学提供坚实的哲学根基。

看来胡新和对张华夏使用“广义”一词十分敏感，因为他认为“‘系统主义’为拓展疆域，构造体系之需而‘扩展思维’时的一个法宝，是玩弄概念游戏，泛化概念的定义域，常见为‘广义’法”。我们已知，在胡新和看来，张华夏对“系统”和“实体”两个概念的使用已显“广义法”之弊。现在他又认为，张华夏对“目的性”“价值”“主体”“关系”等概念的使用患有同样的疾病。自然地，他绝不会认可张华夏由“广义目的性”、“广义主体”和“广义关系”导出“广义价值”的做法。他对此逐一展开的批判是够尖锐的。首先，“其中关于广义目的性，尽管有维纳之言在先，他也只能说是一种启发式的比喻。人工物的目的性无疑体现的是人的目的性”。“用建立在‘人工物’基础上的‘广义目的性’概念，来作为‘自然物’的‘内在价值’的依据，显然有偷梁换柱之嫌，也不免过于急功近利。”其次，“‘广义主体’，即将主体‘从人推广到一切生命’，当然甚至于推广到一切自然系统，这无论在认识论还是在价值论领域中，都是一个根本性的'推广'，应当详加论证，而不可轻松随意，一笔带过的。如同论证本体论的'科学性'一样，靶文此处也很潇洒地把哲学上有严格界定的'主体性'自如地'广义'到了人类之外的自然界"。再次，"'广义关系'说，是指为满足'价值是主体与客体相互关系的范畴'这一概念，而自然此时既是主体，又是客体而引入的'自反性关系'。但这里在'广义主体'推广到生命系统的同时，'客体的类也可以包括主体自身'，从而使客体对于主体的价值关系'上升'为'主体对主体的自反性关系'的'广义价值'的（'广义'？）'逻辑'（游戏），实在是如我等脑钝笔拙之辈所难以理解和追寻的"。最后，胡新和总结说："有了'目的'，成了'主体'，再与自我接上'关系'，'广义价值'当然应运而生，'系统价值哲学'就此奠基。只是立足于如此泛目的性、泛主体性、泛关系性之上的'泛价值论'难免有'泛灵论'和'伪价值'之嫌。"

问题的关键在于胡新和认为张华夏不遵循"价值"概念必关涉人的规范性使用，犯了泛化概念的错误。看来甘绍平也会支持这一批评，因为他在批评张华夏时指出，靶文在论述环保原则及其生态伦理意义时，没有区分与事实相关的"功能目的"和与责任相关的"实践目的"，因而其"广义目的性"和"广义价值论"难免会犯"不合逻辑"的概念混淆错误。甘绍平认为，"总之，善恶总是与人相关。而植物、低等动物、自然系统等只有功能性目的，没有实践上的目的。由于功能目的仅与事实相关，毫无道德价值可言，因而以生命体拥有'目的'为由，来论证生命的价值地位，这无疑是不合逻辑的。"

与胡、甘不同，彭纪南虽也认为"张华夏把'目的性'概念作了不适当的推广"，但他主张与内在价值相关的"目的性"并不局限于人，而可适用于生命体，只是不适用于非生命的人工物罢了。他的结论有点像对张华夏提出修正性的建议就不足为怪了："我认为将'内在价值'概念拓广到生命体为止，可能要恰当一些。"

如果说对于张华夏的广义价值论，胡、甘二人认为"广义"根本不可取，彭纪南认为"广义"原则上可取而策略上走过了头，那么邬焜则认为张华夏式的"广义"并没有错，但其对"价值"的理解倒是需要质疑的。邬焜称那被质疑的价值观为"需要论"，即"主张用主体的需要，以及客体对主体需要的满足来规定价值的本质"的观点。他认为这种观点只强调了价值问题的主体主动意向方面，而忽视了主体被动接受方面，因而是片面的。

针对上述批评，张华夏在《答辩》中所做的回应集中于三个方面：第一，根据控制论和系统论的有关文献，进一步阐述目标定向和负反馈调节的"目的性行为"普遍地存在于人类、生命体、机器或无生物之中，再次为"广义目的性"概念的合理性作辩护；第二，参照卡尔·波普尔有关"广义价值"的论述，深化靶文中所讨论的相关内容；第三，在反馈机制的分析中列出"事实与价值的对应原则"，并表明"一旦找到了这个对应原则作为前提，依据于它，其他规范判断最终便可以从事实判断加上对应原则加以推出，由此便可以建立各种'实然'与'应然'的关系逻辑"。在展开上述三点的讨论过程中，张华夏还对上面论及的一些批评给出了具体的回答。

五

当然，广义价值论是相对于狭义价值论而言的。后者的立论根据是：因为只有人具有自由意志和理性选择能力，所以唯人堪当价值主体，而伦理学必定是以人类为中心的。由上可见，胡新和、甘绍平是坚持狭义价值论而反对广义价值论的。后文也将表明，在此问题上，陈晓平是胡、甘二人的盟友。

然而，张华夏却对狭义价值论提出了质疑。他问道："'原初的价值'如果不是从上帝那里来的，那是只能从自由意志和理性选择那里来吗？那么体现自由意志和选择的人的价值又是怎样来的呢？"（《答辩》）这一反问式提问表明了张华夏自己说的一条运思进路："我想考察的正是从系统进化的观点来看人类价值和社会价值怎样从自然价值和生命价值中发展起来的"（同上）。把住这一思路，我们便可观察到一幅幅色彩斑斓的图景：靶文第八章展示了从自然价值到生命价值，再到生态价值，最后到人文价值的过渡；第七章到第八章展示了从描述观点向规范观点的转换；第九章和第十章展示了从"经济人"到"道德人"的演变；所有这些共同绘制出一幅广义价值论的宏伟画卷。

在此，系统主义的扩展思维再次显示威力。首先，一切复杂系统均具负反馈调节机制而有内在价值，"系统哲学连无生命的自然物也是赋予一定内在价值的"（靶文第八章第一节）。其次，退一步看，"如果说非生命的目标定向系统，其价值范畴还不是表现得十分充分，在相当大的程度上是从类比的意义上讨论它的自然价值的话，那么在生命系统中，价值的范畴……就已经有了自己的充分明确的意义，以至于我们可以称之为完全意义的自然价值了"（同上）。生命系统的目的信息存在于特定的基因组中，它同时是一个语言系统、意向系统、动力系统和评价（规范）系统，它能区分好坏善恶是不言而喻的（参见《答辩》）。既如此，传统的"价值主体"概念须作推广，而不能只局限于人。相反，应"将价值主体从人推广到一切生命"（第八章第一节）。这样的广义价值概念"仍然指的是主体与客体的关系性质，不过这个主体扩展到生命系统，这个客体的类也可以包括主体自身。所以广义的价值概念并没有脱离传统的价值概念，而是推广、发展了传统的价值概念，从而可以包含或推出传统的价值概念。正是在这里使广义价值概念有着非常重要的价值论与伦理学的意义"（同上）。最后，张华夏将系统进化与合作博弈结合起来，似乎一揽子解决了由"经济人"向"道德人"过渡的"霍布斯问题"，并为其广义价值论的四项基本原则作论证。简要地说，四项原则体现的是个人、社会和生态系统这三个层次不同的"适应性存在及其最优化"的"基本目标和最高价值"。具体地说，正义原则对应个人层次，体现平等自由和最佳利益；功利原则对应社会层次，体现最大多数人的最大利益；环保原则对应生态层次，体现生态系统的完整、稳定和优美；仁爱原则贯穿三个层次，促进各层次的稳定性。

对于以上述四项原则为支柱的伦理学大厦，甘绍平有一个总评："我感到张教授虽然自认为超越了本质主义，但并没有改变规范伦理学的本质，因而也就没有克服规范伦理学的根本缺陷。"这里的缺陷指的是传统规范伦理学固守所谓"工程师模式"，试图通过机械的演绎程序，从一个最基本的道德原则及一定数量的知识推出相关的道德现象，却"无法囊括所有的道德现象，无法有效地解释，更谈不上解决所有的道德冲突"。其实，张华夏对此是清楚的。正如甘绍平所说，"张教授坚信功利主义及道义主义从一个原则出发，会遇到许多反例，所以后来出现了弗兰克纳的从两个原则和罗尔斯的从三个原则出发，以至于张华夏的从四个原则出发"。可是，甘绍平认为这些在基本道德原则数量上的小修小改根本无法将规范伦理学从其困境中解救出来。他强调"在现代民主社会，道德问题总是以道德冲突的形式出现的。解决道德冲突的唯一途径就是公众之间以赢得道德共识为目标的理性的对话与交谈。而交谈程序本身又体现了自主原则作为一切伦理讨论的前提、基础与出发点的独特地位"。简言之，面对道德冲突，唯一的出路是舍弃规范伦理，倡导交谈伦理。按交谈伦理以自主原则求道德共识的标准，甘绍平认为所谓仁爱原则是以人心皆善这一"虚幻的人类图景"为基点，将道德理想误作为道德原则了；而环保原则本来隶属于正义原则，却被张华夏赋予了与正义原则平起平坐的地位，原因在于他混淆了功能目的与实践目的，抹杀了"动植物生命的价值与人类生命的价值的差别"，脱离了"人类中心主义的基点"。

有趣的是，同样坚持人类中心主义的基点，陈晓平似乎不会听从甘绍平关于舍弃规范伦理的劝告，却有志在张华夏伦理体系的基础上，重构一种以人类中心主义为基点，充分体现人类真实图景，融规范与描述为一体的伦理体系。他对张华夏的批评没有局限于靶文，而是更多地针对张华夏在《现代科学与伦理世界》一书中提出的两个伦理体系，即系统功利主义体系（第三章）和系统的超功利主义的伦理体系（第五章）。他认为，"张先生给出的两个不同的道德体系均未给出道德评价的客观标准，由此便导致他的非本质主义，同时也导致道德的主观主义和相对主义；这与他的道德乐观主义态度是不协调的。不过，他的超功利主义体系与他的系统功利主义体系相比，主观主义和相对主义的程度要强一些"。基于这种判断，陈晓平认为张华夏最终以超功利主义体系取代系统功利主义体系并不明智。相反，他认为明智的做法是对系统功利主义作实质性改进，最终达到一种"合目的性的功利主义一元论"。在陈晓平看来，张华夏之所以在超功利主义的多元伦理体系面前驻足不前，首先是因为他"把认识论的结果与实践论的原则混为一谈了"，从而用只能在认识论上可接受的广义价值论取代了在实践上堪作根基的狭义价值论；其次是因为张华夏没有认识到"合目的性就是一种广义的功利"，而"在这个意义上，仁爱原则、正义原则和环保原则都可以隶属于功利原则之下，因为这些原则对于人类来说都有着某种合目的性"。看来，张华夏以广义价值论超越人类中心主义是走过了头，"把自己摆在上帝的位置上了"；但他止步于多元伦理体系却是半途而废，未能攀上"合目的性的功利主义一元论"的顶峰。

张华夏在《答辩》中再次声明，对甘、陈等人坚持的狭义价值论或人类中心主义的伦理立场，他仍持怀疑态度。请看他对甘绍平的回应："他的整个论证的前提是：只有人类才有内在价值，只有相对于人类才有善恶好坏之分，只有人类才应得到伦理关怀。而这几个前提正是我要加以质疑的。我的结论只是相对于他的前提才是不合逻辑的。"再看对陈晓平的回应："讨论伦理与价值，应定位在哪个系统上呢？陈教授自觉不自觉地定位在人类这个系统上。不过这已经是'替别的系统求得稳定和繁荣'，因为'以个人为中心'，

'人类'除我个人之外，都是属于别的系统。既然你已经为别的系统做了'上帝'，为什么就不可以为别的生命系统，为整个生态系统再做一次'上帝'呢？"由此就不难明白为什么张华夏不同意甘、陈二人的如下断言了："从理论上讲，生态伦理学的核心是代际公正的关系问题"（甘）；"我们只要求得人类自身的稳定与繁荣，就为地球生物圈的稳定或繁荣作出贡献"（陈）。同样也不难理解为什么张华夏不认可陈晓平用广义功利原则统领其余三个原则了。看来张华夏是自觉选择了上述那种既"走过了头"又"半途而废"的策略的。据此，如下对陈晓平的回应就顺理成章了："由于有三个层次不同的最优化的生存，社会伦理不可以还原为人类功利最大化的原则。于是结论只能是不同情景下有不同权重的四项基本伦理原则。"同样，对甘绍平的回应也就容易理解了：就四项原则而言，"这已经是协商、交往的结果，并通过自然选择和社会选择达到的原则。'只有程序伦理，没有规范伦理'的论点是不对的"。

在张华夏与周燕的对话中，周燕强调经济学的实证性与伦理学的规范性之间的区分，张华夏则从人类行为的统一性立论，更加强调"只是为了学科分工的方便"才出现这一区分。他提醒人们注意，"这种分工是最近二百多年来经济学突飞猛进的条件，以致经济学家们忘记了他们是从道德哲学家中诞生出来，而他们在现实生活中分析和解决许多经济问题时常常离不开道德的前提和道德的结论。事实上对于经济行为的解释、预言、评价与决策之间根本没有什么'鸿沟'可言，有时人们不知不觉地越过了界，还以为自己是从纯粹经济学家的观点去看问题，结果却用了狭隘的伦理观念去分析问题和处理问题"。正是基于这种认识，张华夏自觉地"做经济学与道德哲学之间的沟通工作"，"从价值哲学（启发式地而不是演绎式地）进入经济学"，揭示了"经济人"假设的局限性，批评了微观经济学中的"福利"概念，分析了劳动价值说和效用价值说的差别，并从主客体关系角度提出了一种新的经济价值论。

六

在靶子论文中，除第十一章专论科学解释外，第二、四、六、七各章也涉及解释问题。可以把所有相关论述归结为两部分内容：第一部分揭示逻辑经验主义因拒斥形而上学而在科学解释问题上遇到的诸多困难，进而阐明从本体论和价值论角度探讨解释问题的必要性和重要性；第二部分则分别展示这种探讨所取得的成果。按《答辩》中的表述，这些成果分别是：①揭示本体论中物类划分和规律类型及其与科学解释分类之间的关联，为"归类解释"奠定新的本体论基础；②以新的过程机制论为因果性解释、随机性解释和目的性解释这三种"机制解释"提供本体论根据；③从系统层次论出发研究突现解释、还原解释和扩展解释这三种"系统解释"，提出了一种包含上向层次解释和下向层次解释的多层次解释模型；④根据上述解释（特别是机制解释中的目的性解释），分析了人类道德行为的解释结构。

以上研究被胡新和判为"以自然哲学的思维方式，做科学哲学的工作；以自然哲学的体系取向，来解决科学哲学的问题"。其实，正如靶文末章所述，采取本体论进路来研究科学解释问题，未必都会陷入"自然哲学的思维方式"。萨尔蒙提出因果相关解释模型来取代"标准模型"，采取的就是本体论进路，却被2000年出版的《科学哲学手册》评论为"这个模型符合科学中和日常生活中的解释实践，这种符合比 DN 模型符合得更好"。靶文中关于机制解释的论述正是吸收和超越萨尔蒙模型的结果。也许正因为如此，张华夏在《答辩》中表示对胡新和的批评"实在不能理解"。

至于殷杰说已出现"科学解释的语用学转向"，并据此批评靶文"似乎很难说是在科学解释发展的这一趋向上来讨论科学解释问题"，张华夏简明扼要地回应说："科学解释的语用学研究，只是研究科学解释的诸多进路之一，并非科学解释的研究整个方向要转向于它。"依我看，既然靶文"着重于研究科学解释与本体论和价值论的关系"（《答辩》），它当然有理由对基本上属于科学解释认识论进路的语用学研究少费笔墨。

靶 子 论 文

引进系统观念的本体论、价值论与科学解释

中山大学哲学系　　张华夏

序

近年来我与国内一些哲学家发生了重大的理论分歧，这些分歧包括：我们是否应该拒斥形而上学的问题；本体论的研究何以可能问题；关于"自然、社会和人类思维的普遍规律"的研究本身是否误入歧途问题；如果不是，我们是否应该或可能从分析哲学或系统哲学的研究中或者当代其他学派的本体论哲学中获得一些哲学宇宙观的规律来补充、修正或更新"辩证法三大规律"问题。世界的终极实在是什么，是实体、过程、事件还是关系问题；我所坚持的实体实在论与关系实体的分歧到底何在问题。世界是自然类组成还是由维特根斯坦所说的家族类似类组成问题。事物过程的作用机制到底是什么，我们到底应该如何对待决定论问题。因果性的传统概念是否需要修改，修改成包含随机事件的盖然性相互作用问题。因果性、随机性和目的性/意向性是否是三个独立的不可还原的生成模式与运行机制概念，目的论解释是否可以从本体论上还原为因果解释问题。自然界是否存在着广义目的性从而广义价值论和生态中心伦理是否成立问题。价值是主观的还是客观的，我们到底应该如何对待劳动价值论、边际效用论和社会福利的概念问题。健全社会的伦理价值标准到底是一元论的还是多元论的，我所提出的四元价值

目标以及由此推出的对人类的终极关怀是促进人类个人自由和全面发展的论点能否成立问题。与上述问题密切相关的科学解释问题，科学解释的 DN 模型和 IS 模型是否已经过时问题。如果已经过时，我们到底应提出什么样的替代性的科学解释理论和模型问题。所有这些问题，我都曾与有关哲学工作者讨论过，在杂志上争论过、商谈过。要将这些问题集中起来，系统地整理起来，重构出来，并补充一些国内、国外的最新材料绝非一件容易的事，我认为这样做无论对我来说还是对哲学界来说都是十分有意义的，因为它可能为大家提供一些靶子，让大家可以万炮齐轰它，看看还能够剩下一些什么。因为我的目标并不是想保卫我的哲学结论，而是要实现的哲学追求。我发现，历史上哲学家们的大多数哲学结论或阶段成果都是转瞬即逝的东西，只有哲学追求才是永恒的。特别是自己处在"夕阳无限好，只是近黄昏"的岁月，如果能够提出一些问题并引出更多一些问题去促进自己和其他人，特别是与青年人共同探索，那实在是我梦寐以求的。

有一件事情迫使我必须这样做，这就是我作为山西大学专职教授参与教育部重大研究课题"科学解释研究"。2001 年 7 月召开的全国第十次科学哲学学术讨论会上，对科学解释十大难题展开争论，我发现解决这些难题，建立科学解释的新理论必须有个本体论研究进路。一旦我深入地研究这些问题，就发现它几乎与我近年来与同行们争论过的本体和价值哲学问题都有密切的联系。因此整理我的本体论思路并将它与科学解释问题联系起来思考似乎就是我参与科学解释问题研究所不可避免的道路，也是完成课题的一个很好的步骤。这是因为，长期以来，我形成了一个信念，哲学问题要么不解决，要么就一揽子解决。科学解释问题不从一个更广泛的视野中分析它是不会解决得好的。这也许是我的系统主义和扩展思维所要求的。从这个角度看，此文的题目应该是"科学解释中的本体论与价值哲学问题"。事实上，上述许多本体论问题的产生，大多来源于科学哲学的研究，特别是科学解释问题的研究。不过最后我还是采用了涵盖上述问题的更为广泛更为扩展的题目:《引进系统观念的本体论、价值论与科学解释》。

当我完成了我的写作工作之时,我的感激之情油然而生。十分感谢中山大学哲学系以及黎红雷教授和李平教授对我的帮助、支持和鼓励。靶子论文及其批判的概念是李平教授首先提出的,它充分体现了学术自由的精神。十分感谢山西大学科学技术哲学研究中心郭贵春校长和高策主任等同志给我提供极为优越的工作条件。我还要感谢张志林教授,本文的许多部分都曾与他讨论过,有一些部分(主要是第四、五、十一章的某些部分)可以说是我们共同完成的。最后我要特别感谢对我的文章进行评论的各位学者,他们毫无保留地提出尖锐的批评,挑明我的问题之所在并提出修正和替代性的论题、论点和论证,从而促进学术争鸣和学术发展,促进我进一步思考这些问题,使我的研究得以深入和发展。

第一章　本体论的研究何以可能

本文的目的，是讨论一种引进系统观念和方法的本体论与价值哲学并对其相关的解释问题进行研究。对于价值哲学，在我国，研究者越来越多，不过价值哲学到底如何与本体论相联系这个问题却研究得很少。至于本体论的研究，在我国大陆几乎无人问津，这一方面是因为许多研究者的哲学观点普遍地滞后了一个历史时期，他们受了早期分析哲学"拒斥形而上学"思潮的影响，认为一切本体论问题都是无意义的问题，而不知道当今世界上本体论的研究已蓬勃地发展起来了。另一方面，主张"实践唯物主义"的研究者认为，马克思主义哲学主要关注主体性，关注"有人在场""以人为中介"的世界，而无人在场的世界"不可言说""对于人说来也是无"，因而最好保持沉默，否则就会陷入"本体论思维方式"，去寻找一些自寻烦恼的问题，提出这些问题和想解决这些问题不过是哲学童年时代的一种幻想而已。还有一个原因，就是我国的哲学学科，采取了一种奇怪的分类，划分为马哲、中哲、西哲、科哲等，主要是按学派、按地区进行分类，而不是按学科性质进行分类。于是，作为基础哲学三大学科之一的本体论，在哲学的一级学科、二级学科、三级学科中都找不到自己的位置。它在作为学科发展条件的分门别类的教学与研究中消失了。

关于我个人，由于某种个人经历的原因，一直顽固地坚持对哲学本体论的研究，但直到 10 年前才自认找到本体论研究何以可能的一些根据。

一　后期分析哲学怎样恢复了本体论哲学的学科地位

何谓本体论？本体论是关于存在与生成的最一般性质的学科。早期分析哲学，特别是逻辑经验主义提出了"命题的意义就在于它经验地可证实"的划界标准，从而严格区分了作为重言式的分析命题和有经验内容的综合命题。依这个标准发现了一切形而上学或本体论的命题，既不是分析命题也不是综合命题，它们是不可证实也不可证伪的无意义的命题。正如卡尔纳普所说的"这个领域里的全部断言陈述全都是无意义的，这就做到了彻底清除形而上学"。①　逻辑实证主义哲学发起的"拒斥形而上学"的运动，在哲学发展中起到非常积极的作用，揭示了许许多多"思辨的""超验的"形而上学胡说，特别是黑格尔派关于存在与虚无的许多本体论命题是怎样违反语言的逻辑和语言的正确使用的。

　　但是，我们也必须注意，不能因为许多本体论著作有一派胡言就得出结论：一切本体论断言都是一派胡言，从而应该回避本体论的整个哲学学科。到了 20 世纪 50 年代，分析哲学家们发现了一种关于存在的新的言说方式，即 W. V. 奎因所谓"本体承诺"（onto-logical commitments）。他指出，在日常语言和科学或哲学的陈述中，能够断定存在事物的基本类型的语句成分，不是语句中的量词，也不是逻辑常项，也不是谓词，而且还不是一般所说的个体词或名词，而是在这些陈述经过逻辑整理后的由量词约束的个体变元的值。

　　"存在就是作为一个变项的值"，这是奎因的一句名言。他说："例如，我们可以说有些狗是白的，并不因而就使自己作出许诺，承认狗性或白性是实体（entities）。'有些狗是白的'是说有些是狗的东西也是白的；要使这个陈述为真，'有些东西'这个约束变项所涉及的事物必须包括有些白狗，但无需包括狗性或白性。但是，当我们说有些动物学的种是杂交的，我们就作出许诺，承认那几个种本身是存在物，尽管它们是抽象的……我们现在有了一个较为明确的标准，可以判定某个理论或说话形式所许诺的是什么样的本体论，这个标准是：为了使一个理论中作出的断定成为真的，这个理论的约束变项必须能够指称某些实体，正是对于这些并且仅仅是对

---

　　①　洪谦主编：《逻辑经验主义》，商务印书馆 1982 年版，第 13 页。

于这些实体，这个理论才作出承诺。"①

应该承认，奎因讨论科学理论或日常语言的本体论承诺，曾面对许多进退两难问题的艰苦思考，其中包括素数是不是存在、种与类是不是存在、属性是不是存在这些问题。于是提出了外延主义的客体识别（object identity）的关于存在的辅次标准。他说："我们有了可接受的类，或物理实体，或者其他类的客体的概念，只是在这样的范围里接受的，这就是可接受的个体性原则（principle of in-dividuation），没有什么实体是可以没有识别认同的。"例如类的存在是因为它的元素是个体，可以识别认同的。物理客体是因为占有某种时空域而可以识别认同。属性如果没有特殊点依附于实体就识别认同，是不能看作存在物的，所以变量的值域是不能包括所谓"意向性客体"的。②

无论如何，根据这个新的存在观及其语义追索和语义分析的方法，我们发现：任何科学理论、科学规范或科学传统都包含了某种本体论承诺和本体论预设，指明了这些领域的基本实体及其性质与行为，这便与科学哲学历史学派承认形而上学和本体论的观点不谋而合。T. S. 库恩认为：在任何科学规范中都包含了形而上学和准形而上学的见解，它规定了组成宇宙的基本实体是什么，它们之间怎样相互作用，又怎样同感官发生作用。③ 而 L. 劳丹则认为"每一个研究传统都显示出某些形而上学和方法论的信条"预设了它的"实体及其过程"。④ 因此，根据语言分析和历史研究的方法，我们便可以发现：亚里士多德的科学包含了一切事物具有潜在目的的预设。牛顿力学规范包含了将世界看作物体通过超距作用而联系起来

---

① ［美］W. V. 奎因（1953）：《从逻辑的观点看》，江天骥等译，上海译文出版社 1987 年版，第 13 页。英文版，W. Quin, *From a Logical Point of View*, Harvard University Press. 1980, p. 13.

② W. V. Quine, *Theories and Things*. Cambridge：Harvard University Press, 1981, p. 102.

③ T. Kuhn, *The Structure of Scientific Revolutions*, The University of Chicago Press, 1970, pp. 4 - 5.

④ ［美］L. 劳丹（1977）：《进步及其问题》，刘新民译，华夏出版社 1990 年版，第 76、81 页。

的机械体系，古典电磁场理论预设了不可检验的绝对空间，而爱因斯坦的科学研究假定了世界的前定和谐和决定论。

在这里我们必须注意，在一定的语言或概念系统中，有两类本体论问题被提出来了。第一类问题是哲学本体论问题，它问的是："如此这般的东西存在吗？"其中"如此这般的东西"用来穷尽特定类型的约束变项的范围，这是"广义的范畴问题"；第二类问题是各门科学的本体论问题，它问的是："如此这般的东西存在吗，"其中"如此这般的东西"则不用来穷尽特定类型的约束变项的范围，它属于"属类问题"，问及物质、属性、类、数或命题存在吗，这是第一类问题，而问及原子、分子、素数、能量存在吗，这是第二类问题。第一类哲学本体论问题和第二类科学本体论问题，只要都是正确地进行逻辑与语言的构造而得出来的，"在认识探究中都有同样坚固的地位"。① 这里告诉我们两个非常重要的问题：①科学问题与哲学本体论问题是不同的问题，分属不同的学科。不能将哲学本体论问题当作 Science 问题，将它从哲学中扫出去；②科学问题和本体论问题都有同样的生存权利和认识论状态，本体论问题可以看作最一般的广义科学，即"广义的范畴问题"；而本来意义的科学可以看作局部的本体论，即"各门科学的本体论问题"。从这里我们可以看出，本体论中心问题是建立一个关于存在与生成的广义范畴结构问题。

后期分析哲学之所以能够恢复本体论为一门独立哲学学科的地位，主要是因为破除了观察命题与理论命题二分以及分析命题与综合命题二分的经验主义两个教条，对知识体系及其与经验的关系采取了系统整体论的立场。这种系统整体论认为，科学体系或知识体系是由各种陈述、命题、规律通过逻辑联系组成的统一整体，它的边界条件就是经验，当它的边界条件即经验与理论体系发生冲突

---

① W. V. Quine, *The Ways of Paradox and Other Essays*. New York: Random House, Inc., 1966, pp. 130 – 134, 参阅［美］M. K. 穆尼茨《当代分析哲学》，吴弇人等译，复旦大学出版社 1986 年版，第 435—449 页。

时，理论的体系原则上总可以通过内部的调整，重新分配其中命题的真值，使得它重新与经验相适应，当作出这种调整时，其中没有任何一个单个命题是必然地不可避免要加以修改；也没有任何一个命题，即使包括逻辑命题必然可以避免修改，例如，有人甚至提出要修正逻辑排中律作为简化量子力学的方法就是一例。所以，分析命题与综合命题在这里作严格的区分是没有意义的。说一切本体论原则的内容没有经验意义也是不能成立的。这是因为理论体系中的命题并不是一个一个单独接受经验的检验的。经验意义的单位不是语词，也不是命题，而是整个科学，这样本体论问题和科学问题都同样具有合法地位。关于这个问题奎因说了两段非常重要的话：

"我想，我们接受一个本体论在原则上同接受一个科学理论，比如一个物理学系统，是相似的。至少就我们有相当的道理来说，我们所采取的是能够把毫无秩序的零星片断的原始经验加以组合和安排的最简单的概念结构。一旦我们择定了要容纳最广义的科学的全面的概念结构，我们的本体论就决定了：而决定那个概念结构的任何部分（例如生物学的或物理学的部分）的合理构造的理由，同决定整个概念结构的合理构造的理由没有种类上的差别。对任何科学理论系统的采用多大程度上可以说是语言问题，则对一种本体论的采用也在相同的程度上可以说是语言问题。"①

"在自然科学中，有一个等级的连续统一体，从报告观察的陈述到那些反映比如量子论或相对论的基本特征的陈述。我最终的观点是：本体论，或甚至是数学和逻辑的陈述组成了这个连续统一体的一个延续部分。它们可能比量子论和相对论的基本原理离开观察要更远。按照我的看法，这里的区别只是程度的区别，而不是种类的区别。科学是一个统一的结构，并且原则上是一个整体结构，而不是被经验所确证或表明为有缺陷的一个一个陈述的组合。卡尔纳

---

① ［美］W. V. 奎因（1953）：《从逻辑的观点看》，江天骥等译，上海译文出版社 1987 年版，第 16 页。

普主张，本体论问题以及类似的关于逻辑和数学原理的问题不是事实问题，而是为科学选择一个方便的系统或构架的问题；仅当承认每个科学假设都是这样的时候，我才同意这一点。"①

总结以上所述，后期的和当代的分析哲学，不但说明本体论研究和本体论哲学学科何以可能，而且说明了研究本体论的基本方法，这个基本方法似乎包括两个基本内容：①对日常语言以及对各种科学理论，进行语言分析、语义追索，寻找它们的本体论承诺，特别是对普遍本体论的承诺，筛选掉那些通过语言分析与重构得不到承诺的本体论假说。但依"存在就是量词约束变量的值"等标准所得到的只是某个语言体系和科学理论说何物存在，而没有解决在本体论方面到底确有何物存在，它们的一般性质是什么。奎因关于本体论承诺的分析方法似乎主要停留在这一方面。至于存在的到底是什么，1992年他在"结构与自然"② 中指出，就按自然科学的意见办，所以他的本体论是自然主义的；②这样我们就必须在诸多理论、学说的各种不同的本体论承诺中，进行本体论理论的建构与选择，这个本体论理论选择的标准与科学理论选择标准并无二致，我们需要按照本体论理论的简明性，它的解释力和预言力，它怎样有利于科学解决问题，它与现行科学和技术的协调性和一致性等来进行本体论的建构、创新和选择。依照这种与自然科学使用的经验方法没有原则区别的方法，哲学家们，包括分析哲学家们已经建立了许许多多的本体论体系和本体论原理，其分析之精细、理论之精深、思想之启发力，简直使20世纪30年代苏联哲学教科书的本体论规律与范畴的论述相形见绌、无地自容了。不幸的是，我们许多哲学原理的教学与研究者对此却置若罔闻。这种用科学方法研究的本体论，也是奎因提出来的（当然还有其他人也主张这种方法），

① W. V. Quine, *The Ways of Paradox and Other Essays.* New York: RandomHouse, Inc., 1966, p. 34.

② W. V. Quine, "Structure and Nature", *The Journal of Philosophy*, 1992, Vol. 89. No. 1, p. 9.

不过他自己并没有用这种方法来建立奎因的本体论体系。对于第二种方法，后面我们可以看到系统科学家和系统哲学家们对此有了很好的发展。

二 本体论观念发展的三个阶段

哲学，特别是本体论哲学，是与自然科学和社会科学的发展密切关联的。对于自然事实和社会事实的具体研究称为科学，即 Science，而对 Science 进行的反思属于哲学的范围。什么叫作反思？所谓反思，就是思考我做了一些什么，为什么要这样做，是否应该这样做，什么是我做这件事的指导思想和研究方法，怎样才能将这件事做得更好？所以对科学的反思包括本体论反思、认识论反思和价值论反思。这个反思是批判性的、分析性的和带有合理的思辨性的，因为它不仅站在整体的科学事实和科学理论的立场，而且从其他文化领域的思想行为的原则上进行思考，因此，随着科学的发展，科学家和哲学家们的世界观，他们关于存在及其性质的本体论观念就会发生变化，同时它反过来影响科学的发展。

希腊古代自然科学从总体上观察自然，并且用个人的整体性与之进行类比，内省个人的整体性而推论整个自然界，得出了他们的本体论观念：自然界不仅是个运动不息充满活力的世界，而且自身具有理智与灵魂，从而是有秩序和有规律的世界。亚里士多德的整体论（他最早提出整体大于部分之和）以及他关于万物有目的，都有目的地寻找自己的"天然位置"而运动不息，就是一个很好的证明。

本体论观念发展的第二个时期就是从16、17世纪科学革命时代开始的，这是近代科学发展的时期，它正是在与亚里士多德的整体论和目的论斗争中发展起来的。哥白尼、吉尔伯特、培根、伽利略、哈维、笛卡儿、牛顿等就是这个时期科学上的代表人物。这个时期形成的总体观念，就是自然界不再是一个有机体，它像是一部可以拆散为各种零件的机器。这时，有两种本体论思想占据着支配地位。

（1）还原主义（Reductionism）。认为所有的事物都可还原和分解为简单的不变的实体。还原主义主要用分析的思想方法看待世界。①将要理解的东西分解为组成部分，一直分解出它的独立组成部分，在整体中的部分和不在整体中的部分基本上没有区别；②解释这些组成部分的行为；③将这些部分解释汇集起来就理解了整体。

（2）机械主义（Mechanism）。认为所有的现象都可以用决定性的因果关系加以解释，因为原因对于结果的出现是充分的和必要的，所以解释了原因，结果便自然明白。由于结果完全由先行的原因决定，所以这个时代占优势的世界观是决定论的世界观。目的、功能、选择、随机作用以及自由意志都是没有作用和毫无意义的。第一次工业革命导致这样的观念：宇宙形同一部大机器。这种本体论观念一直延续到 20 世纪初。

20 世纪的本体论观念或自然观念，首先起源于自然科学和技术的新发展，这时生物进步的观念不但早已深入人心，而且科学早已指出微观世界是不断演化着的，宏观世界也是不断演化着的，整个宇宙都是有限的和演化着的，这样不但没有不变的物种，不可入的原子和不能湮灭的基本粒子，连宇宙也有一个创生过程，于是存在就是过程，表现于过程和过程的节律和格式之中，这便是 20 世纪首要的自然观念。与此相互联系的，自然界被理解为一个复杂的系统，它具有动态的内部结构，是不能还原为简单的组成部分来加以理解的。当然，系统的思想和方法并不是反对分析方法与还原方法，而是在这个基础上着重考察部分是怎样组成一个有机整体的，它们组成整体时出现什么突现性质与功能，一个事物处于一个更大的整体中时会发生什么变化。这就是所谓整体主义（Holism）和扩展主义（Expansionism）的方法。物质系统演化观念可以说是 20 世纪的本体论观念，20 世纪一批早期的哲学家，曾系统地表达过这个本体论观念，例如，S. 亚历山大的《空间、时间和神》（两卷，1920）、L. 摩根的《突现进化论》（1923）、A. N. 怀特海的

《科学与近代世界》（1925）和《过程与实在》（1929）以及 R. 柯林伍德的《自然观念》（1939），这些哲学家和哲学著作后来被称为系统哲学的先驱，特别是数学家、物理学家和哲学家怀特海，他的有机哲学和过程哲学概括了包括相对论和量子力学在内的最新科学成果。应该指出，这种系统主义的本体论观念不但可以从基本的自然科学，如物理科学和生物科学中分析出来，而且可以从技术的发展和跨学科的和作为横断科学的系统科学的研究中分析出来。

大家知道，从 20 世纪中叶开始，世界上出现了一场新的技术革命。N. 维纳称它为"第二次工业革命"，阿尔温·托夫勒称它为"第三次文明浪潮"。对于即将到来的新的技术时代，丹尼尔·贝尔称之为"后工业社会"，而约翰·奈斯比特称之为"信息社会"或"信息时代"。如果说，第一次工业革命的主要标志是发明和使用蒸汽机，后来又发明和使用内燃机和电动机，实现生产过程的机械化，解放人们的体力，那么，第二次工业革命的主要标志便是发明和使用电子计算机，实现生产过程和管理过程的自动化，解放人们的脑力，所以国外又常有人称它为"三 A 革命"（即 Factory Automation，工厂自动化、Office Automation，办公室自动化、Home Automation，家庭自动化）。新技术革命目前正在发展之中，不久将要席卷全球。这场新技术革命有什么社会意义？因篇幅所限，我们在此不加分析，不过，它深深地改变着人们的世界观和思想方式，引导人们更多地运用整体的观念和系统的思维去考虑问题，则是为许多哲学家和社会学家所承认的。

新技术特别要求跨学科的研究。对于像蒸汽机、汽车、电动机这样的工业，受过各自专门训练的科学家和工程师就足以应付了。可是解决像航天、环境污染那样的问题，就不能不进行跨学科的研究。这就打破了传统的狭隘专业分工界限。现代工程与传统工程的很大区别就在于这些工程项目日趋庞大、复杂，不但要考虑技术因素，而且要考虑政治、经济、社会等复杂因素。它需要各个方面的紧密协调。例如 1961 年宣布的阿波罗登月计划就是一个大系统，全部构件 300 多万个，调动 32 万多家公司、工厂和 120 所大学、实验室的 42 万研制人员，耗资 300 多亿美元并且历时 11 年才完成。第二次世界大战后，为了解决这类复杂的工程，各类系统工程学科如雨后春笋般发展起来，它们是为了合理地开发、设计和运用系统而采用的思想、程序、组织和方法的总称。贝塔朗菲说："当前的技术和社会已是如此复杂，按部门划分技术的传统方法已感不足，必须使用带有总的或跨学科性质的整体论或系统方法。"① 系统工程的发展，使系统论成了"热门"，从而促进了系统思想的发展。与新技术革命和工程科学要求的跨学科综合研究相适应。从 20 世纪中叶开始，在自然科学和社会科学中出现了许多跨学科的新综合学科，这些学科被统称为系统科学或复杂性科学，包括一般系统论、控制论、信息论、耗散结构理论、协同学、突变论、混沌科学以及其他自组织理论。它是一个学科群，这个学科群的地位是介乎物理、化学、生物、天文学、地理学、人类学、社会学、管理学等各门具体科学和一般哲学之间，它们的特点是：这些学科已经揭示出各门具体学科之间的共同形式、共同规律或如贝塔朗菲所说的科学的同晶型现象（isomorphism），而不论这些学科所涉及的实体与能量的形式与内容是什么。这样从 20 世纪中叶开始的系统科学和系统研究运动，便有了一个结构：

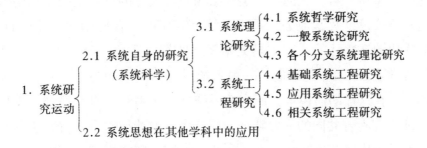

① ［美］L. V. 贝塔朗菲：《普通系统论的历史和现状》，中国社会科学院情报研究所编辑《科学学译文集》，科学出版社 1980 年版，第 320 页。

三 系统哲学如何提出和解决各种本体论问题

这样在系统科学的最高层次上，即系统哲学和一般系统论的层次上，系统哲学家或系统科学家已经成了或接近成了本体论者，揭示出存在与过程的一般特征。这里有非常广泛的一批系统哲学著作可供参考。例如：L. 贝塔朗菲的《一般系统理论》（1968），A. 拉波波特的《一般系统论》（1985），E. 拉兹洛的《系统哲学引论》（1972）和《进化—大综合》（1986），T. D. 鲍勒的《一般系统思想》（1981），M. 邦格的《系统的世界》（1979），P. 切克兰德的《系统思想，系统实践》（1981），E. 詹奇的《自组织的宇宙》（1980），V. 图琴的《科学的现象》（1977），V. 海里津的《进化的量子》（1995），G. 克罗的《系统科学面面观》（2001），等等。为了说明这些著作在相当大的程度上讨论了哲学本体论问题，我希望读者能耐心地分析从这些著作中引述的下面的几段话。

M. 邦格的《系统的世界》一书将"系统世界观的核心"概括为八条公设：①所有的事物都是系统或系统的组成部分；②除宇宙外，所有的系统乃是某种系统的子系统；③宇宙是一个系统；④宇宙发展的现阶段，存在着物理的、化学的、生物的、社会的和技术的五种系统；⑤系统越复杂，会合过程的阶段越多；⑥系统越复杂，它可能崩溃的模式也越多；⑦每一层次上事物都是由属于上一层次的事物参与合成的；⑧层次结构乃是世界的系统结构。邦格由这八条公设以及其他公设推出系统是变化的、有规律的、进化的、具有质的新颖性的，宇宙是无始无终的等性质及定理。① 另一本系统哲学著作 T. D. 鲍勒的《一般系统思想》一书中写道：一般系统论建立在这样的假说上，所有的系统（人工系统、自然系统、符号系统）都有着共同的一般特征，而这些一般特征作为宇宙性质或存在性质的描述，这些特征乃是新的宇宙统一理解模型的基础……作

① M. Bunge, *A World of System*, D. Rcidel Publishing Company, 1979, ch. 6.

为世界观与人生哲学的一般系统论，从现阶段的科学知识中作出如下的某些（本体论）假定和推断：① ①所有的系统都有一组（或几组）内部关系，它约束着子系统的行为与系统的发展；②所有的系统都有一组外部关系，在超级系统中，在同级系统之间以及在宇宙超系统里相互制约着，决定着系统的行为与发展；③所有系统都有由内外关系决定的边界；④所有的系统对于可能的关系和跨边界的传输是有选择性的，而选择是按系统信息进行的；⑤所有的系统都有一定程度的惯性，即对改变有一定程度的抵抗力；⑥所有系统都是由平衡过程建立起来的；⑦所有系统都有倾向于保持自身完整性的某种控制形式；⑧所有的存在物都是能量、物质、信息的有组织的系统；⑨所有系统都包含通过内部过程达到平衡的内部张力，其中有一些这样的张力表现为系统的支配与子系统自主性之间、系统的控制与子系统的多样性之间，结合过程与分离过程之间、合成与突现之间、发展与守恒之间的普遍极性。

这样，系统哲学何以可能提出和解决本体论问题，便有下列两点理由。

（1）系统哲学提出了以系统为核心的新的科学规范和世界观的重新定向。这些新的规范已经遍及了自然科学、社会科学和管理科学的所有学科。甚至连生态伦理和语义分析这样一些哲学分支学科为了解决自己领域的问题也不得不在本体论上寻求系统的规范。英国系统哲学家 P. 切克兰德说："系统思想运动包括了一切发掘在任何研究领域运用不可还原的整体，即'系统'概念之启发意义的努力和尝试。这个概念的价值和限度可以在几乎所有人类知识的任何划分，即我们现在所了解的相互分离的学科中加以考察。这样，我们就发现存在着系统思想的科学家、技术家、工程师、经济学家、组织管理者、管理科学家、心理学家、社会学家、人类学家、地理学家、政治科学家、历史学家、哲学家、艺术家以及许多其他人。

① F. D. Bowler, *General Systems Thinking*, Elsevter North Holland. Inc. , 1981. ch. 12.

系统观念提供了思考任何问题的方式","因而就需要有一种系统思想的基本语言,它是属于元科学(meta-disciplinary)性质的,并且它也许还要提供一种大家公认的用系统词汇来对世界作总体的说明"①。

(2)系统哲学或系统观的研究方法,通常都遵循下列的基本程序:①研究某一门或几门基础的自然科学(例如生物学)或基础技术科学(如工程控制论、通信科学等),然后横跨过不同的专业、不同的学科,打破学科之间在理论模型和研究方法上的屏障,寻找各门学科之间的"科学同构性"。②对这些"科学的同构性"进行概括与推广,概括出适合于一切系统的普遍规律和一般特征以及方法论原则,它作为系统哲学、系统本体论的假说提出来。③将这些系统规律和系统哲学假说拿到自然界各个领域中进行检验,考察它们在物理系统、化学系统、生物系统以及社会各个系统中如何表现,考察它们在各基本系统领域是否得到确证。系统哲学规律虽然是一种世界观,在现有科学认识水平上它是普遍适用于各个领域的,但它绝不是绝对的,和任何其他科学一样,随着科学与实践的发展,它是要不断被修正和改进的。④将这些科学同构性的概括、系统规律和系统假说整合起来、组织起来,构成一个系统的宇宙模型,并考察和检验它们在自然界各领域中的表现。系统哲学的显著特点之一,就是它在进行上述步骤时,广泛采用数学方法。这一方面是因为,系统工程和系统理论本身已包含了一整套数学工具,如状态空间分析、微分方程、图论、概率论等,可以运用它们来分析系统哲学的规律,例如系统、元素、结构、功能、组织层次、控制、信息等,这些概念在系统工程和系统理论中本来就有数学形式,在系统哲学中继续使用这些数学形式是顺理成章的事。另一方面,从数学的发展来看,现代数学早已越出了只研究数量关系和空间形式的范围,其中一些数学分支越来越成为一般的思维形式和演

---

① Peter Checkland, *Systems Thinking*, *Systems Practice*. John Witey & Son, 1981, pp. 46, 199.

绎推理的科学，它的主要对象是数学模型与结构本身，即一切可能世界的形式与关系，因而具有广泛的适用性，例如集合论、数理逻辑、抽象代数等最抽象的数学，都可以解决本体论上的最一般的问题。

所以，经由系统哲学研究本体论，就不但有一种新的观念，而且有一种新方法。这种方法与黑格尔式的思辨模糊的本体论以及20世纪30年代苏联哲学原理教科书的教条加例子的本体论有着天壤之别。所以，M.邦格说："形而上学（本体论）只是最近才发生了极其深刻的革命，以至于没有人注意到它。其实，本体论已走向数学化并正被工程师和计算机科学家栽培着。事实上，在30年前，关于不同类的实体或系统最基本特征的精确理论已由许多技术家提出来了。开关理论、网络理论、自动机理论、线性系统理论、控制论、数学机器论以及信息论乃是现代技术最年轻的本体论产物。"①不出邦格所料，到了20世纪末，有一大批计算机科学家、人工智能专家、数学家和逻辑学家，不仅研究了描述本体论（descriptive ontology），而且创立并研究了形式本体论（formal ontology），研究一切知识的形式框架和本体论承诺。现代本体论的研究，是科学家和哲学家的共同事业，这似乎是没有什么疑问的了。

四 引进系统观念的本体论和价值哲学

既然本体论的研究至少有两条进路，分析哲学进路和综合哲学（系统哲学）的进路，因此就有可能存在着一种既使用分析方法又使用系统方法的本体论和价值哲学的研究纲领。我认为，这个研究纲领至少可以包括下列各点。

（1）在我们的认识主体和实践主体之外，存在着一个不以人为中介的外部世界。如果没有这样一个世界，大多数的探索就没有主题，于是人们只得求助于心灵的内省和逻辑的思维，来揭示我们不

---

① M. Bunge，*The Furniture of the World*，Reidel Publishing Company，1977，p. 7.

可能知道的世界。

（2）世界是由个体（individual）的事物组成的，这些个体的事物称为实体。实证的科学、自然科学和社会科学，正是研究这些实体及其性质、关系和变化。在进行这种研究时，任何科学分支都预设了该领域存在着基本的实体（primary entities），它是该领域所有现象在本体论层次上的载体（carrier）。而哲学则研究一般实体的存在、性质、关系与过程。

（3）实体是能独立存在、自我支持而不需要他物作为载体来支持的自立体，它是个别特殊的具体事物，它是第一位的完全意义的存在，并且存在于时空之中。而属性（包括多元属性即关系）虽是刻画表征实体和实体的类，但却是第二位的，不完全意义的存在，它不能脱离实体而独立存在，关系的实在是第二位的实在。正因为这样，在科学实践中，我们是通过迫使实体的变化来研究它的属性与关系，修改我们关于它的结构知识，而在科学理论中，我们总是建立这样的实体数学模型或语言模型，其中实体处于受量词约束的变元的值的地位，而性质与关系用定义在实体域中或包含实体的集中的谓词（函项）来表现。

（4）实体具有各种性质，包括内在性质和关系性质，第一性质和第二性质，本质属性和非本质属性。在这些属性中，与科学解释密切相关的因果作用效应性质和非因果的关联性质，它们是实体和基本实体具有因果力和关联性的根源。

（5）实体具有特定行为，这些行为表现并服从特定的规律（Laws）或似律规则（Law-like regularities），这些律则的必然性主要来自基本实体所具有的因果力和倾向性，规律表现着实体普遍性质之间的关系。

（6）实体按其性质的分布归入一定的物类，物类划分为自然类、建构型家族类似类和非建构型家族类似类，并由此修正传统的规律定义，容纳决定性自然规律和非决定性自然规律，即统计概率规律。

（7）实体、关系与过程是存在或实在的三个范畴或三个方面，实体虽是作用与过程的载体，但它却不是孤立的和不变的。实体本身又是活动作用的一个组织，是过程的一个结构，是事件序列的一种持续性的体现。追问实体是什么，我们可以宣称它是关系与过程的扭结，而追问过程与关系是什么，我们可以宣称它是实体的存在方式，是实体的相互作用。这种无穷的追问也许是没有意义的，将这个问题留给思辨的哲学家去构造实体、过程和关系的三位一体，例如中国哲学的"道"或"无"，或者印度的"梵天"。但在每一个特定的科学领域中，当不追索到下一层次时，那基本的实体总是研究的出发点。

（8）实体组成系统或元素相互作用的聚合物，世界上一切事物不是系统就是系统的组成部分，它们组成相互联系的世界整体。

（9）所有系统都具有突现性质，具有对环境的适应性、自稳性、适应性自组织和适应性进化的性质。

（10）世界是具有层次结构的，一切实体和系统都处于一定的物质层次中，每一个层次中的系统都是从低层次的实体或系统中，在高层次系统的协同作用下，经合成与突现而产生出来，是一个不可还原的独特整体。

（11）整个世界是一个不断变化的过程，过程的作用机制可以划分为三个不可相互还原的类：决定性因果作用机制，非决定因果作用或随机作用机制和目的性/意向性作用机制。自然界和社会事物的作用机制都可归结为这三种范型之一，或三种范型的混合变形。

（12）事物的价值与目的性相联系，一切有目的的系统都有自己的价值系统。系统的目的就是系统的内在价值之所在，有利于达到系统目的的条件、事物与行为就成为该系统的手段价值或工具价值。由此，我们可以建立广义价值论、包括系统价值论、生命系统价值论和生态系统价值论。

（13）以人及其群体为主体的价值系统称为人文价值系统。人文价值（简称价值）是人类主体与客体的关系范畴，一个被评价对象客体因满足人类主体的某种需要或期望而对主体说来具有价值，而主体因其对客体的某种偏好而具有价值标准和价值尺度，价值可以从主观价值方面进行分析，也可以从客观价值方面进行分析，由此而建立社会福利结构的观念。

（14）人类的价值维度是多维的，人类伦理的价值取向是多元的。生态保护原则、功利效用原则、社会正义原则和普遍仁爱原则是健全社会的四项基本伦理原则，哲学对人类的终极关怀就是研究如何处理不同价值原则的价值冲突与价值协调，从而使社会的个人成为真正自由和全面发展的人。

以上14条研究纲领表明，没有必要去反对"本体论的思维方式"。引进系统观念的本体论哲学进路，将逻辑地、顺理成章地导出价值哲学和对人类的终极关怀。哲学对"终极实在"的研究和对"终极关怀"的研究是不矛盾的。

这是一个长期的研究纲领，本书不可能全面地讨论这些问题，本文只就下列几个大问题进行讨论：①系统整体问题，涉及上述问题的（9）、（10）。②实体与物类问题，涉及上述问题的（2）、（3）、（6）。③过程的机制问题，涉及上述问题的（11）。④广义价值和多元价值问题，涉及上述问题的（12）、（13）、（14）。⑤解释问题。我们几乎在研究纲领的每一条中都可以寻找到它们对科学解释或价值解释的意义及其相关的逻辑结构。所以本文结尾在解释问题上作一小结。

第二章　基本系统观点

　　本文的目的，是讨论一种引进系统观念的本体论和价值哲学及其相关的解释问题，这种本体论和价值哲学，与分析传统的本体论与价值哲学有所不同，因为它引进了一种系统整体论的观点，这种观点似乎未被主流的分析哲学家们承认是一种本体论哲学的观点和方法。在分析哲学的学科体系中根本没有系统哲学这个东西。这种本体论和价值哲学也不被人看作马克思主义的本体论和价值哲学，因为"实践唯物论"学派根本不承认有"自然本体论"这样的东西，按照西方马克思主义者施密特（1932—　）的观点，"自然首先是人类实践的要素"，"物质世界是个社会范畴"，"没有不以人为中介的自然界"，"抽象的、孤立的、与人分离的自然界，对于人来说也是无"，所以，马克思的哲学具有"非本体论的性质"。① 而马克思主义哲学的另一个派别，即苏联和东欧的辩证唯物主义学派，虽然承认哲学的本体论，但他们只将黑格尔辩证法的几大规律和几大范畴当作绝对的教条，他们的工作似乎只是将一些自然科学的实例削足适履地填充到这些规律与范畴中，因而也很难谈得上真正引进系统整体观念来系统地讨论本体论和价值哲学问题。当然，引进系统整体观念并不意味着不引进其他观念，例如，分析还原观念、创造性思辨观念等，采取系统哲学的方法来研究本体论并不表示我们拒斥语言取向的分析哲学的方法来研究本体论。事实上，本文的大部分内容都是采取分析哲学的方法写成的，不过在讨论本体论和价值哲学问题时比起某些著作多了一个系统观点和方法的心眼并把它作为基本出发点之一。因此，我们得首先讨论什么是基本的系统观点。

　　本体论中的系统范畴比起本体论中的基本实体来说是个更复杂

---

　　① ［德］A. 施密特：《马克思的自然概念》（1962），吴仲昉译，商务印书馆1988年版，第14页。

的东西，理应放在后面讨论。不过，由于本文的目的是考察引进系统观点会对本体论和价值哲学带来一些什么变化，所以就不能从实体的实在性开始讨论本体论，而在讨论实体与物类之前首先引进系统观点，而系统观点说的东西首先也是一些本体论的原理。不过，首先要说明一点，本章并不是要讨论系统科学，也不是讨论系统科学的哲学结论是怎样经过第一章中所说的系统哲学方法的四个步骤而得出来的。在系统科学和系统哲学研究结束的地方，就是本章的起点，所以本章的论述是从系统科学和系统哲学建立起来的基本的系统观点或系统的基本原则开始。这些原则也可以称为有关系统的普遍规律，如果我们并不是在太严格意义上使用规律一词，而只把它看作一些最为普遍的全称命题或最为普遍的概率性命题的话。

一 系统的一般特征

在讨论基本系统原则之前，我们首先要定义系统。什么是系统呢？一般系统论创始人贝塔朗菲说："系统可以定义为相互联系的元素的集合"（A system can be defined as a set of elements standing in inter relation)。[①] 这个大多数系统哲学家基本上同意的系统定义太一般化了，未能反映系统的动态的、开放的和进化的性质。我个人近来倒是倾向于工程控制论创始人贝尔（S. Beer）的定义，他说："系统就是具有动态学联系的元素之内聚统一体"（A system is any cohesive collecton of items that are dynamically related)。[②] 这个定义说明元素之间的系统联系的性质是内在的、内聚的、紧密关联的，而不是外在的、松散的联系；这种联系是动力学的相互作用、动态的过程的联系而不是外力的静态的平衡，因而一般来说是开放性的，其行为适应于环境的过程的稳定性和进化性。至于什么叫作元素，贝塔朗菲说的是 elements，贝尔说的是 items，它是相对于关系来说

---

① L. V. Bertalanffy, *General System Theory*, New York: George Bragiller, 1968, p. XXII, 55.

② S. Beer, Cybernetic and Management. New York: John Wiley and Sons, 1959, in F. Mathew, *The Ecological Self*, London: Rontedge, 1991, p. 93.

的关系者，对于符号系统来说，这元素可以是符号元素，对于性质系统来说，其元素是性质本身，不过，对于本体论来说，我们讨论的是世界上存在着的事物的系统，讨论的是物质的系统，因而系统的元素我们主要理解为实体元素，即 entities、objects 或 substances。关于这个问题将在下一章中进行讨论。不过，在系统的组成元素方面，有一点这里需要特别说明，我们是在一定的学科领域或物质层次上来研究系统及其组成的。在这个特定领域里，我们常常需要连续研究多级组成。但这些组成元素中有一级组成元素特别重要，我们称为基本组成元素或基本实体（primary entities）。例如，化学系统中我们需要连续研究物体、分子团、分子、原子、外层电子，其中原子、分子是 primary entities。在生命系统中，我们需要连续研究群体、个体、组织或器官、细胞、亚细胞（DNA 等）等层次。对于遗传学来说，细胞和 DNA 是 primary entities。这些基本元素、基本实体的发现与研究，对于该学科和该理论系统具有决定性的意义。我们这里的系统元素概念，不过是对各门科学所讨论的元素概念的一种元分析，即 meta-analysis。

系统具有它的一般特征或一般规律，有许多系统科学家和系统哲学家还指出，表述系统的一般特征或一般规律同时又是表述了任何存在、任何事物或整体自然界和整个世界的一般特征和一般规律，因为自然界、宇宙就是一个系统，它的一般性质也是哲学本体论或哲学宇宙观的研究对象。关于这个问题尚有许多分歧，有些哲学家说世界既有系统，也有非系统，所以系统的一般规律是低一个层次的科学规律，而哲学本体论的一般规律是自然界、社会和人类思维的普遍规律，前者是科学的对象，后者才是哲学的对象。又有一些哲学家说，所有这些都不是哲学要研究的，他们说，"哲学是研究什么什么普遍规律一说是错误的"，想寻找这样一种"最根本实在只能是人类童年时代的一种幻想"。关于这个问题，我们暂且存而不论，不过，无论如何，阐明系统的一般原则和一般规律是有普遍意义的，它构成我们所说的基本系统观点。到底如何表述这个基本系统思想，不同学派的系统思想家有不同的见解。不同学派和哲学家见解亦有不同，也许在本世纪内，系统哲学家们会逐渐倾向于一致。我现在的工作是将一些有代表性的或任意选出来的（我个人的著作就属这一类）系统哲学著作关于基本系统思想的表述列表于下（见表 2.1），并将这些见解与恩格斯在《自然辩证法》和《反杜林论》中关于存在一般特征的见解作个对比。这里需要说明的是，这些材料主要是 20 世纪 80 年代中期以前的，近年来系统哲学的资料没有包括进去，主要是因为我未能完全跟上文献。下面，我们从这些系统的基本特征中选出六个基本系统观点来进行讨论。另外，系统的目的性和目标定向的观点以及系统的突变分叉观点，也是极为重要的，只是在此没有对之进行分析罢了。

二 系统的整体突现性质

一个系统首先有它的整体性或整体突现性（holistic emergence）。所谓整体突现性质，就是说整体出现了它的组成部分所不具有的或对于它的部分来说是毫无意义的性质。整体中出现的部分所没有的性质就叫作突现性质（emergent property）。我们应该如何理解突现的概念？

（1）所谓突现就是说有新的实体、新的性质、新的关系和新的规律出现，它存在着在解释上不可还原的因素。这是整体区别于它的组元或它由之形成的元素的基本特征。如何解释这种情况？那是因为系统的元素之间，它们的关系如此密切，以至于它形成元素之间的特定型构（conformation）或结构（structure），它对组成元素施加一种约束，改变了这些组元的功能与行为，甚至改变了它的性质，使它们按整体组织协调起来，作为整体而行动并与其他事物发生关系。于是整体就变成一种新的实体，突然出现了组元集合所不具有的特殊性质，形成了系统的个体特征与行为，受新的行为规律所支配，这就需要一种与描述组成部分不同的新的观察机制（observation mechanisms）和新的语言来进行描述。例如生命有机体就

表 2—1

系统思想和系统普遍规律的不同表述

系统哲学著作	存在的一般特征或规律							终极实在
张华夏、叶怀健:《现代自然哲学与科学哲学》		整体突现规律	结构功能律		系统自组律和对称破缺律	等级层次律	突变分叉	
张华夏:《物质系统论》	事物的系统性及系统元素相互作用律	事物的整体性与突现规律	事物的结构性与结构功能统一律		事物的组织性与自组织规律	事物的层次性与等级层次构规律		
乌杰:《系统辩证法》		整体优化律	结构质变		差异协同律	层次转化律	结构质变律	差异协同体
魏宏森、曾国屏:《系统论》	辩证系统观	系统整体性原理、优化演化律	结构功能相关律	系统稳定性原理和信息反馈律	系统自组织原理和竞争协调律、涨落有序律	系统层次性原理	系统突变性原理	
拉兹洛:《系统哲学导论》		有序整体		适应性自稳定(系统控制论Ⅰ)	适应性自组织(系统控制论Ⅱ)	等级层次	系统开放性原理、系统目的性原理、系统相似性原理	场

续表

系统哲学著作	存在的一般特征或规律						终极实在
	实现	转换（结构就是转换系）	通讯与控制	通讯与控制	等级		
切克兰德：《系统的思想与实践》							
皮亚杰：《结构主义》	整体性	转换（结构就是转换系）	自身调整性	自身调整性			
邦格：《系统的世界》的系统八公设	①万物皆系统或系统的组成部分；②除宇宙外，任何系统是另一些系统的子系统；③宇宙是一切系统之系统			④系统越复杂，会合过程的阶段越多；⑤系统越复杂，它可能崩溃的模式越多	⑥宇宙有五类系统；⑦五类系统组成层次 $S_1<S_2<S_3<S_4<S_5$；⑧任一系由其低层次事物会合组成		物质客体
拉波波特：《一般系统论》	各方的相互贯穿是一般的系统论的首要信条	组织	同一性的保持			目标定向	

续表

系统哲学著作	存在的一般特征或规律						终极实在
鲍勒：《一般系统思想》	宇宙是其各部分相互联系的统一整体，一切存在物都是物质、能量、信息的有组织的有机系统	所有系统层次都有新的特征，这些特征普遍适用于比较简单的层次	每个系统都有一组内部关系和一组外部关系，它们决定着系统的潜在多样性，它的边界的行为的发展	每个系统一定都有一定程度的惯性，每个系统都是平衡过程	建立起来的，每个系统都有相互平衡的内部张力，某些张力可以由普遍的极性来表示	宇宙是系统的等级层次	能量
怀特海：《过程与实在》，摩根：《突创进化论》	自然是包容一体的综合，机体是自然的基础，万物皆有机体	突现本身将挤进自然规律之列	我的理论以关系结构为中心	摄受与集结		层级结构	事件、过程或复杂细胞
恩格斯：《自然辩证法》	我们面对的整个自然界形成一个系统	量变到质变	量变到质变	对立统一	否定的否定	度	物质

是与其大分子组元不同的新实体，具有其组元大分子不具有的新陈代谢、自我更新、自我复制等不可还原的突现性质。当然，我们可以用分析还原的解释方法来解释基因的内部联结和基因之间的联系，指出这些联系依赖于核苷酸碱基配对的物理化学联系，它们是与物理化学定律相容的，但那碱基配对的排列本身，即 DNA "遗传密码"却是一种突现性质，新的初始条件，是物理化学变化中所没有的东西，不能用物理化学的语言来加以说明，只能用生物学的、遗传学的语言和概念来加以表达。由此便有了用生物学语言论证的生物复制与遗传的功能，合成新蛋白质和生命个体的功能以及生命运行的规律。

（2）所谓突现，有突然出现的意思，在它出现之前一般是不可预测的。当然，对于整体突现性质，在它出现之后，我们可以通过对它出现前的、行将成其为整体组成部分的那些低层次元素及其相互关系进行分析，指出这些元素怎样按照自己的低层次规律在特定的初始条件下发生相互关系，形成新的整体，从而对整体的出现以及整体的突现性质作出某种解释，即某种还原的解释。这种解释由于引进了这些元素在低层次活动中所不具有的"特定初始条件"（例如遗传密码），所以并不是全还原的，只能说是部分的、有限的还原解释，即使从概念的外延方面来看也是如此，至于被解释的概念与命题的内涵，则是在任何解释模型中解释者所不能将它们解释清楚的。但是，从整体突现出现前的预言来看，情况就很不一样。在系统整体出现前（这里指的是，在我们的知识中，这类系统整体在这时还从来没有出现过），由于不存在系统整体的内部关系和外部关系，也不存在这些系统整体赖以出现的那些初始条件和边界条件，而这些初始条件和边界条件的出现从低层次的观点来看在大多数情况下又是非决定性的、偶然的、非本质的。因此，从这些将要成为整体的组成部分的元素及其相互关系中是不可能预言（或预测）将来发生的整体的突现性质的，因为不具备这种预言的条件。试想在宇宙大爆炸的最初几秒钟，虽然出现了宇宙所具有的所有的各种基本粒子，但谁也不能从这些基本粒子及其相互作用中推论出今后会有地球，而地球又会有生命出现，而从生命中后来又突现出人类的心灵。生命是在地球距今30亿年前那种特定条件下出现的，从物质之间的一般化学反应的观点来看，要想像原始海洋中那些多肽与核苷酸能碰巧组成一个超循环，出现一种"遗传密码"将复制自己，对于化学变化的常规反应来说，那完全是一个任意的、随机的、完全偶然的事件，其概率是几亿万分之一。我们怎可以由此预言出有生命出现以及生命有何突现性质呢？当然，在出现以后你可以解释它，说根据化学反应它如何出现，但这是事后已经有了初始条件的解释，而不是没有初始条件去作预言。

　　尽管整体突然出现了其组成部分单独存在时所不具有的突现性质，我们还是反对据说是亚里士多德说过的"整体大于部分之和"的提法。事实上，整体虽然出现了部分所没有的性质，但整体同丧失了其组成部分单独存在时所具有的某些性质（例如氢气可燃、氧气助燃，而组成水后，既丧失了可燃性又丧失了助燃性），同时整体在某些方面又保留了组成部分所具有的性质（如质量、能量的守恒等）。所以我们认为应该将整体与部分之间的关系表述为"整体不等于部分之和"。一个事物有许多性质，这些性质的总和便构成该事物的状态。在数学上，一种性质可以用一个函数来表示，因而 n 种性质所构成的状态可以用 n 维状态空间表示，记作 S_L。设系统 $\sum (K_1, K_2, \cdots, K_m)$ 的组成部分为 $K_1, K_2, \cdots, K_m$，则整体不等于部分之和可以表述为：

$$S_L\left(\sum (K_1, K_2, \cdots, K_m)\right) \neq S_L(K_1) \cup S_L(K_2) \cup \cdots \cup S_L(K_m)$$

　　用这个式子来表现整体突现规律。这里还须特别提出的是，这个不等式左边表述系统的状态空间 S_L，有许多新的维度是等式右边的 S_L 的维度所没有的。反过来说，表达组成部分的许多旧的维度，在整合成整体后在表述整体中也丧失了，这是一种状态空间的维度突现，它表现了整体性质的突现。

上面所述的整体与部分的三种相互关系中，第一种关系和第二种关系说明整体与部分的非加和关系，第三种关系说明整体与部分的加和关系。说明整体与部分之间同时存在着加和关系与非加和关系，在逻辑上并不是不相容的，因为这里讲的是整体和部分之间某一些属性上存在着加和关系，而在另一些属性上存在着非加和关系。加和关系反映了整体与部分之间、系统及其所组成的前身之间或系统及其所产生的后继者之间的质的承续性（质的共同性、质的连续性）和量的守恒方面，以及存在着由前到后的因果联结和因果作用的传递过程。而非加和关系则主要反映系统与组成元素之间、系统与其前身与后继者之间的质的区别（质的突现和质的变化）和量的不守恒方面，以及可能出现的前后之间的某些因果链条的中断。在自然系统中，加和性与非加和性是两个不可分离的方面。

自然系统的整体性、整体与部分的相互关系以及表现这种相互关系最基本特征的整体突现规律看来是很平凡的，不过它却揭示了自然系统的一些最基本性质，揭示了宇宙之所以有奇迹般的无限多样性和无限创造力的根源。说明宇宙怎样由其种类为数不多的"生成元素"（基本粒子、夸克以及更深层次的生成元素）组成丰富多彩的世界，怎样由严格的守恒的物质与能量创造出性状万千的现象。说明自然界为什么会有各种各样的性质变化：分化质变（由系统瓦解为自由状态组成要素而发生的质变）、会合质变（元素结合成系统而发生的质变），以及重组质变（组成元素不变，因结构改变而发生的质变）；为什么会有新事物出现和旧事物、旧性质的衰亡；在从一事物到另一事物的过程中为什么偶然性会起到如此重大的作用。这也可以从整体与部分的相互关系以及整体突现中得到解释。机械论的自然观是性质一元论，认为所有物质客体都只具有单一的性质，如广延性、不可入性等机械性质，于是，整体自然界被描写得暗淡无光。而系统哲学则主张性质的多元论，承认突现性质是层出不穷的。在本文中，除了这些问题外，突现的概念将有助于我们说明实体是如何出现的；层次是如何产生的；"本质"或"非本质"是如何形成的；决定性、随机性和目的意向性是如何层层突现的；规范与价值怎样可能成为一个独特范畴，等等。

三　系统的适应性自稳定性质

一般来说，系统不是与环境无关的。如果它与周围环境发生不断的物质、能量、信息的交换，则它是一个开放系统。开放系统，特别是复杂系统具有这样的特征，它与环境进行物质、能量、信息的交换时能保持变化中的恒定性，能在变化着的内部条件和外部环境中保持自我同一、自我维持的稳定性和亚稳定性，这种性质叫作适应性自稳定（self-stabilization）或适应性自维持（self-mainte-nance）的性质。本节将要讨论的是：第一，这种性质是怎样表现出来的；第二，这种性质是怎样形成的。

有一个英文名词 identity 不好翻译，只好将它译成"能被识别认出它的同一性的性质"。例如，我们本人在几十年生活中的经历身体、外貌、经验、知识、技术、爱好乃至性格的不断变化。我们身体中的原子、分子乃至细胞不断地更换，也不知道更换了多少次了，可是，我还是我，保持了自身的同一性、恒定性和稳定性。保持这种自稳定仿佛是我们生活的最低限度的目标，不管你是否意识到它。我们的生命就是这样构造的，不过，对于复杂系统中的自稳定的识别还需要有某种客观的标准。

自然界中有许多变化中的不变性：平稳的飞机飞行着，但它的速度不变，均匀圆周运动的速度也不断变化着，但向心加速度不变。马尔萨斯的人口指数增长着，但人口的结构（性别、年龄、阶级比例等）可以不变。最为重要的自然界中虽有随机变量支配的事物不断变化着，但由统计规律支配的统计分布或概率分析可以是完全稳定的，这就决定了宏观的稳定性，而各种图像是不断变化的，但可以有某种拓扑的不变性，这构成我们图像识别的基础，从而认出它的同一性。总之，存在着某些变量，它必须保持在一定的界限内才能使系统保持自身的同一性。这样限定的变量叫作系统的基本的参量或本质的变量。我们正是通过识别本质变量阈值的不变性来识别出系统是适应性自稳定的。

问题在于，这种系统适应性自稳定性质是怎样形成和保持的。

（1）开放系统可能形成这种性质。因为开放系统可能在与环境进行物质、能量的交换和转换中，获得负熵，从而可能维持自己在突现中形成的有序结构，于是，系统特别是复杂系统便获得了适应性自稳定的性质。

（2）系统之所以具有适应性自稳定的性质，是因为它具有负反馈的机制。开放系统不仅与环境有物质、能量的交换，而且有信息的交换，它向自己的结构输入有关环境及系统与环境的关系的信息，通过这些信息进行负反馈控制，使系统的本质变量的阈值保持在一个恒定的和稳定的水平。这个控制的机构由三部分组成：控制器、传感器和执行器。它的基本结构如图2—1。

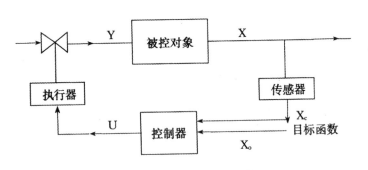

图2—1　系统的负反馈机制

为了进行控制，不但要由控制器向执行器发送信息，而且要将执行器操作的结果，即被控对象的输出 X，通过传感器变换为信号 X_c 反馈到控制器，控制器再将反馈信息与预定目标信号 X 相比较，将其偏差变换为控制信息向执行器发出，使系统保持自己的稳定和"目标"。这"目标"就是系统的本质变量所要求的恒定值。正是这种反馈使系统中一切偏离基本变量的阈值偏差得以修正，从而达到自我保持、自身同一的目的。

（3）自创性（autopoiesis）。它是系统的自稳定、自我维持的一种形式。在系统中，有时需要保持稳定的，不是某种变量，也不是它的元素，而是元素之间的特定关系网络。系统组成元素的相互作用，产生了系统的关系网络。这些元素关系网络，可以再生出那些元素本身，以替换原来的元素。系统学家 A. 拉波波特说："自创性是系统的一种特性，它以某种方式（内在地）再生产自己以保持其组织，就是说保持它的同一性。"① 系统因为有了这种适应性自稳定性和自我维持的性质，所以有些系统学家将系统看作一种自治性实体或自主性实体（autonomous entity）。

系统的适应性自稳定性性质在哲学上揭示了质的稳定性的根源，揭示了事物的突现性质，特别是复杂系统的突现性质之所以能够保持下来的一个根源，也为后面我们将要讨论到的事物的广义目的性和广义规范之所以可能存在提供了理由。

四　系统的结构功能性质

每一个系统都有自己的功能或性能，不同的系统有不同的功能或性能。那么，系统的性状功能是怎样决定的呢？仔细分析起来，它与系统的组元、结构与环境都密切地联系着。如果我们将一个自然系统的功能记作 F，将它的元素记作 C，结构记作 S，环境记作 E，则它们之间的相互关系可以用下列公式表示：

$$F = f(E, C, S)$$

这个方程，可以称为物质系统的状态方程，它揭示了系统四个基本因素之间的相互关系，是自然系统的基本规律之一。现在我们稍为详细一点阐明这个问题。

（1）广义地说，一个系统的功能就是该系统在与外界环境相互关系中所呈现的变化、所具有的能力和所表现的行为，所以它就不能不受环境的影响。当然，从发生学的观点看，某一复杂系统之所

---

① ［加］A. 拉波波特：《一般系统论》，钱兆华译，福建人民出版社 1994 年版，第 136 页。

以具有某种功能，自然选择和系统具有内在的潜在多样性起了决定作用。不过，对于已经存在的系统来说，它的功能主要用元素与结构来进行解释。

（2）元素对系统的性能又起着什么作用？元素是系统性能的物质根源、物质基础和物质载体。没有元素，系统的性能就无所依托、无所承载。例如，一种放电气体或加有挥发盐的火焰，都会发出线状光谱，没有外界供给能量，它们固然不会发射光谱，但环境供给的能量不能说明为什么发射的光谱不是连续的而是分立的，更不能说明为什么是这种光谱线系而不是那种光谱线系。造成系统的这种具体性状的根源，是它的组成元素即全体的原子从一种特定的能级状态跳跃到另一种特定的能级状态。更为根本地说（按照玻尔模型来解释），是它的更深层次的元素，即电子在原子结构中从一个轨道跃迁到另一个具有特定能量的轨道的结果。

不过我们这里特别要注意的是：我们这里所说的元素的行为决定系统功能，已经包含了结构的作用和元素协同作用，并不是孤立的、自由状态的、单个的元素决定系统的功能。例如，不是自由电子的行为决定受激气体的线状光谱系，而是处于原子结构中受原子内部结构关系约束着的电子的能级跃迁行为决定了受激气体的线状光谱。我们说，不同元素的系统一般有不同的性能，主要讲的是不同系统的元素，有不同的结构，从而决定不同的性能。掺杂了某种化学元素的金属材料，其硬度、熔点、导电性能之所以发生变化，主要的原因就是因为它的化学结构变化了。我们说大脑具有思维的功能，并不是说大脑的某一部分器官、某一部分神经具有思维的功能，这些功能不是单个元素决定的，而是它们协同决定的，这里也显示了结构的作用。

（3）所以，系统的结构与组成元素相比，对于决定物质系统的性能来说，具有更为根本的意义。什么是系统的结构呢？所谓系统的结构，就是系统诸元素之间相互关系、相互作用的总和。它构成了系统内部相对稳定的组成形式和结合方式，所以，结构就是决定系统稳定性的关系网络。一个系统对于它的前身以及曾作为其前身的组成要素的根本区别在哪里呢？就在于前面所讲的系统的"突现性质"。可是"突现"了什么？它所突现的，就是它的关系与结构，所以结构在系统中起决定作用，这是自明的道理。

因此，我们可以得出结论：自然系统的性状与功能，主要是由结构决定的。一定的结构是一定性状功能的内在基础，而一定的性状功能是一定结构的外在表现。这个规律叫作自然系统的结构功能规律，即在 $F = f(E, C, S)$ 这个基本方程中，当 C、E 已确定，这时结构与功能的函数关系便是：

$$F_{E,C} = f(S)$$

$F_{E,C}$ 为确定了特定环境和组成元素的系统功能，S 为自然系统的结构。

不过，在讨论复杂系统的结构功能关系时，我们要特别注意两种功能的概念。第一种是广义的功能概念，它指的就是系统或系统的组成部分在与外部环境或内部环境相互作用中表现出来的性质、行为与效应。这种功能可以叫作性状功能，并不特别考察它对系统本身的存在与维持起到什么作用。第二种是狭义的系统功能概念，它指的是系统中的这样的性质、组成或过程，它会产生这样的效应与作用，这些效应与作用有利于系统的生存、维持与稳定。例如，孔雀的尾巴有非常美丽的色彩，发出闪闪的光芒，它的功能就是吸引异性的交配，起到有利物种的生存、繁殖和发展。至于它的尾巴妨碍它行走，就不列入这种有目的的功能之内。又如，人体的心脏跳动的功能就在于它将血液泵向全身，引导血液循环向全身提供营养，以维持生命的存在。我们可以将这类狭义的功能称为目的性功能。我们在第三节说到的系统的负反馈控制作用，也属于这种目的性功能。我们将在第七章较为详细地讨论到系统的适应性自稳定和适应性自组织可以看作系统的"目标"，而这里所说的系统的合目的性功能就是达到这个"目标"的手段。所以，在复杂系统中，我们看到结构与功能的重要关系：结构决定功能，功能维护结构，对系统中发生的事件与过程进行结构的解释和功能的解释同样是重要的。

五　系统的适应性自组织性质

所谓系统的适应性自组织性质（self-organization），指的是系统能够通过自组织而达到进化这样一种性质。上节讲过，当外部环境变化和内部随机运动的干扰没有超出一定限度时，系统能达到适应性自稳定，保持自己的基本参量和本质变量的阈值。但是，当外部环境和内部因素的干扰超过上述所说的限度时，系统就会瓦解。这是我们日常看到的耗散结构的瓦解、生命的灭亡、物种的毁灭的情况。

19 世纪以来，自然科学兴起了两股演化思潮：一股是热力学思潮，一股是进化论思潮。热力学思潮造成的世界观叫作熵的世界观，这种世界观至今仍有相当大的影响，它认为我们的世界，包括自然界、社会和生态系统，都向着混乱、无序和灾难的状态走去。而进化思潮揭示的演化方向则是由无序到有序、由简单到复杂，进化箭头指向建设、创新和组织化而不是崩溃。1862 年，即在达尔文《物种起源》发表后的第三年，英国哲学家斯宾塞在《第一原理》一书中从哲学上推广了这个进化论思潮，指出宇宙的发展总是由不确定的、分散的同质状态进化到确定的、凝聚的异质状态，进化的目标总是指向最完善和最幸福（happiness）的状态。这是进化主义的世界观，是比较乐观的世界观。显然，最初看来，这两股进化思潮及其世界观结论是相互矛盾的。不过到了 20 世纪中叶，这个表面矛盾由于发现系统自组织原理而得到解决。

所谓系统自组织原理，是说明系统在一定条件下，特别是在远离平衡态和输入负熵的条件下，在系统存在着代表多种潜在稳态的随机起伏以及元素之间的非线性相互作用的条件下，以及在系统存在着某种恒常的输入，即这种输入作为一种外界干扰对系统施加某种选择压力与刺激下，系统能够通过分叉与突变，系统元素之间能自动、自发协同动作，重新组织自己的实体、过程与力，形成新的有序结构、新的描述整体的基本参量（序参量）和本质变量，从而从旧的稳态进展到更能对抗与适应环境干扰的新稳态，这样，系统便通过"自我选择"和"环境选择"由低级向高级、由简单向复杂，向着更加有序和更多的等级层次方向演化。这就是近年来耗散结构理论、协同学理论和各种复杂性理论所集中研究的问题，从而提出"艾什比自组织原理""普利高津自组织原理""哈肯自组织原理"等哲学结论。这里有几个条件需要说明。

（1）系统必须开放而且输入负熵。这是因为对于开放系统来说，系统的熵的改变量 dS 由两部分组成：一部分是 d_iS，它是系统内部由不可逆过程引起的增熵，它总是正的；另一部分 d_eS，是系统与外部环境进行物质与能量交换引起的熵流，它是可正可负的。即：

$$dS = d_iS + d_eS$$

当 $d_eS < -d_iS$，即当 $\dfrac{dS}{dt} < 0$ 或 $\dfrac{dinfo}{dt} > 0$ （$\dfrac{dinfo}{dt}$ 表示信息对时间的增量）时，系统便能处于不断自组织状态，朝进化方向发展。这是系统自组织的外部条件。

（2）系统必须有足够的代表未来新稳态的多样性或随机涨落。这是因为，系统的自组织不同于依靠外部系统控制的他组织，它主要是由内部多样性即所谓选择多样性（selective variety）引起的。只有"随机起伏""涨落""噪声""混沌""分化"等多样性形态才是系统内部自组织的重要根源。这就是 H. V. Foerster 称为"通过噪声而有序"（order from noise）以及 I. Prigogine 称为"通过涨落而有序"（order through fluctuations）的原理。另一方面，系统元素之间必须有协同的非线性的相互作用，它表现为自催化、交叉催化、超循环等形式，正是这种非线性相互作用，特别在远离平衡态造成失衡的条件下能将某一种或某几种内部随机作用加以放大，从而加速旧事物的灭亡和新事物的发展，普利高津说，"这时在系统内部非线性相互作用下，一定的涨落不是衰减下去，而是可能放大，影响整体系统，强迫系统向着某个新的秩序进化"①。这两点是系统自组织的内部条件或机制。

（3）系统适应性自组织的进化，还需要一个外部环境的条件。这个外部环境不能太恶劣，以免系统的解体；这个环境又不能没有变化，以致系统只能保持稳定。所以，进化就要求有一种相对恒定的选择压力，因此，列温斯说，"系统本身的动力，以及施加在这一系统而使其进化的外力，会使系统产生新的结构，合并某些次系统，细分另一些系统，减小某些部分的相互作用，并组织等级结构，使一些系统相互转化"②。将第（1）点和第（3）点合起来看，环境的自然选择是系统自组织的外部条件或外部机制。

六　系统的适应性进化

自然界，特别是生命世界有着许多神奇的现象。各种生物的行为是如此地合目的，例如，啄木鸟的嘴能啄出隐藏在树干中的虫，长颈鹿的颈使它能吃到很高的树叶，向日葵随日光转动最大限度地进行光合作用，以至于人们曾经认为，只有造物主的有目的的设计才能解释。19世纪的生物学家达尔文（1809—1882）以他极其丰富的生物学知识及其多年细心的考察与探索，终于得出结论：物种的起源，一方面来自遗传性能的偶然的多样性的自发的突变，这些突变是盲目的，可能增强也可能减弱了该生物对环境的适应性；另一方面由于选择，带有不同变异特性的物种之间以及物种内部个体之间为食物以及为其他生存条件而竞争，于是适者生存。这就是达尔文进化论的基本论点。

许多科学家和哲学家都曾指出，通过对自发多样性的选择保存

---

① ［比］普里戈金津等：《混沌到有序》，曾庆宏、沈小峰译，上海译文出版社1987年版，第184页。

② ［美］拉兹洛：《系统哲学导论》第四章，钱兆华等译，商务印书馆1998年版，第57页。

而达到进化的适者生存原理是系统的，至少是复杂系统的普遍性质或普遍规律。社会生物学家 E. O. 威尔逊写道："达尔文的'适者生存'其实是宇宙中稳定者生存（Survival of the stable）这个普遍法则的一个特殊情况。宇宙为稳定的物质所占据。所谓稳定的物质，是指原子的聚合体，它具有足够的稳定性或普遍性。或许由于存在的时间足够长，或许是属于某个一致的种类的实体（例如雨点）出现的频繁……如果一组原子在受到能量的影响而形成某种稳定的模型，它们总在保持这种模型。自然选择的最初形式只是选择稳定的形式，抛弃不稳定的形式。"① 物理学家 H. 哈肯（1929— ）在他的《协同学》一书中也写道："达尔文主义不仅存在于有生命自然界，而且在无生命物质中也存在着。我们已把激光作为一例，其中我们发现各种激光光波之间存在着竞争，最终也只有一种波生存下来。我们当然可以称它为适者。""在激光波中，在生物分子中，在超循环中，并在动物和植物中，达尔文主义都起作用，达尔文规律支配着有生命和无生命物质，这一事实显示它的重大意义。它对必然要研究诸如职业和经济竞争的社会科学也有直接意义。"② 哲学家 K. 波尔普，在建立他的进化认识论，提出认识是通过尝试与排除错误的一般方法（the general method of trial and error-elimination）而进化，通过问题——多样性的试探性解决——排除错误——新问题的公式（$P_1 \rightarrow TS_i \rightarrow EE \rightarrow P_2$，其中 $i = 1, 2, \cdots, n$）而获得知识进步和知识增长时，也运用了多样性与选择的适应性进化本体论来为他的认识论辩护。③ 而下一节我们可以看到，自然界之所以具有层次结构，就是这种广义达尔文主义的自然选择法则的一个推理。可见，适应性进化原理是系统进化的一个普遍原理，在

① ［美］E. O. 威尔逊：《新的综合》，阳何清等编译，四川人民出版社 1985 年版，第 32—33 页。

② ［德］赫尔曼·哈肯：《协同学》，凌复华译，上海译文出版社 1995 年版，第 73—76 页。

③ ［英］卡尔·波普尔：《客观知识——一个进化论的研究》，舒炜光等译，上海译文出版社 1987 年版，第六章、第七章，特别是第 255 页。

基本系统观点中占有相当核心的地位。

参照比利时布鲁塞尔自由大学进化系统哲学研究小组 F. 海里津等人的研究,① 系统适应性进化原则可以归结为三个原理。

(1) 自发的多样性原理 (the principle of spontaneous variation)

这里所说的多样性,指的是型构 (configurations) 的多样性,包括事物的特征、性质、状态、形式、关系、结构与系统等。在型构的进化过程中,某类事物在进化中越有足够多的多样性,它被环境所选择的概率就越高,尤其是在环境不断变化的情况下更是如此。单一农作物耕作制度最容易发生病虫害和其他歉收灾难,而多种经营最容易适应环境。这个自明的本体论真理可能是多元论的理论基础。

幸而,世界上事物型构的多样性总是自发的甚至总是盲目地产生的。例如,分子的随机组合,基因的突变与漂移,个人性状的变迁,以及问题解决方案的提出和试探性假说的提出,都是自发地多样性的。对于它们是否能被选择,当其产生之时是不可预测的,在这个意义上是盲目的。这种自发多样性的根源,在于事物的偶然性机制。关于这一点,我们在第六章中将进行详细的论述。

(2) 非对称的转换原理 (the principle of asymmetric transi-tions)

自然界总是趋向于稳定的。系统从非稳定的型构转换到稳定的型构的概率总是大于相反方向的转换。设较稳定的型构为 A,较不稳定的型构为 B。则

$$P_r\ (B{\to}A)\ >P_r\ (A{\to}B)$$

其中,P_r 表示概率,→表示转换。

这个原理是艾什比首先提出来的。他在《系统自组织原理》②一文中写道:"我们从系统一般总是趋向于平衡这个事实出发。而

① F. Heylighen, "Principles of System and Cybernetics: an Evolutionary Perspective", *Cybemetics and Systems ' 92*, R. Trappl (ed.) *World Science*, *Singapore*, pp. 3 – 10.

② Von Foerster & G. Zopf (eds.), *Principles of Self-Organization*, *Pergamonm*, Oxford, 1962, pp. 255 – 278.

现在许多系统的状态是不平衡的，所以从任意状态到一种平衡状态，系统是从多数状态进行到少数状态。以这种方式实现了选择。这是纯粹客观意义上的选择。它拒绝了某些状态，离开了它；而保持某些状态，依附于它。"这种趋于稳定平衡的过程，总是对应着能量的释放过程。例如，一个激发态的原子，放出光子之后，进入稳态。能量代表做功的能力，我们可以将它看作潜在的多样性。放出能量，便有一个从不稳定的状态到稳定状态的过程。

至于非平衡态系统，例如耗散结构，也有一个从非稳态走向新的稳态的自组织的过程。这里它要保持的不是一种静止平衡状态，而是某种过程的不变结构。其条件是输入负熵，耗散来自环境的自由能。所以这里所说的向稳定或平衡的非对称转换，与上两节所讲的适应性自稳定和适应性自组织密切相关。

（3）自然选择：稳定性生存原理

稳定者生存，这个原理在某种意义上是一个重言式，是一个形而上学命题。因为所谓"稳定"一词其意义就是不易改变、不易消失或被消灭的意思。于是，稳定者生存就成了"幸存者生存"。达尔文主义中表达的"适者生存"，在同样的意义上也是一个重言式，一个形而上学纲领，这是哲学家波普尔早就指出的。因为我们拿什么标准来判别哪一个物种最适合于它的环境呢？波普尔说，"恐怕除了实际生存之外，我们没有别的判断适应性的标准"。[①] 所以，"适者生存"就是"幸存者生存"这个重言式。尽管如此，适者生存或稳定者生存是一个伟大的形而上学纲领，它说明包括物种在内的自然系统适应着环境的不断变化而不断进化，与环境的相互作用中不断由简单演化到复杂。

近年来，自然选择和适者生存的原理走出了同义反复的形而上学论证范围得到了精确的表述。除了波普尔的精确化表达在此不加

---

① ［英］卡尔·波普尔：《客观知识》，舒炜光等译，上海译文出版社1987年版，第253—254页。

讨论之外，最值得注意的是艾根在"超循环"中、哈肯在"协同学"中表达了适者生存在非生命系统中的精确形式。艾根指出，自然选择和适者生存，早在生命产生前的大分子自催化和交叉催化的超循环中已经存在。这种携带特种信息的大分子序列保存和复制自己的适应性强弱程度，从而它与不同分子之间进行竞争力的强弱，可以用"选择价值"量这个新概念来表示。艾根的分子选择与进化的动力方程为：

$$\dot{\chi} = \left(A_iQ_i - D_i\right)x_i + \sum_{k \neq i}W_{ik}x_k + \Phi_i$$

这里 x_i 为分子种 i 的浓度，即 i 的群体变量。它的生成速率为 A_i，分解速率为 D_i，复制生成的品质因子为 Q_i，由于复制总会发生错误，所以 Q_i 介于 0 与 1 之间。$\sum_{k \neq i}W_{ik}$ 表示其他亲属群体 x_k 因错误复制而对突变产生 x_i 的贡献。Φ_i 为个体流或运输项，表示 x_i 因稀释流动而减少的数量。这里的关键是 $A_iQ_i - D_i$，它表示 x_i 的"选择价值"，表示 x_i 的适应度的大小，它是一种生存的价值，如果它比竞争者 x_k 要大，它就是"适者"。这里适者有了一个区别于生存者的事先的定义，并且可以事先计算和检验。[①]

哈肯协同学中讨论系统演化行为的主方程与艾根方程形式十分相似，只不过作了一个概率的表述。[②] 哈肯写道："然而重要之点在于，在激光物理学中我们可以事先计算出哪种模式与哪种波将生存下来。""艾根理论的原始文本中描述生物分子增殖的方程，有着与激光波'增殖'的方程完全相同的形式。这些方程是由不同的学者完全独立地导出的，在两个全然不同的领域中出现这样的一致，不可能是巧合——事实上它指出存在着普遍适用的原理，我们一再遇到这些原理。"[③] 这样，我们便可以给一般系统 x_i 对于自然选择的适应度作出一个形式的定义：

---

① ［德］M. 艾根：《超循环论》，曾国屏、沈小峰译，上海译文出版社1990年版，第24—26页。

② 苗东升：《系统科学原理》，中国人民大学出版社1990年版，第546页。

③ ［德］赫·哈肯：《协同学》，凌复华译，上海译文出版社1995年版，第73—74页。

$$F\ (x_i)\ =\sum_{j=1}^{n}P\ (x_j \rightarrow x_i)\ \varDelta\ t_i \sum_{j=1}^{n}P\ (x_i \rightarrow x_j)\ \varDelta\ t_i$$

$F\ (x_i)$ 为 x_i 的适应度，$P\ (x_j \rightarrow x_i)$ 为 x_j 转变为 x_i 的概率，P $(x_i \rightarrow x_j)$ 为 x_i 转变为 x_j 的概率，$\varDelta\ t_i$ 为 x_i 的平均寿命。

七　系统的等级层次性（Hierachization）

我们在第二节中指出，系统由于其结构对元素的约束，组成整体，产生了突现性质，便构成了这个系统的实体或系统个体。但是这些系统个体之间又可以由于相互联系、相互会聚而组成结构，又会出现更高一层次的性质。这样，每一个层次的实体都以它具有不同于高一层次和低一层次的突现性质为其特征，于是系统便形成了多层次的复杂结构。这样看来，由于等级层次是突现的结果，我们自然应该在紧接着第二节讨论等级层次的问题。不过，在历史上，自然界和社会的等级层次的形成，是物质系统在自会聚、自组织的进化中分层地演化出来的。所以，将系统的等级层次性质放在自组织性质之后进行讨论是比较合适的。

但是，为什么系统的演化不是从最简单的元素直接自会聚、自组织为极为复杂的系统呢？也就是问，为什么系统演化会朝着增加等级层次结构和方向发展呢？关于这个问题，美国经济学家、计算机科学家西蒙（H. A. Simon）和生物学家罗森（R. Rosen）作了一个很好的数学证明。[①] 这个证明表明，一个经由相对独立的稳定的子系统组成系统，比起直接由组成元素组成这样的系统更能经受住环境的干扰与破坏，因而在变化的环境中更加稳定。所以从发展的速度上看，分层形成系统比直接形成系统的速度要快得多，因为前者自会聚、自组织的失败都不会整个地破坏系统，而只是分解为低一层次的子系统。这件事情直观上也是很明显的，要用碳、氢、氧、氮等元素原子直接合成胰岛素的成功概率几乎等于 0，而分层合成（先合成无机分子，再合成有机小分子，然后由氨基酸小分子

---

① 张华夏、叶侨健：《现代自然哲学与科学哲学》，中山大学出版社 1996 年版，第 174 页。

再合成 G 链和 P 链，最后合成胰岛素）成功的概率就较大。因此，在演化过程中产生多层次结构物质系统的概率要比产生无层次结构物质系统的概率大得多，又是环境的压力和自然的选择决定了现实世界即自然界有一个层次结构。

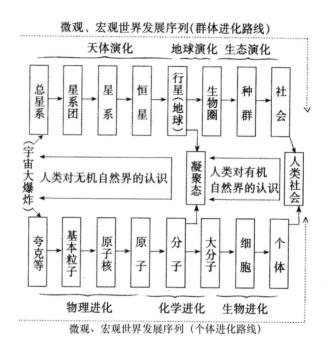

图2—2　宇宙演化与物质序列（个体进化路线）

　　图 2—2 表明，自然界是怎样通过微观物理进化链、天体进化和地质进化链、化学进化和生物进化链、生态系统进化链而协同地形成物质系统的一些重大层次的。

　　这里应该说明的是，图 2—3 转引自 E. Jantsch, *The Self-Organizing Universe* 一书，中译本为曾国屏等译的《自组织的宇宙观》，第 107 页。图 2—2 是我个人的设计。当然，我们还可以将系统层次细分下去，单是生命系统就可以划分为生命大分子、细胞、组织、器官、个体、小群体、大群体、生态系统等，不过分得太细会模糊下

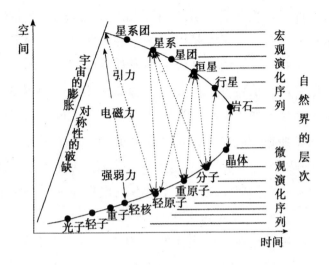

图2—3　自然界宏观演化与微观演化的协同作用

面的最为重要的界限，这就是不同层次有不同的实体、不同的突现性质、不同的支配规律和不同的语言描述。单层次的认识论和本体论都是不可能的。于是系统学家就需要发现一个新词来指称那对于低一层次来说是结构整体，而对于高一层次来说是组成部分的那个东西，那个实体，它集中表达了系统的各种性质和层次的各种性质，似乎世界上任何事物本质上都是那样的东西。于是杰勒德（R. W. Gerard）于 1964 年称它为组织子（Orgs），凯斯特（A. Koester）于 1978 年称它为整体子（holons），而雅各布（F. Jacob）于 1974 年则称它为整合子（integron），金吾伦教授在1994 年提出生成子（generation），并由此建立"生成哲学"。我和金吾伦教授于 1997 年共同提出"协同生成子"（Synergic generation）来表达系统的最基本特征和哲学宇宙观上的最基本的实在，[①]它也是每个重大研究领域的基本实体的一种概括。

　　为什么我们要用"协同生成子"来指称"那对于低一层次来

---

①　金吾伦、张华夏：《哲学宇宙论论纲》，《科技导报》1997 年第 6 期。

说是结构整体，而对于高一层次来说是组成部分的那个东西呢"？这是因为对低一个层次来说是结构整体的东西固然是明显的突现生成的东西，而对于高一层次来说是组成部分的那个东西，对高一层次来说也是突现生成的东西。例如，生命大分子对于生命小分子，即各种有机小分子如核苷酸之类固然是突现生成的东西，但它对于生物体，例如细胞来说本身也是突现生成的。生成了什么？生成了DNA遗传密码。个体在整体中也改变了自己的性质。因此，作为组成部分的东西在任何意义上，无论在高层次意义上还是低层次意义上，也无论在层次合成与层次分解的意义都不是什么不变的实体。所以世界并不是在不变实体的"构成"意义上有多层次结构，而是在"突现生成"意义上有多层次结构。这是协同生成子的第一种意义。协同生成子的第二种意义说的是这个基本系统是协同生成的。从图2—2和图2—3中我们可以看出，各层次的系统一方面是在宏观宇宙演化序列中通过自组织不断增加内部复杂性从而自上而下形成星系、星团、恒星、行星、岩石、生命这些群体系统，另一方面在微观、亚微观演化序列中通过自会合、自组织自下而上地形成从基本粒子到生命这样的个体系统。并且这个自上而下的生成过程与自下而上的生成过程是协同作用下生成的。自上而下的生成不能脱离微观环境个体生成的介入，而微观演化的自下而上的生成，也不能脱离宏观环境的进化。宏观环境本身介入了微观事物的组合生成与分解生成。关于这一点，许多讨论系统层次的文献都没有注意到。倒是怀特海说得好："每一个包容统一体都充满了其他统一体的样态"，"事件与一切存在都有关系，尤其与其他事件有关"。[①]因此，我们绝不能脱离宏观环境的变化与演化来讲物质无限可分。物质层次理论本身不能导出物质无限可分的概念。这一方面因为物质层次理论主要讲的是突现生成，而不是讲"可分"；另一方面，因为任何层次的分解与合成都介入了环境的干预和参与。所谓无限

---

① ［英］怀特海：《科学与近代世界》，何钦译，商务印书馆1959年版，第81、100页。

可分的"分"字本来含义就是供给系统或实体以一定的能量使它分解。当粒子的结合能与其静能为同一数量级，甚至结合能远远大于粒子静能时，"供给能量，使其分解"这个命题本身已失去意义，因而"无限可分"的提法本身也就失去意义。在宇宙线的级联"簇射"中，宇宙线中一种高能粒子（电子、光子或介子等）在高空中击中一个原子核，就如雪崩一样转化为几十万个同样的高能粒子（电子、光子、介子等）。这里"组成"与"可分"的概念已经失去意义。我们不能说几十万个电子组成一个电子，或一个电子分解为几十万个电子。但这几十万个电子却可以说由一个高能电子生成，是更大的能量环境生成了它们，是将世界联成一体的规范场的激发生成了它们，是宇宙生成了它们。作为基本实在的协同生成子所阐明的物质层次结构的概念是突现生成的概念，而不是"一尺之棰，日取其半，万世不竭"的无限可分的概念或由越来越小的东西构成的概念，它所阐明的实在概念是实体、过程、关系三位一体的概念，这里实体的概念不过就是某种突现生成，有某种持续性的过程和相对稳定的结构，整体性地与其他事物发生作用的东西而已。

系统等级层次的观念告诉我们，我们对于系统中发生的事件的分析至少需要有六个维度：①载体的分析；②关系与结构的分析；③过程的分析；④还原的分析；⑤本层的分析；⑥扩展的分析。例如，我们对于人体的癌病变的分析，就不仅要分析癌症发生在那个人体器官的本层分析，分析其发病部位、恶化程度，而且需要还原分析。癌症是分子病，我们需要分析引起癌症的基因病变、免疫病变，并且我们还需要扩展分析，分析癌病变是在怎样的生态环境中引起的。将一个事物放到一个更大的系统中观察它在大系统中的功能，以及它与高层次大系统如何发生相互影响，这叫作扩展方法，是还原方法的另外一极。低层次对高层次有上向因果关系，因此，我们的方法要从外向里看，即 outside-in thinking，建立我们的上向层次解释模式即还原解释模型。高层次对低层次有下向因果关系，它约束和控制低层次的活动，因此，我们的方法要从里向外看，使用 inside-out thinking 的方法，建立我们下向层次解释模型，即扩展解释模型。每一个层次自身有突现性质，有自己的相对独立性，有本层次的初始条件和本层次的行为规律或规则，因此就有本层解释模型。这就是我们的多层次解释理论，它是系统本体论的一个推理。

八　基本系统观点对本体论和价值哲学是否必要

以上讨论的基本系统观点，说明的是本体论的某些基本观念，勾画的是本体论的基本宇宙图景（请不要与宇宙学中的宇宙图景相混淆），同时，它们又是进一步研究本体论和价值哲学的方法论上的新视野。不过，哲学界对于在哲学上引进这些基本系统观点赞成者甚少而反对者甚多，以至于我觉得有必要在此作一点澄清，想得到同行的进一步批评与指正。这种批评和指正是我期待很久的了。最使我难堪的不是受批评，而是"可怕的沉默"。

当然，我上述的关于系统观念的六点陈述，作为系统科学的哲学结论的表述是否合适，是否有一些最主要的问题没有说到，是否表达得不伦不类，那是另外的问题，即个人的知识与能力的问题。不过，这里的分歧首先是关于本体论的对象与方法的分歧。本体论本来就是研究宇宙的最普遍的特征的，是要研究存在与生成的最一般的模式与样态的。所以，说它是"关于自然、人类社会和思维的运动和发展的普遍规律的哲学学科"这个定义基本上没有错。我在第一章中讨论本体论何以可能时曾经谈过，接受或选择一个科学学说和接受或选择一个本体论学说的理由与标准没有什么原则区别。因此，本体论可以看作"最一般的广义科学"，而"本来意义的科学可以看作局部的本体论"。当然，我们不可能仅使用经验主义的归纳方法，就从特殊规律中归纳出一般规律，从科学进到哲学。即使经验科学也没有这样使用归纳法，它更常用的方法是假说—演绎—检验或评价方法。但是，我们也不能说，没有任何方法也没有任何必要从特殊规律的研究进到一般规律的研究，从科学的研究上升到哲学的研究。其实，当代科学、技术与文化的特点之一是信息爆炸。各种学科、各种理论、各种意识形态、各种文化、各种宗教多如牛毛，它们之间是多么不连贯甚至不协调。不过，世界是统一的，或者说我们是与有统一性和连贯性的世界打交道。因此，事实上，各个文化领域中已经出现各种本体论承诺，在它们的视野中将尽可能多的领域连贯起来。哲学本体论的任务本来就是要构造世界观的概念框架，尽可能将各种本体论承诺连贯起来。一种框架失败了，就再接再厉地提出另一种或不同种的概念框架。当然，说哲学要对科学进行反思这是对的。但所谓反思，不过是从一种更加广泛的文化观点来批判地思考科学干了些什么，为什么要这样干，以及怎样才能干得更好，而不是单纯的"内省"与"顿悟"。不过，这个反思至少应该包括本体论反思、认识论反思、价值论与伦理学的反思三个方面。而在本体论反思方面，它问的问题是，科学的发展已经作出了什么样的本体论与世界观的承诺，为什么要作出这种承诺，怎样的本体论承诺会更好和更为合适，这些本体论承诺能否整合起来，以及如何整合起来以回答哲学宇宙观和存在的普遍性质的问题。有一个很奇怪的现象就是，当我们许多哲学家说基本系统观点的研究，不是哲学、不是本体论，而是一种误入歧途的表现的时候，世界上许多最主要的一般系统论者却要宣布，自己的研究有相当的部分是属于哲学的研究。长期担任《一般系统年鉴》主编的系统学家 A. 拉波波特在 1992 年写道："科学认知的实践集中注意一般规律问题，尤其是在科学意义上富有成效地运用类比，这种实践的推广导致某种哲学的产生，而我认为，一般系统论正是这种哲学的最初发展。它寻找背景情况大不相同的系统和过程的共同特征。一般系统论的基本假定可以用一句话来概括：每一事物都同每一其他事物相关联。这一论断如此笼统，似乎空空洞洞，然而正是得出这一普遍相互关联原理，才把科学思想和道德哲学两方面的长处充分发挥出来了，它为人类的整合指出道路。"① 而本文的目的和拉波波特所说的一样，正是企图通过引进一般系统观点，使本体论研究与价值哲学连接起来，以解决"对人类的终极关怀"问题。其实，上面所引述的一般系统观点并不是什么具体科学问题。这六个基本观点所表述的是：20 世纪下半叶以来，由于"系统""复杂系统"这些科学新规范的出现，带来世界观方面的变化，导致人们将整个世界以及世界上的一切事物都看作一个有机的整体。另一方面是因为以上所表述的系统、层次、突现、结构功能、自稳定、自组织、非线性相互作用、适应性进化这些概念，根本不是物理、化学、生物这些 Science 的概念。它的观点和方法是贯穿了从力学、物理学到生命科学、社会科学和经济科学的跨学科观点与方法。依靠这种概念与方法，就有可能建立一般物质客体共同特征的概念模型和数学模型解决本体论问题。将基本系统观点引进本体论视作不必要或不可能者，可能对于跨学科研究的性质、趋向和意义并不了解。其实，我们的工作不过是 20 世纪以来，特别是逻辑实证论和机械论自然观失败以来，许多著名的哲学家和思想家的工作的继续。这些工作包括怀特海的《过程与实在》，贝塔朗菲的《一般系统论》，邦格的《系统的世界》，艾什比的《控制论导论》，拉兹洛的《系统哲学导论》，普利高津的《从混沌到有序》，詹奇的《自组织的宇宙》，艾根的《超循环》，格莱克的《混沌》，海里津的《复杂性的进化》，等等。事实证明，分析哲学定位的本体论和系统主义的本体论是当代走向新世界观的两条平行道路，只不过是我国有些哲学家没有守住哲学来做，对于系统热一阵，又冷一阵，然后以转入管理学和管理工作而告终罢了。

一旦我们将基本系统观点列入自然界、社会和人类思维的普遍特征和普遍规律的领域，接下来立即就会发生一个苦恼的问题：这里所说的六个一般系统观点和一般系统规律，与黑格尔首先作了全

---

① ［加］A. 拉波波特：《一般系统论》，钱兆华译，福建人民出版社 1994 年版，第 2 页。

面论述，后来又被恩格斯"倒转过来"的对立统一、质量互变、否定之否定三大规律的关系如何。当你仔细比较这系统六观点和辩证三规律时，你就会发现它们有类同的产生背景、同样的抽象程度、共同的研究对象（其实一般本体论都有共同的研究对象），但二者却又是各自独立的本体论理论体系（六个观点以"系统"为理论核心，三大规律以"矛盾"为理论核心，并且各有不同的特征分类框架，由于理论的内核不同和分类系统的不同而成了两个不可通约的理论体系，这已是科学哲学的常识）。同一个研究对象有几种不同的理论模型（如粒子说与波动说之于光学，大爆炸宇宙说和量子宇宙说之于宇宙学等）共存着和竞争着，这本来是科学上司空见惯的，一个领域只有唯一的一个理论存在才会令人惊奇不已。现在我国学术界的马克思主义哲学，不是已经有了两个截然不同的理论体系和教科书体系了吗？如果按恩格斯和马克思的意见，将辩证法定义为"关于自然、人类社会和思维运动和发展的普遍规律的科学"①，人们就不可避免地将"六个观点"和"三大规律"看作辩证法的两个不同的理论模型（系统辩证法与矛盾辩证法），发现那"六个观点"同样是理解事物从低级到高级发展的钥匙（自组织、适应性进化和层次演进），理解连续性的中断飞跃和质变的钥匙（突现与自稳定、结构与功能），理解自己运动，它的动力、源泉和动因的钥匙（自组织与非线性相互作用等）。我个人也曾作过这种比较，结果使自己陷入一种进退维谷的地步。一些传统老哲学家斥

---

① 恩格斯：《反杜林论》，人民出版社 1991 年版，第 139 页。现在，我国有些实践唯物论者根据卢卡奇的理论，认为将对立统一、质量互变、否定之否定看作自然、社会和人类思维的普遍规律只是恩格斯个人的意见，不是马克思的看法，因而应该从马克思的哲学中加以删除。我个人对马克思早期哲学和晚期哲学没有作过详细比较，但认为在辩证法问题上，马克思确实说过与恩格斯上述言论相类似的话。他说："自然界的基本奥秘之一，就是黑格尔所说的对立统一规律。"（《马克思恩格斯全集》第 9 卷，第 109 页）"在这里，也像在自然科学上一样，证明了黑格尔在他的《逻辑学》中发现的下列规律的正确性，即单纯的量的变化到一定点时就转变为质的区别……分子说正是以这个规律作基础的。"（同上书，第 23 卷，第 342 页）"一切发展，不管其内容如何，都可以看作一系列不同的发展阶段，它们以一个否定另一个的方式彼此联系着。"（同上书，第 4 卷，第 329 页）

之曰，这就是赶时髦、系统热，想用"系统论代替辩证法"是完全错误的，甚至是反动的。而一些年轻的新哲学者则讥讽之曰：此乃一种很保守的"辩证法情结"也。我个人现在不想去作一种"夹攻中的奋斗"了，而希望采取陈昌曙教授在定义"什么叫做技术"时所采取的"知难而'绕'"①的态度。陈教授对研究生陈红兵说："在讨论某些技术哲学问题时，要绕过给技术下定义这个难题。"因为受到这个启发，我现在在讨论本体论时也绕过给辩证法下定义这个难题。我前面说的问题都只是一些假言判断，也就是说，"如果将辩证法了解为什么什么，则会有什么什么的不同理论模型"。至于我们到底应该将辩证法了解为什么？我个人虽然研究了多年，到现在仍然不甚了了。系统哲学家拉兹洛在1988年到中国讲学时曾经说过一个故事，当年他曾经访问过他的祖国，即社会主义国家匈牙利，问了科学院哲学所所长一个问题："什么叫做辩证法？"结果得来的回答是："我也搞不太清楚，如果什么时候你搞清楚了，请你告诉我。"尽管有这些争论和考虑，我个人总是认为，20世纪以来，分析的本体论的存在与发展，综合的本体论（例如系统本体论）的存在和发展，甚至思辨的本体论的存在与发展，对于我国研究辩证法的学者来说，既是一种挑战，又是一种机会。"既是一种挑战，又是一种机会"，这不是我们经常挂在嘴边的话吗？所以，辩证法学者认真研究不同学派的本体论，包括研究那些拒斥本体论的那种本体论，吸取它们的精华，对于坚持追求真理、学术自由和尊重传统这种求学三大法宝都是有好处的。

---

① 陈红兵、陈昌曙：《关于"技术是什么"的对话》，《自然辩证法研究》2001年第4期。

第三章　实体、关系与过程

上一章中讨论的基本系统观点对我们的本体论的意义可以从两个方面理解：①它是我们的本体论的主要内容之一；②它是我们研究本体论的一种基本观点、基本视野和基本方法。我们在上一章中最后提出的"协同生成子"无论从第一种观点看还是从第二种观点看都将我们带入本体论的一个最初范畴，即终极实在的问题。

一　终极实在与不变实体

如果要我们给本体论下定义，那我们认为，最好将本体论定义为研究存在（being）与生成（becoming）的哲学学科。在这里，"存在的普遍特征""自然、社会和人类思维的普遍规律""终极的实在""最根本存在"和"最终本体"在内容上指称的是同样的东西，只不过提出问题的角度不同而已。问题的这种提法，立刻将我们引入激烈的争论中。我国有许多哲学家虽然提出了另外一个"终极"，叫作"终极关怀"，却对"终极实在"一词甚为反感，认为追求这种东西，只会使我们陷入脱离现实、舍弃生活的结局，使哲学丧失主体意识，使哲学变成实证化而又超出哲学认识能力从而成为"多余的话"。因此，"挣脱'自然本体论'的理论束缚是对我们来说的主要任务"。[①] 由于我个人还没能够"挣脱"这种本体论，因而还是提出了"实在"问题。

什么叫作实在（reality）？在哲学上，它指的是真实存在（real being）。不过真实的或实际上的一词是相对于表面上或现象上（apparently）而言的。科学和哲学总是企图"在现象背后"，"透过现象"发现"真实情况"，即"实在"的。于是便产生了一种无穷的

---

① 韩民青、夏永翔编：《我的哲学思想——当代中国部分哲学家的学术自述》，广西人民出版社1994年版，第121页。

追问。现代科学的发展向哲学家提出了一个经久不衰的问题：是不是宇宙中现象的背后仍然是一种现象而没有什么终极的东西？如果回答说：不！那就有一种终极的实在，即终极真实存在，作为本体论的研究对象，这是问题的第一种回答。而如果回答说：是！一切现象后面仍然有一种现象，那你的回答告诉我们世界的终极实在情况：世界由一连串无限的现象链条所组成，宇宙事件由一连串无初始原因的因果链条、作用链条或关联链条所组成。世界的终极实在不是确定的"存在者"，而是不确定的存在本身。后面的一种回答告诉我们，我们在回答什么是终极实在时，不是要寻找一种宇宙万物起源于它而又归复于它的某一种永恒实体、永恒属性或永恒关系，而是要指出何物存在，存在的最一般形式和最普遍的特征。而如果认为世界根本不存在什么最普遍的特征或规律，这也是一种关于宇宙终极实在的回答，即反本质主义的回答。这些就是对终极实在的第二类回答或第二种回答。这里特别需要指出的是，所有对终极实在的回答都只具有关于终极实在的试探性假说的意义，绝不具有终极真理的含义，绝不可以将终极实在这个本体论概念与终极真理这个认识论概念混为一谈。任何一个本体论理论都没有先天的独断性，都是可批判的、可评价的、可检验和可选择的，有时相互间还是可兼容的。这个问题在第一章中我们已经讨论过了，我们根据奎因的观点指出，评价一个本体论学说与评价一个科学理论没有原则的区别。值得指出的是，由于现代科学和哲学的发展，特别是相对论和量子力学的出现，发现原来基本粒子、质量、时间、空间等最基本的实在，都不是绝对不变的。将世界的终极实在看作某种"不变的实体""机械实体""绝对的实体"或"永恒的砖块"之类的论点越来越站不住脚。将物质归结为原子的观点，将物质归结为质量的观点，甚至将物质归结为电子及其他基本粒子的观点，即将物质归结为有粒子结构的实体的观点，也一个一个地被推翻了。关于这一点，罗嘉昌教授在他的重要著作《从物质实体到关系实在》（中国社会科学出版社1996年版）一书中已作了详细的分析，这里就不再重复了。我们从上一章基本系统观点的立场出发，也坚决反对将世界终极实在看作某种不变实体的观点，我们的系统概念就意味着世界有无穷的变化。最后的实体是不存在的。我们现在的问题是，是不是我们只是用"实体"这个词来指称不变的东西，而不可能用"实体"这个词指称变化的东西？"实体"和"不变实体"这两个概念有无区别？当我们反对"不变实体"时是否一定需要支持一种"整个世界都非实体化了""所有的物质非实体化"这样的观点？由于混淆了"不变实体"和"实体"这两个不同的概念，有些科学家和哲学家在反对将物质世界归结为不变实体时却提出了另一种不变的东西（不变的过程、不变的关系等）作为世界终极实在为不变实体的替代物。例如系统哲学家拉兹洛就这样说："什么是新的形而上学的终极实在？我们认为这些实在就是场……场本身不是物质性的：它们不是由粒子组成的，也不是由粒子构型组成的，而是除了同物质联系在一起的场之外，还有不依赖于物质而独立存在的场。如重力场……场是最初的，并且很可能是最终的。"这样，我们"已经从实在—实体这样的先入为主的观念中挣脱出来了"①。而海森堡则说"能量实际上是构成所有基本粒子，所有原子，从而也是万物的实体，而能量就是运动之物。能量是一种实体，因为它总量是不变的，而且在许多产生基本粒子的实验中可以看到，基本粒子能够实际上用这种（同一）实体制成"，"而我们有充分根据设想，所有这些基本粒子形式都是仿照基本数学结构构成的"②。他们没有意识到，不能将世界归结为"不变实体"的要害是在"不变"二字。将世界归纳为不变的过程（能量）不变的关系（数学结构）或其他不变实体（场）也是我们所不能接受的。如果一定要在世界所以组成而又复归于它的意义上回答终

---

① ［美］E. 拉兹洛：《系统哲学讲演集》，闵家胤等译，中国社会科学出版社1991年版，第31—33页。

② ［德］W. 海森堡：《物理学和哲学》，范岱年译，商务印书馆1981年版，第28、103页；《严密自然科学基础近年来的变化》，海森堡论文选翻译组，上海译文出版社，第182页。

极实在究竟是什么，我们只能作这样的回答：世界的终极实在是变化着的实体或实体的过程，世界的"终极单元（ultimate unit）还是复杂细胞"或系统，"它不能还原为不失其现实完整性的元素"。[①] 不过，这种回答实质上是上面所说的对终极实在的第二种回答的变相。于是，我们需要走出将终极实在看作某种具体的"存在者"的迷宫，在回答终极实在问题时做出第二种回答，终极实在就是一般的存在本身，这就是说，终极实在是这样的存在，我们只能指出它的一般的特征，我们要分析的是存在的一般形式（实体、属性、关系与过程等），以及存在的共同特征。这样来看问题，实体、属性、关系、过程都是存在的和实在的，都有资格挤入"终极实在"的行列。问题在于何物的存在更有独立的意义。我们认为更有独立意义的存在就是实体。

二 何谓实体、何谓物质

那么实体是什么？这个问题和哲学史一样久远，不同哲学学派有不同的理解，暂且撇开从亚里士多德到洛克和霍布斯再到马克思、恩格斯，以及维特根斯坦与怀特海这些差异性不说，按照大多数哲学家共同的观点，我们认为实体（substance 或 entity）、客体（object）、物质客体（material object）、现实事物（real things）、特殊事物（particular things）、个体（individuals）或个体事物（individual things）等指的都是同一样的，也就是独立存在的事物。例如马、牛、羊、原子、分子、桌子、板凳、天安门广场、电子、量子场、中国、主体自身等都是独立存在的事物。这里所谓独立存在，指的是例如刘邦是独立于项羽而存在的，反之亦然，他们俩分别是实体；而项羽的身高、体重之类是不能独立于项羽而存在的，所以不是实体，而是实体的属性、物质客体的属性，或具体事物的属性。这里，我们将属性与性质看作同义词来使用，所以，实体是相

---

① A. N. Whitehead, *Process and Reality*. New York：Macmillan, 1969, p. 309.

对于属性与关系而被理解的。这里并不存在实体是定域的存在还是非定域的存在，是连续的存在还是非连续的概率性的存在问题，无论定域性的还是非定域性的实体，也无论是连续性的或间断性和概率性存在着的实体，都是实体，不要将这里"独立存在"的"独立"一词的含义理解错了。实体（substance）一词来自希腊语 sub-stare 两个词根，是在某物之下支持着它（stands under others）的意思，转成哲学概念就是能独立存在，自我支持而不需要别的物体作为载体来支持它，所以，实体是自立体，自在自为的具体事物，是基体、基质、载体，是第一性的，而属性（attribute，predicate）、性质（prop-erty）以及关系（relation）是不能独立存在的，即不能离开实体、载体而存在的，在这个意义上它们是附属的、第二性的东西。例如，玫瑰花是实体，是物质客体，它是独立存在的，我可以不需要连同其他"载体"，例如花盘，一起采摘回家，可是玫瑰花的红色，我却不能与花分离而采摘回家，除非我连同玫瑰花这一实体一起采回来。波斯猫是独立存在的，它是实体，可是波斯猫跑了，它的笑依然存在，绕梁三天，这只是神话，不是实在。某甲与某乙谈恋爱，恋爱是一种关系，它是不能离开某甲与某乙而存在的，我们绝不能离开某甲或某乙将他（她）们的恋爱关系带到什么地方去。所以，亚里士多德说得对，实体是"第一存在"，是"完全意义的存在"，而属性是"第二存在"，"不完全意义的存在"，是"附属体"或"他物的有"。这个"第一存在"，后人叫作 exist-ence by itself（自我存在），existence in its own right（有自己独立存在的权利），subsisting by themselves（自我支持的东西），而将"第二存在"称作 existence in other's right（以他物为依据的存在），de-pendence on or affections of substance（依赖于实体而存在而发生作用）。由于实体是第一的存在、独立的存在，所以，只有实体之间才可以发生直接的相互作用。属性之间或属性与实体之间是不能直接发生相互作用的。所谓不能直接发生相互作用，就是说它不能不依赖于实体而发生作用。例如，你走过一个弯曲有折纹的地毯时被绊倒了，并不是弯曲这个属性本身使你绊倒，而是弯曲了的地毯这个实体对你这个实体发生作用。所以，现实世界中发生相互作用的是物质实体之间，例如，物体的碰撞、天体之间的吸引、基本粒子之间的相互作用、生物与环境的相互作用，都是实体之间的相互作用。当然，这种相互作用可能是间接的，例如，地球与太阳的相互作用可能是通过引力场而实现，通过引力波而传递，可是，引力场或引力波本身，按照我们的定义，也是物质实体。物质实体才是作用者。似乎不能像关系实在论者所说的那样，没有什么作用者，作用本身就是作用者。离开实体本身没有属性，没有相互关系也没有相互作用。正是实体本身这样的具体事物是独立的实在，它组成世界，它具有各种属性，处于各种相互关系中，发生各种相互作用和经历着各种事件与过程。正因为实体是独立的存在，完全意义的存在，所以，我们应该将它理解为完整的统一整体，而它的属性则是分化了的、分解了的繁多的东西。就这个意义上，实体与属性相比，有更大的持续性、稳定性和个体性。例如一个人，尽管他的各种性质发生了许多的甚至无数的变化，这个人作为实体即特殊的个体还是这个个体，几十年不见了，我还是可以将这个实体识别认同（reidentify）出来，并与其他人区别开来。同样，我写字的这张桌子与我在厨房吃饭的那张桌子是不同的实体，它们都是个体化了的、可区分的，从而有识别（identify）标准的。我绝不会认为两者是一样的。但性质或属性却不同，例如红色，单就其为红色属性而言，我是不能区分窗帘布的红色与一面红旗上的完全相同的红色是不同的个体。它们是不能个体化的，是缺乏个体化标准的。

应该指出，我们这里所说的实体，指的是宇宙间所有的个体（individual）、特殊事物（specific things）或个别事物（individual things）的总称，并无任何意向要排除实体的所有具体属性使其成为"纯实体"之意。实体这个概念指的就是多样化的各种具体事物、各种个体事物，不仅概括了基本粒子、原子、分子、天体、实物与场这些物理实体，而且还概括了个人、家庭、企业、社会组织、民族、国家那样的社会实体。还应指出，实体，即特殊事物，这和特殊事物的类是有区别的。例如，"张三这个人在中山大学哲学系上课"，这个张三是个别事物，是个实体，而"人是能思维的动物"这句话中的"人"是人的类，它是个体的人的集合，是实体的集合。"我正在喝一杯水"，这个水是个别事物，是实体，而"水由氢与氧原子化合而组成"，这里讲的水是实体的类。在讨论本体论时，有时我们要将实体和实体的类区分清楚。实体的类从内涵上说是实体的一种属性，从外延来看，是实体的集合，它们都不是实体本身。

以上我们说了实体的三个本体论特征：①实体是自立体，相对于属性与关系来说它是第一性的；②实体是唯一可以发生相互作用的作用者，在事物的相互关系中，实体也是基本的即一阶的关系者；③实体是可个体化的，并有识别认同的标准，它是世界上各种具体事物、各种个体的总称。但对于实体，还可以作认识论的和语言与逻辑的分析。我们在第一章中讲过，语言是有本体论承诺的，经过千万年发展的人类语言和经过几千年发展的科学语言本身就能对它指称的事物作出实体与属性的区分。一般说来，主词表达式典型地是用来表达实体的或物质客体的，它具有独立完全的意义，而谓词表达式是典型地用来表述属性与关系的，它不具有完全的意义。例如，"秦始皇这个人是比较高大的"，用逻辑主谓表达式是：$H(ch)$，"秦始皇"这个人是主语，它表达了物质的实体；"是高大的"是谓语，它表达了秦始皇的一个身体属性。"是高大的"在意义上是不完全的，它只有与表达实体的词语结合起来意义才是完全的。"这朵玫瑰花是红的"也是一样。"玫瑰花"是主语，表达了花这一实体；"红"是谓语，表达了花的属性。用逻辑表达式，这就是 $R(ro)$。一般来说，在具体事物或特殊事物的概念模型 $X_{df} = \langle x, P(x) \rangle$ 中，x 指称物质实体，$P(\ )$ 表示 x 的属性，正像 $P(\ )$ 这个命题函数或谓词不能离开它的定义域一样，属性是不能离开它的实体的，单独地讲属性或谓词，意义是不完整的。而且，无论语句是用来表达实体还是不表示实体，指称实体的语词是从来不作谓语的，至少是从来不单独作谓语的。这就是在主谓的语言表达式中实体与属性从来就处于一种不对称的地位，这也说明我们研究本体论时，实体、属性与关系，它们之间的地位是不能任意调换的。斯特朗逊（P. F. Strawson）在他的著作《个体——论描述形而上学》一书中写道："事实上，我现在要提议的是，一种新的主谓区分标准。主语表达的事实是独立自存的事实（a fact in its own right），就这个意义上说是完全的，而谓词表达式，它表达的并不是独立自存的事实（in no sense presents a fact in its own right），就在这个意义上是不完全的"，"特殊事物导引的表达式，在这个新的标准意义下，是永不会不完全的，并因而永远不能作为谓词表达式"①。

我们在第一章中曾讨论过 W. V. 奎因的本体论承诺理论。他通过语言分析指出，在日常语言和科学语言的陈述中，通过逻辑分析这些语句，能断定有何物存在的，不是语言中的量词，也不是逻辑常项，也不是谓词，而是量词所约束的个体变元的值。"存在就是约束变项的值"这句话，恰恰说明，只有那些处于被约束了的个体变项的值域中的个体，即我们本章中所说的实体，才被说成真实的、独立地存在着。"我们可以说有些狗是白的，并不因而就使自己作出许诺承认狗性和白性是实体……要使这个陈述为真，'有些东西'这个约束变项所涉及的事物必须包括有些白狗，但无须包括狗性或白性……正是对于这些并且仅仅是对这些实体，这个理论才作出承诺。"② 奎因的分析明显地告诉我们：只是约束变项的值域中的个体才是独立地存在着，谓词指示的属性并不独立存在，当然，它所指示的关系也是一样。以上简单地讲了实体是什么。它就是自然界、物质世界独立存在的具体事物，它与性质或属性是相对范

---

① P. F. Strawson, *Individuals*. London：Methuen & Ltd.，1959，pp. 187 – 188.

② ［美］W. V. 奎因（1953）：《从逻辑的观点看》，江天骥等译，上海译文出版社1987年版，第13页。英文版，W. Quine, *From a Logical Point of View*, Harvard University Press，1980，p. 13。

畴，相对于性质或属性来说，它是属性的本体、载体与基体，是第一性的存在，是它具有性质，经历着变化、事件与过程，处于与其他实体的相互关系中。这就是哲学上的实体概念以及实体实在的概念。有了这个分析，我们就可以给物质下一个本体论的同时又是认识论的定义：物质是标志具有属性和关系的一切实体的范畴，这种实体是宇宙间一切变化与过程的主体，它是离开人们的意识独立存在着，在一定条件下产生了人们的意识并为人们所认识。这种对实体的分析和对物质的定义，无任何假定宇宙有永恒不变实体的含义，也没有将哲学物质定义与自然科学关于物质的论说有任何混淆之嫌，相反，它可以澄清自从只将物质定义为客观实在以来引起的许多疑难。

三 物质实体的数学描述和数学"消解"

物质实体是客观地独立存在的具体事物，它们具有各种不同的属性。因此，物质实体，便由指称物质实体 X 的专名 x，以及描述物质实体的性质 $P(x)$ 的性质表现函数 $f(x)$ 组成的有序对 $\langle x, f(x) \rangle$ 来描述，它就是 X 的概念模型 $X_m = \langle x, f(x) \rangle$。描述一个物质实体或物质客体，就是指称它的实体，描述它的特征。仿照罗嘉昌教授在《关系实在论》和《客观实在论》等几篇重要论文中的表述，我们也可以说某类物质客体 X 的性质为：

$$Y = f(x) \tag{1}$$

这里 $f(\ )$ 是一元谓词，x 是个体变元，它指称某个实体，它的定义域就是某类实体的集合，它的值域就是同一性质 $f(\ )$ 的各种不同的值或不同的例解的集合。本来数学上的函数一般不能表示物质客体及其属性，如果它的定义域只是实数的话。但是，现代数学的对象早已超出恩格斯所说的数量关系和几何形式的范围，它的对象可以是任何一种元素与集合，当然也包括实体集和性质集以及表现它们的命题在内。因此，从现代数学定义在集合论上的广义函数的角度看，$Y = f(x)$ 是可以表示本体论的。所谓哲学及其本体论不能用数学形式表示，这是一种旧哲学观和旧数学观。不过这里的 x 指称的是个体变元，指称的是作为个别事物的个体，它的定义域就是实体的集。f （ ）是函数，在语言上是一元谓词，即命题函数。大家知道函数或这里的性质表现函数 f （ ）表现某个变元具有性质 P （x），是不能没有定义域而存在的，性质不能离开实体而存在，所以我们给罗嘉昌公式 $Y=f$ （x）以实体定义域的解释。这就是他所说的"f 表示个体 x 所具有的属性"。例如，雪是白的，雪（S）的白色的属性表现为 $Y_s=W$ （S）。这里 W （S）是雪的白色，是对白色 W （ ）的一个例解或一个值。如果纸（P）也是白色的，则 W （P）表示纸的白色，它也是 W （ ）属性的一个值，即另一个例解。电子是有质量的，电子（e）具有的质量属性 M （ ）表现为 $Y_e=M$ （e）。当然，我们应该承认 M （ ），W （ ）也是真实存在的，即也是一种实在，不过它是依实体而实在，而不是独立实在，正如函数不能没有定义域的元素而存在一样。

不过，严格说来，$Y=f$ （x）的公式是大大地被简化了。事实上，世界上事物的诸种性质，大多数不是某一实体单独具有的，而是由许多实体作为载体协同具有的：它不是单独属于某一客体，而是属于多个客体的，这种多个实体具有其分开来所不具有的属性，叫作关系，或者叫作关系属性或关系性质也是一样。例如，恋爱关系就是一男一女协同具有其分开来所不具有的属性。单独由某一实体作为载体而具有的属性叫作内在属性，大体上相当于罗嘉昌教授所称的第零性质。即"客体本身固有的属性"，"表征客体或对象自身"的性质。例如，某原子中的核子数、广州市的人口，就是这种第零性质，因为前者是后者的单独载体。广州市的人口并不是广州市与其他城市协同具有的。物体在物理变换中的不变性也就是这种内在的第零性质。不过我不是用 x 或 x_1 来表示这种内在性质或第零性质，而是用 f （x）或 f （x_1）来表示它。

因此，严格说来，某类物质客体的性质应用下列公式来描述：

$$Y=f （x_1, x_2, x_3, \cdots, x_n, r_1, r_2, \cdots, r_m） \tag{2}$$

这里 x_1，x_2，$\cdots$，x_n 是物质实体集，r_1，r_2，$\cdots$，r_m 是广义参考系集，其中包括作为参考系的物质实体，也包括非物质实体的集合如自然数集以及某种概念框架等。例如电子的质量，事实上并不是 $Y = f(e)$，而是物体的质量 $Y_m = f(e, r_t, r_x, r_u)$。$e$ 指称物体的实体，r_t 是时间，因为不同时间物体可能有不同的质量，r_x 是参考系，根据相对论，不同的参考系有不同的质量，r_u 是数量单位，不同的质量单位有不同的 Y_m 数值。这里 Y_m 是电子 e 的质量的数值，它不是什么不变的实体，而是一种属性及其值。如果将参考系 r_x 也看作这种属性的载体，则质量也是一种关系或关系属性，即罗嘉昌教授所说的关系实在。这个原来认为是绝对的内在属性的东西，日益展示为一种关系。又如，雪是白的，这个属性的表达式实际上是 $Y_x = f(x_1, x_2, r_t, r_x)$。这里，$x_1$ 表示雪的实体，x_2 表示人的感官，r_t 表示时间，r_x 表示参考系。雪是白的，这种性质固然可以说是雪所具有的性质，但不是雪单独具有的，而是雪与人的感官协同具有的性质，并且是在一定的参考系上确定的，如果你在晚上看它，雪是黑的，或者呈灰色，如果是一只特别的昆虫看它，那 x_2 就是某种特殊的昆虫感觉器官。那么，雪是什么性质，什么现象？那是和人所看到的完全不同的、另外的样子。无论人的感官还是昆虫的感觉器官，都是物质实体，主体不过是具有意识属性的物质实体。因此，雪是白的这种关系或关系属性，虽然人们称之为第二性质或现象性质，也是实在的，而且在某种意义上说也是客观的实在，是客观的关系实在。在这一点上我是完全同意罗嘉昌教授的关系实在论的，不过，作为参考系的 r 或我这里的 r_x，不是"关系参量"，而是作为参考系的物质实体，我们不能凭空设定参考系，我们只能取某种物质系统作为参考系。

以上就是我们对罗嘉昌教授的关系实在论存有模式表达式作物质实体实在论的解释，我们很同意罗嘉昌教授关于关系实在性的分析，即"关系是实在的（真实存在的），实在是关系的（即不是孤立的而是与其他实在处于一定的关系中）"，当我们要测量某种性质时，x_1，x_2，$\cdots$，x_n 原则上不可消除，等等。但我们认为它与实体实在论是相容的。关系实在论大可不必将实体加以消解或打散。打散了，它自己就失去依托，仿佛悬浮在半空中，处于一种混沌状态。古代哲学可以从这样一种立场出发，宣称它是"道""无"或者印度哲学的"梵天"，而现代哲学则应有更加严谨的立场。

现在我们来看看罗嘉昌教授对实体进行消解的四种逻辑与数学的方法是否能够成立。

（1）通过反函数方法来消解实体范畴。表现物质实体具有的性质的方程 $Y=f(x, r)$，它是（2）式的简写，这里 x 是实体，r 是广义参考系，当然 x 可以表示为 $x=f^{-1}(y, r)$，在这个函数式的右边的变量，只有性质 y 和参考系 r，好像实体不见了，但它有没有消去了实体？有没有使"x 不能再被看作是既存实体"，于是"常被看作实在个体的 x 已被关系化"了呢？① 没有！如果 $Y=(x, r)$ 解释成实体 x 所具有的性质 y，是在一定的参考系和一定关系下实体 x 的关系表现，则 $x=f^{-1}(y, r)$ 就应解释成实体 x 是在一定参考系下关系性质 y 所属于的东西。$f^{-1}()$ 就是这个"东西"。这个被关系属性所依附的"东西"并没有消除，即实体并没有消除。$f()$ 解释成"……具有 f 性质"，$f^{-1}()$ 自然就只能解释成"……性质所属于的实体"。

（2）通过递归公式消解实体范畴。罗嘉昌教授所说的递归公式是：$x_n=f(x_{n-1}, r_i)$。其中，$n=0$，± 1，± 2，$\cdots$，$i=1$，2，$\cdots$。这个式子不难理解，但不便向更广泛的读者简要地表达清楚。如果用一个通俗的例子，用我的意思来说明这种递归，可以这样来例解：人是一个实体 x_n，但这个实体实质上是各种关系的扭结。例如，它是各个人体器官之间的关系的扭结，没有这种物质的、能量的、信息的关系的实在就没有人。可是关系者是什么？是各种器

① 罗嘉昌、郑家栋主编：《场与有》，东方出版社 1994 年版，第 22—23 页；罗嘉昌：《从物质实体到关系实在》，中国社会科学出版社 1996 年版，第 15 页。

官，它是 x_{n-1}。这个 x_{n-1} 又不过是各种生理组织的关系之扭结，于是 x_{n-1} 又化为关系，是组成器官的生理组织（x_{n-2}）之间的关系扭结。但如果再追问各种组织作为关系者的实体又是什么？我们再将它理解为细胞之间（x_{n-3}）相互关系的扭结。如将 x_n 这种实体一直递归到关系的关系，关系的关系之关系，可是，这是芝诺所说的亚基里斯追龟，如果亚基里斯追上了龟，罗嘉昌教授的递归系列就有个终点。这个终点就是不再分解为组成元素之关系的个体事物，它就是实体，或者夸克或规范场就是这样的东西；如果这个递归是无穷递归，就像要问先有鸡还是先有蛋，先有关系还是先有关系者（实体）一样，我们最好还是同时承认：实体是实在的，关系也是实在的。这个递归是罗嘉昌教授"对关系实在论及其公式之普遍性抱有信心的原因之一"。那我同样可以说，它也是使笔者"对实体实在论及其公式之普遍性抱有信心的原因之一"。所以，通过递归公式并没有消解实体范畴。

（3）通过谓词的名词化消解实体范畴。罗嘉昌教授认为，"关系者是关系谓词的名词化"。在一定情景下，将谓词名词化了，它就成了被指称的"关系者"（即人们认为是实体的东西）了。他又说："比如，在'她美'的这个句子中，美是性质。但是，只要我们单独考虑'美'时，'美'就作为名词，标示对象、事物了。这就是说，当性质本身具有性质时，第一序列的性质相对于第二序列性质而言，就转变成物（或实体）。"① 当然，谓词是可以名词化的。例如，"玫瑰花是红色的"，"这红色很鲜艳"；"她美"，"她的美是令人倾倒的"。这两句话后面的句子"红色"以及"美"都名词化了。但它只不过是一个冒充的"实体"。弗雷格、罗素以及奎因都通过摹状词的理论将这些假实体加以消去。这两句话改写成 ∃（x）（x 是玫瑰花以及 x 很鲜艳）以及 ∃（x）（x 是她，以及 x

---

① 罗嘉昌：《从物质实体到关系实在》，中国社会科学出版社 1996 年版，第 8、23、24、186、375 页。

美并且 x 美得令人倾倒），这里消去的是假实体，某个 x 真实体并未消去。我们前面讲过，"指称实体的语词是从来不作谓语的"。弗雷格说得很清楚，他认为：谓语表达式本身是"不完全的"或"不饱和的"，它们本身并不指称任何对象，因而我们也不能问它们所指的东西是真是假。① 所以，谓语的名词化也是不能消解实体的。

（4）通过剥离事物性质的思想实验消去实体。为了说明关系实在论的一个重要命题："关系先于关系者"，可以通过一个思想实验将实体加以消解。罗嘉昌教授问："在我们的哲学讨论中，人们常会提出这样的问题：设想桌子上有一个杯子，它具有如下性质：是铁质搪瓷制品，高4寸，口径约3寸半，重量约3两，洁白的底子上印有几朵红花……试问：当我们依次剥去这个杯子的各种性质时，最后还剩下什么？""请你告诉我，这个'实体'，这个'它'究竟是什么？要回答这个问题，恐怕就会瞠目结舌了，事实上'它'正是脱离了一切对它的规定的空洞的抽象，用黑格尔的话来说，就是'无'……也许它可以作为杯子的理念，存在于柏拉图的王国里，然而在现实世界中，这个'它'确实等于'无'。"② 我的答案和罗教授一样：是的，如果我们真的能将这些性质"剥"下来的话，那么剩下的不是实体，而是"无"。不过这并没有说明具有性质的实体就是无，脱离了实体的性质就是有。所以，如果我们问，一个白色的杯子，要将它的白色剥下来，剥下来的"白色"是什么？那脱离白杯子的白色，被"剥"下来之后，剥了什么下来呢？回答也只能说：它也是脱离一切事物的空洞抽象，它只能是"无"。所以，性质和关系（事实上，上面说的性质就是关系）"本身"是不存在的，更谈不上它是实体的承担者。我们可不要在"纯性质"与"纯关系"问题上陷入柏拉图的王国里去了。因为在柏拉图那里，本来就有"纯性质"和"纯关系"，它就是共相，现实

---

① ［美］M. K. 穆尼茨：《当代分析哲学》，吴弁人等译，复旦大学出版社1986年版，第170页。

② 罗嘉昌：《从物质实体到关系实在》，中国社会科学出版社1996年版，第188—189页。

世界的各种事物不过是这些共相的影子，共相先于实体存在，正如圆的性质先于模仿它的世界上一切圆的事物、圆的实体而存在一样。所以，无论我们从哪一个角度上看，当代科学和当代逻辑并没有证明也没有说明事物非实体化了，物质是不可能非实体化的。客观性和实体性是物质存在的两大标准，是物质概念的两大原则。当我们定义物质时，这两大原则和两大标准是缺一不可的。物质是客观的同时又是实体的，一切存在是基于和依赖于客观实在的同时又是基于和依赖于实体实在的，这就是一切存在（即实在）的共同特征。

四　关系与过程

根据以上讨论可知，性质与关系就是：①它是第二性的，非独立自存而是依附于实体的存在，是不完全意义的存在；②性质（与关系）是形容（modify）、刻画（characterize）实体特征的东西，虽然它也可以和实体一样被别的性质所表征；③性质（与关系）不能个体化，因为它是共相，即 $f(\ )$ 或 $f(\ ,\ )$，而不是实体，不能"定位"，所以不能个体化，只有例解它的具体事物才能个体化。尽管如此，这里只是说性质与关系不可以与实体相分离的意思，绝无贬低它在事物中的作用和本体论的地位。某一个事物（即实体）的诸种性质的值的总和构成该事物的状态，它用状态函数和状态空间的数学形式来加以表示，这在前面已经说过了。事物总是从一种状态迁移到另一种状态，这就是事物的变化与过程。一切实体、一切事物都是只存在于过程中，要认识实体及其属性，只有通过变化与过程才能加以认识。所谓"实体只存在于过程中"，就是说它纵向有一种事件的序列，横向有一个过程的关系与结构。

我们的本体论的基本出发点是具有性质、经历着变化的实体，即实际事物或物质客体，但这实际事物和物质客体并不是不可分析的。从时间序列上物质客体可以分析为物质事件的序列，实际事物是由连续发生相互联系的一系列事件组成。这里所说的事件是某个个体的变化过程的基本单元。设物质客体 X 状态空间为 $S(K)$，则在我们的表达式中，X 的事件由有序三元组 $\langle S_i, S_j, g \rangle$ 来表现，这里 S_i 是事件开端的状态，S_i 是事件终结的状态，g 是由 S_i 迁移到 S_j 的规律。S_i 有规律地迁移到 S_j 的变化，就是一个特殊事件。要认识运动与变化，就必须从它的变化单元——事件开始。事物过程就是由一个个刹那过程所组成，这个刹那过程就是最小的事件，它具有某种不可分割的量子化的性质。事物或实体就存在于这个量子化事件中。例如一个军事家，他至少存在于一场战役的事件中，如果连一场战役都没有经历过，他不过就是一个纸上谈兵者。一个音乐家至少存在于谱出一首乐曲的事件中，能量只能存在于不小于普朗克常数的能量事件中，这样变化使实体存在的形式表现为实体只存在于一系列量子化的事体中，A. N. 怀特海教授说得好，"自然在瞬间中不存在"，[①] 它存在于最小事件中，当然，这最小的事件也不是什么"纯事件"，而是某种实体发生的事件。

事件的序列构成实体的过程。由事件组成的实体过程是有始有终的，即实体经历一个产生、发展和灭亡的过程。例如，我们能述说张三这个实体、这个人物，只是从他出生起直至死亡止的整个人生过程，他由一系列人生事件所组成，张三就是具有这些事件的序列，贯穿于这些事件序列持续存在的东西。实体表现为一系列事件联结起来的过程，离开这个事件的系列就没有实体。任何一个实体都存在和只存在于一系列事件的序列中，实体本质上就是在一系列事件、一系列变化中持续着的东西。一旦这个持续性结束，实体也就自行解体，生成别的实体。这个过程哲学的观点，只要不脱离实体来加以理解，还是十分有道理的。当然，将实体看作纯过程的持续性而认为没有实体存在这个观点是不对的，但主张实体只存在于过程的持续性中这个看法是合理的。

---

① ［英］A. N. 怀特海：《自然与生命》，1934 年英文版，第 48 页。转引自 ［英］R. G. 柯林武德《自然观念》，吴国盛、柯映红译，华夏出版社 1999 年版，第 23 页。

任何实体不但有一个事件的纵向序列结构，而且有一个横向的过程结构，实体并不是静止的元素的集合，而是一系列实在过程相互关联的系统。一所大学不是静止的校园、教学大楼、教师与学生们的集合，而是他们的教学过程、学习过程、生活过程和管理过程的有机组织。一个生命并不是静态的生物大分子、细胞和器官的集合，而是这些生命物质成分的各种生命过程，例如血液循环过程、肠胃消化过程、神经调节过程等的有机组织。没有这种有机过程的组织就没有生命。所以，一个生命物体就是一个新陈代谢过程的结构。普利高津等人的耗散结构理论，进一步证明实体有一个过程结构这个本体论原理。例如，在一个平底的容器中加热某种液体，当温差超过某一阈值时，液体的宏观静态热传导突然被打破，出现对流状态，形成从容器上面看下去看到的正六边形的、非常整齐的对流格子，称为贝纳德花样，它是分子运动的宏观有序结构，是过程的结构。其他像流水中的流涡、龙卷风中的风柱，它是一个系统整体、一个实体，但很容易看出这不是凝固的、硬梆梆的实体，而是一个过程的结构，要了解它，那些支配这些实体的性质与行为的整体运动和整体关系比起它的组成元素可能是更为根本的东西。再如，在一些化学反应系统中，某几个组分或中间产物的浓度随时间、空间出现的周期变化，这种化学振荡又称为"化学钟"，它所形成的结构，也是过程的结构。这里过程与实在，是同一事情的两个方面非常明显地表现出来。怀特海说过，"问什么是实际事物，就等于问实际事物是怎样生成的；所以两种关于实际事物的描述不是独立的，它的存在（being）是由它的生成（becoming）构成的，这就是过程原理"。这里，如果我们不将过程理解为先于实体存在的"纯过程"，怀特海这个看法也是对的，世界上每个实体都有自己的过程结构。引进系统观念的本体论的最显著特点之一，就是将实体看作一个过程的结构来加以认识。

过去有些哲学家，将过程与实体、事件与事物、变化与结构对立起来。一些哲学家只承认事物、实体、结构的实在性，不承认变化、事件、过程的实在性，企图证明终极的实在是不变的。例如，巴门尼德认为存在就是不变的，变化就是又存在又不存在，是自相矛盾的，因而是不成立的。亚里士多德认为事物的"自然"状态是静止的，运动状态是不自然的，它要寻求自己的天然的静止的位置。而德谟克利特以及牛顿的原子论，认为原子是绝对不变的。这些观点与现代自然科学不相容，无论高能物理学还是低能物理学都认为，世界上没有什么"终极"的组成部分可以静止不动、稳定不变，基本粒子与场都是不断变化的、转化的，惰性的物质并不存在，物质自身有一种自我的变化能力，至于更加复杂的事物的变化性就更不用说了。另一些哲学家则只承认变化、事件、过程的实在性，不承认实体、事物的实在性。例如，罗素认为世界的终极元素是事件，怀特海的过程哲学认为世界的终极实在是过程，事件与过程是构成世界的基本材料。这些观点必然导致循环定义，因为事件、过程不过是事物性质的变化。我们已经讨论过性质及其变化是不完全意义的存在，表达性质及其变化的谓词或命题函数是一个不完全意义的表达，因而，当我们说事件与过程是终极实在时，不免要追问是什么东西的变化，是什么东西的过程，是什么物体占有状态空间中点和轨线，一切事件的描述都要求指称某个对象，纯粹的事件是没有的。变化与过程只能是物质实体的变化与过程，因此，我们必须承认变化与过程是实在的，而实体与事物也是实在的，实体是事件与过程的载体，是变化的主体，变化是实体的存在方式，实体就存在于事件的持续序列过程中，存在于过程的组织结构中，我们应该将实体与过程、事物与事件的两极对立加以扬弃、加以统一，将它们看作不可分离的东西，这就是我们的多视角的系统实在论，它企图综合实体实在论、过程实在论和关系实在论于一体中。

第四章　物类与自然律

物类的研究，特别是自然类（natural kinds）与家族类似类（family resemblance kinds）的研究在分析的本体论研究中变得越来越重要，它的重要性仅次于实体、性质与关系、过程的范畴，因为科学的目标是要认识事物的类，特别是自然类和家族类似类及其与此相关的自然律。而通过归类对事物的性质和过程进行解释是一种虽然是初步的但却是一种很重要的解释。我们能否从特殊中概括出普遍性，我们如何进行归纳与类比，我们怎样寻找意义和指称，以及一般地说科学实在论问题都与此相关。

一　性质的类与自然规律的表现形式

为了弄清事物的类，自然类和家族类似类，让我们首先从性质的类（kinds of properties）这个概念分析开始。所谓某种性质的类，就是具有这种性质的实际事物的集合，例如，静止质量的类就是具有静止质量的一切物体即实物的集合。温度、压力这些性质的类就是宏观物体。生命的类就是一切生物，包括动物、植物和微生物这些亚类等。在上一章中，我们将性质定义为 $P = f(x)$，即性质是实体的函数，这里 $f(\ )$ 的定义域就是性质 P 的类，即 $K_P = \{x \mid x = f^{-1}(P)\}$，这就是性质的类的集合表达式。

物质客体的性质并不是偶然地、随机地和独立地分布到诸物质客体的，而是有规则地、相互依存地分布到物质客体之中和之间的。反过来说，这反映到性质的类上，也就是说，各种性质的类并不是彼此孤立、完全无关的。性质的类之间有两种关系十分重要，一种是相互包含的，另一种是相互交叉的关系。

没有类（集合）K_Q 和 K_P，K_P 包括 K_Q 定义为：

$$K_Q \subset K_P \underset{df}{=} (x)(x \in K_Q \rightarrow x \in K_P) \tag{1}$$

这是两个类的包。

而类 K_Q 与类 K_P 的交定义为：

$$K_Q \cap K_P \underset{df}{=} \{x \mid x \in K_P \wedge x \in K_Q\} \tag{2}$$

类的相互关系的形式和自然规律的形式存在紧密的相互联系。当两种性质的类之间相互包含时，则从类的包的定义式（1）中可以推得，有一种普遍的规律的形式存在于这些类的所有元素之间。形式地表示：

若 P、Q 都是实体的性质，则当 $K_P \subset K_Q$ 或 $K_Q \subset K_P$ 时，从它们的定义式

$(x)(x \in X_P \rightarrow x \in X_Q)$ 或 $(x)(x \in X_Q \rightarrow x \in X_P)$ 立即推出性质 P 与性质 Q 之间存在着有规律的联系：

$$(x)L_1(x):(x)(P_x \rightarrow Q_x) \tag{3}$$

$$或 (x)L_2(x):(x)(Q_x \rightarrow P_x) \tag{4}$$

定义式（3）读作：对于所有的 x，如果 x 具有性质 P，则 x 具有性质 Q，这是 x 的普遍规律 L_1。定义式（4）读作：对所有的 x，如果 x 具有性质 Q，则 x 具有性质 P，这是 x 的普遍规律 L_2。这里 $L(x)$ 表示关于 x 的规律陈述。这个规律的类表达式可以用图 4—1 表示。

例如，"对于所有的 x，如果 x 是细菌，则 x 是有新陈代谢的"这一规律不过就是"细菌的类包含于有新陈代谢属性的类即生物这个类之中"这个类表述的等价表述。在这里，类的包表示了事物的一种规律，这种规律揭示了性质之间的全称的普遍的关系，称为事物的全称普遍规律。

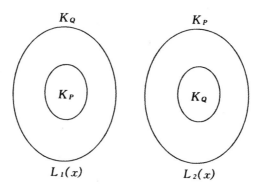

图4—1 性质类的包

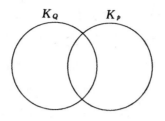

图4—2　性质类的交

我们再来讨论性质类的交和属性间的另一种规律的关系。当两种属性的类之间相互交叉时，即有：

$K_Q \cap K_P \neq \Phi$，且 $K_Q \neq K_P$，如图4—2所示，我们可以从交的定义式（2）推得：存在着某种特定的局部规律：对于某一些 x，如果 x 具有性质 P 则 x 也具有性质 Q，或者相反，等价地表现为存在命题：

$\ni x\,(P_x \,\&\, Q_x)$

或 $\ni x\,(Q_x \,\&\, P_x)$

这种性质的类之间的交叉关系，可以表现为概率性的统计规律：

$$(x)\ L_a\,(x)：(x)\,(P_x \rightarrow P_r\,(Q_x)\ = r) \qquad (5)$$
$$或 \qquad (x)\ L_b\,(x)：(x)\,(P_x \rightarrow P_r\,(Q_x)\ = r) \qquad (6)$$

定义式（5）读作：对于所有的 x，如果 x 具有性质 P，则 x 具有性质 Q 的概率为 r。

这里 r 的值的大小视两个类相交的元素的相对多少而定。

例如，抽烟与患肺癌有一种概率的关系或概然的联系，为了求得这个概然性的值，抽样调查抽烟者患肺癌的比率，即求出患肺癌者类与抽烟者类的交集的人数和抽烟者类的人数之比。由于这个比率大大地超过不抽烟者患肺癌的比率，从而揭示出抽烟与肺癌的概然关系律即统计规律。

二　自然类与决定性自然律

上节从单个性质以及两个性质之间的关系来讨论类关系和规律

陈述，这种规律陈述可以是普遍性的也可以是概率的，在这基础上，本节将要进一步讨论多种性质组合起来确定的类以及它们之间的相互关系，从而有可能指明事物内部以及事物之间有一个自然规律的系统在支配着它们的存在与变化、过程与行为。

前面讲过，孤立的完全分离的性质的类是没有的。"上帝"将性质分派给事物，并不是只将单一性质分派给某个类的元素（事物），而分派给它们以后，就吝惜地不再派给它们以别的性质，以至于一个性质对应一个物类。"上帝"是很大方的，他将属性成群、成串地派到事物元素中，并且这种分派有时相当集中地，有时则比较分散地但仍然连贯地派到这些元素里去。这反映到性质的类上，就形成类的重叠、并合、交叉、连锁的复杂网络。当性质成群成串集中分派给某类各元素时，就形成了许多性质重叠相包或并合相交的情况；而当性质群成串，分散但又连贯地分派到不同事物元素时，在性质的类上就发生类的交叉连锁的情况。前者是自然类的基础，后者是家族类的根据。我们先来讨论自然类。

当事物的性质类重叠相包或并合相交到了这样的程度，以致某一群事物处于各个性质类的相交处，它们有许多共同的特征，这些共同特征如此之多，以致我们可以找到不同的共同特征组，它们的外延（即具有这些特征组的事物）是一样的。这就形成了我们所谓的自然类。英国哲学家 J. L. 马奇（Mackie）说："粗糙地说，无论我们怎样找到某一些性质的集合，它们可以用作为譬如说对猫下定义的定义集；则我们同样可以找到其他的性质，它们对于这个客体类来说是共同的，它们取自上面的性质集中，也包括取自许多其他的性质集中，这些性质都可以作为该类客体（猫）的替代性的定义集，它们对于该类客体是共同的，并将该类客体与其他客体区别开来。"[1]

我们可以用图4—3来表示这种所谓自然类的特征。

---

[1] J. L. Mackie, *Problems from Locke*, Oxford University Press, 1976, p. 87.

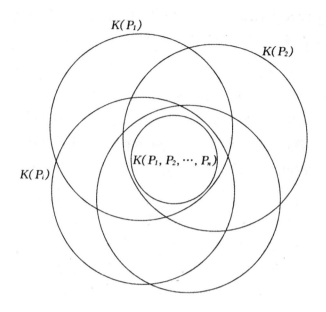

图4—3　自然类 K（P_1，P_2，P_3，…，P_n）

　　在图4—3中，K（P_1，P_2，P_3，…，P_n）是自然类，是共有一连串性质 P_1，P_2，P_3，…，P_n 的客体的集合。其中有些性质是与其他类的客体共有的：如 P_1，P_2，P_3，P_i，有些性质则是该自然类的所有客体本身所特有的，如 P_j…P_n 等。从 P_1，P_2，…P_i…P_j…P_n 中取出小数一组，作为该类的定义集，则总可以找到另外一组性质，它们分开来是必要的，联合起来是充分的来定义这个类。凡满足这种条件的就是自然类。我们将它记作 K^N。$K^N = \{x \mid (x)(P_1(x), P_2(x), \cdots, P_n(x))\}$。在 K^N 中，x 表示其中的实体元素，$\{P_1, P_2, \cdots P_i, \cdots, P_n\}$ 表示该自然类元素的共有性质。依据类似于上节得出公式（3）、（4）的分析，有下列公式成立：

$$(x)(x \in K^N \rightarrow P_i(x)) \qquad (7)$$

$$(x)(P_i(x) \rightarrow P_k(x)) \qquad (8)$$

其中，$x \in K^N$，$1 \leqslant i \leqslant n$，$1 \leqslant k \leqslant m$，并且 $i \neq k$。请注意公式（8）是一个 K^N 内部的规律系统，而且，如果将类和规律陈述扩展到两个类或两个类以上，则自然类之间的有规律联系即可表现出来。

　　一直到现在，我们还只是对自然类和自然律作形式的分析，指出自然律的表达式是全称条件语句表达式。围绕我们的分析已经给出自然律形式的类本体论的承诺，但这还不是问题的关键。关键的问题是：我们应该怎样找出定义自然类的这样的充分必要条件组，使它不仅在自然类概念的外延上，而且在该自然类定义的内涵上，将自然类的意义及其与其他自然类或其他事物的区别揭露出来。从这方面考察问题，决定和定义自然类的充分必要性质组至少应满足下列两个条件。

　　（1）这些性质不是该自然类元素的表面特征，而是它们的内在的本质属性和结构，这些本质属性和结构，组成洛克所说的该类的本质。所谓内在的性质，就是该客体固有的由于内部作用而产生的性质，是与外力和环境干扰相对隔离开来来考察的客体固有并持续地固有的性质。例如，电子的质量和电荷，原子中的核子数以及原子的电子层结构就是这样的内部性质，在物理科学中，许多理论模型都是精确地设计成与环境因果地隔离开来来描述系统的性质与结构的，如系统的能量守恒性质就是假想当系统不与环境发生能量交换而观察出来的。而所谓某类事物的本质属性乃是使该类事物之所以成其所是而不成其为别的东西的那样一些性质，否则便是所谓非本质性质。例如，人的本质属性之一是他们具有理性，而不是两腿无毛动物。而电子带单位负电荷，静止质量为 9.038×10^{-28} 克，自旋为 $\frac{1}{2}$ 是它的本质属性，关于它是自由电子还是原子中的壳层电子，采取粒子形式还是采取波动形式则是非本质性的。自然类就是按客体的内在本质属性和内在结构来划分的类。这就是所谓内部认同标准（intrinsic identity criterion）和本质认同标准（essential identity criterion）。

　　（2）这些性质，必须包含该类事物的带某种必然性（或盖然性）的作用潜能，即能对其他事物施加特定影响的那种性质，包括它的因果力（causal power）、能力（capacities and propensities）与倾向性（dispositions）这些性质。正是这些性质决定自然律。而科学的主要目的是认识自然律特别是自然的因果律，一旦认识新的自然因果律，许多物类要重新划分。亚里士多德将运动划分为天然运动与受迫运动，是错误地了解运动规律的结果，而伽利略认识了落体定律就正确地将物体的运动划分为惯性运动与加速运动两个自然类，后者揭示了运动的因果效应性或因果力。一旦认识了遗传定律的内部因果关系，物种这个自然类就得重新划分，以便使支持因果律的因果力或称为因果效应性质能列入类的本质属性之列。有些哲学家主张，应按照自然律的要求相适应地进行自然类的划分。著名科学哲学家迪昂（P. Duhem）在他的《物理学理论的目标与结构》[①] 一书中指出，自然的分类是按照事物对世界的作用方式来进行的。例如，我们设 a 与 b 有因果关系，a 的出现使 b 必然出现，这就要求 a 所属的 A 类事物有某类 a 事件出现，必有 b 所属的 B 类事物有作为其结果的事件出现。这样，在 A 类事物中和 B 类事物中必有许多与因果关系无关的各种特性，在抽象为 A、B 两个自然类时，都统统加以舍弃掉，只留下了能维持这种因果关系的必然性的性质。如果对于与某类有关的自然律都采取这种抽象法，则在某个自然类中就只保留了其事物的作用效应性质，包括因果力、潜能和倾向性。按这种性质划分的自然类，有着巨大的科学意义：一旦某一实体在科学分类中落入某一自然类，支配它的行为规律就被揭示出来了，这样，该实体便因为分类而得到了合乎规律的解释。例如电子的质量、自旋、电荷等同时也就是这种因果效应或作用效应性质。

自然类的本质属性和结构 P_e 与自然类的作用效应性质 P_p 是紧密相联系的，例如基本粒子与场，我们之所以能识别出它们的本质和种类，就是通过它们的作用性质，即它们的因果力、潜能与倾向

---

① P. Duhem, *The Aim and Structure of Physical Theory*. Princeton：Princeton University Press，1954.

而达到的。著名科学哲学家哈金（I. Hacking）曾经指出，一旦我们在实验中运用电子的因果力干预自然界时，"我们便完全信服电子的实在性"。① 在各种自然类中，通过作用效应性质的表现，总是能够揭示出事物的本质和结构的。一旦我们掌握了事物的因果力、它的潜能与倾向性以及由此确定的自然律的必然性，我们就能给该事物的组成与结构作出解释。反过来说也 是一样，一旦我们对事物的本质和结构有充分的认识，它的因果力与自然律也就能够揭示出来，因为自然律不是别的，它就是事物的自然类的本质关系，以及自然类与自然类之间的必然关系。关于这个问题 L. J. Cohen 写道："近年有许多哲学家正在提倡这样的命题：自然律乃是具有一阶共相和性质的类之间的二阶关系。"② 由于自然类的作用效应性质与该自然类的本质性质有如此密切的联系，则我们可以得出这样的结论：若某自然类事物 x 的作用效应性质与 y 相同，则 x 的本质属性必与 y 相同，形式地说：$(x)(y)((P_a(x) = P_a(y)) \rightarrow (P_e(x) = P_e(y)))$。还应指出，属于某自然类的事物之所以具有其本质性质和作用效应性质，主要来自第二章所说的"突现"，而且，其作用效应性质还可以用下一章所说的事物的作用机制来加以说明。

将自然类与全称的决定性的自然规律联系起来分析，可以解决科学哲学中长期没有解决的如何界定科学定律的问题。关于科学定律与偶然概括的区别，从纯粹逻辑的角度进行分析，纳尔逊·顾德曼（N. Goodman，1965）只能解决到这样的程度，即普遍定律支持而偶然概括不能支持反事实条件语句。至于为什么普遍规律能够支持反事实条件语句，自然类所提供的内在结构性质和作用效应性质对这个问题给出了本体论解释。它揭示了普遍自然规律的作用范围（类和类关系），它的普遍性、本质性和必然性，所以它就不仅陈述

---

① I. Hacking, *Representing and Intervening*, University of Cambridge Press, 1983, p. 265.

② L. J. Cohen, " Laws, Coincidences and RelatiOns between Universals", in Pettit, P. , Sylvan, R. and Norman, J. （eds. ）, *Metaphysics and Morality*. Oxford：Blackwell, 1987, p. 16.

了已经发生的，而且还陈述了将来要发生的事件与过程，甚至还陈述了即使将来也不会发生，但只要具备一定条件就必然发生的事件。

如果我们要举一些例子来说明自然类的划分，化学中的元素与化合物、生物学中的物种，便是自然类的很好例子，如无色，无味，透明，常温下是液体，标准状态下沸点为100℃、冰点为0℃，为生物之必需成分等内在属性和关系属性可以作为水的定义集；但我们同样可以找到其分子组成为H_2O作为以上的唯象定义的替代性定义项，它比上述定义更为简单，更能反映本质。不过，我们这里应该注意，马奇所说的"粗糙地说"指的是，就典型的情况下，或绝大多数的情况下，属性是成群成串地分布于自然类的各个客体之中，但并不是说，不可能有例外的情况，也不排除在别的可能世界中，由于不同的条件，例如水不是透明的，也不是无色无味的，等等，正像"人是理性的动物"指的是一个典型的一般情况，并不排斥那没有理性的神经病患者以及脑细胞濒于死亡的"植物人"也属于人类。所以，这里虽然承认自然类的存在，但即使在自然类的概念的使用上也不是完全本质主义的。

三　家族类似类与统计规律

但是，自然类只是类的一种形式，事实上，在自然界中特别是在社会生活的人类活动系统中，有许许多多的类是不能通过上面所说的"性质成群成串集中分派"的检验标准的。例如混合物、土壤、家具、船之类的概念，它们所表示的类，是不符合"性质成串集中分派"的标准的。更有甚者，在自然界与社会生活中，我们常常可以找到这样的类，在类的诸元素之间根本没有共同的普遍特征，如果有，也是极其稀少、极其一般和贫乏，以致无法与其他类区别开来，即使能够找到这些一般特征，它们对于认识这些类也没有什么重大的意义。它们之间只有交叉连锁式的相似性存在。这些类，就是维特根斯坦所说的家族类似，维特根斯坦说："我想不出比家族类似更好的说法来表达这些相似性的特征：例如身材、相貌、眼睛的颜色、步态、禀性，等等，以各种方式交叉重叠在一起。"[1] 我们可以用图4—4来表示家族类似的类。

K_1（P_1，P_2 P_3）K_2（P_3，P_4，P_5）K_3（P_5，P_6，P_7）K_4（P_7，P_8，P_9）K_i

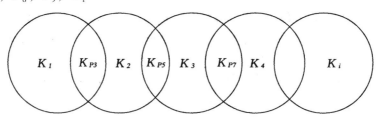

图4—4　家族类似示意图

K_1，K_2，K_3，K_4，K_i 的并，即 $K_1 \cup K_2 \cup K_3 \cup K_4 \cup K_i$ 结成了一个家族类似类，这里 K_1 与 K_2 之间有 P_3，（例如身材）类似，而 K_2 与 K_3 之间又有 P_5（例如相貌）的类似，而 K_3 与 K_4 之间又有 P_7（例如眼睛的颜色）的类似，等等，但并不存在一组共同的特征，作为共相贯串于 K_1，K_2，K_3，K_4，K_i 之中。

维特根斯坦举出了最为恰当的例子来说明这种家族类似，他说："考虑一下我们称为'游戏'的过程。我指的是棋类游戏、牌类游戏、球类游戏、奥林匹克游戏等等，不要以为它们一定有某种共同点，否则它们不会都叫做'游戏'的……你是不会看到所有游戏的共同点的，你只会看到相似之处和它们的联系，以及一系列关系。例如，看看棋类游戏以及它们之间五花八门的关系，现在再来看牌类游戏，你在这里可以找到与第一类游戏的许多对应之处，但许多相似点不见了，又出现了其他的相似点。当我们转过来看球类游戏时，许多共同点仍然存在，但许多已消失了。它们都是'娱乐'吗？把象棋同在由直线和横线构成的方形上画×和0的游戏相

—————————

① ［英］维特根斯坦：《哲学研究》，汤潮、范光棣译，生活·读书·新知三联书店1992年版，第46页。

比较。或者是否在游戏者之间总是有输、有赢或竞争？请想一想单人牌戏。打球有输赢；但当小孩子对着墙扔球然后又接球玩时，这个特征就消失了……我们可以用同样的方法考查许许多多其他种类的游戏；我们可以看到相似点是怎样又出现又消失的。"

这种考查的结果是："我们看到了相似重叠交叉的复杂网络：有时是总体的相似，有时是细节的相似。"① 显然，维特根斯坦的家族类似的发现，对于反对本质主义和教条主义，对于遏制无止境的普遍性的欲求，起着解放思想的作用。

特别是在社会科学方法中，人们长久以来企图找到历史现象的一些普遍特征和普遍规律，认为只要找到它们，人们便可一劳永逸地解决社会问题。维特根斯坦的家族类似概念给这些人泼了一盆冷水，说不定没有这些一般规律，或者即便有，认识到它也不会解决多大的问题。整个问题的关键是要对具体类型进行具体分析。关于这一点，马克斯·韦伯也有同感。他在《社会科学方法论》中写道："在精密自然科学中，规律是重要的、有价值的，因为那些科学是普遍有效的。对于认识具体历史现象来说，最一般的规律，因为它们最缺乏内容，因而也是最没有价值的。一个术语的有效性或范围越广，就越使我们远离现实的丰富性，因为要包罗最大可能数目的现象的一般因素，它就必然会尽可能地抽象，从而其内容也就空乏。在文化科学中，关于一般或普遍的认识，其本身是没有价值的。"② 家族类似类的发现，为韦伯社会科学方法论提供了本体论的根据。为了了解家族类似类及其方法论意义，设想一下人们怎样使用社会主义这个概念吧！社会主义是对资本主义产生的异化、不平等和弊端的一种抗衡，它是对社会公平、共同富裕和人类的自由而全面发展的一种追求。人们大体上是在这个范围里用社会主义这个

① ［英］维特根斯坦：《哲学研究》，汤潮、范光棣译，生活·读书·新知三联书店1992年版，第45页。

② ［德］马克斯·韦伯：《社会科学方法论》，李秋零、田薇译，中国人民大学出版社1992年版，第75—76页。

词来指称一种思想、一种价值体系、一种社会运动和一种社会体制。此外，就不会找到人们使用这个词时指称的共同特征了。例如，马克思主义政党的领导，并不是社会主义的共同特征。因为巴黎公社的社会主义并不是马克思主义政党领导的。苏联的社会主义，自赫鲁晓夫以来，他们的党的性质，一直受到各方面的争议，许多人认为，这个党是修正主义的党，是社会法西斯党，是自由主义的党，等等。那么，实行计划经济是不是社会主义的共同特征呢？原来以为是的，现在发现，并不是如此。中国的社会主义所实行的就不是指令性的计划经济。国家所有制占支配地位是不是社会主义的共同特征呢？许多不能称为社会主义或没有被称为社会主义的不发达国家或发达国家，它们的国有企业占了支配地位。而世界上有些被人称为社会主义的福利国家主要是对私有制企业的社会主义调节。因此，社会主义似乎是一个家族类似类或准家族类似类。一般地说，讨论人们使用社会主义这个词来指称的现象之间有什么共同的普遍本质是没有多大意义的，这些现象之间存在的是一些交叉连锁的相似性，关键的问题是研究那些互不相同的各种社会主义类型，以及各种可能的社会主义模式。

由于典型的家族类似类不存在共同的、普遍的属性，它不是诸多属性类的交集，而是他们的并集，因而也就不存在普遍特性之间的联系，即全称规律性。在家族类似类中，我们发现的属性之间的关系主要是一些概率性的规律。例如，当我们发现某人在玩游戏时，我们只能说他很可能在进行一种娱乐性的活动，很可能进行一个竞赛性的活动而不能说他们必然是如此。当我们知道某两个人是属于一个家族时，我们只能说他们两人的面貌很可能相似，而不能说必定如此。当我们发现某个国家实行一种社会主义制度时，我们不能说，它一定是或一定要实行计划经济，一定是或一定要实行普遍的全民所有制和集体所有制，等等。因此，在家族类似类中不是决定论规律占支配地位，而是统计概率规律占了支配地位。

四　建构型家族类与非建构型家族类

在讨论家族类似类时，值得提出的是，张志林、陈少明教授从维特根斯坦的家族类似类中，寻找出某种类似于"本质属性"或"本质"的东西，它就是家族类似类的大多数元素中具有的共同特征或虽非大多数元素具有，但却"处于家族类似网络的核心地位"，[①]我们可以称这组特性或这组性质为"亚本质"或"准本质"（quasi-essence），称这种家族类似类为建构型家族类似类（construstional family-resemblance kinds）。对于这种类，我们可以示图 4—5 如下：

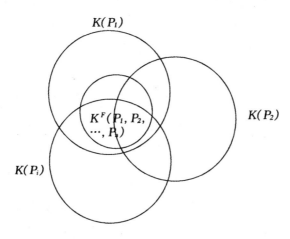

图 4—5　建构型家族类似类 $K(P_1, P_2, \cdots, P_n)$

在图 4—5 中，$K^F(P_1, P_2, \cdots, P_n)$ 是建构型家族类似类，在 K^F 的性质类图中，大多数元素具有一组性质 $\{P_1, P_2, \cdots, P_n\}$，我们现在创造一个新量词（$\exists_m x$）表示"对于大多数 x"。K^F 表示建构型家族类似类或具有"准本质"的家族类，则有下列的高概率统计规律存在：

（$\exists_m x$）（（$x \in K_i^F$）& $P_k(x)$），即

---

① 张志林、陈少明：《反本质主义和知识问题》，广东人民出版社 1995 年版，第 108 页。

$$(x)(x \in K_i^F \rightarrow P_r (P_k (x)) = r) \tag{9}$$

$$(x)(P_i (x) \rightarrow P_r (P_k (x)) = r) \tag{10}$$

这里 P_r 表示概率，而 r 是实数，并且 $0.5 < r < 1$。

在这里，当某种现象因它归入建构型家族类似类而获得解释时，这里解释者不能演绎出这种现象的特征，但当解释者以高概率的归纳来支持被解释者。例如对张三的死亡作出解释时，说因张三得了重病，所以他死了。重病是一个家族类似类，其中大多数成员具有致死的特征。这里用重病解释张三之死，就是将他归入重病这种亚本质类而获得解释。

除了建构型家族，维特根斯坦举的游戏例子以及图4—4表示的就是非建构型家族类似类（non-constructional family-resemblance kinds）。在图4—5中，假设 K_1 只有一个元素 x，K_2 只有一个元素 y，而 K_3 只有一个元素 z，共同组成非建构型家族类，$K^F = K_1 \cup K_2 \cup K_3 \cup K_4$。这里实体 y 与实体 x 共有性质 P_3，而与实体 z 共有性质 P_5，而 x 没有 P_5，z 没有 P_3，形式地表示即为：

$$(\exists x)(\exists y)((x, y \in K^F) \& P_3 (x) \& P_3 (y)) \tag{11}$$

$$(\exists y)(\exists z)((y, z \in K^F) \& P_5 (y) \& P_5 (z)) \tag{12}$$

注意：这里的性质 P_3、P_5 并不为 K^F 中多数实体（更不用说全体实体）所具有。

现在我们有一组性质组 $\{P_1, P_2, \cdots, P_n\}$，假设在具有这些性质组的家族类 K^F 中，其成员最多只具有这些性质组中的两个性质，就像图4—4所表示的那样，如果在为数众多的 n 中，选出一个 P_i 为购买彩票的中奖者。假设这个家族所有成员都买了彩票，则每个人的中奖概率为 $\frac{2}{n}$。所以，在非建构型家族类似类中存在着一种低概率的统计规律。在量子世界中，无论原子衰变、能级跃迁、DNA 突变，都有许多低概率的、偶发的随机事件，它们可能可以用过程或事件的非建构型家族类似类及其概率规律来解释。

在中国古代哲学和古代医学的阴阳五行分类中，我们可以将这种分类看作非建构型的家族类似类。例如，属"火"这个类就是这样的家族类，其成员不但全体，而且大多数都没有共同的属性。设想，中医将夏季、暑天、南方、太阳、燃烧、心脏、便结、舌赤、耳红、喉痛以及烦躁都列入火类，你能讲出它们的共同特征或共同的因果力吗？并且中医又将冬季、寒冷、北方、肾脏、便泻、尿多、水果、蔬菜、冷水等列入水类，你又能讲出它们的共同属性或共同的因果力吗？不过，这种分类却可以提供一种功能的类比，从水能灭火（水克火）的存在命题类比推出多吃水果、蔬菜，多饮水可以治疗喉痛、便秘等"上火"病症，所以非建构型家族类似类及其低概率的统计规律可以为低概率的功能类比解释提供一种本体论解释。不过值得注意的是，由于五行的分类对中医诊断已不够用，中医在不断实践中又继续增加阴、阳、表、里、寒、热、虚、实等八个范畴作为分类标准，使得同类的疾病越来越多地具有共同的特征，而对于与其相对应的治疗这些疾病的中药药性的分类，除五行之外，还有所谓"四性"（寒、冷、温、热）；"五味"（辛、甘、酸、苦、咸）以及其他所谓升、降、浮、沉的分类，又使得同一类型的药物越来越多地具有共同特征，并经过不同的排列组合，越来越能对症下药，这样的一个发展过程，便由非建构型的家族分类逐渐发展成建构型的家族类似类分类，并将疗效的统计规律，由低概率治疗效果走向高概率治疗效果。不过，中医理论和中药实践对疾病和药物的认识整体上还没有进入自然类的理解，也许世界上有许多药物和许多病症本来就没有自然类的划分，家族类似类的物类理论为中医的存在提供了一个本体论根据。

这样，我们便可以为非建构型家族类似类的解释功能建立如下的解释模型：

$$\exists (x) \left((x \in k_i^F) \ \& \ P(x) \right)$$

$$a \in k_i^F$$

$$\cdots\cdots\cdots\cdots\cdots\cdots\cdots\cdots\cdots\cdots\cdots\cdots\cdots\cdots\cdots\cdots\cdots\cdots \text{（analogy）}$$

$$P(a)$$

这个模型适合于上面买彩票的解释，总存在着一个人 x，他属于买了彩票的那一类 K_i^F，而获得头等奖 $P(x)$，而 a 买了彩票，他果然得了头等奖，便有了上述的解释模型，这个模型可以叫作家族类比模型或功能类比模型，简称 FA 模型，将它写成类比概率形式，则有：

$$(x)((x \in K_i^F) \to P_r(P(x)) = r)$$

$$a \in K_i^F$$

$$\cdots\cdots\cdots\cdots\cdots\cdots\cdots\cdots\cdots\cdots\cdots\cdots\cdots (r < 0.5)$$

$$P(a)$$

在喉咙上火多喝水的五行解释中，它的解释模型如下：

解释者：

（1）五行类：$K^F = | K_1^F, K_2^F, K_3^F, K_4^F, K_5^F |$

（2）相克关系：$\exists (x) \exists (y)((x \in K_1^F) \& (y \in K_2^F \& F(x, y))$

（3）类归属：$a \in K_1^F, b \in K_2^F$

$$\cdots\cdots\cdots\cdots\cdots\cdots\cdots\cdots\cdots\cdots\cdots\cdots\cdots (analogy)$$

被解释者：$F(a, b)$

这里 K_1^F 表示五行中的水类，K_2^F 是五行中的火类，$F(x, y)$ 表示"水克火"，这里喉咙痛的饮水治疗法 $F(a, b)$，便因归类而得到解释。[①]

五　本质主义、非本质主义和建构型非本质主义

认为世界上一切事物都有所谓本质，都能组成自然类，都只受决定性的自然规律所支配，因而整个世界终极地由只属于基本自然类的事物组成，终极地受决定性的自然规律所支配，这种观点叫作本质主义。本质主义的方法论特征是对普遍性和齐一性的渴望与追求，而对特殊情况的轻视。非本质主义反对这种观点，认为世界上一切事物都不能划分成严格的自然类，自然类只是一种幻想和理想

[①]　必须指出，这里的论述是高度简化的，更详细的讨论因限于篇幅只得从略了。

化的状态，因而其方法论特征是放弃对普遍性的追求而强调了解事物差异，他们的训词是"我要教人以差异"。

我既不是本质主义者也不是完全非本质主义者，而是建构型非本质主义者，即同时承认自然类、建构型家族类似类和解构型家族类似类三种物类。这种观点得益于张志林、陈少明合著的《反本质主义与知识问题》一书。我和张志林的一个发现是，这三种物类分别对应着三种自然规律：决定性的普遍自然规律、高概率的统计规律和低概率的统计规律。我们还发现，自然类可以为科学哲学 DN 解释模型作本体论辩护，而建构型家族类似类可以为 IS 解释模型提供本体论基础，至于所谓无定律的低概率事件以及类比解释和功能解释的合理性和局限性，也可以从非建构型家族类似类角度作本体论分析。而且从物类论的观点看，科学解释的（广义的）"推理"或"论证"方式形成了一条谱线：从基于自然类的决定性演绎方式到基于建构性家族类似类的高概率归纳方式，再到基于非建构性家族类似类的低概率类比方式，而科学发展的一种常见的趋势，是要尽可能从谱线的低端走向谱线的高端。

根据我们的物类论，我们并不完全否定 C. G. Hempel 的 DN 模型、IS 模型，并且还补充了 FA 模型。不过，我们认为，DN 模型和 IS 模型，即使经过物类论的本体论分析，也不能囊括一切科学解释的类型，而 C. G. Hempel 却力图想用 DN 与 IS 来穷尽一切解释。我们认为 DN 和 IS 最好被看作属于归类解释可以采用的一种论证形式，凡人要死，苏格拉底是人，所以苏格拉底必死，这是古代典型的归类解释。Hemple 所举出的用 DN 模型解释事件的实例，如用气体定律来解释气球加热膨胀，用开普勒定律来解释某行星的椭圆轨道，都带有这种明显的归类性质。它的模型基本上是：(x) $(x \in K^N \to L(x))$，(x) $(L(x) \to P(x))$，$a \in K^N \vdash P(a)$。这里的规律 $L(x)$，可能包含有 $P(a)$ 发生的机制，也可能没有。而科学解释的关键问题是揭示事物的运行机制。关于这个问题将在下面两章中进行讨论。

第五章　因果决定性机制

对实体的关系与过程的研究，最重要的是对过程的作用机制进行研究。科学要理解事物，首先要了解事物的运行机制，而科学解释的中心问题就是要解释事物的运行机制。在过去的本体论哲学原理著作中，有所谓"事物变化发展的动因"一说，不过动因的概念很不明确，似乎运行机制的概念比起动因的概念更加全面，因此，我们首先需要分析运行机制或作用机制的概念。

一　过程的运行机制

什么是事物过程的运行机制呢？它就是事物诸种因素之间的相互作用的结构，由于这些相互作用，决定和影响事物的各种现象，它的有规则的行为和有规律的状态。因此，了解了事物的相互作用结构，就从"动力学方面"了解了事物是怎样运作的。

机制的概念，在英文中叫作 Mechanism，又翻译为机理。这个概念起源于机械装置和钟表制造。钟表有报时的功能，在钟表的时代，它的表面的运动还可以设计成飞禽、走兽的运动，机械人的各种活动，这些外部运动及其功能如何得以理解呢？这就要求打开机壳，打开黑箱，了解它是由哪些弹簧、法条、齿轮以及其他部件组成。这些部件怎样相互连接、相互作用，了解了这个相互作用的结构，就解释了它的功能与运行，这就是钟表的机制。钟表的机制显然是因果决定性的，只要这些装置设计得准确，外界的随机因素，如温度、气流等对它运作的影响可以忽略不计。

可是，要了解生物物种进化的机制就与钟表运作的机制很不相同，物种进化是适者生存，最能适应环境的物种存活下来，生物的各种器官，都是按照它最能适应环境、最有利于个体及其物种的生存与繁殖而建立和布局的，这已经带有某种目的性和规范性的意味。不过，要对这种功能结构进行解释，还得首先依赖于认识物种个体的突变，现在我们知道这是由于基因的突变引起的，这种基因的突变是由随机的机理支配的，不依从因果的决定性作用。这种突变，可以说无前因可寻，无充分条件可说。不过，由于生存的压力和自然的选择，使这些最能适应环境的突变了的个体能更好地生存下来、繁殖下去，这就是因果地被决定的，所以，生物进化的机制包含着因果决定性机制、随机突变性机制以及某种目的性机制，是这几种机制特别是前面两种机制联合作用的结果。

再来看看经济学中的经济运行机制、市场机制或计划机制问题。在我国，许多人熟悉"机制"的概念，是从讨论社会经济资源分配机制这个问题开始的。生产消费品的资源，即它的人力物力应该如何进行分配呢？通过市场，它是由消费者的意向性行为决定的。一种消费品（例如电视机）生产多了，它对于消费者的主观效用就下降了，用经济学的名词说，它的边际效用下降了，消费者愿意付给的交换价格也就下降了，这就导致这种商品卖不出去，以至于这种消费品的生产亏本，从而导致减少生产、工人下岗等。于是，生产这些商品的资源（人力、物力）便流向短缺商品（例如高科技产品）的生产，这便是一个对经济资源分配的市场自动调整的机制。消费者不愿购买过剩的商品而愿意争相抢购紧缺商品，这又是意向性的机制，而生产亏本导致企业破产和工人下岗，这是因果性机制。在这个资源分配的调节过程中，股票市场随机涨落，有时还产生股票风潮，我们又可以看到市场运行的随机非决定性机制（或统计因果机制）。当市场运作失灵，就需要政府作有目的、有意向的宏观调控，这里我们又看到目的性、意向性的作用机制。所以，市场机制是随机作用机制、因果作用机制、目的性和意向性机制三种运行机制有组织地联合作用的结果。

通过上述的时钟运行机制、生物进化机制和经济运行机制三个例子的分析，我们可以看出两个问题。

（1）所谓运行机制，就是事物内部的基本的相互作用结构，它告诉我们事物是怎样工作的（how things work），事物是怎样操作的（how things operate）。由于它的内部工作我们不能直接观察到，我们需要打开黑箱，观察它的内部结构。当打开黑箱尚不能直接观察它的组成部分及其相互关系时，我们还必须构造各种科学理论从理论上分析它的基本实体及其相互作用。

（2）事物的运行机制无论多么复杂，从本体论上讲，它都可以划分为三类：因果决定性机制；随机盖然性机制（或称概率性因果机制）；目的性/意向性机制。各种事物的运行机制或者是以上三种机制之一，或者是它们的不同形式的混合变形。

第五、六、七章的主要目的，是分别分析上述三种过程的运行机制。本章首先分析过程的因果决定性机制。①

二　对因果性的条件分析

希腊哲学家德谟克利特曾说过一句名言："我宁愿发现一个因

---

① 关于事物的机制问题，《社会科学哲学》杂志（*Philosophy of Social Science*）2004 年连续用了两卷（Vol. 34，No. 1 与 No. 2）讨论系统与机制。讨论的主题论文是 M. Bunge（邦格）的"How Does It Work? The Search for Explanatory Mechanism"，译作"它是怎样工作的？解释性机制的研究"。现在邦格关于机制的观点得到同行的普遍承认。它与本选集靶子论文的作者的观点有相同的也有不同之处。为了研究的目的，本选集特向读者介绍系统与机制讨论会的这两本文集。

首先，邦格将机制定义为具体系统（不是任何一种事物）中的这样一些过程（不是实体也不是结构），它说明具体系统是如何工作的，它使系统成为其所是（that make it what it is）。例如，细胞中的新陈代谢，大脑中神经细胞的相互联系过程，工厂中、办公室中的工作过程，实验室中的研究过程以及法院的执法过程都是机制过程的实例。这些过程是物质状态、能量、实现，等等。

其次，邦格将机制 M（σ）看作系统 $\mathcal{M}$（σ）的四个独立组成部分之一。它独立于元素 C（σ）、结构 S（σ）、环境 E（σ）三元素，即

系统的定义模型 $\mathcal{M}$（σ）= <C（σ），E（σ），S（σ），M（σ）>

例如，传统个体家庭的组成是双亲与子女，相关环境是直接的物理环境、邻居、工作场所，结构是它们的生理和心理联系，爱情、亲情和生活共享，机制本身是家庭事务过程、夫妻生活过程、教育子女过程、尊敬和帮助老一代的过程。如果这些机制破坏了，家庭系统就要解体。

此外，这两册文献还对机制与规律，机制与功能，机制的分类（分为因果机制、随机机制、合作机制、竞争机制、目的性机制），机制的形成过程，机制解释在各种解释模型（DN 模型，IS 模型等）中的核心地位做了详细分析。

果关系，也胜过去当波斯皇帝。"① 这句话说出了哲人对因果关系坚持不懈的追求、他们的决心和毅力。不过，自此以后两千多年来，经过哲学家和科学家的不断研究，对于什么是因果性或因果作用，直到现在还不能说有了公认的结论。对因果问题的分析，基本上有两条进路，第一条进路是条件分析进路，分析原因出现是结果出现的什么样的条件。就近现代的哲学家说来，沿着这条进路从 D. 休谟（David Hume）的因果分析，直到现代英国哲学家 J. L. 马奇（John Mackie）的 INUS 条件分析，属于这条分析进路。第二条进路是因果力或因果作用分析进路，分析原因的出现到底通过什么样的"力"或"作用"导致结果的出现，就近现代哲学家来说，从 J. 洛克（John Locke）到当代加拿大哲学家 M. 邦格（Mario Bunge）和美国哲学家 W. 萨尔蒙（Wesley Salmon）则代表这条进路。至于现代许多哲学家和自然科学家对因果性进行统计分析，做出非常有见解的和有数学结构的理论，在基本哲学观点上也分属上述两条进路，而本文的作者则力图将这两派的研究结果综合起来，对因果作用机制作出系统的考察。

现在我们首先来研究因果性的条件分析。我们在第三章讲过，一切事物纵向有个事件的序列，横向有个过程和关系的结构，因果关系指的是事件之间的一个序列，事件 A 引起事件 B，则事件 A 是原因，而事件 B 是结果。这里关键的一个词就是"引起"，即作为动词的 cause。休谟在他 1739 年出版的《人性论》一书中对此进行了条件分析，他写道："有一弹子球置于桌面上，另一个急速地运动着的弹子球冲向它。它们碰击了，前面静止的那个球获得了运动，这是一个因果关系的实例，和任何一个我们通过感觉和反思获得的实例一样完善。让我们来检查它。很明显，这两个球在运动传递之前相互接触了，并且在冲击与运动之间没有间隔。因此，在时空中的邻

---

① 北京大学哲学系外国哲学史教研室编译：《古希腊罗马哲学》，商务印书馆 1961 年版，第 103 页。

接性（contiguity）是所有原因运作的一个要求。同样明显的是，作为原因的运动先于作为结果的运动。因此，时间的先行性（priority）是所有原因的另一个要求。事情还不止如此。让我们在相似的情况下试验另外的同类的球，我们总可以发现，一个球的冲击产生出另一个球的运动，因此，这里有第三种情况，即原因与结果之间的恒常结合（constant conjunction）。类似于这种原因的东西总是产生类似于这种结果的东西。超出了邻接性，在先性和恒常结合三者，在原因中我们没有发现任何别的东西。"① 我们在因果之间发现了洛克所说的因果力没有呢？没有！我们发现了因果之间的必然性或"隐变量"没有呢？没有！休谟说："在哲学中，最含糊、最不定的各种观念，莫过于能力（Power），力量（Force），能量（Energy），或必然联系（Necessary connection）。"② 由于原因与结果的恒常伴随或恒常结合，每当一个类似于先前观察到的原因出现时，我们总是预言必然有一种类似于我们先前结果的出现。这只是我们心灵中的"习惯与嗜好"（custom and habit）。这就是被人忽视的另一个休谟问题，即"休谟因果问题"："我们有什么理由说因果之间具有普遍必然性？"③ 这个问题和休谟归纳问题紧密相联，休谟归纳问题是："我们有什么理由说我们从单称陈述中推出全称陈述是正确的呢？"

不去考察和分析联结因果之间的作用力，局限于休谟因果关系三特征的分析，我们会发现，在先性没有问题，邻接性也可以观察得到而排除超距作用，有可能深入研究的就是休谟所说的恒常结合。因果之间的恒常结合是什么意思？它指的是原因是结果的充分条件、是必要条件，还是充分必要条件？休谟本人首先混淆了三者，他在《人类理解研究》一书中首先给原因下了一个充分条件的

---

① D. Hume, *A Treatise of Human Nature.* (ed.) L. A. Selby-Bigge, Oxford: Clarendon Presse, 1967, p. 170.

② ［英］休谟：《人类理解研究》，商务印书馆1997年版，第57页。

③ 张志林：《因果关系与休谟问题》，湖南教育出版社1998年版。这里我对休谟问题作了与张志林不同的理解，因为这里我讨论的不是因果律，而是因果之间的必然联系。

定义:"所谓原因,就是被别物伴随着的一个对象,在这里我们可以说,凡和第一个对象相似的一切对象都必然被和第二个对象相似的对象所伴随。"不过充分的就不一定是必要的。例如,他指出死亡的结果可以由毒死、病死、老死引起,可见原因是充分条件而不是充分又必要的条件。但紧接着这个定义后,他又若无其事地给原因下了另一个定义:"换言之,如果第一个对象不出现,则第二个对象也就不出现。"[①] 例如,火不出现,金不熔化,所以火是金熔化的原因。可见这里将原因又理解为结果出现的必要条件。

继承了休谟分析因果关系的经验论者、归纳逻辑的奠基人穆勒(J. S. Mill)为实验科学总结了发现因果关系的五种方法(简称为穆勒五法)。爱因斯坦对此评价甚高,他指出,"通过系统的实验发现有可能找出因果关系"是西方科学之所以能发展起来的两大基础之一(另一基础是欧几里得的形式逻辑体系)。[②] 可是,在穆勒五法中,几乎每一种方法找出来的因果关系都是不同性质的。用契合法找出来的因果关系指的是原因是结果的必要条件,而用差异法找出来的因果关系指的是原因是结果的充分条件,而用契合差异联合法找出来的因果关系指的是原因是结果的充分必要条件。[③] 英国逻辑学家冯·赖特(G. H. Von Wright)在《因果关系逻辑与认识论》一书中写道:"作为必要条件的原因和作为充分条件的原因其特征在逻辑上是不相同的,不能看出这种区别应归咎于传统归纳逻辑的灾难性的混淆。"[④] 这样,英美一大批著名哲学家迄今在因果关系的条件分析上达不成共识。亨普尔(C. G. Hempl)[⑤] 和卡尔·波普尔

---

① D. Hume, *An Inquiry Concerning Human Understanding*, (ed.) C. W. Hendd, New York, 1955, p. 87;中译本,第 70 页。

② 《爱因斯坦文集》第一卷,许良英、范岱年译,商务印书馆 1976 年版,第 574 页。

③ 参见张华夏《实在与过程》,广东人民出版社 1997 年版,第 243—244 页。

④ G. H. Von Wright, "On the Logic and Epistemology of the Causal Relatlon", *Logic*, *Methodology and Philosophy of Science*, Ⅳ. 1973, Vol. 74, pp. 293 – 312.

⑤ C. G. Hempel, *Aspects of Scientific Explanation*. New York:Free Press, 1955, p. 349.

（K. Popper）① 将因果性理解为充分条件关系。纳格尔（E. Negal）则将原因理解为必要条件。② 而泰勒（R. Taylor）则将原因理解为充分必要条件。③ 1974 年英国哲学家 J. L. 马奇（John Mackie）写下了 The Cement of the Universe：A Sutdy of Causation（《宇宙的连结：一种因果性的研究》）一书，对因果性进行迄今我们看到的最为精细的条件分析。

马奇认为，所谓一个事件的原因，并不是这个事件的充分条件，也不是这个事件的必要条件。而是这个事件的非必要的但充分的条件中的一个不充分的但必要的或非盈余的部分，其英文原文是：The so-called cause is, and is known to be, an insuffi-cient but necessary part of a condition which is itself unnecessary but sufficient for the result. ④ 简称为 INUS 条件。例如，房子因电流短路而失火。这里电线电流短路是失火的原因。电线电流短路（记作 C）并非失火的必要条件，即失火并非非电流短路不可，煤气炉爆炸（C_1^2）、小孩子玩火（C_1^3）、易燃物品受热自燃（C_1^4）也可引起失火。所以，要将异因同果的现象概括进因果关系中，原因这个范畴指的就不是必要条件集。那么，原因是不是结果的充分条件呢？电流短路 C 绝不是失火 E 的充分条件，如果电线附近没有可燃（C_2^1）物体的存在，如果不是有粗心大意的住客（C_3^1）等就不会失火，所以原因 C 只被看作充分条件 $C \cdot C_i^1$ 中的一个必要因素。这样，因果关系便可表述如下：

$$(C \cdot C_2^1 \cdot C_3^1 \cdots C_n^1) \ \vee \ (C_1^2 \cdot C_2^2 \cdot C_3^2 \cdots C_m^2) \ \vee \cdots \longleftrightarrow E$$

这里，符号·是"合取"，符号∨是"析取"，表示这些最小充分条件组不必同时出现。每个最小充分条件组都叫作"全原因"。

① K. Popper, *Objective Knowledge*. Oxford University Press, 1972, p. 91.

② E. Negal, *The Structure of Science*. New York：Harcourt, Brace and World, 1961, pp. 559 – 560.

③ R. Taylor, *Action and Purpose*, *Humanity Press*, 1973, Ch. 3, p. 98.

④ E. Sosa, *Causation and Conditionals*. London：Oxford University Press, 1976, p. 67.

为了简化地表示这个式子，我们用 X 表示最小充分条件组中与 C 合取的各项，用 Y 表示其余各最小充分条件项，则上式可简化为：

$$CX \vee Y \leftrightarrow E。$$

这样，INUS 便可定义为：

"C 是结果 E 的 INUS 条件，当且仅当对于某些 X 和某些 Y，$CX \vee Y$ 是 E 的充要条件。C 是 E 的 INUS 条件简记为：$C \in INUS(E)$。"

不过，在这里有一点必须说明，事物是普遍联系的，在我们确定最小充分条件组时，不能作无限扩张。在上面房子失火的例子中，我们没有将房子存在本身、空气的存在本身，以及造成空气存在的地心引力存在本身也当作产生失火事件 E 的充分条件或必要条件，而将它列入对因果关系起作用的背景条件，叫作因果场（Causal field），记为 F，我们是在 F 背景下讨论 INUS 条件的。

因果关系，或者更精确地说决定性因果关系，确实包含了上面分析的条件关系，通过条件关系来发现因果关系几乎与人类历史同样久远，不过，单从条件关系的分析，我们还没有发现因果关系的实质。用 INUS 条件来定义因果关系，至少存在着下面一个不可解决的困难。依据数理逻辑，如果 $p \rightarrow q$，则等价地有 $-q \rightarrow -p$。在这两个蕴涵式中，前件是后件的充分条件，后件是前件的必要条件，如果敲钟是钟响的必要条件，则按逻辑等价式，钟不响是钟不敲的必要条件，可是谁也不会说钟不响是钟不敲的原因。重感冒是发烧的充分条件，被看作发烧的原因，由此等价推出不发烧也是重感冒消失的充分条件，可是谁也不会承认不发烧是重感冒消退的原因。这样的例子不胜枚举，它们构成 INUS 条件的反例。因此，寻找从原因到结果之间的一种休谟所不愿意找寻的本体论上的联系可能带有更为根本的意义。我们在下面第十一章中将会看到由于科学解释的 DN 模型和 IS 模型出现许多反例，迫使科学哲学家转向因果解释，而因果解释使用条件分析的因果定义，则 DN、IS 的许多反例转移成为因果解释反例，这就迫使科学哲学家要对因果性进行作用分析。

三 对因果性的作用分析

事件 A 引起事件 B，除了从条件方面进行分析之外，还可以和应该分析事件 A 怎样作用于 B，更准确地说，要分析事件 A 所属的物质客体怎样有一种作用传递到 B 所属的物质客体，从而使 A 出现之后，总是伴随有 B 出现。什么是作用或相互作用？我们可以作下列三点分析。

（1）作用必须带来被作用者的改变（change or modify），相互作用就是实体与过程之间的相互改变。笔者在《物质系统论》一书中曾经这样写道："我们说一个物质客体作用于另一个物质客体，就是说前者改变了后者的行为状态、行为路线和行为方式，亦即前者改变了后者的状态空间表现，无论物质实体的作用、能量的作用或信息的作用都必须是这样。如果一个物质客体的存在对另一物质客体的状态空间表现不发生任何影响，那就无所谓发生作用。在我们的物质客体和物质系统的理论体系中，属性的总和即状态作为原始概念，相互作用就是由此而定义的。"① 在自然科学和社会科学中，我们基本上都是这样来使用或定义作用一词。在牛顿力学中，牛顿运动第二定律 $F = m\dfrac{dv}{dt}$，作用力是通过运动状态的改变来定义的。在教育学中，教育者对受教育者的作用，是通过受教育者在德、智、体等方面的知识、技能与素质状态的改变来体现的。关于"作用"应用"改变"来定义，这个思想可能是邦格在《世界的内容》一书中最早提出的。② 萨尔蒙最近也支持这个观点，他说："两个过程是因果相互作用，如果二者都在相互交叉（intersection，指的是时空上相互交叉）中以这种方式被修改（modified），使得在

---

① 张华夏：《物质系统论》，浙江人民出版社1987年版，第78页。

② Mario Bunge, *The Furniture of the World*, D. Reidel Publishing Company, Dordrecht, Holland, 1977.

交点之后，甚至在没有交叉的时候，这种被修改了的过程依然持续着。"①

（2）作用或相互作用是通过相互交换或重新分配其组成部分而实现的。为什么一物的存在能改变另一物的状态？现代自然科学和现代社会科学向我们表明，物质客体之间的相互作用，通常都是通过相互交换（exchange）或重新分配其组成部分而实现的，即通过相互交换和重新分布它们所具有的物质、能量或信息而实现的。大家知道，自然界有各种各样的相互作用，这些相互作用归根结底是由四种相互作用决定的。而这四种相互作用就是：强相互作用、电磁相互作用、弱相互作用和引力相互作用。这四种相互作用性质极不相同，建立统一的理论来说明它们的机制，迄今仍未实现。不过，有一点却是十分重要的，就是这四种相互作用都是通过交换中间媒介粒子而实现的。例如，根据量子电动力学研究，电磁力是通过交换光子来实现的。两个电子通过交换虚光子，从而改变原有的行为路线和行为状态，实现它们之间的相互作用。同样，强相互作用，例如原子核中核子的相互作用，就是通过交换 π 介子而实现的。大家知道，原子核由中子、质子组成，质子之间存在着库仑斥力，使原子核倾向于瓦解，将它们束缚在一起使原子核保持稳定的核力是怎样实现的呢？原来，质子发射或吸收一个 π 介子就变成中子，中子吸收或发射一个 π 介子就变成质子，粒子之间相互作用就是通过交换其组成部分而得以实现的。此外，弱相互作用是通过交换中间玻色子，而引力相互作用现在有人假定它是通过交换引力子而实现的。

原子之间通过化学键进行的相互作用，究其本质无不是共同占有或相互交换作用者的组成部分。共价键本质上就是原子之间共有电子对。金属键本质上就是平均而言电子被周围的原子均等地共有。而离子键的本质是正、负离子之间的电磁相互作用，即交换了

---

① W. C. Salmon, *Causality and Explanation*, Oxford University Press, 1988, p. 71.

原子中的更深层次的组成部分。这里所说的"共占",也可以理解为组成部分的重新分配。关于有机大分子与环境之间的相互作用,生物之间的相互作用,生物与环境之间的相互作用,本质上也只能是物质的交换、能量的交换和信息的交换。这是现代生物学早已证明了的东西。我们还可以举出社会科学的例子来说明社会领域的相互作用本质上也是物质的、能量的、活动的和信息的交换。马克思曾分析了人与自然之间的相互作用,指出:"劳动首先是人和自然之间的过程,是人以自身的活动来引起、调整和控制人和自然之间的物质变换的过程。"① 至于在生产过程中人与人之间的相互关系和相互作用,马克思干脆将它定义为"以一定方式结合起来共同活动和相互交换其活动"②。所以,从自然到社会,从夸克之间的相互作用到总星系之间的相互作用,都向我们表明,相互作用的机制就是物质客体之间、实体过程之间通过交换、共占或重新分配其组成部分,从而引起物质客体原有行为方式和状态的改变。对于这个观点,邦格并没有说明,这是由于邦格要坚持他的公理化形式体系,只想运用他的在前概念(性质、状态、状态的改变)来定义和说明他的在后概念(相互作用),不愿意运用物质、能量、信息这些具体的科学概念来说明或定义本体论上的"作用"概念,所以他说:"我们不需要这种过分的精确表达。"这样做当然有他的理由,不过没有这种对相互作用的实质上的阐明,"作用"分析就大为失色。不过,值得注意的是,1992 年澳大利亚南威尔士大学哲学学院,P. 道伟(Phil Dowe)提出他的因果修改过程理论(the modified process theory of causality),坚持用"相互交换"来说明"相互作用"。他在《W. 萨尔蒙因果过程理论与守恒量理论》一文中写道,下面两个定义形成他的因果理论基础:"定义 1,一个因果的相互作用是这样一种世界线的相互交叉,它包含了守恒量的相互交换。

---

① 《资本论》第一卷,《马克思恩格斯全集》第 23 卷,人民出版社 1971 年版,第 201 页。
② 《马克思恩格斯全集》第 1 卷,人民出版社 1971 年版,第 362 页。

定义2，一个因果过程是这样一种客体的世界线，它表现出一种守恒量。"① 在这里，世界线（world line）一词，是明可夫斯基时空图的点集，表现了客体的历史，而守恒量（conserved quantities）一词，根据道伟的解释，包括例如："质量—能量，线动量，角动量，电荷"等。而"交换"（exchange）一词表示一方"收入"、一方"支出"的意思。我认为，道伟很好地表达了相互作用就是"相互交换"的思想，不过，是否交换的东西就一定是守恒量，对此我表示存疑，因为信息的交换在相互作用中，特别是意向性与目的性的相互作用中起了极为重要的作用，但信息是不守恒的。

（3）作用包含了一个从作用者到被作用者的作用传递过程。在我们讨论原因对结果的作用时，原因与结果之间常有一个或长或短的时间间隔，相互交换只是一种作用机理，但是从原因事件到结果事件之间有个传递过程，这个过程萨尔蒙叫作因果过程。他是这样定义它的："一个因果过程被定义为一个具有传递某种记号（这一记号是由因果相互作用即相互交换造成的）能力的过程，例如子弹从枪筒中发出，枪身将记号刻在子弹上，子弹离开枪筒后，这记号留在子弹上，子弹飞行便是一个因果过程，因为记号留在子弹上（警察由此发现子弹从哪条枪里发出）。非常重要的是，没有任何附加的相互作用，这记号能保持下来，因果过程具有这样的传递信息和因果影响的能力。它组成发生于不同时空定域的事件之间的因果联系（links）。"② 事实上，我们在上节讨论 INUS 条件所举的电线短路导致房子失火的例子中就有一个电线短路引起的电热过程到电线着火的燃烧过程，再到可烧物体的燃烧过程，再到房子的熊熊烈火的因果作用传递过程，不管这过程包含的是萨尔蒙的"记号"持续，还是道伟的"守恒量"持续。

通过以上作用三特征的分析，我们便可以发现休谟最不愿意承

---

① P. Dowe and W. Salmons，"Process Theory of Causality and the Conserved Quantity Theory"，*Philosophy of Science*，1992，59，p. 210.

② W. C. Salmon，*Causality and Explanation*，Oxford University Press，1998，p. 202.

认的"因果力""力量""潜能"以及"因果必然（或盖然）联系"。这些概念说的就是上面的三个意思，不过，关于这个问题，我们还要作一段历史的分析。因果力的概念，在近代是由洛克首创的。他问道："能力（power）这个观念是怎样得来的？"人们每天都观察到外部事物的变化。"因此，它就根据它寻常所观察到的来断言，在将来，用同样执行者和同样途径在同样事物中发生同样的变化。""事物有引起那种变化的可能性。因此它就得到所谓能力的观念。因此我们就说，火有熔金的能力（就是能把金的不可觉察的部分的密度和硬度毁坏了，使它变为流体）。"他又说，"能力是一切动作（action）发生的源泉。在施行能力发生动作时，能力所寓的那种实体就叫作原因；至于由此所产生的实体，或者能力施展时在任何实体中所产生的简单的观念，就叫作结果"①。你若是不相信有一种作用力从原因到达结果，你试着用意志举起你的双手，你就会体会到有一种能力传递到你的手，引起它的运动。这些引文表明，洛克学派和休谟学派不同，洛克学派虽然将因果之间的关系看作实体之间的关系，没有把它看成事件之间的关系，这是它的缺点，但它们的优点是力图从内部机制上分析从原因到结果的必然联系。火通过因果力的作用，即通过能量的传递，破坏了固体金的内部的分子结构，从而导致金熔化为液体。一定的原因之所以必然引起一定的结果，是因为原因所属的实体有一种"动作"发向"受动"的实体造成结果。继承了洛克的传统，1975 年 R. Harré 与 E. H. Madden 写了《因果力》一书，它的中心概念是"具有因果力的特殊事物"（powerful particular）。他们认为："当我们考虑到因果与动作时，我们在寻求这样的意象，正如春天生长的植物，迫使自己朝向阳光生长一样，也如阿米巴中的原生质汹涌着脉动一样。"②这里，他们将因果力理解为实体的一种作用，任何特殊事物都具有

---

① ［英］洛克:《人类理解论》，关文运译，商务印书馆 1981 年版，第 204、264 页。

② R. Harré and E. H. Madden, *Causal Powers*. Oxford: Blackwell, 1975, p. 7.

某种因果力，它就是事物的倾向素质（disposition），这种因果力来源于事物的性质与内部结构。因果力总是要在环境中表现出来，从而必然导致它的结果。铜受热膨胀，在一定端电位差下导电；硫酸溶解锌使石蕊试纸变红，这些倾向素质就是它的因果力，来自物质的内部结构必然性就表现在事物的性质与结构、因果力、因果力的表现这三者的关系中，某物因有某种性质，必然要对环境发生某种作用，铜有某种性质与结构，它就必然导电。所以因果必然性是可以观察的，打开因果黑箱，看看里面是什么，就会明白因果必然性，所以这个必然性是后验的不是先验的。这就是 Harré 与 Madden 的理论的关键所在。Harré 与 Madden 理论的优点是力图寻求因果必然性的内部机制，这些内部机制，无论从"动作"上、作用上、性质与结构上看，正如我们在上面分析的，归根结底都是物质、能量与信息的传递与交换，它们是因果必然性的物质基础。在论证因果作用性质问题上，特别值得提出的是，邦格作了比较好的形式论证。他对因果性作了如下的定义：令 $e \in E(x)$ 为事物 x 于时间 t 的一个事件，$e' \in E(x')$ 为事物 $x' \neq x$ 于时间 t' 的另一个事件，这里各事件与时间都是相对于同一参考系来说的。进而，我们称 $A(x, x')$ 为 x 在 x' 上的总的作用或效应，则我们称 e 是 e' 的一个原因，当且仅当

（ⅰ）$t \leqslant t'$

（ⅱ）$e' \in A \in (x, x') \subseteq E(x')$。注意，这里 $E(x')$ 为 x' 的一个事件集。

这个表述有一个缺点，就是事件 e 与 e' 容易被认为是瞬时地完成的。应该说 e 为事物 x 于时间 $t_1 - t_2$ 之间的一个事件，e' 为事物 x 于时间 $t_1' — t_2'$ 的一个事件，在这方面我同意万小龙博士的意见，[1] 我们在第三章中曾经讲过，任何事件都有一个开端状态、一个终结状态，如果这样，则（ⅰ）应改为 $t_1 < t_1'$，$t_2 < t_2'$。如果考虑非定

---

① 万小龙：《因果关系概念中的时间》，《自然辩证法通讯》2001 年第 2 期。

域联系和超光、超距的作用，还得将这式子改成 $t_1 \leqslant t_1'$，$t_2 < t_2'$。不过问题的关键还在于了解邦格因果定义的（ⅱ）式，搞清他所说的 $A(x, x')$ 指的是什么。

M. 邦格运用状态空间的数学模型来描述物质客体及其属性，这是邦格本体论哲学的最大特点和优点。他认为任何事物 x 都有许多属性，这些属性分别用不同的性质表现函数 F_1，F_2，$\cdots$，F_n 来表示。这些属性的总和，便构成了该事物的状态。事物的状态由 F_i 组成的多维状态空间 $S(x) = \langle F_1, F_2, \cdots, F_n \rangle$ 来表示。事物于特定时刻 t 的特定状态 $S_t(x)$ 是由该时刻的事物各种属性的特定值组成的，它用状态空间 $S(x)$ 的一个特定点 S_t 来表示。这样，事物 x 的过程或历史 $h(x)$ 就由不同时刻的状态空间点的序列来描述。令 $t = 1, 2, \cdots, n$，则 x 的历史就可用 $h(x) = \langle S_1(x), S_2(x), \cdots S_n(x) \rangle$ 表示，这是过程的离散表示式。其连续表示式为 $h(x) = \langle S_t(x) \mid t \in T \rangle$。$T$ 为时间连续统，它表示为 x 在状态空间 $S(x)$ 中的一条轨线。这就是前面说到的明可夫斯基时空图中的世界线。当然，$h(x) = \langle S_1(x), S_2(x), \cdots, S_n(x) \rangle$ 或 $h(x) = \langle S_t(x) \mid t \in T \rangle$ 不是集合表达式，而是 n 重有序组的表达式。但是，$h(x)$ 也可以用集合来表示，即表示为时间与时间函数的有序对 $\langle t, S_t(x) \rangle$ 的集合 $h(x) = \{ \langle t, S_t(x) \rangle \mid t \in T \}$，就像表达火车运动历史的火车时刻表可以看作"某时某分到达某站"的有序对的集合一样。有了这个预先的说明，就可理解邦格对作用 $A(x, x')$ 所作的定义。他说：

"令 x 与 x' 为两事物，并令 $h(x)$ 为 x 的历史，并且 $h(x \mid x')$ 为 x' 作用于 x 时 x 的历史，类似地，用 $h(x' \mid x)$ 表示当 x 作用于 x' 时 x' 的历史。则

（ⅰ）x 对 x' 的总的作用或效应等于 x' 的被迫轨线与 x' 的自由轨线之间的差：

$$A(x, x') = h(x' \mid x) - h(\overline{x'})$$

（ⅱ）x' 对 x 的总反作用是 x 的被迫轨线与 x 的自由轨线之间

的差：

$$A(x', x) = h(x \mid x') - h(\bar{x})$$

（ⅲ）x 与 x' 之间的总相互作用是作用与反作用的并：

$$I(x, x') = A(x, x') \cup A(x', x)$$

如果 $A(x, x') = \varphi$，我们可以说 x 施加一个空作用于 x'[①]。注意，这里 $h(\bar{x})$ 为 x 的自由轨线。

至此，我们已经分析了因果作用的三个特征，以及因果作用的数学形式。但是，在 x 实体有一作用达到 x' 客体，x 实体的事件 e 与作为作用结果的事件 e' 的关系如何？从邦格表达式 $e' \in A(x, x')$ 来看，作用是 e' 出现的充分必要条件或充分条件，可是 e 并不是作用 $A(x, x')$，只要有 e 出现就有作用 $A(x, x')$ 出现吗？如果不是，e 需要与哪一些事件联合起来才有 $A(x, x')$ 出现呢？这又是一个 INUS 条件问题，况且，因果关系的条件分析，总结了因果关系长期研究的结果，其中又包含了爱因斯坦所说的作为近现代科学之所以可能的基本条件的因果关系分析法，这是我们所不能轻易加以否定的，因此，我在这里提倡因果关系研究的休谟学派和洛克学派、条件学派和作用学派的新的综合。

我认为一个比较完善的因果关系定义式应至少包含下列三个部分：

（ⅰ）原因事件发生于结果事件之前，即 $t_1 < t'_1$，$t_2 < t'_2$，$t_3 < t'_3$；

（ⅱ）原因所属的实体有一种作用传递到结果所属的客体，而结果就是这个作用的一种效应，即 $e' \in A(x, x') \subseteq E(x')$；

（ⅲ）原因是结果的 INUS 条件，即 $e \in INUS(e')$。

即 $C(e, e') = (t_1 < t'_1, t_2 < t'_2) \,\&\, (e' \in A(x, x') \subseteq E(x')) \,\&\, (e \in INUS(e'))$。

---

① Mario Bunge, *The Furniture of the World*, D. Reidel Publishing Company, Dordrecht, Holland, 1977, pp. 260, 326 – 327.

至此，我们也可以对第二节开始所提出的休谟归纳问题和休谟因果问题作一个本体论的回答。"我们有什么理由说我们从单称陈述中推出全称陈述是正确的呢？"的确，我们没有任何逻辑的理由说，我们从单称陈述中必定能归纳出全称普遍陈述，这是人性的特点也是人性的弱点。我们在指望掌握自然规律方面的状况犹如一个重病人指望恢复健康一样，如果我不开刀，我肯定回天无术，但开刀有希望恢复健康。如果我们不使用实验的和归纳的方法，而去求神拜佛，寻求启示，我们肯定不能掌握自然规律，但归纳方法却使我们有希望掌握自然规律，从诸多单称陈述中获得全称陈述普遍规律。由于在本体论上，世界存在着自然类，只要我们的单称陈述表述了自然类中的关系，我们就有相当把握说，我们有希望得到普遍的自然规律。自然类起到一种替代宇宙齐一性原理的作用。"我们又有什么理由说因果之间具有普遍必然性呢？"的确，我们没有任何逻辑的理由、先验的理由确信因果之间有必然联系（这里暂不讨论它们之间的盖然联系）。因为这个必然联系不是逻辑真、分析真，也不是先验真，而是事实真或 Contingent True 问题。如果我们发现因果之间不仅是条件关系而且有一种因果力或因果作用将它们联合起来，而自然类的理论又告诉我们，可能有把握找到这种因果力和因果作用的普遍规律，因此就增加了我们关于因果之间存在着必然性的信念。

四　因果决定性机制与宇宙因果决定论

自从 20 世纪中叶以来，科学界和哲学界出现概率因果性的概念。对于这个概念，我们将要在下一章中进行分析。本章所使用的因果性概念，是非概率因果性概念，以上所说的事件空间或状态空间，不是概率空间，上述的因果作用是指决定性的作用，即只要有马奇所说的全原因出现和邦格所说的因果作用出现，结果就必然出现，宇宙中的事件之间，的确有着这种因果联系，因而事物的运行机制之一，是因果决定性机制，经典物理学和各种机械装置特别向我们说明这一点。如果世界上不存在因果决定性机制，我们的一切行动就变成完全不可想象，我有手、有笔、有脑等充分条件，如果不存在因果决定性机制，我就一个字也写不出来，更何况那"洋洋数万言"呢？但是，有一种哲学理论，叫作宇宙因果性原理，它认为："世界上任何一个事件，包括任何事件的任何一个特征，都是由另外一个事件引起的，即它们都有一个决定性原因。"这个论点叫作决定论。也即，如果任何一个事件都有一个先行的充分条件，都由这一组充分条件决定了，而这一组条件又由它先行的另一组或另外许多组充分条件决定，如此类推，只要我们掌握了宇宙某一瞬间的全部状况，宇宙的过去和未来就完全严格地被决定了。这个观点由法国天文学家拉普拉斯最鲜明地表达出来。他说，"我们把宇宙的现在的状态看作是它先前状态的结果，随后状态的原因。暂时设想有一位有超人的智力的神灵，它能够知道某一瞬间施加于自然界的所有作用力以及自然界所有组成物各自的位置，他并且能够广泛地分析这些数据，那么它就可以把宇宙中最重物体和最轻的原子的运动，均纳入同一公式之中。对于它，再也没有什么事情是不确定的，未来和过去一样，均呈现在它的眼前。"[1] 我们将在下一章中看到，这种决定论是完全错误的。

---

[1] 转引自《自然科学哲学问题丛刊》1985 年第 3 期，第 36 页。

第六章　随机性与盖然作用机制

我们在上一章中讨论了因果必然性或因果决定性是事物存在与生成的一种模式或样态，因果相互作用是事物运行的一种作用机制，但这不过仅仅是"一种"而已；本章我们要讨论的随机性或随机非决定性是事物存在与生成的另一种模式或样态；随机盖然作用是事物运行的另一种作用机制。本章所讨论的就是这"另一种"到底是怎么一回事。

一　本质上的随机事件和微观上的偶然世界

随机性，英文原名是 random。有许多同类的名词，例如"偶然性"（contingency）、机会（chance）、机遇（occasion）、随机过程（stochastic process）都可以表达与此相同或相近的意思，我们之所以选择随机性一词来表达它，主要是因为它在数学和自然科学中乃至社会科学中都是常用的。不过，我们下面有时还要使用"偶然性"或"机遇"一词来适应人们的习惯用法。随机性在数学上指的是这样的性质和变量。它从特别的值域（样品空间）中取一种可能的值，这个值是不确定的，我们只可能赋予它一定的概率。这种性质叫作随机性，这种变量叫作随机变量。

有两种随机性和随机事件，一种称为客观上的、本质上的随机事件，一种称为操作上的或方法学上的随机事件。所谓客体上的、本质上的随机事件（the essential random events）指的是这样一种事件，它的出现没有先行充分条件，不受因果律严格决定而只受统计规律的支配，它在任何条件下即无论什么样的外部条件和内部条件下，它都可能出现也可能不出现，可能这样出现也可能那样出现，对于它们只能给出它出现的概率而不能给出它的确定的状态。单个原子的蜕变、电子的能级跃迁、基因的错位突变、布朗花粉的运动路线甚至轮盘赌场的中彩号码都可以看作这样的本质上的随机事件。为了说得更加明白，我们可将这种本质上的随机事件称为非因果的随机事件。因为它不能给出严格的因果解释，不能将它还原为因果事件（The causal events）。这是第一类随机事件。

当然，还有第二类随机事件，它客观上和本质上并非无因果关系可导，它的出现或它之所以这样地出现客观上是（或者被假定是）由一组先行条件严格确定了的，只是由于过程太复杂、因素太大量，我们现有的认识技术和认识能力不能将它分析得很详细，或者没有必要去分析它的详细原因。于是，对于我们可能掌握到的一组条件的决定关系来说，这些事件说成了可能出现也可能不出现，可能这样出现也可能那样出现的事件了，成了不可精确预言的事件了。这种事件被称为操作上的或方法学上的随机事件。古典热力学中的分子运动就是这样的随机事件，尽管它假定每一个分子的运动严格按照牛顿力学的因果律进行。而保险公司的统计中的车祸事件以及人口死亡事件也被看作这样的随机事件，尽管每一个人的死亡一般可作因果分析。关于这类事件，我们将在第三节中详加讨论。

由于过去科学的传统以及日常生活的直觉，使得哲学家们总想将第一类随机事件还原为第二类随机事件，认为今天找不到严格的因果说明，明天一定会找到严格的因果解释。连爱因斯坦也坚持这种信念："我不相信上帝在掷骰子。"可是，20世纪最尖端的一批自然科学的成就已向我们表明，情况完全不是这样，不可还原的本质上的随机事件确实是存在的，而且很可能是自然界中最基本的事件。我们来分析量子力学的几个最重要原理吧，它们对决定论做出了最为坚决的打击。

（1）关于薛定谔方程：反映微观客体运动基本规律的薛定谔方程 $ih\frac{\partial \Psi}{\partial t} = -\frac{h^2}{2m}\nabla^2\Psi$，这个方程本质上是概率性的，其波函数 Ψ 不能给出该状态量（指称微观客体的某种性质）的确定值，只能为这个量的取值提供一个几率分布。而且与统计力学不同，这个几率分布首先不是描述一个群体，而是描述单个粒子的性质与状态。如果这个量指的是某个电子的位置，它就只能说明它在这个位置的概率或倾向性为 r，在另一个位置的概率或倾向性为 s，至于它到底在这里还是在那里，这是在任何情况下都是非决定性的，不能作严格因果性描述。

（2）再看量子力学的叠加原理。在量子力学的叠加原理 $\Psi_a = k \sum C_k U_k$ 中，量子 a 处于 Ψ_a 的状态是什么意思呢？这里 $\{U_k\}$（k 为自然数 1，2，3，$\cdots$，k）表示 a 的动力性质 A 的任意运算子 $\hat{A}$ 的本征函数族。Ψ_a 就是所有可能状态 U_k 的叠加，每一状态出现的概率为 $|C_k|^2$。所以，性质 A 占着所有的值域，它是如此地不确定，以至于几乎可以说它在这个值域中无所不在、无所不是。原子是什么偏振状态呢？它是两个以上的可能偏振状态的叠加。电子有怎样的自旋呢？它既是"上"旋，又是"下"旋，是"左"旋，又是"右"旋，是这些量的一定概率的叠加。

（3）再来看看海森堡 1927 年发现的著名的测不准关系式 $\Delta p \cdot \Delta q \geqslant \dfrac{h}{4\pi}$，它说明微观客体的所有共轭量没有确定的同时值。例如，要准确地测定微观客体的动量 p，依上述关系式，就不能准确地确定它的位置 q，这不是因为我们知识和测量手段的局限，而是因为微观客体根本不存在确定的初始条件，即马奇所说的决定因果关系的"最小充分条件组"。海森堡本人也很清楚这一点，他在讨论测不准关系的论文中最后一段写道："但是因果律的严格公式（也就是他在另一个地方称为决定论的公式）如果我们准确地知道现在，则我们能预测未来，不是错在结论，而是错在前提。我们原则上不可能从所有的决定因素中认识现在，这就是说，所有的观察都只体现许许多多可能性中的一种选择，因而也只体现未来可能的一种约束。"[1] 他将他发现的公式取名为 Die Unbestimmtheitst relation，即"非决定性关系"，翻译成英文变成"不确定关系"（The uncertainty

---

① 转引自 Kurt Hubner, *Critique of Scientific Reason*, The University of Chicago Press, 1983, p. 13。

relation）。再译成中文时变成"测不准原则"。好像客观上是确定的而不是随机的，只是人们测不准而已。

因此，一切微观世界的量和微观世界的事件本质上是不确定的、非连续的、非定域的和随机性的、概率性的。这里是一种和宏观物体很不相同的存在："概率实在"、"离散实在"和"随机实在"。

但是，在此我们必须郑重声明，我们主张存在"绝对"偶然性或本质上的随机事件，并不是说，我们主张这类随机事件是没有规律的、是不可知和不可控的。"绝对"偶然性即本质的随机性虽然不受因果律的支配，但它受统计规律的支配，大多数还受外界的影响。例如，从外界供给一定物体以热量，提高它的温度，虽然我们不能因此确定预言物体中某一个原子必然发生能级跃迁，但它不可避免地要提高该原子发生能级跃迁的概率。用 X 光照射果蝇的精子，虽然我们不能因果地确定果蝇的某个精子就一定发生基因突变，但我们确实可以使它的突变率大大增加（例如增加 150 倍），X 射线还可以使变异谱即性状的多样性或等位基因的复杂程度上在同一时间里大大加宽。除了 X 射线之外，各种背景辐射、紫外线、温度的提高、各种化学物质的加入，都可以改变基因突变的频率，诱发基因突变，人们还可以利用重组 DNA 技术，运用某种特定的切割酶或连接酶在 DNA 大分子指定的位置上发生突变，我们就可以像玩积木一样，将基因进行切割与重组，遗传工程就是由此而来。所以，我们可以发现"绝对"偶然性遵循的统计规律，统计地也就是宏观地对"绝对"偶然性进行约束与调控，所以，"绝对"偶然性就它受统计规律约束而言，就人们可以影响与改变某一绝对偶然事件产生的条件概率而言，它并不是绝对的；但就它的出现是无前因的和无充分条件可言这点上说是绝对的偶然的和本质上随机的。世界上有许多事物就是在这种绝对偶然性和本质上的随机性的基础上存在与生成。这是一种存在的样态和生成的模式。

不过我们应该注意的是我们虽然坐在一个本质上是随机的、偶然的、不确定的微观世界之上，但是我们却生活在一个多少带有确定性的和决定性的世界里，这二者是不相矛盾的。大家都明白，宏观的事物是由微观的客体组成，那么不确定的微观客体状态怎样组成或怎样转变为确定性的宏观状态呢？这里至少有两种机制：大数效应和涨落放大。就大数效应或整体效应来说，一旦聚集的微观客体足够多，叠加的、不确定性就被排除，事物的行为变成确定性的和决定性的了，其中特别重要的大物体整体就是我们的宏观仪器。单个原子的衰变是随机的、不确定的，但广岛上空的原子弹确定必然地要爆炸。电子枪的单个电子到底打到屏幕的哪一点是不确定的和非决定性的，但电视机屏幕上却有着因果决定性的和确定清晰、界限分明的图像。这是一种层次突现，不确定的东西转变为确定的东西。就随机涨落的放大来说，普利高津提出了由微观不确定性转变为宏观确定性的分叉点理论。在分叉点上，某个不确定性的微观涨落被放大，转变为宏观不确定性，越过分叉点后再转变为宏观的确定性，"通过涨落达到有序"就是这个转化的过程。所以，只要我们理解这些转变的机制，我们就不会对不确定的、随机的微观世界感到惊慌失措。

二 盖然性相互作用及其解释模型

由于量子世界充满着本质上的随机事件，那些只能用概率来表示的盖然性相互作用成了现代物理学的基本特征，又由于近几十年来人们越来越多地运用统计方法来发现事物之间的因果关系，以至于人们可以说吸烟是患肺癌的原因这样的因果转意表达。特别是由于哲学家们希望有一种哲学概念与方法来统一表述决定性的因果相互作用和非决定性的盖然相互作用，于是便产生了对概率因果性的研究。H. Reichenbach（1956），I. J. Good（1961—1962），P. Suppes（1970），W. C. Salmon（1984），N. Cartwright（1989）以及 E. Eells（1991）都发表了一些很重要的文献。这种研究的意义是重大的，但想通过概率的语言和概率的方法来定义因果关系这个目标却没有达到。

他们最初的基本思想是，如果一个事件 C 能提高或改变另一事件 E 出现的概率，则 C 是 E 的原因，或者弱一点地说，因果关系的基本特征之一是原因必须增加或改变结果的概率。当然，我们可以将这样表达的因果关系写成 P ($E \mid C$) $> P$ (E)，或等价地 P ($E \mid C$) $> P$ ($E \mid \rightarrow C$)。以 C 表示吸烟，以 E 表示肺癌，则这里表示为：肺癌对吸烟的条件概率大于肺癌出现的概率。但这里问题立刻出现了，这是因果关系的必要条件吗？这里我们根本没有考虑其他因素对肺癌出现的正面影响和反面影响。假定有个吸烟者群体，他们十分注意锻炼身体，特别注意增加肺部活力的锻炼，这导致了他们得肺癌的概率大大下降，足以抵销吸烟的影响，甚至使他们患肺癌的概率低于常人的水平，这时我们有了这样的公式 P ($E \mid C$) $= P$ (E) 或 P ($E \mid C$) $< P$ (E)。那岂不是我们得出了吸烟不是患肺癌的原因或吸烟能增长肺部健康的结论了吗？因此，为了确定和表述一个事件是否是另一个事件的概率原因，必须研究影响 C 和 E 的一切背景情况 (background context)，使其影响保持不变，使 C 和 E 的概率相关或盖然性作用不受影响，来观察 C 是否是 E 的概率原因。这种方法相当于 INUS 条件研究中的"因果场"概念。例如，假定地心引力和空气本来已经存在的情况下研究房子失火的原因。

经过反复推敲，P. Humphreys[1]（1989）和 Eells[2]（1991）提出如下的概率因果定义：如果在所有与 C 与 E 物理地相容的背景 K 下，有某些同质条件 F（F 在 K 的集合中），使得 P ($E \mid C, F$) $> P$ ($E \mid \rightarrow C, F$)，则事件 C 称作事件 E 的原因，而如果 P ($E \mid C, F$) $< P$ ($E \mid \rightarrow C, F$)，则称 C 为 E 的负原因。尽管有了这些

[1]　P. Humphreys, "The Chance of Explanation", quoted in R. Klee ed. *Scientific Lnquiry*, Oxford University Press, 1999, p. 191.

[2]　E. Eells, "Probabilistic Causality", quoted in J. Pearl, *Causality*, Cambridge University Press, 2000, pp. 250–252.

改进，不过仍有许多重大问题没有解决。

（1）如何适当地选择，以及按什么标准来选择背景因素 F？我们必须保证 F 不受 C 因果地影响，否则 F 介入 C 与 E 之间，影响了 $P(E|C)$。但为此我们便陷入了一个循环论证，为了确定 C 与 E 的概率因果关系，必须先确定 C 与 F 的概率因果关系。这事实上就不可能有概率因果定义的还原分析，所以 Eells 后来干脆这样界定 F，即 F 与 C 因果无关，而与 E 因果相关。于是 $P(E|C, F) > P(E|\rightarrow C, F)$ 就降格为一个与其他因果关系协调检验标准和证伪标准。

（2）上述所谈的背景 K，真的要包含一切物理环境吗？原因（不是负原因）C 是不是要在所有的 K 和 F 下都恒常不变地以同样方式提高 E 的概率呢？Humpyhreys 与 Eells 都认为，如果一个理论使我们能对因果性作出精确分析，肯定的回答是必要的。但实际的情况是很难保证做到这一点的，连胆固醇高会引起心脏病也不能通过这个检验。

（3）$P(E|C, F) > P(E|\rightarrow C, F)$ 作为因果性的概率定义，仍有许多反例不能消除，例如，广东人患鼻咽癌的概率的确比非广东人患鼻咽癌的概率大得多，我们能说生在广东是得鼻咽癌的原因吗？所以问题还是要寻找概率性关系的作用机制。

概率因果的理论的局限性如同上一章所讨论决定论因果关系的条件学派的局限性完全一样，它只局限于对概率因果或盖然性相互作用作条件概率分析，既忽略了概率因果关系的非对称性，又忽略了概率因果关系的作用机制。

我们很容易将上一章讨论因果决定机制的论述移植过来讨论盖然性的相互作用特征，然后把它与这里的条件概率分析嫁接起来作为盖然性相互作用机制或所谓"概率性因果关系"的比较完整的定义：

设事物 X_c 于 t_1—t_2 之间发生事件 C，事物 Y_e 于 t_1'—t_2' 之间发生事件 E。则若

（1）C 先于 E 发生，即 $t_1 < t'_1$，$t_2 < t'_2$。

（2）X_c 在 t_1 之后、在 t'_1 之前有一作用传递到 Y_e，即：

$E \in A$（X_c，Y_e）$\subseteq E$（Y_c）而 A（X_c，Y_e）以及 E（Y_e）都定义在概率状态空间中。

（3）在背景 K 和条件 F 下，C 的出现增加了 E 出现的概率，即：

P（$E \mid C$，F）$> P$（$E \mid \rightarrow C$，F）。则称 C 对 E 发生了盖然性作用，即 C 是 E 的"概率原因"。

这里我之所以要尽量避免使用"概率因果性"或"概率因果作用"这个词，有下列几个原因：①因果关系不宜用概率统计的词语来进行分析，概率统计的语言不能表达出因果的作用。②因果关系的传统含义都是因果之间有决定性的关系，将它的内涵修改成主要包含非决定关系的内容，这将会使得自然科学与技术科学通常使用的被爱因斯坦誉为现代科学两大基础之一的寻求因果关系的科学方法（例如穆勒五法）要作重新表达。这个代价太大了。③"概率因果"这个概念本身是自相矛盾的，它正如"方的圆""曲的直"一样会发生很大的混淆。如果概率因果指的是事件 C 与事件 E 的关系，如吸烟与肺癌的关系，对种子进行 X 射线照射和种子基因突变的关系，那二者之间就不是因果关系，而是盖然性的非决定关系。如果概率因果指的是事件 C 与事件 E 的倾向性变化，即 ΔP（E）的关系，则二者之间是名副其实的决定性因果关系而不是概率关系，即事件 C 是事件 ΔP（E）的充分条件或必要条件。因此，我希望用 C 对 E 发生"盖然性作用"这个词代替"统计因果"或"概率因果"这个词。C 对 E 发生盖然性作用这个概念是个"半决定性"或"半决定论"的概念。C 对 ΔP（E）来说是决定性的，而对 E 来说是非决定性的，而 ΔP（E）与 E 又密切相关，是 E 的一种属性的变化，所以，随机性相互作用或盖然性相互作用与因果性相互作用是事物的两种相互独立的又密切关联的生成模式和作用机制。

因此，阐明盖然性相互作用机制的解释模型可以有两种。第一种是 P. Railton（1978）提示的 D－N－P 解释模型。以原子 U^{238} 自发的 α 衰变的量子力学解释为例。①首先要有一个基本理论（量子力学）来导出 U^{238} 的衰变半周期为 450 亿年。②确定 U^{238} 的单个原子在 T 时间里（例如一年里）的衰变概率规律。③陈述被解释对象 U 的初始条件。④导出 U 的衰变概率。⑤说明 U 实际已经衰变了。这个模型有如下图式：

（D－N－P）　　（1）从量子学中导出（2）

　　　　　　　　（2）(X) $(G_x \rightarrow P_r (F_x) = r)$

　　　　　　　　（3）GU

　　　　　　　　——————————————

　　　　　　　　（4）$Pr (FU)$

　　　　　　　　（5）U 实际上衰变了，即 FU

上式 G（ ）表示"属于 U^{238} 的原子"，F（ ）表示"在 T 时间里发生衰变"。在这里它解释的重点并不是 U 的衰变，而是 U 衰变的概率。至于衰变的概率和它实际上衰变了到底是什么关系，这不是一种论证，不是演绎论也不是归纳支持，而是一种对随机突现的陈述。所以一个完整的 D－N－P 解释模型，不是一个论证结构，而是包含了演绎论证作为其本质要素的陈述的步骤。

第二种是 P. Humphreys 提出的幸遇解释模型（the Aleatory Model of Explanation）。他认为，E 的原因就是在任何环境条件下都恒常地以同一方式改变着 E 的概率的那些因素，因此，一个解释或一个幸遇的解释必须尽可能多地提供被解释现象的概率原因（包括正的和负的）那些系列。当然，要全部列出能改变被解释现象出现的概率的因素是不可能的，并且要像 D－N－P 模型那样列出那个概率的值也是不可能的，因为我们不可能不遗漏一些决定概率值的因素。因此，一切解释都只能是部分的，并且有不同正的和负的因素在竞争着的，当其中某种因素变得压倒其他因素时，解释本身就会发生变化。

这个模型的最大优点就是比 D－N－P 模型更加着重于它的本体论基础，从而要求给被解释者一种多元的理由去说明为什么以及怎样发生改变被解释者出现的概率的那种情况，由一种什么样的结构或机制导致被解释者概率的恒常改变。我们可以这样形式化地解读这个解释模型：

(1) (x) $(x \in K_i \rightarrow M(x))$

(2) (x) $(M(x) \rightarrow P(Ox \mid Cx, F) > P(Ox \mid \rightarrow Cx, F))$

(3) $(u \in K_i)$ & Cu

_____

(4) Ou

这里 $M(x)$ 为导致 x 出现，即 Ox 的概率提高的机制，K_i 为一个物类，Cx 为 x 具有条件 C，$P()$ 为概率。这里的解释模型，也不是一个演绎论证结构，而是阐明随机盖然作用机制的陈述步骤的陈述结构。隔开 (3) 与 (4) 之间的直线只表示从解释到被解释之间的解释关系。

三 方法学上的随机事件和相对的偶然性

我们现在再来讨论方法学上的随机性或相对的偶然性问题。有两种基本的形式，一种是两个或多个因果链条的交叉表现出来的偶然性，另一种是两个或多个系统层次交叉表现出来的偶然性，所以叫作相对的偶然性。对于被选出来考察的基本初始条件所规定的因果链的决定性叫作相对必然性（上一章讨论的因果决定性可以叫作绝对必然性，而本章第一节讨论的本质上随机性，我们已经称它为绝对偶然性），下面我们分四点来讨论这个问题。

(1) 我们首先讨论两个或几个因果链条交叉的情况。汽车在马路上行驶偶然地碰伤了人，行人天桥倒塌碰巧压到一辆正走到天桥下的公共汽车上。我在旧书店偶然买到一本极其珍贵的古籍文献。我在异国他乡偶然遇上了阔别几十年的老同学，如果我迟到一秒钟或早到一秒钟都不会遇上她的。人们用偶然性或机遇一词指称这种事件并不是说这种巧合是没有原因的。在一定的原因支配下，我在某时某刻出门，以一定的速度沿着某条路行走，在 t 时刻走到 x 处，这是一条因果链条的结果。而我的那个老同学在某时某刻在另一个原因的支配下走向另一个地方，她在 t 时刻走到 x 处，这是另一条因果链。我们正好相遇是因果地被决定了的，只是因为相对于我的行动的因果链来说，它是在我的基本初始条件所能预测的事情之外。所以，这种不期而遇是偶然的，相对于她来说也是一样。如果我们将两条因果链联合在一起，当作是一个相关的因果链或因果网络，则相对于这种联合的初始条件来说，我与她在 t 时刻 x 处相遇就不是偶然的。比如说，如果我事先与她约会，我在什么时候出门她也在什么时刻出门看作一个联合初始条件，则我们在 x 处相会是必然的而不是什么机遇了。

（2）更加经常的情况是，偶然性的概念是这样使用的：当有许多因果链相互交叉、相互作用，协同决定和影响一个过程时，那些比较稳定的、与系统的基本性质有关的、起决定作用的因果链被称为必然性；而其他一些因果链或随机事件，对于系统的基本过程在一定的范围里对发展过程不起决定作用，即它的出现或不出现在这个范围里不影响基本过程，它被称为偶然性。例如 20 世纪初，由于世界资本主义的发展，各帝国主义之间为争夺世界霸权、为争夺殖民地而斗争，对于这样的基本条件来说，第一次世界大战是必然的、不可避免的。至于作为第一次世界大战导火线的奥地利王子被刺杀的事，则是偶然的。对于这个基本过程来说，它可以发生，也可以不发生，对于基本过程的特征并没有重大的影响。但奥地利王子被刺杀是有原因的。对于布置谋杀的因果链来说，是存在着必然性的。

（3）我们在以上两点讨论因果链交叉表现出来的偶然性时已经涉及两个物质层次交叉表现出来的偶然性。我们在第二章中曾经讲过，实在是划分为不同层次的。从一个层次的实体与过程，相互协同组成新的层次时，新的层次有新的突现实体、新的突现性质、新的运行规律，并需要一组新的性质表现函数和一组新的语言进行描述。由于条件、规律和语言都有所不同，所以高一层次实体的条件与规律并不能完全推出低层次的实体的行为与事件。这些从高层次规律和条件所不能推出的低层次实体的行为不论其发生由于什么原因，都当作相对于高层次的偶然性，看作在必然约束之外的"自由"。社会通史的专家，能预言18世纪末19世纪初被战争弄得精疲力竭的法兰西共和国必然出现军事独裁，但不能推出恰好是拿破仑担当这个角色，但是，传记史家却可以详细分析拿破仑的多方面才能及其地位，说明这个独裁者必定是拿破仑。这是两个不同层次的交叉。这是时势造英雄的一种机遇、一种偶然性。同样，由大量分子组成的热力学系统，它的规律是系统规律，它的语言是系统状态语言，它能预言温度，压力、体积这些性质表现函数，它能推出的只是低层次实体，即分子的行为的平均值，但不能推出单个分子的行为。于是，后者相对说来被看作随机的、偶然的东西，尽管按照经典热力学，理想分子的行为是严格地因果决定性的，但是从高层次看则是偶然的。

（4）也有相反的情况，从低层次看是完全偶然的东西，从高层次看，则它们接受必然性的约束，成为必然事件的组成部分。例如导弹的发射，由于空气和其他因素的干扰，它的飞行每一步走到哪里都是随机性的、偶然性的，但这种随机偶然性造成对目标的偏差，作为反馈信号输入导弹自动控制系统，矫正导弹的运行轨道，使它命中目标成为必然的。一个杂技演员站立在钢丝上行走，他的肌肉做不断收缩和放松的随机运动。他闪过左边还是闪过右边从低层次看完全是随机的。但由于高层次的神经系统的调控，他有一个平衡定向的运动则是必然，至少在一定的时间里就是如此。至于生物突变情况也是这样。从基因突变的DNA大分子层次上看，这种突变纯粹是偶然的、不定向的，但从生物体的生存竞争和自然淘汰的高层次来看，这种偶然性通过选择、放大而成为必然性的组成部分。低层次的随机变化当它顺应高层次的结构时，就被选择成为必然的东西。关于这一点，雅克·莫诺说得很清楚，他说："当偶然事件——因为它总是独一无二的，所以本质上是无法预测的——一旦掺入了 DNA 的结构之中，就会被机械而忠实地进行复制和转录……在纯粹偶然性的范围中被延伸出来以后，偶然性事件也就进入了必然性的范围，进入了相互排斥、不可调和的确定性范围了。因为自然选择就在宏观水平上，在生物体的水平上起作用的，自然选择能够独自从一个噪声源中谱写出生物界的全部乐曲。"①

四　偶然性在事物存在和发展中的作用

长期以来，我国哲学界特别是教科书学派的哲学者们，存在着一种低估随机性和偶然性在自然界和社会发展中的作用的传统观念。他们认为，一切事情的发生都是必然的；凡是现实的都是必然的；如果某些事件是偶然的，也不会是纯粹偶然的，因为一切偶然性都是有原因的，所以事物发展的因果链条是不会中断的。他们还认为，必然性是基本的、主要的，偶然性是次要的，只是必然性的一种补充，必然性在事物发展过程中起着支配的作用，决定事物发展的前途与方向，而偶然性不能决定事物发展的方向，只对事物发展起着加速或延缓的作用，它只是对事物发展的大方向上呈现出某种摇摆与偏差。我们在本节中将要说明，事物存在和发展的情况不是这样的，随机性是存在的一种生成的模式和机制，偶然性在自然与社会历史中的作用，突出地可以归纳为下列几个要点。

（1）偶然性，特别是绝对的偶然性，打破了事物发展的因果链锁，成为新运动的开端。

我们在第一节中讲到微观世界充满着本质上的随机偶然事件。

---

① ［法］雅克·莫诺：《偶然性和必然性》，上海外国自然科学哲学编译组译，上海人民出版社 1977 年版，第 83—84 页。

事实上，宏观世界也不能避免这种客观上不确定的"微小的偏离"。正是这个"微小偏离"破坏了事件的因果链条。从本体论上，就算严格的决定论方程也会内在地发生不规则运动，发生所谓混沌的现象，人们有时将它通俗表达为：一只蝴蝶翅膀的拍打，可引起一场风暴。而严格统计规律决定的现象，也会出现偏离平均值的"涨落"，从而可能引起极大的分叉。这些随机的因子，只要参加到事物因果过程中，即使在严格的因果律作用下，也会导致因果链锁的中断，导致新事物、新运动的开端。以经典物理学所论述的分子运动为例。如果某个分子的初速度在方向上和数值上有微小的不确定值，那么，在分子的相互碰撞中，它经过几次碰撞的曲折运动后就发生很大的改变，以致漏过了如果没有这种初始偏差便可以击中的另一分子球体，结果它的运动方向与击中某个分子球体后的运动方向完全相反。如果初始条件用 C 来表示，初始条件的不确定随机因素用 ΔC 来表示，则从同一个原因 C 出发，经过几个因果环节后出现了完全相反的结果 E：即（1） $C+\Delta C_1 \rightarrow E$ 与（2） $C+\Delta C_2 \rightarrow \overline{E}$。根据穆勒求因果关系的差异法，从这两式的比较中，$C$ 就作为不是 E 的充分条件即不是 E 的原因而被排除掉。这就是说，因果链条由于介入了本质上的偶然因素而不能无限延长，必在一个地方（这个例子就是 E）发生中断，因果链条在此失效。另一方面，比较一下（1）、（2）式的左端的 ΔC_1 与 ΔC_2，其中一个偏离因素 $\Delta x=\Delta C_1-\Delta C_2$。我们发现，当这个因素出现，事件 E 就出现，即（1）式可以改写为 $C+\Delta C_2+\Delta x \rightarrow E$。而当 Δx 不出现时，即处于（2）式 $C+\Delta C_2 \rightarrow \overline{E}$ 时，E 就不出现。根据穆勒差异法，我们得出：Δx 是 E 出现的原因。换句话说，对于某一个事件 E，如果沿因果链向上追溯，必能找到一个绝对偶然的起源（Δx），这是很容易理解的。每一个人如果沿着自己的因果链向过去追溯原因，我们可以找到父母基因的偶然组合就是这条因果链的一个偶然开端。

生命起源和人类的出现是说明偶然性打破因果必然性链条成为新运动形式的开端的极好的例子。现代科学表明生命是在化学反应的基础上发展起来的，但一般化学反应的规律并不是必然地、不可避免地产生生命。今天宇宙航行和高度发展的天体物理学所提供给我们的知识表明，许许多多的天体，特别是行星和小行星之上都有化学反应，唯有地球才发现有生命，而且这些生命是在地球发展的特定阶段即约 30 亿年前的地球条件下自然产生的。根据生物学家 M. 艾根的研究，在当时，地球许多地方都存在的具有多肽（蛋白质）和多核苷酸这些化学物质的"原始汤"中，多核苷酸 I_i 携带着复制自己的信息，这是一个自催化过程，但它要利用能催化自己的前一个多肽 E_{i-1}；在 E_{i-1} 的催化下，多核苷酸 I_i 复制自己并携带了合成下一个多肽 E_i 信息，这样一种多肽催化另一种核苷酸，另一种核苷酸携带合成另一种多肽的信息。这样，$I_1 \rightarrow E_1 \rightarrow I_2 \rightarrow E_2 \rightarrow I_3 \rightarrow E_3 \cdots En$ 这个链条碰巧出现 $E_n \rightarrow I_1$ 时，就构成一个蛋白质 - 核苷酸共生的二级的超循环。它便形成一个加速自身发展的机制，从而对抗自然界熵增对它的分解和破坏演化成以后的生命世界。这里 E_n 催化 I_1，恰巧构成一个超循环并不是化学上不可避免的一个必然事件，而是一个偶然的、千载难逢的机遇。这个机遇在生物学上是有极大意义的，构成高层次生物统一体的关键，但从化学上看它是任意的、随机的，甚至几乎可以说是"无故"的，正是这个随机的偶然事件使化学必然因果链锁中断，而成为生命因果链锁的开端。这里偶然性起了生命的开山祖的作用。人类起源的情况也是这样。我们的天文学家检查过，从宇宙各个方面得来的无线电波，没有发现有任何外星人发来的电波的迹象，说明至少在邻近我们地球的宇宙范围内根本没有理性生物，人类在这个目前我们的仪器探测可及的宇宙中是独一无二的。而在整个地球历史发展上，有理性的生命的产生也是独一无二的事件。地球上生活着的物种目前有 3000 万种，有史以来的物种有 1 亿种，但只有人类这个种才是有理性的。而就人类这种有理性的生物的产生来说，生物学家曾指出，在地球历史上有视觉的生物独立地产生出来有 30 次，而有飞翔能力的生物也有 4 次独立产生的历史，可是在生物进化历程中，人类的产生却是唯一的一次。① 那是在大约 6000 万年前，有一种叫作东非猿人的大脑基因发生某种突变，以至于它们进行真正语言的交往成为可能。就在这基础上通过自然选择进化成今天的人类。但这个开端却是唯一一次的那个偶然事件。J. 莫诺在谈到这一点时说了两段很有趣的话，他说："语言能力，应该就是今天的'人类本性'的一个部分，而人类本性本身则是在基因组中为完全不同的遗传密码的语言所规定的。这是个奇迹吗？确实是的。因为归根到底，语言也是偶然性的一种产物。可是，在东非猿人或他的一个伙伴第一次用音节分明的符号来表达一个范畴的那一天，他也就大大提高了以后会出现一个能构思出达尔文进化论的脑袋的几率。"关于生命和人类都是从偶然性开端的，宇宙间出现的许多事件，在它们出现前它出现的概率是极小的。"生物学家对这个概念很反感。这不仅出自科学上的原因，而且也是因为这个概念同我们人类的想法是背道而驰的，因为人们一般倾向于认为：在世上真实存在的万事万物的背后，必然性是深深扎根于事物的开端之中。我们必须时刻提防这种好似什么都是注定了的想法。内在论同现代科学是不相容的，命运是同事件同时出现的，并不是预先注定的。我们自己的命运，不是在生物界出现了唯一能运用符号交往的逻辑系统的人类以前就已注定了的。语言是另一桩独一无二的事件，它本身很自然地将使我们反对任何一种人类中心说。如果语言是像已出现的生命本身那样的独一无二的事件，那末，在出现语言以前还曾出现过语言的偶然性，真是微乎其微的。宇宙间并不是处处都是生命，生物界也不全都是人类。我们人类是在蒙特卡洛赌窟里中签得彩的一个号码。当人们看到一个人刚从赌场里赢了钱而摇身一变成为百万富翁时，我们在感到惊讶的同时又觉得好像是梦幻般地不真实，产生这种感觉

① Robert Shapiro, *Origins: A Skeptic's Guide to the Creation of Life on Earth*. New York: Simon & Schuster, 1986; Michael Ruse (ed.) *Philosophy of Biology*. New York: Macmillan, 1989, pp. 279 - 285.

是很自然的，没有什么可奇怪的。"① 莫诺这两段话，曾不断被批判为"将偶然性绝对化"的"赌徒心理"，不过依我看来，它是比较正确地说明偶然性在生物起源和人类出现中的作用。

（2）偶然性是世界多样性的源泉，又可以成为事物必然发展的基础。

现代生物学告诉我们，生命世界本质上区别于非生命世界的东西，是生物界只有两种基本属性，结构功能上的目的性和遗传上的不变性。例如，野兽的眼睛的"目的"是取得外物的影像以便捕获猎物和逃避天敌的追击，而一切生物在结构功能上的目的都是为了保全自己和繁殖自己的物种。而种瓜得瓜、种豆得豆则表现生物遗传的不变性。但是，生物结构功能的目的性并不是由"生命力"或"隐德来希"来实现的，而是严格地由基因或遗传密码来规定的；而遗传上的不变性则可以用遗传信息的复制与翻译的高度严格性和机械性来加以说明。因此，要理解生命的秘密就要理解基因的载体与结构，基因的复制与翻译以及它的起源。由于分子生物学的伟大成就，这里许多问题都已成了常识，我们之所以要在下面作一个简单介绍，目的是要从中做出一些关于偶然性与必然性的哲学结论。

基因及其遗传信息的载体是 DNA（去氧核糖核酸）大分子。它是由四种核苷酸（A，G，C，T）通过直线聚合，磷基相连形成单链"糖—磷酸骨架"，又由于 C—G、A—T 的立体专一性非共价碱基配对，这个碱基配对，由一个氢键连接，造成两条互补的双螺旋结构。在细胞有丝分裂期间，DNA 大分子双链之间的氢键断裂，形成两条单链，各以自己为模板，在某种特定的酶的催化下，按 C—G、A—T 互补法则吸收细胞内游离核苷酸重新合成两条完整的 DNA 双链结构。这叫作 DNA 的复制：由一个 DNA 大分子复制成两个组成、结构完全一样的 DNA 大分子，它保证了遗传的不变性。

---

① ［法］雅克·莫诺：《偶然性和必然性》，上海外国自然科学哲学编审组译，上海人民出版社 1977 年版，第 101、108 页。

这种复制可以理解为一种自催化过程（就双链来说）和交叉催化过程（就其中一条链来说），是我们在第二章所说的系统内部的因果正反馈机制。这个过程在酶的催化下，其效率比相应的非生命分子的催化反应效率大十几亿倍，足以对抗自然界的噪声干扰与破坏。在 DNA 的一条链的基础上，作为模板，同样按碱基配对原则吸取核苷酸形成另一条信使核糖核酸（mRNA）单链多核苷酸。这种 mRNA 转录了 DNA 上的遗传密码。RNA 携带着所谓三联体密码进入细胞质，聚集在核糖体上，由细胞质中的一种叫作转运核糖核酸（tRNA）的小分子一头携带氨基酸，另一头与 mRNA 三个核苷酸组分进行碱基配对，就将 mRNA 的三联体密码翻译成蛋白质合成信息，从氨基酸合成蛋白质为实现生命的结构功能的目的性提供物质基础和全部信息。这个过程是有严格的必然性和规律性的，是高度机械和惊人准确的，以至于找不到一种统计理论能推出复制与转录出差错的概率。从细菌来说，粗略估计，每一代细胞中一个基因复制转录明显出错率为 10^{-6}—10^{-8}。同时这个过程即由 DNA→mRNA→tRNA→蛋白质的过程是严格单向不可逆的。我国生物学家童第周教授，试图发现由蛋白质→RNA→DNA 的反方向信息传递，始终没有决定性的结果。这又进一步保证了遗传的不变性，使生物成为强烈的保守系统，以对抗外界对物种稳定性的干扰和破坏。

那么，生命世界不断有新的物种的出现，不断有生物性状的变异，以及原始生命的发生又是怎样来的呢？这就只能来自突变和选择，并且 DNA 突变的原因与突变造成的功能效果完全无关。那么突变是怎样起源的呢？它来自纯粹随机扰动，以至于在 DNA 分子的链的顺序上，一对核苷酸为另一对核苷酸所置换或一对或几对核苷酸缺失（减少）、增加（重复），从而造成移码以及错义等。这些都是本质上的偶然事件，像轮盘赌那样不可预测，并且是与测不准原理有关的量子事件。这样，我们沿着单向因果链追溯生命的起源、物种的起源、生物个体和物种的多样性的起源，最后追溯到一个源泉：随机偶然的突变。于是，莫诺在他那本引起很大争议的生物哲学著作《偶然性和必然性》中写道："在生物这种强烈的保守系统中，为进化开辟道路的最初的基本事件，是一些微观的、偶然的、对目的性功能将发挥什么作用全然无关的事件"，"我们称这些偶然性事件，它们的出现是随机的。正因为这些偶然事件是使遗传'文本'发生改变的唯一的可能原因，也正因为'文本'是生物体遗传结构的唯一的贮存库，所以必然得出结论是：只有偶然性才是生物界中每一次革新和所有创造的源泉。进化这一座宏伟大厦的根基是绝对自由但又是盲目的纯粹偶然性"。[①] 这个结论除了"绝对"这个字眼用得不恰当外，基本上是正确的。我们之所以说"绝对"这个字眼用得不恰当，是因为基因的突变不是绝对自由的，它始终是受规律约束的，即受统计规律约束的，关于这一点，我们在第二节中讲过了。我们之所以说这段话基本正确，是因为在物种起源和多样性变异中，偶然性的突变起了决定性的作用，它造成了可供选择的丰富材料和多样性源泉。因为，虽然由于"遗传的不变性"，"复制的高度机械性和准确性"，一个基因复制出错率是 10^{-6}—10^{-8}；即大约在百万分之一到亿分之一之间。可是，由于几十亿个细菌构成一个群体，可以在几立方毫米的液体中发育。在这样大小的群体中，不管是哪一种突变，肯定都有十个、一百个或一千个，在这个群体里，所有突变体的总数估计可以为十万个或一百万个。而对于人类来说，由于人的基因组很长，比细菌的基因数目多一千倍，更由于人体生殖细胞的世代极多，它是不断分裂的。所以莫诺于当时估计，在那时的世界 40 多亿人口中，每一代人估计有一千亿到一万亿个突变。所以偶然性的突变是多样性的丰富源泉这个命题是不容置疑的。当偶然事件进入了 DNA 结构，就被复制、转录等必然机制加以放大，增殖变换为许许多多拷贝。于是，偶然性开始进入了必然性的领域，再通过自然选择和生存竞争，有利于实

---

① ［法］雅克·莫诺：《偶然性和必然性》，上海外国自然科学哲学著作编译组译，上海人民出版社 1977 年版，第 108 页。

现生物的结构功能目的性的变异，有利于适应环境的变异保留下来、稳定下来而形成新种。在这里，我们看到偶然性是必然性的基础，必然性是偶然性的放大，偶然性转化为必然性。这个过程前一阶段（突变阶段）偶然性起决定作用，后一阶段（选择阶段）必然性起决定作用。而这种必然性的重复过程后来又为偶然性所修正或打断，这里呈现出必然性与偶然性协同地、交错地决定生物历史的过程。

（3）偶然性与必然性协同地交叉地决定事物的发展。

我们在上面已经提到偶然性与必然性协同地起作用决定事物的发展，而且在某一发展阶段、某一些方面，必然性对事物发展起决定作用，而在另一个阶段，即所谓系统发展的突变分叉阶段，在某一些方面上，偶然性对事物发展起决定作用。偶然性和必然性就是这样不但协同地而且交替地起决定性作用而推动事物的发展。关于这一点，I. 普利高津的非平衡态热力学和耗散结构理论对此提供了非常重要的例证和作了非常重要的说明。

日常经验和科学实验告诉我们，如果对一根均匀的金属棒两端施加压力，超过一定阈值，它必然发生弯曲，但是，它到底弯曲何方，有无穷多的取向，它弯向某边，则完全是偶然的。不过，一旦它弯曲，不但在微观上而且在宏观上显示了自己的特征。这个特征的根源，要从必然性和偶然性协同地加以解释。但如果这事发生在房子倒塌之时，因为它倒向左边，可能压死人，而倒向右边正巧使某人逃过灾难。在这里我们不能不说，此人在如此重大的事故中逃过一场灾难，偶然性起了决定作用。当然，这只是从一种平衡态到另一种平衡态的突变问题。普利高津主要讨论的是非平衡态，特别是远离平衡态系统的突变的必然性和偶然性问题。这里，系统的非平衡态结构，需要耗散自由才能维持，称为耗散结构。湍流、水的漩涡、加热平底容器中的液体到一定温度时能看到的贝纳德花纹、化学钟以及各种生命系统都属于这类耗散结构。一个典型的耗散结构的例子是布鲁塞尔器，它是由普利高津等人提出的一个具有自催化和交叉催化的化学反应模型。见图6—1：

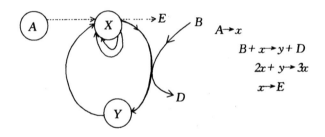

图6—1 布鲁塞尔器的反应路径

图6—1 右式中，$B + x \rightarrow y + D$，$2x + y \rightarrow 3x$ 的反应合成一个交叉催化环。这里 x 由 y 产生，y 由 x 产生，相互促进，相互催化，它的微分方程 $\dfrac{dx}{dt} = A - Bx + x^2 y - x$；$\dfrac{dy}{dt} = Bx - x^2 y$ 是非线性的。在布鲁塞尔器中，A，B 是开端产品，D，E 为最终产品。当 B 作为控制变量增加到一定浓度时，中间产物 x 与 y 的浓度开始围绕平衡定态作周期振荡，这个变化是十分有规则的，周期是十分稳定的，它随时间振荡形成时间有序结构（化学钟）；在另一些条件下，这种周期变化表现为空间上有规律的不均匀分布，形成空间结构。这是化学上的一个典型的耗散结构，一种活动的过程的结构。

现在，我们考察布鲁塞尔器这种耗散结构是怎样在必然性和偶然性的支配下进行分叉突变的。我们仍令 A 保持不变，以 B 的浓度为控制参量，当不断增加 B 的浓度时，于是系统便越来越离开平衡态。当到达一定点时，系统便超出了稳定的阈值，进而到分叉点，就是图6—2中的 B_c 点，这时系统可能沿 L_1，L_2，

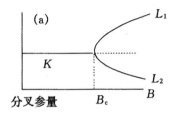

图6—2

K 三条道路发展，L_1，L_2 是稳定态，K 是不稳定态。就稳定态来说，系统可能走上 L_1，也可能走上 L_2，L_1 表示化学 x 在空间中一种非均匀分布，L_2 表示另一种非均匀分布。代表两种性质不同的耗散结构，系统会选取 L_1 与 L_2 中的哪一个分布，完全是随机的、偶然的，宏观系统方程无法预言系统的结局。转向微观也无济于事，因为 L_1 和 L_2 是完全对称的。当我们反复进行实验时，则系统越过分叉点，有一半系统走向 L_1 组态，另一半走向 L_2 组态，情况十分类似于掷骰子。就某一次分叉转变中，选 L_1 还是 L_2 是随机的、偶然的，是由外部的扰动和内部的涨落引起的。当然，这里并不是否认必然性的作用。系统必须超过一定的阈值 B_c 才会发生失稳、发生突变，进入一个新的动力格局，产生新的耗散结构，这是必然的，但到了 B_c，选择哪一个分支则是偶然的。这里是必然、偶然联合决定历史，但在阈值 B_c 的关键时刻，发展道路由偶然性决定。当然，以上所说，只是系统发展的第一级分叉，并没有将系统发展的全部可能性包括进去。而随着系统越来越离开平稳态，又会出现新的临界点和新的分叉。其情况如图 6—3 与图 6—4 所示：在图 6—3 中，从热力学分支 K 到两个可能耗散结构 L_1、L_2 的分叉图。当控制参量 B 的浓度达到 B_c 时，系统不稳定发生分叉。图 6—3（a）表明，对于偶临界波数，转变到两个新的解是连续的。图 6—3（b）表明，对于奇临界波数，由 K 转变到 L_1 是跳跃的。

在图 6—4 中，耗散结构进化中的宏观非决定性。在每一个稳定阈中，有若干种（至少有两种）可能性进行选择。当不平衡逐渐减少，结构按它所来自的同一途径退出。于是结构"记忆"了自己的初始条件。DS 表示耗散结构。

所以，普利高津说，在这里，"我们就会看到，该系统已经含有很多可能会有的稳定的和不稳定的行为。当控制参量增大时，系统将沿着'历史'路径演变，这路径的特征是有一系列相继的稳定区域（这些区域由决定论的法则支配着）和不稳定区域（它们靠近分叉点，在那里系统可以在多于一种可能的未来之间作出'选

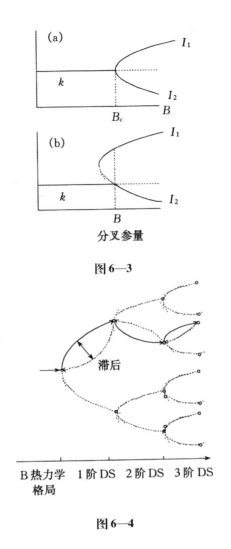

分叉参量

图 6—3

滞后

B 热力学   1 阶 DS   2 阶 DS   3 阶 DS
格局

图 6—4

择'），动力学方程的决定论特点（由这些可以计算出一组可能的态和各自的稳定性）和随机涨落（它们在分叉点附近的各态之间进行'选择'）难解难分地连接在一起。这个必然性和偶然性的混合组成了该系统的历史"。[1] 因此，单说偶然性是必然性的补充和表现形式，必然性决定事物发展的方向与道路，偶然性只是加速或延缓

---

① ［比］普利高津等：《从混沌到有序》，曾庆宏、沈小峰译，上海译文出版社 1987 年版，第 216 页。

以及偏离必然趋势的作用是不够的。这只是事物发展的某个阶段必然性占支配地位的阶段才是这样。越过这个阶段系统发生失稳有许多个可能发展道路的分叉。在这些分叉点上，走上哪一条道路呢？偶然性起着支配地位，从事物发展的基本条件或事物发展的先行条件是不能预测它的进程、它走哪一条道路的。在这外部扰动和内部涨落占支配作用时期，偶然性决定了事物发展的前途与方向，成为必然性的基础与源泉，而必然性则为偶然性的放大、选择与延伸。20世纪的确是一个大动荡、大分化、大改组的时代，世界到处出现各种分叉点。系统哲学家 E. 拉兹洛将它总结为三类社会分叉：①T 分叉——由技术革新造成失稳后果引起的分叉。20 世纪技术上的突飞猛进造成了社会内部的不稳定引起社会多极分叉；②C 分叉——由战争与冲突引起的社会动荡与分叉。许多国家的社会革命由此而造成；③E 分叉——由经济危机和生态危机造成的分叉。20世纪末出现的能源问题、食物问题和生态环境破坏问题，促使人类走上一个分叉路口，在这些分叉点上，偶然性起着极其重大的作用，存在着危机，也存在着巨大的机遇。当然，偶然性、机遇也不是不可控制的，人类可以而且应该认识社会发展各个可能分叉的性质，自觉朝着对人类发展最为有利的社会发展方向前进，走上对人类发展极为有利的社会发展道路。这就是人类的目的性与自由意志问题。

第七章　目的性和意向性机制

本章要讨论的是事物运行的第三种相互作用机制，就是目的性机制。宇宙中有许多实体或系统是有目的地和合目的地进行活动和运动的。这里讨论的"目的性"不是超自然的目的性或造物主的目的性这类的东西，而是自然的目的性，包括目标定向的运动与行为，人工装置的目的性运作和功能的实现，生命有机体及其组成部分的目的性行为和功能表现，人类行为的意向性行动，社会组织的目的与功能，等等。这些目的性活动或运动有什么类型特征和共同特征？它们是否可以完全还原为因果机制和随机性机制？与此相联系的，目的性/意向性解释和功能解释在科学解释中又占有何等地位？这是本章要解决的问题。

一　广义目的性概念和自然系统的目的性机制

现代科学崇尚观察和实验，对于亚里士多德给万物提供的和杜里舒给生物提供的看不见、摸不着的"意图""目的性""生机""活力"总是持一种怀疑态度。但这并不就表示对自然界的目的性现象不可以作一个客观的和广义的分析。什么叫作目的性（teleonomy）呢？广义地说，它就是物质客体的这样一种状态，该物质客体的运动、活动、行为总是倾向于达到它。于是，它就成为结局（final state）、目标（goal）或目的（purpose），而与其相关联并促进结局的事件、活动与行为称为手段（means）或功能（function）。物质客体趋向于目标的行为或过程称为目的性行为、合目的性行为或目的定向过程（goal-seeking process 或 goal-directed process）。在这里，"目的"是一个客观的范畴，符合这个"目的"定义并不需要"内在的动机"和"有意识地驱动"这些主观的或生命的因素。例如，自动寻找目标的水雷、红射线跟踪的导弹都是有"目标"的，但却是无意识和无生命的。

在清除了亚里士多德目的论之后，在科学中首先提出这个客观目的性概念的是控制论创始人维纳。他说："行为就是一个实体相对于它的环境作出的任何变化。""主动行为可以再分为两类：无目的的（或随机）和有目的的。有目的的一词就是表明那种或以解释作趋达目标的作为或行为——也就是说，它趋向于一种终极条件，这条件是：行为客体与另一个客体或事件发生确定的时间的或空间的相关。无目的的行为则是一种不被解释作趋向于一个目标的行为。"例如，"若干机器是内在地有目的的。带有自寻目标的机构的水雷就是一例。伺服机构一词就是正确地用来称呼那些其行为具有内在目的的机器的。从这些考虑看来，虽然有目的的行为的定义是相对暧昧的……但是，显而易见，目的概念是有用的，因此它应该保留下来"[①]。

既然我们这样来理解广义目的性的概念，我们就得首先考察无生命世界的目的性机制。这个目的性机制就是来源于我们在第二章讨论基本系统观点时谈到的系统的适应性自稳性和适应性自组织，系统既然有适应性的自稳性并有许多手段或机制来实现这种自稳性，这个自稳定、自我同一性就是它的运动或活动的"结局"，即客观的"目标"。无生命世界的许多"目的"性行为，是通过维纳所说的"负反馈"机制来实现的。维纳将"目的论"一词当作"由反馈来控制并解释目的行为的理论"的同义语。虽然这个说法过分狭窄了，不过，它除了解释了许多生命现象外，也解释了无生命世界的许多目的性现象。自然界的系统，特别是复杂系统都有一种适应性自稳定，与这种自稳定相联系，必有一个负反馈的自动控制机制来达到这种自稳定性，于是，目的性过程便在自然界中提高到一个本体论地位。

现代系统科学的进一步发展表明，不仅负反馈引导的物质客体

---

① ［美］A. 罗森勃吕特、N. 维纳、J. 毕格罗：《行为、目的和目的论》，参见庞元正、李建华编《系统论、控制论、信息论经典文献选编》，求实出版社1989年版，第281—283页。

的适应性自稳可以看作目的性行为或目的性过程，而且由正反馈导致的、通过对涨落的放大而达到新的稳态的系统自组织过程也可以看作以新的稳态、新的协调一致的组织为目标的目的性行为。其所以可称为"目的性"行为，是因为在失稳状态下，系统主动地通过正反馈和负反馈探寻新的稳定点和稳定的极限环等被称为"吸引子"的东西。有些系统学家称它为目的点或目的环。系统只有在目的点或目的环上才是稳定的，离开了就不稳定，系统自己要拖到目的点或目的环上"才肯罢休"，这就是系统的自组织。关于这个问题，武汉大学桂起权教授作了新的概括。他说，"耗散结构之所以能形成，其先决条件就是让开放系统偏离平衡态，失去稳定性，而且远远离开平衡态，超越过线性区，进入非线性区，这样才有可能生成新型的目的性结构……耗散结构论探讨了新型号的目的性系统的生成、稳定和演化自动机制，展示了目的性结构的多样性和复杂性，开拓了新的视野"。而在协同学中序参量就是"目的性之妖"，"子系统之间高度步调一致之所以可能就是因为存在序参量这种能自动调节、自我控制起主导作用的内在的目的性力量"。① 在这里，我们已经看到复杂系统中的一种"规范性"力量，尽管它并不神秘，并且在某种意义上可以作因果还原解释，但无论如何，一旦自然界形成了这种"目的性"力量和"规范性"力量，我们就不能否定它的存在，在这里，系统既是规范性的又是描述性的。

二　生命系统的目的性和功能解释

如果连无生命世界都有某种目的性现象和目的性行为，这种目的性行为可以用系统科学的正反馈机制、负反馈机制和吸引子机制来加以解释，那么，在生命世界中，目的性行为就更加明显了，分子生物学家雅克·莫诺说过："一切生物所共有的一个根本特征，

① 桂起权：《关于目的论的自然哲学论纲》；吴国盛主编：《自然哲学》第1期，中国社会科学出版社1994年版，第146页；钱学森等：《论系统工程》，湖南科技出版社1982年版，第245页。

那就是：生物是赋有目的或计划的客体，这种目的性或计划是在它们的结构中显示出来，同时又通过它们的动作而实现。"目的性是生物世界三大特征之一，其他两个特征是自主的形态发生和繁殖的不变性。不过这种目的性和无生物世界的"寻求结构的稳定"，与在"失稳时寻求"新的自组织稳定结构不同，它归根结底服从一个总的目的，就是物种的生存与繁殖。用莫诺的话说，就是"我们将规定（生物）目的性计划的根本特征是：物种所特有的不变性内容的世代传递。因此，参与实现这一根本性计划的所有结构、行为和活动，我们都将称之为'目的性的'"。① 这样，生物目的性行为就被理解为服务于生存与繁殖的器官功能和行为方式。

我们现在的问题是：我们有了进化论机制和反馈机制的理解，生命系统的这种合目的性的结构与行为及其相应的功能解释，是否可能或应该加以消解？那种带目的性和规范性的力量是否可以完全还原为因果力和盖然性作用呢？

（1）一种合目的的结构与功能，它在历史上是怎样产生的，以及它产生以后有什么突现性质，起到什么样的作用，这是两件不同的事情。的确，我们推翻了亚里士多德的自然目的论以及拉马克的进化目的论和杜里舒的活力论生命原理，我们可以用很好的自然选择理论和分子遗传机制来解释老虎的眼睛的产生、心脏的产生、血红蛋白的产生以及叶绿素的出现。但是，我们是否因此就对它们对于生命的存在、持续与发展起到什么作用就有所了解了呢？为什么是这种器官、这种性质、这种行为会保全下来呢？这个性质与作用问题，独立于它怎样产生的问题，需要作目的性的解释和功能的解释，解释叶绿素的功能、血红素的功能、人的心脏的功能乃至马尾巴的功能，等等。这种解释，不但不能消除，而且对于理解一个系统是关键性的。因为生命系统，乃至广义地说一般复杂系统的结

---

① ［法］雅克·莫诺：《偶然性和必然性》，上海外国自然科学哲学著作编译组译，上海人民出版社 1977 年版，第 5、9 页。

构、性质与行为的功能，就是它的这样一种效应，它是该系统生存的必要条件，没有它的作用，解释不了为什么系统能够存在、能够持续、能够发展。功能解释不可代替，犹如系统的结构、功能及其突现性质不可代替一样。

（2）从科学哲学的解释模型来说，目的论的解释模型是：A 在环境 E 中采取 B 的行为，是因为 B 能够达到目的 G（例如，老虎 A 在具有野鹿的环境 E 中采取追捕的行为 B 是为了达到捕食野鹿的目的 G）。这里"因为……""为了……"在解释模型中指示了一个目的性规律或目的论规律："任何一个 A 类动物在环境 E 中采取 B 行为如果能达到 G 的目的，则 A 采取行为 B，而如果在这种情况下 B 不能达到 G 的目的，则 A 不采取行动 B。"有了这个规律，就能解释 A 为何采取 B 的行动，这是目的导向的。现在假定我们找到一个等价的条件 I，凡是满足"B 的行为能达到目的 G"就满足条件 I。于是，上述的目的论规律就可改写为作用因或动力因规律（The law of efficient causation）："任何一个 A 类动物在情况 I 下采取 B 行为，而在其他不是 I 的情况下不采取 B 行为。"有了这个因果律，我们也能解释 A 采取 B 的行为即将 A 的行为 B 作为环境 I 的刺激反应。但目的这个概念被代换了。我们用完全行为主义的观点看世界，我们似乎在 I_1 的情况下看到 A 的行为 B_1，在 I_2 的情况下看到 A 的行为 B_2……并且在 I_r 的情况下看到 A 有行为 B_r。但是，由于我们用 I 替换了 B 的行为要达到目的 G 这个共同特征、这个本质性的东西、这个目的性驱动力，我们便陷入了休谟归纳问题的困境。因为缺少了这个目的性驱动力那种如狼似虎的作用，我们有什么理由去预言 A 在 I_{r+1} 的情况下必然会有行为 B_{r+1} 呢？目的性解释有时比作用因果解释有更强的预言力和解释力，所以，从认识论上说目的论解释有它的独立意义，是不可以加以省略的，是不可以完全用作用因果解释来加以替代的。

（3）从传统的 C. G. 亨普尔的 DN 模型或 IS 模型来看，被解释者需要从解释者中以演绎或高概率归纳方式加以推出、加以预期，否则就不是解释，按这个标准来看功能解释，解释者是某种性质 F

所实现的功能与目的，被解释者是 F 的存在。由于异构同功的存在，我们的确不能以高概率的形式推出例如血红蛋白的存在、叶绿素的存在等，但是，我们的解释理论在第三章中讨论归类解释时已经看到，它是容纳低概率的解释的，这就从逻辑上消除了那种认为功能解释是不合理的解释的逻辑经验论者的观点。

（4）功能解释在某种意义上是一种规范解释，它要说明的是，某种性质与行为要达到保持系统生存与持续的目的，在这个意义上它是一种客观的"规范"，即系统的某种性质与行为"应该"这样，才能达到目的。由于系统没有意识，没有自觉的目的性，没有自由意志，所以，这里的"规范"是属于客观的范畴，而"应该"是要有引号的。不过，既然自然界已进化到出现生命系统，具有完整地保持自己生存与持续目标，并具有达到目标的完整的、组织严密的手段，这就是说，自然界已经建立了规范，所以，功能解释既是规范性的解释，又是描述性的解释。这是"实然"和"应然"的原始统一，因为它所说明的目的和规范规定了"应"做什么不"应"做什么，所以是"应然的"，即"应该的"；因为这规范是自然进化出来的，带客观必然性的，其目的和手段都是可以用事实来进行描述的，所以它又是"实然"的。只有进化到人类阶段，由于意向性和自由意志的存在，"实然"与"应然"才出现了不可填平的逻辑鸿沟。

三　人类行动的意向性和人类行动的解释

首先，我们这里所说的人的行动与一般行为不同。一般的行为包括一些无意识的行为，如在跑步中我摔倒了，我骑自行车无意碰倒了一个行人，以及我发生流行性感冒而不断地咳嗽，等等，都是我的行为，但它不由我决定，不受我控制，因而这些行为和自然界任何一种运动一样可以作完全因果性的，即充分条件的分析，在心理学上就是作一种刺激——反应的分析。我们不称这些行为为行动（action）。人类的行动，不但是有目的性的，而且是有意向的行动

（intentional action），这种意向性行动或意向性行为具有如下三个基本特征。

（1）自觉的目的性。人的意向性行为具有这样的特点，它不但有目的性，而且自觉到这种目的性，即认识到自己的目的性行为的结果，它意愿（desires）着这种结果，并对这种结果的出现有一种认识，从而有一种信念（beliefs）由此而决定进行这种活动与行动。有了这种愿望与信念，人们做一件事，即使本能上不倾向做这件事（如劳动的艰苦、拔牙的痛楚）也要去做，这就叫作形成某种自觉行为的意志力，这些都属于自觉目的性的范畴。人类有目的的活动区别于动物以及其他复杂系统的一般合目的的活动的特点就在于它的自觉目的性活动（conscious purposive action）。对于为什么人们会进行这种目的性行动，可以找到一个实践推理（practical reasoning syllogism），或叫目的论解释模型来加以说明。哲学家冯·赖特（von Wright）以及 J. L. 马奇（J. L. Mackie）将这个模型表达如下[①]：

①行动者 A 意向要达到 G；

②A 考虑到（他有这样的信念）除非他采取 B 的行为，否则他无法达到 G；

③所以，A 采取 B 的行动。

这里对于 A 有目的地采取 B 的行为是由①意向项（A 意愿要达到 G）和信念项（B 是达到 A 的手段）协同来加以解释，这个解释是一个推理论证，不过，不是一般的演绎推理，而是实践推理，属于决策逻辑的领域。而从本体论上说，意向/信念与行动之间的关系，并不是严格的因果关系，也不是随机盖然关系，而是有独立意义的目的意向性作用机制。

（2）以理由为根据。人的意向性行为的第二个特点就是它是以

---

① G. H. von Wright, *Explanation and Understanding*. Ithaca：Cornell University Press, 1971, p. 96. 以及 J. L. Mackie, *The Cement of the Universe*. Oxford：Oxford University Press, 1974, p. 292。

某种理由为根据的。行为是理由来导向的。根据 D. 戴维森的分析，理由主要由两个方面组成：①赞成态度。包括欲望、需要、驱动、激励以及道德观念、美学原则、经济成见、社会习俗以及公与私的目标与价值，等等。②相关的信念。包括知识、知觉、注意以及记忆等。理由与原因都对行为发生影响与作用，但是，理由与原因是不相同的。

第一，一个行动的理由，赋予行动以"意义"和"可理解性"。1931 年"九一八"事变后，我们有充分的理由进行全民抗日战争，这个理由赋予西安事变和平解决这样的行动以意义，赋予红军改编为国民革命军第八路军和新四军奔赴抗日前线这样的行动以意义。行动由于理由变得"可理解的"。可是原因并不赋予结果以什么意义。

第二，原因与结果之间在逻辑上是独立的，其中一方的存在并不是逻辑上要求或推出另一方的存在。而理由与行动则不然，提出一个行动理由时，必然要提到这个行动及其结果，以达到自觉的目标作为行动的理由时，其行动的结果早已观念地存在于行动的理由中。行动的结果虽然不是现实地先于行动，但它却是概念地先于行动，在这个意义上，行为是结果导向、结果拖动的。与此同时，从逻辑上讲，当提到行动时，必须提到行动的理由。

第三，原因与结果之间存在着严格的决定性关系。而理由与行动之间，由于自由意志的作用，不存在严格决定性关系，我有很好的理由进行戒烟，可我就是不戒。

（3）人的行动是自我决定的。这是人类意向性行为最重要的一个特点。关于人类行动的根源及其如何产生的问题，有一种理论叫作行动者理论（The theory of agency），它是哲学家 R. 泰勒（Richard Taylor，1963）、R. 蔡萨姆（R. Chisholm，1966）和格林活（Green Wood，1988）创立的。他们认为人们行为的"原因"或者根源（origination）就是行动者自我本身，因为我的行动是由我决定（it is up to me）、由我控制（it is controlled by me）。例如，在议会上，我赞成某个提案，我本身就是我举手的原因。当然，光有自我还不能将手举起来，如果有人按着我的手不让我举起，或者我的手突然麻痹了动弹不得，不过在其他情况具备下，我作为行动者本身是行动的原因。不过，这里"原因"一词追索到一个"实体"，与原因与事件之间的关系这个概念不符，当然，我作为"实体"可以产生一个心理事件来引起我举手，但这种辩护也无济于事，因为那个心理事件也是由作为整体的我这个"实体"产生，只要我主张行动者是行动的根源、实现者，我就无法摆脱实体是某事件的"行动者原因"或"自我动因"这个特别的作用机制。"自我动因"与一般因果关系不同还在于对于它和它所导致的行动，不存在充分的条件，因为即使在完全相同的理由和完全相同的引起行动者作决定的条件下，行动者的决定及其行动都是不确定的或不完全确定的，甚至可以是完全相反的。这是因为行动者在决定行动之前，总会有一个不停地在各种可能性之间、各种理由之间、各种规范之间以及在理性与非理性之间进行抉择的过程。用辩证法的话说，他可以反复进行肯定、否定、否定之否定的判断。而在做出决定之后，人类的特征就是他具有反思的能力，对是非、利害、好坏、得失作重新的评价与衡量。这就是所谓行动者的行动在主观世界里存在着多极动因和多向动因。正因为这样，即使是完全确定的先行条件，也没有一个唯一的"决定"与之严格对应，而同样的心理状态也没有唯一的、一极的、单向的行动与心理状态相适应。在这里沿着自我→行动动机→行动→行动结果的因果链条向原因方向追溯，链条在自我这个环节中中断了。自我或行动者就是这个因果链的开端。关于多极动因是人区别于物的一种自觉能动性、一种自由意志。一个物理作用者在因果律作用下，在特定条件下只能有单向的作用力。例如，在特定条件下，硫只能对金属起溶解的作用，这是单向的。但是，即使在完全相同的条件下你叫某人将你的鞋子脱下来，只要这个人有自由意志，他就不会每次都服服帖帖地将你的鞋子脱下来，他可能不听话，可能反抗，甚至还可能认为你侮辱了他，将你打一顿。这里不符合因果决定性的原理。

这样是不是说明人的行动是完全随机性的呢？不是的，与量子跃迁之类的随机过程不同，在那里，原子中的量子态是不是跃迁到新的能级，这是一个非决定的机遇问题。而一个人采取不采取某一个行动虽然不是由前因完全决定的，但它是由自我决定的，这个自我决定是有理由的，这个理由提供了做出自我决定的一定的标准、准则与规范。正是行动者自我依一定理由来决定行动者的行动这一点使行动者理论与行为随机论区别开来。于是，因果性、随机性、目的性或意向性就成为理解复杂系统、理解人类社会活动系统的不可相互还原但又相互联系的三个基本机制。

以上我们论述意向性行动的三大特征，也就是人类实践活动的三大特征，它说明意愿、信念、理由、自我等对于人的行动的意向性作用并不是因果作用。但世界上还有许多哲学家主张意愿/信念或者理由就是行动的原因。D. 戴维森（1982）说，"一种行动的基本理由，就是这个行动的原因"①。他的论证相当复杂，涉及每一个心理事件对应着一个物理事件的心理学上的平行主义，在此不便进行讨论。而 J. 马奇则主张目的性/意向性"是作用因果性的一个具体实例"，"自觉的目的性行动，它要求一种叫做解释性因果说明，似乎包含着一个独特种类的作用因果性解释"。②最近出版的 A. 罗森贝（Alex Rogenbery）《科学哲学》（2000）一书则提供了一个关于目的性意向性解释就是特殊因果解释的说明。他说："意愿与信念是行动的原因，就预设着有一个因果律存在于二者之间"；"社会科学的许多解释和理论，就假定了存在着这样的一种规律，理性选择理论给出了其中一个表达就是：在其他情况不变的情况下，行动者在能实现的行动中选择他有最强的意愿者"③。这也许就是经济学

① D. Davidson, *Essays on Actions and Events*, Oxford University Press, 1982, p. 4.

② J. L. Mackie, *The Cement of the Universe* – A Study of Causation, Oxford University Press, 1974, p. 295.

③ Alex Rosenberg, *Philosophy of Science*, Routledge, 2000, p. 58.

上的最大效用原理，或最大效用规律，它是一种理想状态下的
规律。

这样，如果我们对罗森贝的论述加以推广，我们便可以给赖
特－马奇的行为的目的论解释模型覆盖上一条行为规律，成了下列
的论证模式：

规律陈述：所有行动者都采取对他有最大意愿并能加以实现的
　　　　　行动。

初始条件陈述：①行动者 A 意向要达到 G，并且 G 是他的最大
　　　　　　　意愿的东西。
　　　　　　　②A 有这样的信念，除非他采取 B 的行动，否
　　　　　　　则他无法达到 G。

被解释者：所以 A 采取 B 的行动。

这个推理形式上是成立的，并且由于它的命题大多数都是关于
"目标""意愿""信念""采取"等的判断，所以也是实践推理，
这在决策论、经济学和道德哲学中是常用的。但即使这个实践推理
和目的论解释模型能够成立，也不能证明意愿/信念与行动的关系
是因果关系。这首先是因为，最大意愿规律作为因果规律是很成问
题的，许多人并不是按照他最想意愿得到的东西行事，虽然这个意
愿能实现，可能因为太辛苦或要冒风险而放弃这个行动是常有的。
所以，它并不是普遍的决定性因果律。其次，即使将这个规则看作
一个普遍行为规则，也不能说明意愿与行动之间是一种必然因果关
系，因为所谓最大意愿本身就是不确定的、多元的、多向的。由于
自由意志，你可以选择这个意愿为最大意愿，也可以选择另一个最
大意愿而做出你的决定，而这正如我们前面所说的没有充分条件，
更没有充分必要条件可言。

对于那个最大效用原则，或个人最大效用原则，当用来解释人
的行动的时候，我宁愿将它看作行为的一种规范而不看作因果规
律。对于这种规范，我相信大多数人会按这个规范行事，但没有任
何因果力保证每个人必然按这个规范行事。事实上，人们进行行动

时，如果他深思熟虑的话，他必定在各种不同的规范中，甚至在许多相互冲突的规范中进行衡量。因此对人的行动的解释，首先需要有一组目标的体系，它用 G_1，G_2，…，G_i 来表示，然后要有一组行为规范或行为准则，它用 R_1，R_2，…，R_n 来表示，而且这些准则是可以相互冲突的，它用规范陈述来描述。其次，由于人的行为需要遵循一定的自然规律，所以，要解释人的行为及其效果，还需要一组用事实陈述表示的规律集 L_1，L_2…，L_m。最后，为解释人的某种行为，还需要对与该行为和行为选择相关的特殊条件加以描述，即 C_1，C_2，…，C_k 这些条件描述，包括规范描述，也包括事实描述。有了这些解释项，才能对被解释项的成立加以理解。所以，人类行动的解释模型，可以表示为：

①G：G_1，G_2，…，G_i

②R：R_1，R_2，…，R_n

③L：L_1，L_2，…，L_m

④C：C_1，C_2，…，C_k

———————————————————

⑤A

①、②、③、④和⑤的关系，是论证的还是非论证的，是归纳的还是演绎的，都要视具体情况而定，而对人们行动的理解，关键在于对自由意志的理解。

四　自由意志

意志自由问题可以从三个不同的方面进行分析。①本体论方面，它所关心的问题是自由意志的性质以及自由意志何以可能的问题。这个问题，在哲学史上，一般都是从自由意志与决定论或非决定论的关系上来加以讨论。②认识论方面，它所关心的问题是自由意志怎样实现的问题，何种自由意志选择和实现为最佳，这就是所谓"自由与必然"的问题。在这里，自由并不是对客观规律的超越，而是对客观规律的认识和运用。③价值论方面，即如何看待与评价自由意志的价值，讨论个人自由意志在何种意义上受社会约束又受社会尊重，又在何种情况下自由被暴力与压力所剥夺，并在何种情况下得到充分发挥。这是三类不同的自由问题，当然，这三类自由是有密切联系的，不过，此时我倒想特别强调它们之间的区别，我甚至很想将三类不同的自由称作自由 1、自由 2 和自由 3。然而在哲学上，自由意志的本体论地位问题，自由意志何以可能问题，即自由 1 问题是首要问题，是解释其他范畴的自由问题的基础。

什么叫作自由意志呢？自由意志指的是作为认识与行动的主体的人们的理性的一种能力，即人们对自己所要达到的目的和达到目的的手段与过程，具有自由决定、自由选择的能力。人们自由支配和自由选择自己的行动的能力是有限的，这就是受到客观可能性的限制，也受主观条件和能力限制。首先，必须有多于一种的行动可能性我们才有自由，否则别无选择，我是没有自由可言的。例如，我只能自由选择未来的行动，却不能选择已经过去的行动。这是因为，在可能性上过去对我们是封闭的，而未来对我们才是开放的。未来的事情，它规定我们在几种可能范围里进行活动，超出这个限度，我们就只有想象的自由却没有行动的自由。社会要支持和发展个人的自由，就是要创造条件使每个人都有按自己的价值标准去生活的最大限度的可能性，使他们有充足的机会和能力。

人类的自由意志是人类生活的无限多样性和创造性的源泉，又是个人道德责任的根据。社会由于它们的成员有自由意志，它是会变得富于多样性和创造性的，就像基因突变是保证生命世界多样性和创造性一样。为什么自由意志又是道德责任的根据呢？因为，既然个人有自由意志，他的行动是他自己自由决定、自由选择的，不是被什么东西所强加的，他就应该对自己的行为负有道德的责任。如果一个人做事完全不由自主，那这个人就无所谓有功德，也无所谓有罪过。

以上讲的是自由意志的性质和意义，现在我们要讨论的问题是：自由意志何以可能？它在宇宙本体中处于什么样的地位？如果世界是因果决定论的，自由意志是可能的吗？反之，如果世界是完全非决定论的，自由意志是可能的吗？

首先，我们讨论第一个问题。我们在第五章中已经知道，所谓因果决定论就是认为任何事件、任何事物的出现都有一个原因，都由原因唯一的决定，而这个原因又由在此之前的别的原因依因果律必然地加以决定，这样，我们便有一个卢克莱修的问题："如果一切运动形成一条完全不断的锁链，并且新的运动总是从旧的运动中按照一定的秩序产生出来……那么，请告诉我，怎么会有自由意志呢？"① 为了说明这个问题，我们不妨描述一组分叉图，来表明决定论、非决定论在自由意志问题上的立场。

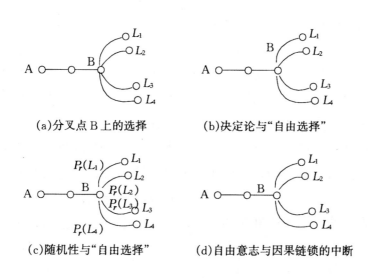

(a)分叉点 B 上的选择　　　　(b)决定论与"自由选择"

(c)随机性与"自由选择"　　　(d)自由意志与因果链锁的中断

图7—1　决定论、随机性与自由意志

自由意志问题可以形象地表现在行动分叉点 B 上的自由选择。从图7—1（a）中可以看到，自由意志表现为我们的行动在 B 点上

---

① ［古罗马］卢克莱修：《物性论》第2卷，转引自马克思《博士论文》，人民出版社1961年版，第71页。

可以有不同目标、不同道路、不同行动方式的选择。我可以选择 $A - B - L_1$，也可以选择 $A - B - L_2$，$A - B - L_3$，$A - B - L_4$ 等。这个图可以表现当代世界面临的生态危机的出路分叉。人类可以走使用核武器从而毁灭自身，使整个地球只剩下低等生物的道路，假设这是 $A - B - L_1$。我们也可以走浪费自然资源，无限制地增加人口、无限制地污染环境的道路，这就是人类早期工业化所走过的道路，也就是将导致整个人类工业基础在 21 世纪末走向崩溃的道路，假设这就是 $A - B - L_2$ 道路。我们也可以走放弃经济发展而保持生态、资源、人口平衡的道路，即从现在起全球实现零增长的道路。这就是罗马俱乐部 D. H. 米都斯在《增长的极限》一书中提出的"稳定的世界模型 I"所表示的道路。① 假定这就是我们这里的图 $A - B - L_3$。还可以有全球经济可持续发展的道路，这就是世界环境与发展委员会所著的《我们共同的未来》（*Our Common Future*）第二章所说的"既满足当代人的需要，又不对后代人满足其需要的能力构成危害的发展"② 的全球"大战略"。我们假定它就是这里的图 $A—B—L_4$。在这当代世界处于分叉点 B 的紧要关头，人类有选择道路的自由意志吗？如果这个过程是没有人参加的，则在这个分叉点上当代社会走上哪一条行为轨线，首先取决于随机的过程，然后取决于必然性与偶然性的相互作用。但是，这个过程是有人参加的，尽管参加这个历史进程的个人、集团和政府领导人的目标与自由意志是不相同的，但人民群众和各国政府在决定自己社会的未来命运上是具有意志自由的。人类完全可以走上平稳的分叉，即可持续发展的 $A - B - L_4$ 轨线。

现在我们回到古罗马哲学家卢克莱修的问题：假定世界是决定论的，自由意志何以可能呢？所谓假定世界是决定论的，就如我们上面所说的未来是唯一由过去已经完全确定的先行条件决定的，就

---

①   D. H. Meadows, *The Limits to Growth*, Universe Book, New York, p. 165.

②   世界环境与发展委员会：《我们共同的未来》，王之佳等译，台湾地球日出版社 1992 年版，第 52 页。

像图7—1（b）一样，早已有一条唯一的因果链锁从 A 点 B 点再到 L_2，那我们的自由意志和自由选择还可能吗？历史上许多哲学家的回答是肯定的，即认为决定论与自由意志是相容的。支持这种观点的有英国近代哲学家 T. 霍布斯、D. 休谟、J. 穆勒，以及美国哲学家 R. 卡尔纳普。他们认为，我们的自由行动是有原因的，这原因就是我的动机、倾向、信念、愿望、能力等，而决定我的动机、倾向、愿望和自由选择也是有原因的，这原因就是决定我进行自由选择的外部条件和内部状态。卡尔纳普说，"个人的自由选择确实可以与拉普拉斯观点相一致""当一个人作出一种选择，他的选择就是世界的因果链的一个部分。如果这里不包含着强迫，这就意味着选择建立在他自己的喜爱的基础上，是出自于他自己的本性，我们也就没有理由不称它为自由选择"。[①]

不过，卡尔纳普和其他自由意志与决定论相容论者，所讲的意志自由和选择，只是相对于不包含被人"强迫"来说是意志自由的，关于相对于那条铁的因果链来说，我是没有自由的，因为连我的爱好、兴趣和选择都被我所处的外部条件和内部状态严格地决定，一环一环地联结到他出生之前的环境中，在这样的因果链面前我是不由自主的，表面上看来我有自由选择的意志，事实上形如图7—1（b）一样，A 点、B 点和 L_2 是因果地联结在一起的，而 L_1、L_3、L_4 这些供选择的分支是与 B 点不相连而断开的。所以我的自由选择只是假象，事实上，我不过是充分条件因果链的傀儡。这种情况就像我是一个机械人一样，我以为自己有自由意志，其实我的一切行动早在出生前就被制造者的程序编好了，我只是机械地执行这程序编制者——大自然的"意志"罢了。

事实上，决定论与自由意志是不相容的。关于这一点，美国哲学家 P. 凡英瓦根（Peter van Inwagen）最近设计了一个不可选择原

---

① ［美］R. 卡尔纳普：《科学哲学导论》，张华夏译，中山大学出版社1987年版，第216—217页。

理①来证明这一点。这个原理表述如下：

①$\Box p \vdash Np$

②$N(p \rightarrow q)$，$Np \vdash Nq$

这里□为模态逻辑的必然算子。N为一个新算子，它表示"无人能够或已经对……的真值做出选择"。p、q是命题。这里原理①表明：如果命题p是必然的，则可以推出无人能够对p的真值作出选择。②表明，如果p蕴涵q是必然的，无人能做出选择，则由N（$p \rightarrow q$）的不可选择推得q本身是不可选的。

经验告诉我们，我们存在着自由意志，我们存在着道德责任，在不同的行动面前我们可以有自由选择而不是由我们的外部条件和内部状态注定只能采取某一种行动。因此，当自由意志与决定论不相容的时候，我们肯定了自由意志而抛弃决定论。而事实上，在第五、六章中我们列举了决定论不能成立的原因。这里的分析不过是为决定论的不能成立多加一条理由，就是决定论否认了人类的自由意志，它使我们的思想、意志、努力、选择对这个物理世界上所发生的事情不可能有实际的影响，它毁灭了科学与艺术的创造性，它毁灭了人们的道德责任……因而是不可接受的。

可是，假定这个世界以及我们的意志和我们的行动是决定论的，则我们没有自由。那么，假定这个世界以及我们的意志和我们的行动是完全非决定论的，我们的意志与行动就有自由了吗？设想，我的行为不是由我的外部条件和我的内部状态严格决定的，而是由某种完全随机起伏的绝对偶然事件决定的，或者我的行为虽然是由外部条件和我的内部状态严格决定的，而这些内部状态（我的欲望、意志、冲动等）在任何情况下是由没有原因的也是由某种纯粹随机因素决定的，在这种情况下我有没有意志自由呢？假定我写这个论著的时候我的指头最终由这种偶然发生事件决定，它忽然向上，忽然向下，忽然向左，忽然向右运动，不

---

① P. van. Inwagen, *Metaphysics*, Oxford University Press, 1993, p. 188.

受我的控制了，不由我选择了，我事实上是完全没有自由的。我连我的手指头都控制不住，我怎样有意志自由呢？现在，由于量子力学的发展，有些物理学家，例如 A. 康普顿，为人们按自己的自由意志作决定、作选择的机制设计一个量子模型。他认为量子不确定性和量子跃迁的不可预测性是自由意志的根源。这个模型包括一个放大器，将大脑中的量子跃迁的效应加以放大，产生一种宏观的效应，起到让人们的意志做出决定的作用。可是，这绝不像是人类理性经过深思熟虑作出决定的特征，这倒像是一个犹豫不决、不能下决心的人做决定的特征。它在不同的行动方案中随便选择一种，就像是"让我们通过掷钱币来作决定罢"。在这些随机决定或仓促决定之时，也许可以用图 7—1（c）来解释，这时他以某一种概率 P_r（L_1）选择了方案 L_1，以另一个概率 P_r（L_2）选择了方案 L_2，等等。可是，人类的意志自由绝不表现在这里，自由理性的基本特征是行动者有自决的能力，能控制随机运动而不受随机运动所摆布，他是依据特定的理由、特定的价值观念深思熟虑进行行动，这都是决定论的相互作用和随机概率论的相互作用所解释不了的。于是，我们再一次得出这个结论：意向性作用是不能还原为因果决定性作用机制和随机盖然性作用机制的，它是事物运行的第三种作用机制。

五　作用机制与科学解释

以上我们通过分析的方法揭示出事物的生成过程有三种不可相互还原的基本相互作用机制：因果决定性作用机制、随机盖然性作用机制和目的性/意向性机制。这些机制决定了科学解释的几个基本解释类型。本节的目的是采取综合的系统的方法研究这几种作用机制的协同关系。

首先，我们可以将这三种机制之间的区别列表比较如下（见表 7—1）。

表7—1　　　　　　　　　　三种基本作用机制的比较

作用机制	回答的问题	过程的定向	支配的规律	作用性质	解释类型
I.　因果机制	为什么（why）	原因定向与过去定向（past-oriented）	决定性因果规律	决定性	因果解释
II.　目的机制	为了什么（what for）	结果定向与未来定向（future-oriented）	行为规律与行为规范	目的性、意向性	功能解释与目的解释
III.　随机机制	偶发了什么（what happen）	无定向与概率定向（probability oriented）	统计概率规律	盖然性与随机性	统计概率解释

　　以上三种相互作用，虽然是各自独立的，但又不是截然分开和互不相容的。它们是相互包含又层层突现，后者包含前者而又超出前者。虽然严格的因果作用并不包含随机性和目的性，但随机性相互作用包括有因果决定性相互作用的因素，至少当有概率可寻时，随机事件出现的概率是可以被决定的，但随机性并不因此而还原为因果性。目的性和意向性作用显然包含了某种因果决定性和随机涨落的作用，否则这种作用便不能达到目的，也不会有自由意志的实现，但目的性、意向性和意志自由又不能还原为因果性与随机性。因果决定性、随机盖然性与广义目的性三者协同动作整合成事物系统的（特别是复杂系统存在与演化的）终极的机理。其机理图不过就是下面的一个三角形：

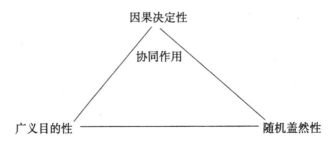

图7—2

运用这个机理图，系统的生成和演化可以作如下的解释：

（1）在系统相对稳定时期里，因果决定性机制起了支配作用。这时，只要确定系统动力学规律和先行条件，就可以确定某种必然结果。在操作上，在宏观事物中，它由宏观系统方程来加以预言。同时，在因果决定作用支配下，因果关系中的负反馈作用占了优势。这时系统的随机偶然性及其涨落被负反馈所平服与阻尼。系统稳定在某一目的点、目的环的状态中。这就是我们在第二章所说的自我调节、自适应、自控制而造成系统结构稳定性和结构统一性，从而保持系统自身的突现性质。这种运作在图7—2中表现为一个顺时针的循环；从广义目的性出发，通过因果决定性支配随机偶然性的涨落而随之达到稳定目的，即目的→因果→随机→目的。

（2）当系统的变化超过一定的阈值，系统进入突变分叉阶段，这时，随机偶然性起主导作用，系统的每一个涨落都代表一个潜在的新结构，它们彼此竞争着又协同着。到一定时刻，系统的某些正反馈因果环将某一涨落加以放大，进而占据了本质变量的地位，于是产生了新的突现性质并将系统拖到一个新的目的点和目的环从而稳定下来。这个过程就是第二章所说的自创生、自催化和自组织。这种运作在图7—2中表现为一个逆时针的循环：随机→因果→目的—随机的协同环，从而产生新的事物。

运用这个机理图，社会系统的存在与演化也可以作如下的解释。①社会系统可以看作由政治、经济、文化三个子系统组成的三元大系统。在因果决定性的相互作用和意向性规范作用下，它有若干个负反馈环和若干个正反馈环，对社会上各种自发的、随机的因素和变化发挥约束与限制作用，也对人们的目的性意向发挥调节与控制作用。在经济生活中，在社会资源的分配和再分配方面，有三只"手"在进行运作。这就是"看不见的手"、"看得见的手"和"伦理道德之手"。它们分别表示市场的微观调控、政府的宏观调控和社会的伦理调控，形成经济、政治、文化三个负反馈环。① 如果这三个负反馈环运作得好，不但经济生活得到稳定，资源得到优化配置，而且政治腐败得到控制，人民的民主、自由和法治生活得以保障，社会公正和贫富不均等问题得以解决。人们逐渐变成经济人、政治人和伦理人三面整全的人。这已经体现了因果性、目的性和随机性三者的协同作用。② 同时，政治、经济、文化的各子系统之间，又构成许多自催化和超循环的正反馈因果环和规范环，其中最重要的是科教、生产、财政、政法的良性超循环，对现代社会发展起到极为重要的作用。这就是生产力状况决定财经状况，财经状况影响和决定政法系统和文教事业的发展，教育决定科学，而科学技术又反过来成为或转化为第一生产力。这个超循环的非线性相互作用，使现代社会经济高速发展，并且又与生态环境以及资源保护等方面发生重大矛盾，还会引起种种社会问题，可能引发社会的不稳，导致社会走向一个分叉点。这就是经济过热可能引起失稳，技术发展和产业结构改造可能引起失稳，生态破坏可能引起失稳以及政策失误可能引起失稳，等等。这时，随机偶然的涨落可以起到极其重要的作用，它通过正反馈和负反馈的联合作用，或者将某一个涨落放大达到有序，将社会带人一个新的稳定结构的目的点和目的环；或者使人类社会生活走向崩溃。这时，人类及其各国政府的目的性控制起着非常重要的作用，由此可以导入和平、繁荣和可持续发展的新世界，也可以走向自毁灭的道路。这里又体现了因果性、目的性和随机性三种机制的协同作用。

　　显然，我们从第五、六、七章导出的机制解释，即通过揭示事件的机制从而理解事件的那样的解释，比起第四章物类论导出的归类解释有着更为核心的地位。归类解释可能包含也可能不包含机制

---

① 张华夏：《多层次经济运行机制和多层次经济学——与邱仁宗教授商讨市场经济学哲学问题》，《自然辩证法研究》1994 年第7 期。

解释，例如是人必死，我是人，所以我必死这样的 DN 模型揭示了归类解释，就没有揭示人必死的机制，所以只能看作对于人死的一种初步解释。真正重要的解释是机制解释。机制解释的基本逻辑形式是：

$$(x)\ (x\in k\to M_x),\ (x)\ (M_x\to D_x),\ a\in k\vdash Da$$

读作，对于所有的 x，如果 x 属于 k 类，则 x 具有运行机制 M_x，而如果 x 具有运行机制 M_x，则 x 具有性质 D。而现在查明，a 属于 k 类，所以 a 也具有性质 D。这是一个非常粗略的机制解释模型。上式还略去了随机盖然机制即统计概率解释规律，也略去了意向性机制即规范性解释规律，上式略去了由 M_x 导出 D_x 的条件。精细化这个公式是一个需要进一步研究的课题，不过，从这公式中已经可以看出，它可以推出归类解释模型：$(x)\ (x\in k\to D_x),\ a\in k\vdash D_a$，其中 $(x)\ (x\in k\to D_x)$ 是普遍规律，$a\in k$ 是初始条件。这就是说，作为归类解释的 DN 模型被推出，但 DN 模型与归类解释模型却不能推出机制解释模型，这进一步说明了机制解释在科学解释中的核心地位。

第八章　广义价值与狭义价值

我们在第七章讨论的目的性、意向性机制，是从描述的观点来讨论的。如果从规范的观点来论述它，同一个问题就变成了价值问题。在本体论和价值论中引进系统的观念最重大的突破之一，就是提出了广义价值论，为生态伦理，特别是非人类中心的生态伦理提供了坚实的哲学论据，进行了深层次的哲学辩护。

一　自然价值与生命价值

我们在第二章中和上一章中都反复讨论过，复杂系统在与环境进行不断的物质、能量、信息的交换中，能通过自我调节（自动控制）、自我维持或自我修复，使自己在环境中保持稳定性和亚稳定性；而当外部环境的干扰超过一定的稳定阈时，系统在一定条件下又能通过分叉和突变，重新组织自己的实体、过程和相互关系，从旧的稳态进展到更能对抗外界干扰的新稳态。这样，系统的自稳定、新的稳定、目的点、目的环、吸引子、等终性、目标状态等就成了复杂系统的客观的目的，达到目的的系统所依存的条件以及系统所采取的状态与行为就成了达到目的的手段。在这里，目的和手段都是用系统论的、客观的语言加以描述的，而不是用心理学的、主观的语言来加以描述的。在这里，系统的目的，就是该系统的内在价值，而系统达到目的的手段就成为它的工具价值。这些价值都是可以离开人，离开人的评价而独立存在的，所以称之为自然价值。我们之所以要采取规范的语言来说明它，这是由系统的特点决定的。有些哲学家甚至追索得更远。例如 S. 亚历山大就曾说过："在比生命更低级的存在者中，我们可以发现物质事物中，就其能够相互满足而言，也存在着价值，如化学家很久以前习惯于说，分子中原子间的相互满足。在这里价值也是客观的。"① 系统哲学家拉兹洛将自然的内在价值称为规范价值（normative value），而将工具价值称为显价值（manifest value）。他说："价值现在能够在控制论意义上被理解为系统动态行为的客观因素……这些系统包括雷达导向高射炮、声纳导航鱼雷、自动导航器以及由恒温器控制的普遍加热系统这样的人造伺服装置。这些系统并不是与价值无涉的，它们纳入（incorporate）了规范或价值，其行为调整到实现这些规范与价值。"拉兹洛有个奇特观点，他认为这个"目标或价值"是由工程师装置入系统中还是系统自身具有是不重要的，有意义的问题是价值在系统中的地位与作用。其实，人的价值观念和偏爱也是由基因和文化从外部"赋予人的"。至于适应性自稳定系统，拉兹洛说，"存在着促使系统返回稳定态的应变称为系统的价值或效用，而减少这种特别应变的驱动代表系统的价值等级结构"。这样，显价值便与系统对环境的适应发生必然联系。"显价值表示系统在与和它相关的环境的相互作用过程中所获得的适应状态。规范价值是显价值的基础，如同编进恒温器中的（目标）值是温度计的气温读数的基础一样。"② 可见，整体论哲学和系统哲学连无生命的自然物也赋予一定内在价值。如果说非生命的目标定向系统，其价值范畴还不是表现得十分充分，在相当大的程度上是从类比的意义上讨论它的自然价值的话，那么，在生命系统和生态系统中，价值的范畴，包括价值、内在价值与工具价值、整体价值、自我的利益、评价、目标、手段和选择，好与坏，行动者（agent）等范畴就已经有了自己的充分明确的意义，以至于我们可以称之为完全意义的自然价值了，那么，生命系统有什么基本特征而使得生命系统具有价值呢？我们在上一章中已经讲过生命系统有三大特征：①生命是赋有目的

① ［英］S. 亚历山大：《艺术、价值与自然》，韩东晖、张振明译，华夏出版社 2000 年版，第 80 页。

② E. Laszlo, " A Systematic：Philosophy of Human Value", in *Systems Science and World Order*, E. Laszlo ed. , Pergamon Press, 1972, pp. 48 – 60.

性和计划性的客体。这个目的性是在结构中显示出来的，并决定了它的行为与行动，其目的是指向维护自己及其物种的生存和繁殖；②自主的形态发生。不是依赖外力，而是从内部自己构造自己，能自我维持、自我更新、自我生长和自我修复；③繁殖的不变性，即物种特有的内容（由遗传信息决定）世代相传。[①]因此，生命系统的自我调节（self-regulation）不仅是调节到维持自己的一定稳定的状态变量（如体温、血压、体积等），而且是指向一个中心目的或最高目的，就是维持自己的生存与繁殖，它的整个结构、行为和活动都是合乎这个目的的。其次，生命系统的自我维持（self-maintenance）不仅是一种普通的自我调节，而且是自我维持、自我解决燃料供应，即物质、能量的供应，并且这种自我维持是自我定向的不依赖于外界命令信号而取得的。这些都是生命系统与非生命系统或机器系统的根本区别之所在。因此生命系统就存在着一种自主的"自我"：自我利益（self-interest），自我目的（purpose in themselves），以及自己为了自己而寻找手段的"自为"（being-for-itself）存在。保护自己、实现自己的生存与繁殖这个目的本身是生物所追求的，我们就将它看作生物的内部的"善"或内在价值。这种内在价值有三个特点。

（1）生命系统的内在价值是自我定向的。它把生命系统维持自身生存与繁殖视作最高目的。自身就是自我利益，就是价值本身，就是自己赋予自己存在的价值（to be valuable to oneself）或是自己派给自己存在的价值（to assign values to oneself），而不是自己生存仅仅为了其他目的，成为其他目的的手段。我们能否从这种生命的"内部价值"中导出某种伦理结论？生态伦理学家 F. 玛菲斯（Freya Mathews）认为：一旦一个系统有了内部价值，它就有一种要求，要求"它的存在不应受到破坏而应受到保护"，"一旦我们认识到它具有自我自为存在的内在价值，我们就必须在我们的注意

---

① ［法］雅克·莫诺：《偶然性和必然性》，上海外国自然科学哲学著作编译组译，上海人民出版社1977年版，第5、9页。

力中将它与其他事物分开对待，不论我们是否高兴，我们已进入了一个价值场。用康德的话说，它是一个以自身为目标的存在，而不仅是作为我们目标的手段，这样我们就有一种道德责任来对待他们。""这是我们要尊重自然这种态度的基础"。① 不过，我们人类对其他生命的内部价值尊重到什么程度，是否要尊重到佛教徒的不杀生的程度，那是一个不同价值之间的冲突与选择的问题。我们并不同意辛格的凡动物都有平等权利的主张，我们只是在有限的意义上承认动物的权利。

（2）生命系统的内部价值是客观的而不是主观的。所谓客观的，这就是说，它是自身固有的，不依任何外部观察者、评价者和行动者的需要、愿望、利益为转移，它是与人类评价主体分开的。它可以不需要别的评价者与行动者，它自身就是评价者与行动者。例如某种细菌，就有评价周围环境和自身行为的能力，它能区分有利还是有害的环境刺激，趋向对它有营养的物质，而避开对它有害的物质。根据 Koshland 于 1977 年的研究，这种评价与行动的能力来自分子记忆机制。因为它是客观的、自然的、非人类的内在价值，所以对于人们的语言表述来说，在这里"事实判断"与"价值判断"的二分法失效。或者明确一点说，对于这种自然内在价值，可以用事实判断来表述。

（3）内在价值，依其价值主体从低级到高级发展，也有一个从低级向高级发展的问题。用罗尔斯顿的话说，自然界"有计划""朝向价值进化"，"一门更加深刻的环境伦理学，穿越整个地球连续统一体，探索真实的价值。价值在自然演替的等级中增加，而且是不断地出现在有顺序的价值序列中。这个系统是有价值的，能产生价值，人类评价者也是其产物之一"。② 因此，生态伦理学认为，不同生命系统的内在价值的大小，原则上是可以比较的，可以排序

① F. Mathews, *The Ecological Self*, Routedge, London, 1991, pp. 117 – 118.
② ［美］罗尔斯顿：《环境伦理学：自然界的价值和对自然界的义务》，《国外自然科学哲学问题》，中国社会科学出版社 1994 年版，第 202 页。

的。如何比较、排序及在价值冲突时如何取舍，只能以是否有利于生态系统的繁荣、稳定和发展为最高原则。

有了内在价值的概念，工具价值的概念就比较清楚了。一个系统的目标是维持自己的生存，就对于它的周围环境和自己的行为与特征产生一种需要（needs），凡有助于维持自己生存的就是善，反之，就是恶。它的生存的目标是内在的，也是最高的价值，而达到这种目标的手段具有工具价值，满足自己的需要就具有了正的工具价值；反之，不利于它生存的利益和需要，就具有了负的工具价值。例如，植物自身的光合作用以及环境中的空气和水对于植物来说有正的工具价值，而光合作用机制的破坏以及空气和水源被污染对于植物来说有负的工具价值。这样，正是作为目的价值的内在价值标准，决定了一切与生命系统有关的事物的价值或效用（utility），它们具有多大的价值视它与生命系统的利益和需要的关系如何而定。它们的价值是相对的，同一事物对于不同的生命有不同的价值，氧气对于动植物来说有正的（工具）价值，可是对于厌氧细菌来说有负的（工具）价值。大量砍伐森林，对于人类的暂时利益来说有正的价值，而对于生态系统或野生动物来说具有负的价值。就这样，我们便可以谈论营养价值、光合作用的价值、基因突变的价值，昆虫的保护色的价值等。由于它们对生命维持和发展有价值，这些事物的功能因而具有了工具价值。

价值不是主体与客体相互关系的范畴吗？怎么会有离开评价主体——人类评价者的事物的客观"内在价值"？其实这个问题很简单，它不过是将价值主体从人推广到一切生命罢了，于是一切生命形式、生命系统、生物群体和生态系统，都可以成为价值的主体。生命自维持系统或生命自维生系统，正如我们已经指出的它有自己的自我，有自己的目标、需要和利益，它们完全可以作为价值主体，我们将它记为 S_l（the life self），小写英文字母 l 表示生命。这样生命系统定位的工具价值可以定义为：

$$V_{l\,t} = V_t\ (V_e,\ O)$$

这里符号 V_t 是 instrument value 或 tool-value（工具价值）的简写。至于生命系统定位的内在价值，不过是生命系统自身的自我关系、自我维持、自我维生，自己给出自己存在以价值，即自己对自己有价值。它可以定义为：

$$V_{li} = V_i \ (S_l, \ S_l)$$

这里符号 V_i 是 intrinsic value（内在价值）的简写。

罗素创立了关系逻辑，塔斯基加以发展，认为任何关系都可以从它是否自反的、对称的、可迁的和连通的来加以分析，内在价值不过指明，价值关系对于价值主体类 S 来说，关系是自反的。传统的价值论讨论价值定义时没有明确考虑到价值关系的自反性，甚至排除了这个自反性，是一个严重的疏忽。所以广义的价值概念 $V =$ $V \ (S, \ O)$ 仍然指的是主体与客体的关系性质，不过，这个主体推展到生命系统，这个客体的类也可以包括主体自身。所以，广义的价值概念并没有脱离传统的价值概念，而是推广了、发展了传统的价值概念，从而可以包含或推出传统的价值概念。正是在这里使广义价值概念有着非常重要的价值论与伦理学的意义。

理解广义价值的关键问题在于，将传统的价值概念从人类向生命系统推广是不是合理的。这除了上述从生命系统的特征上、从理论上进行分析来说明这种合理性之外，在直觉上这也是很明显的。让我们想想：我们与许多生物物种在基因方面大部分都是相同的，我们能够把满足我们自己需要的东西称作为对我们有价值的东西，为什么使一只熊猫的需要得到满足的东西不能称为对熊猫有价值的东西呢？我们自己的目的，我们对自己的评价和体验可以叫作我们的内在价值之所在，为什么一只熊猫的生存和繁殖的目的，不能称为它的内在价值之所在呢？我们有什么先验的理由，只许人有价值呢？

二 生态价值与生态伦理

如上所述，所有的生命系统包括人类自身在内都有它们的内在价值以及由这些内在价值投射到周围环境而赋予它们以工具价值，某些生命系统的内在价值又可以转换为别的系统的工具价值。于是，这些价值之间是相互冲突的，又是相互协调的，它们整合成更高的整体的生态价值。这总体的生态价值及其价值层次由图8—1表示（这个图来自罗尔斯顿，本文作者略加修改）。[1]

在这个生态总体价值图中，各个层次之间的分隔是半渗透性的，所以用虚线表示，各层次价值中用（O）表示内在价值，用（↑↓）表示工具价值，它们是可以互为工具价值的。不过，从生态系统的内部关系及其食物链金字塔来看，上一层次要求下一层次提供比上一层次提供给下一层次更多的工具价值，这是因为高层次没有低层次的支持不能生存，反之就不然。因此，在生态价值体系中，如同一般价值体系一样，价值关系对于价值主体类是自反的，对于客体类是可迁的，但是不对称的。所谓可迁的就是 x 对于 y 有工具价值，y 对于 z 有工具价值，则 x 对 z 有工具价值。例如，鱼塘对于鱼有工具价值，鱼对于人有工具价值，则鱼

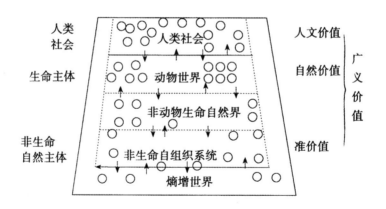

图8—1　生态价值的等级层次

① H. Rolston Ⅲ, *Enviromental Ethics: Duties to and Value in the Natural World*, Tmple University Press，1988，p. 216.

塘对人有工具价值。所谓不对称的，就是 $V(x, y)$ 成立，不一定有 $V(y, x)$ 成立。鱼对于人有工具价值，人不一定对鱼有工具价值。在这里，内在价值和工具价值是可以相互转换的。鱼塘中的水草为鱼所食，水草的内在价值转变为鱼的工具价值，鱼为人所食，鱼的内在价值转变为人的工具价值。在图 8—1 中，内在价值的结与工具价值的线，编织成生态价值的网。在这一生态价值网络中，不仅人与物之间、人与人之间有需求与满足的关系，而且一切生物有机体与环境之间，生产者、消费者和腐养者（或还原者）之间，各物种之间、种群之间都有需求与满足关系。于是，生态系统中各种价值之间有些是相互抵消的。它们的代数和构成生态总价值。

所有的价值，都是在生态系统演化过程中产生出来的，这些价值在它们产生出来后都包含于、整合于和服从于生态系统的整体价值（holistic value）中。根据罗尔斯顿生态系统整体价值可以定义为"任何能对一个生态系有利的事物，是任何能使生态系更丰富、更美、更多样化、更和谐、更复杂的事物"[1]。从存在着生态系统的总体价值这个前提出发，便可以定义生态伦理的基本目标，这个目标是追求生态系统总体价值的最大化。同时，从生态系统总体价值这个前提出发，便可以得出生态伦理的一个基本原则，这就是生态伦理创始人 A. 莱奥波尔德（Aldo Leopold）所说的"一事物趋向于保护生物共同体的完整（intergrity）、稳定（stability）和优美（beauty）时，它就是正当的，而当它们与此相反时，它就是错误的"[2]。生态系统有内在价值，人类的价值属于它的组成部分，同时，生态系统对于人类是有工具价值的。没有生态系统的支持，人类不能存在与发展。因此，一般说来，无论从生态中心或人类中心的角度看，生物共同体的完整、稳定和优美是对人类与一切生命共同利益之所在；而生物共同体的不完整、不稳定和丑陋对于包括人

① H. Rolston Ⅲ, *Philosophy Gone Wild*, Promethe Books, 1986, p. 132.

② Aldo Leopold, *A Sand Country Almanac*. New York: Oxford Unversity Press, 1966, pp. 224 – 225.

类在内的整个生命世界是有害的，是对人类与所有生命的共同利益的破坏，对于人来说是恶而不是善。这就是保护环境的伦理基础，是广义价值论导出的一个最重要的结论：保护环境、保护生态系统的完整性是最高的道德命令和终极的伦理价值。[①] 人类对生态系统的完整性负有不可推卸的道德责任。

但是，我们应该注意，从人类利益出发得出的人类生态政策或生态行动纲领与从生态中心的"非人类中心主义"得出的生态政策与行动纲领是有很大区别的。从生态中心出发，我们应该采取下列三大政策。

（1）大幅度降低人口：为了维护生物共同体的完整性、多样性与繁荣，大幅度降低人口的数量是非人类中心生态伦理的一项极其重要的推论。那么到底世界人口要降低到什么程度为适宜呢？根据深层伦理学家的估计，为了保证生物共同体的繁荣、稳定与完整，整个地球上的人口应降至1亿人、5亿人或至多10亿人。[②] 这并不单是从人类出发来考虑的，单纯从人类中心来考虑，有一些国家（如法国）应奖励人口的增加。但是，目前世界人口大爆炸是导致地球上其他物种灭绝的速度比工业化之前大100倍以上的根本原因。人类中心的生态伦理是不会导出全世界人口要缩减至1亿人的结论的，而深层生态伦理却能导出这个结论。

（2）反对过分干预自然：现时人类已过分地干预非人类的世界，并且情况越来越严重。当然，我们不应也不能提出对自然界采取不干预政策，听其自然。人类是可以而且应该改进我们的生态系统的，但目前人类却是对生态系统进行大破坏。就对地球的野生物种的破坏来说，我们不仅妨碍了它们的进化，而且妨碍了它们的生

---

① L. Westra, *An Environmental Proposal for Ethics*. Rowman & Littlefield Publishers, Inc., 1994, p. 6.

② Arne Naess, "The Deep Ecological Movement: Some Philosophical Aspeets", *Philosophical Inquiry*, 1986, Vol. Ⅶ, No. 1 - 2, in *The Ethice of the Environment*, Edited by Anadrew Brennan. The University of Western Australia, 1995, p. 170.

存。在保护野生动植物资源上，非人类中心的生态伦理提出的政策是：不但要建立各种野生生物的自然保护区，而且要不断加以扩大，扩大到以便这些物种不仅能生存，而且能够在生物圈中进化。这样，野生物种的成员的数量就应该有一个优化的数值。不仅人口应该有一个最优化的人口，而且像对待人类的优化一样，我们要增加野生生物的数量以便使其物种能够优化。在这里，人类中心的生态伦理与生态中心的伦理又做出了不同的结论。对于人类中心的生态伦理，他们保护野生动物以其不致灭种为限度，而非人类中心生态伦理却要求这些物种能正常地进化。

（3）实行生态的经济政策：目前人们用稀缺性和商业价值来衡量物品的价值，结果用一种效用最大化的无止境要求来驱动高消费和高浪费，这是完全违反生态伦理的精神的。按照生物共同体的完整性与多样性的要求，人类不应该进行过分地享受和奢侈地消费，人类只应该从自然界里索取他们生存的基本需要的东西，其他的需求都以不妨碍生态系统的完整性和多样性为原则。就经济发展的持续性来说，目前世界各国提出的社会经济可持续（sustainable）发展只是相对于人类，相对于人类后代的可持续或可支持的发展，根本没有考虑整个生命世界和各种生物物种的可持续发展。就工业政策来说，我们应该改变现时在工业中盛行的直线式的生产方式，按照"生态的智慧"（eco-wisdom）将它们改造成循环式的。这就是：在这样的生产系统中，当输入物质能量生产了第一种产品之后，其剩余物第二次使用成为生产第二种产品的原材料，它的剩余物又成为生产第三种产品的原材料，直到用完或循环使用，而一切工业剩余品都应以对生物无害并能为自然界吸收为原则。当然，这样做需要投入很多的资金和大大提高产品的成本，但它却是与生态循环相协调的。这就要求人们转变生活目标和生活方式。人们的人生观应该发生转变，不是更多追求物质享受，而是追求更高的文化、更高的教育水平以及人性的自我实现，以适应未来世界的生态社会的到来。

总之，紧缩的人口、扩大的自然保护区、循环的工业和简朴的消费就是非人类中心生态伦理所要求的新经济政策。因此，我们需要建立一门与微观经济学和宏观经济学都不相同的生态伦理经济学。

三 人类世界与人文价值

我们在第一节最后讨论的广义价值定义同样适用于人类价值，所不同的是价值主体是人类，人类是有自由意志的，因而有道德责任和道德自律；有自己的复杂目标系统因而不单单是求生存；有自己的多样性需求，不但包括物质的而且包括精神的需要；有自己的主观态度即主观偏好和价值观念等，这些使得讨论人的价值时不能离开社会的、文化的、精神的、历史的因素，与讨论自然价值大异其趣。现在，我们将前面讨论的价值称为广义价值，而由人类定位的价值则称为"人文价值"，简称为价值。我们用系统的观点包括关系实在论的观点重新定义"价值"。价值是人类主体与客体关系的范畴。一个对象客体（包括事物、事件、属性、功能、行为、观点、社会制度等）因为能满足主体的某种需要（needs），提供了某种利益（benefit）与用途，因而被看作有价值的东西。而主体因此而对该对象客体（物、行为等）产生某种偏好（preferences）、兴趣（interest）和欲望（desire or want），从而便有了价值的标准和价值尺度。价值作为一个谓词（"×××是具有价值的"一语的谓词）指的就是×××能满足主体需要和偏好的那样一种性质。你今天早上上课之前吃的那顿早餐是有价值的，指的就是这顿早餐具有能满足你生理需要和心理偏好的那样一种性质。离开主体的客体和离开客体的主体无任何价值可言。这里的价值主体可以是个人、各种社会群体、社会整体和包括人在内的生态系统等。这些主体都是一个系统、一个协同生成体，它们的利益或价值差异、矛盾、冲突以及它们的非线性协同，在价值主体的分析中占有重要意义。而这里的价值的客体或评价对象包括自然物与人工物、人类的行为等，也可以包括主体自身，它们也组成价值客体系统而被评价、被比较、被测量、被选择，所以，价值是主体系统与客体系统之间的关系系统。价值世界不是主观世界也不是客观世界，而是主、客体之间的关系的世界。

因此，我个人同意20世纪初英国哲学家亚历山大（S. Alexander）的看法，将价值看作世界的第三性质，这种性质与第一性质不同，它不是客体内部性质或客体与客体之间的关系性质；这种性质也与事物的第二性质不同，它不是生物感官与客体之间的关系性质，它是主体与客体的关系性质，即主体对客体的偏好与需要以及客体对主体的效益与满足的这样的关系性质。价值是主体（S）与客体（O）之间的关系，即 $V = V(S, O)$，是主体与对象的二元函数。

考虑到人类主体系统的自由意志，它的目标的复杂性和需要的多样性，我们的价值论所主张的价值分类包括内涵的分类和外延的分类两大类。内涵的分类是将价值划分为工具价值、目的价值、内在价值和整体价值四种。系统价值论的内涵分类可以用图8—2来表示。它与广义价值论的分类是相互对应的。

图8—2　价值的内涵分类

价值系统有它的外延分类，就是将价值外延地划分为道德价值和非道德价值。非道德价值包括经济价值、审美价值、认知价值等。经济价值强调实用，审美价值强调形式和谐，而认知价值强调以批判和理性的方法追求真理，它们的对象可以是物质客体，也可以是精神主体。而道德价值所指的客体对象，即被主体评价为好坏、善恶、正当不正当的对象是人们的行为、品德和动机等，而评价的主体则是一定道德范围的群体。社会共同体的道德的标准不是由某个人来决定的。

由于社会上的资源、信息、智力、理性，特别是同情心都是有限的，而人们的欲望、需要则无止境，于是人们之间，如果没有一定的行为约束，就必然发生冲突，由于价值冲突和利益冲突妨碍群体或社会的生存与发展，归根结底妨碍个人的利益，于是就必然要有一些规范和契约，在个体之间进行价值的协调，以达到共同的利益和共同的目标，并从群体利益的角度来评价人们的行为，规范人们的行为。这种评价与规范如果是他律的，就是政治和法律，而如果是自律的，就是道德与伦理。

由于我们将不同的社会共同体看作一个达到一定目标的社会群体或社会系统，这样，不同的群体依它们的不同的目标与不同的共同体利益，有不同的运行机制和伦理规范，这就不可避免地产生价值的差异、价值的冲突，需要进行协调。价值问题的复杂性就在于人们之间都有不同的价值偏好和价值差异，个人与社会之间同样存在价值的差异乃至价值的冲突。人们参与不同的社会群体，同一个人可以参与而且必然参与不同的社会群体，担当不同的社会角色，而各社会群体之间必然存在着价值的差异和价值的冲突。这就需要用伦理规范来进行协调。如果我们比较家庭、科学共同体、企业、人类社会、生态系统几种不同价值主体的目标与伦理规范的差异，就可从中看出它们之间可能存在的伦理价值冲突，以及我们怎样通过伦理规范来解决这些冲突。

我们从表8—1中看到每一个社会系统都有它的内在价值，体现在它的主导信念、主导愿望和共同目标上，而每一个社会系统都有它的手段价值或工具价值，体现在它的自动机制和自律机制方面。这种自律机制表现为一种道德价值和行为规范，以保证系统目标价值的实现和自动机制充分发挥作用。当然，无论家庭、企业、科学共同体；整个社会和整个生态系统，在一个健全的社会中总体目标是一致的和相互依存的。这就是社会群体之间价值协调的基础。但是，由于各社会系统自身的目标与内在价值不同，就会发生价值的差异与矛盾。例如，开展克隆人的实验研究，从科学共同体追求真理达到知识增长最大化的目标来看，为了弄清基因对人类行为的影响的程度，有必要用人体来做克隆实验。科学内在地具有这种趋势，正像为了弄清原子核裂变到底能释放多大能量，为了验证爱因斯坦的 $E = mc^2$ 的公式，科学家有一种自发趋势要制造原子弹一样。但是，目前用人体做克隆实验对于受试人（即使他们是自愿的）是有危害的，而且对人类的尊严以及人类基因物质的安全是有害的，因此，这项有科学价值的实验在目前来说是没有社会价值的。这就是科学共同体的目标与人类社会共同体的目标之间的差异与冲突。为了协调这个冲突，绝大多数科学家遵循作为公民的社会责任感而放弃了克隆人的实验。依照同样的道理，核物理学家放弃了进行核武器的实验，因为这项有科学价值的实验与生态价值发生矛盾，它将会极大地污染环境，这又是一种价值冲突与价值协调。当然，有少数科学家在这种价值冲突面前不作这样的解决，例如，在某些公司的支持下，有些生物科学家进行克隆人的实验，甚至拿自己的身体来做这种实验。而一些核物理学家在某些政府的支持下，继续生产核武器，这是价值冲突的另一种解决方式。不过，我们还是不赞同这样做，因为在这个问题上，我们尊重科学探索真理的崇高目标和科学家的自我牺牲精神，我们尊重科学研究有无禁区的科学自由，但是，追求真理要服务于人类利益，这种科学自由是伦理可接受的科学自由。与此相关的进行这些科学实践的公司利益也要受到社会整体系统和生态系统的限制，这也是一种价值的差异和价值的协调。不过，事情还有另外的一个方面，当一项科学技术有了充分发展，例如，如果克隆技术在动物身上做了充分的实验以致用于克隆人原则上不发生危险，我们就可以开放克隆人的实验。这时，我们的社会伦理和家庭伦理应作出适当的调整，以便接受克隆人成为我们平等的一员。这是在一种新的更高科学基础上的价值差异、价值协调。总之，我们需要用系统整体的观点来解决各种社会群体之间的价值冲突与价值协调的问题。我们的社会应该是一个整合的、健全的社会，而我们的个人应该是一个整合的、健全的人，科学价值、经济价值、道德价值、文化价值、政治价值、审美价值、生态价值、个人价值与社会价值都应该同时得到兼顾。我们应该是科学人、经济人、政治人、伦理人、生态人，像马克思所说的那样，我们应该是一个全面发展的人。

表8—1　五种不同社会系统的价值差异、价值冲突和价值协调

系统名称	（1）主导信念和主导愿望	（2）系统的价值目标	（3）自动机制	（4）自律机制（行为规范）
科学共同体	世界是可以理解的	追求真理达到知识增长最大化	科学家提供成果与获得承认的交换系统	知识公有、世界主义、无私利、独创性和科学自由
社会共同体	人类走向繁荣	最大多数人民的最大利益（社会效用最大化）	自利的个人通过市场达到资源配置最优（看不见的手）	功利原则、仁爱原则、公正原则、人类尊严原则
生态系统	生态繁荣	生态系统的完整、稳定和优美	生态金字塔与食物链	生态完整性原理、自然资源保护原理、动物的权利、后代的人权
企业	协作的意愿和信念	利润和收益的最大化	利益与效率的驱动	互助合作、民主建制、团队精神、企业纪律
家庭	家庭幸福	美满、稳定与繁荣	爱情、亲情	婚姻自由、平等、互敬互爱、尊老爱幼、计划生育

我们在本章一开始就讲过，本章不过是对上一章用规范的语言进行重新表达，因而在所有基本问题上都是可以相互印证的。表8—1所说明的社会系统的价值差异、价值冲突和价值协调，是可以运用来对人类道德行为作解释模型的。表8—1的第（1）栏和第（2）栏，表明了人们由意愿与信念共同决定的目标。它相当于人类

行为解释模型的解释者 G 项，即目标陈述集：G_1，G_2，$\cdots$，G_j。而表 8—1 第（4）栏是行为的道德规范集，相当于人类行为解释模型中解释者项 R，它由一系列道德规范陈述集：R_1，R_2，$\cdots$，R_n 组成。而表 8—1 的第（3）栏，说明了一种自动的机制，一般可以采取社会的决定性的或统计性的因果律的形式来加以表述。它相当于人类行为解释模型中的解释者 L 项，由一系列社会规律 L_1，L_2，$\cdots$，L_m 来表示。加上被解释者的初始条件 C 的一系列描述，便可以对人们道德行为 Am 作出机制性的解释。这不过是对上章第三节所说的赖特－马奇实践推理和行动解释模型的具体化罢了。其中的逻辑问题，我们将在最后一章加以分析。

第九章 主观价值和客观价值

本章的目的是运用我们的主客观关系价值论，来研究价值的主观方面和客观方面，并将这种研究应用于经济学中，力图厘清"效用价值"、"劳动价值"、"主观福利"和"客观福利"这些学界争论激烈的概念。用这种进路来讨论主观价值和客观价值有个好处就是"一竿子插到底"，运用哲学价值学说讨论现代化发展的总战略和总福利价值目标问题，并且还有"一担子挑两头"的好处，同时批判地评价劳动价值说和边际效用价值说，评价主观福利观和客观福利观，用经济学的事实来检验哲学的价值学说。

一 价值的主观性和客观性

价值是主观的还是客观的呢？这个问题一直是价值哲学讨论的重要问题。柏拉图、亚里士多德、休谟、康德、西季威克、罗尔斯、邦格，还有生态伦理学家罗尔斯顿和现代的一些存在主义者都主张价值是客观的或存在着客观的价值和客观价值标准。他们所持的理由各不相同，例如，亚里士多德认为，一切事物都追求自己的目的，这目的就是善，或最高的价值。对于什么是人类的善（他认为就是人的幸福）是可以作客观的科学的研究，而且这种关于善的科学是最高和最有权威的科学，所以价值是客观的。而罗尔斯和邦格则认为那些根源于人类基本需要而产生的价值是客观的，这些基本的价值或基本的善，是任何人无论欲求什么、向往什么、追求什么都需要的东西，因而在人与人之间是相同的而且可以客观地比较的。总之，价值客观论者的共同点是认为存在着不依认识者的意志为转移的，可以用科学和知识来判明其好、坏的价值。反之，在哲学史上有许多哲学家主张价值是主观的，这包括毕达哥拉斯、韦伯、罗素、培里、萨特、马奇等人。他们认为，既然价值与人的偏爱、目的与愿望相关，并且人的行动是目的定向的，且价值观念与标准依不同的人、不同的集团、不同的时代为转移，所以价值是主观的。当代著名英国哲学家马奇（J. L. Mackie）有一句名言，"价值不是客观的，它不是世界的结构（the fabric of the world）的一部分，而是人们主观结构的一部分"。① R. B. 培里写道："死寂的沙漠是无价值可言的，除非有一位漫游于沙漠的人觉得它荒凉或者令人生畏；瀑布是无价值可言的，除非有人以其敏感感受到它的雄伟，或者它被驯服，被用来满足人类的需要；自然的物质……是没有价值的，除非人类发现它们对人类有某种用途。而一旦其用途被发现，这些物质的价值就可以增长到任何高度，这全看人们对它们的渴望有多迫切。"② 因此，不存在不依人的主观态度为转移的客观价值和客观价值标准。不过依我看来，价值客观论者和价值主观论者双方，各有自己的道理和真理，又各有自己的片面性。所以本文作者正是同时使用"客观价值"和"主观价值"两种概念以及"基本的善"和"主观效用"两种尺度来讨论价值问题、伦理问题和经济问题，并力图使之并行不悖。

为什么会是这样呢？让我们还是回到我们的价值公式，价值是主体与客体之间的关系，即 $V = V(S, O)$。S 是主体，O 是客体，价值是主体与客体的二元函数。至于价值如何涉及主体与客体的双方，这个问题可以用图 9—1 表示。

从图 9—1 所示的图式看，价值在原则上可以从两个方面来分析和量度。一个对象能给主体以什么样的效益，使人们得到什么样的满足，这与对象客体的各种性质有关。衣能保暖，饭能充饥，鸦片有害人体，这都有客观标准可衡量。至于能否定量加以计量以及用何种单位、何种方法来加以计量则是一个具体科学的问题。这就是它客观上的善与价值。但由于主体的内部结构是复杂的、变化的

---

① J. L. Mackie, "The Subjectivity of Values", in *Contemporary Ethics*, J. P. Sterbao ed., Prentice Hall, 1989, p. 265.

② R. B. Perry, *General Theory of Value*, Cambrige, Massachtusetts: Harvard University Press, 1954, p. 125.

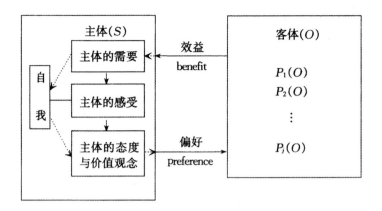

图9—1　价值关系：主体和客体，偏好与效益

和能动的，图9—1左边的方框内已绘出价值主体的主要组成与结构以及从主体需要的满足以及主体偏好的形成的信息流。在这里，同一对象对不同的人在不同时间和不同条件环境下有不同的效益，并由于主体的满足感与价值观念不同，产生了它对这些对象的不同的兴趣、偏好与评价，因而对主体来说有不同的价值，自然可以从主观的方面来对价值进行分析。这样对象客体 O 的价值便有了一个更为详细的公式表示：

$$V_0 = V(S, O, P_i(S), P_j(O), R_k, t)$$

这里 S 是主体，O 是客体，$P_i(S)$ 是主体的目标 $P_1(S)$，主体的需要 $P_2(S)$，主体的感受（满足感）$P_3(S)$，主体的价值观念 $P_4(S)$ 等的总称。$P_j(O)$ 是人们需要、喜爱与偏好的对象的各种属性，包括它的供应的情况，等等。R_k 是价值关系成立所处的环境。t 是时间，对象在不同时间对主体有不同的价值。这样，价值便是与主体和客体有关的各种因素的多元函数。在以上的价值关系式中，假定主观参量 S，$P_i(S)$ 不变。变化客体的属性及其价值环境，你会发现客体的价值发生变化，这就显示价值的客观性。如果假定 O，$P_j(O)$ 即客体及其属性不变，改变主体及其主体环境，你会发现客体价值会发生变化，这就显示价值的主观性。价值具有主观性与客观性的两重性是很明显的。科学与哲学的分析力和抽象力可以将它们析离出来。从主观方面看的客体的价值，是主观价值，它是主体偏好的描述。在经济学中就将这种描述称为效用（utility）。从客体对主体的作用来看的客体价值，称作客观价值，它是客体给予主体提供利益或效益的一种描述。在经济学中，供给的概念以及福利的概念，可以看作或可以改造成为对人们获得的客观利益的一种描述。

历史上的和当代的许多哲学家，只看到价值关系的一个方面，因而得出结论说价值只是主观的或只是客观的。主观价值论者认为，"价值不是客观的，它不是世界结构的一部分"。可是主体及其需要是价值的必要条件并不等于主体是价值的充分条件，我们无论如何不能排除作为价值必要而非充分条件的客体性。如果世界包含了主体，则我们会得出与此相反的结论：价值是主客体之间的关系，这种关系是世界结构的一个组成部分。由于有了主体与客体之间的需求与满足需求的关系，世界突现（emergent）出它的第三性质。这种第三性质所具有的客观性并不比像颜色、气味这些第二性质所具有的客观性差多少。如果人的眼球的结构是不断变化的，以致我们看到玫瑰花的颜色忽而是红的，忽而是绿的，忽而是透明的，我们一定会说颜色是完全主观的。当然，离开了人以及动物的感官，玫瑰花是没有颜色的。离开价值主体（人、动物、生态系统等），世界是没有价值的。说价值完全是客观的也不对。价值就是主体与客体之间协同具有其分开来所不具有的一种特定的突现性质。用系统的观点来看价值，就不能不得出这个结论。所以从系统主义价值论（systematic axiology）的观点出发，我们同时承认主观价值和客观价值以及主观价值论和客观价值论，并认为二者一般来说是互补的。当然，如果这种"同时承认"在某门具体科学上发生矛盾，则我们依理论评价的标准，选择其中解释力强的那一种作为主要理论根据，并尽可能吸取对方的合理内核成为自己的组成要素。

二 主观价值论及效用价值说

问题在于当我们要比较不同对象的不同价值以及同一对象对于主体不同时间有不同的价值时，拿什么去作比较标准和计量的方法？我今天早上吃牛奶蛋糕作早餐好一些呢？还是吃鱼片粥猪肠粉好一些呢？还是根本不吃早餐睡个好觉，一直睡到九点好一些？当我们进行这种比较时，我们当然可以请教医生并定出一些客观标准来加以计量。不过我们根本没有一个类似于温度计的价值计来加以直截了当的比较，就只好凭自己的偏好来作主观选择了。这顿丰盛的午餐是在我饥饿之时对我价值大一些呢，还是在我早已吃得饱饱的时候对我价值大一些呢？一杯水在我处于沙漠地带快渴死时的价值高一些呢，还是我处于天然矿泉大瀑布旁边饱饮之后的价值大一些呢？这种比较当然不是说没有客观标准，但价值大小的最普遍、最有效、最方便的标准还是主观标准，这似乎没有什么疑问。对我来说，我喜好的就是对我价值大的，我最不喜好的就是对我最无价值的。这种从主观上来理解、从主观上来衡量的价值论就叫作主观价值论，它将价值看作一个变量，是因时、因地、因人的偏好而异的。当然，这里所说的价值，包括道德价值、政治价值、经济价值、审美价值等不同范畴的价值，不过，我们现在只谈经济价值问题。现代微观经济学的效用理论将经济物品与服务的价值看作主观偏好的满足，运用主观偏好序建立效用函数来讨论经济问题，提出边际效用的概念来讨论市场价格，指出某物品 x 的价格由它的边际效用，即 $U_m = \dfrac{du}{dx} = \lim\limits_{\Delta x \to o} \dfrac{\Delta u}{\Delta x}$ 来决定，带来了经济学上的一次大革命，这些都是经济学对主观价值论的支持以及主观价值论在经济学上的成果。这种观点，在哲学上也是站得住脚的，因为我们的价值定义是"一个对象因能满足主体的某种需要被看作是有价值的东西，而主体因此对对象产生某种偏好，从而便有了价值标准与尺度"。（见第八章第三节），所以经济价值自然就可以从主观的角度加以分析与比较。事实证明，就目前经济学所发现的计量手段来说，只有主观偏好的理论即效用理论才能给微观经济现象以定量的分析，数量方法自此而成为经济学的科学方法，这已经是世界经济学家公认的事实了。当然，这种定量分析尚有许多缺点和局限性，经济学家们正在讨论如何加以改进，但这不是对偏好价值说的全盘否定。

不过，我国的许多经济学家包括一些非常著名的经济学家，直到 20 世纪末还反对边际效用理论的学说，这是很令人费解的。唯一能够解释这件事的就是，他们走进一个理论体系（劳动价值说）容易，要走出一个理论体系便异常困难。下面就是他们的一些主要论点。

著名经济学家张培刚在他的杰出著作《微观经济学的产生和发展》一书中写道："边际效用价值论，兴起于 19 世纪 70 年代。这个时期可说是西方资产阶级经济学界在其视野范围内的一个重要的转变时期。他们把这个时期称为'边际革命'的时代。实际上不过是由于到了这个时期，资产阶级经济学家为了适应垄断组织不断扩张的形势，为了对抗劳动价值论日益扩大的影响，不得不在理论上和方法上采取新的途径，因而他们几乎同时在西欧诸国，相继出版了各自的主要著作，提出了以主观价值为核心的边际效用价值论"，"但资产阶级经济学家把'边际效用'这种主观评价作为衡量价值的主要尺度，则是不科学的。"他们的价值论"以主观心理评价代替客观实体"。[1]

另一位经济学家梁小民在《微观经济学》一书中写道："边际效用理论用效用这个概念来说明偏好。某个人从消费某种物品或劳务中所得到的好处或满足就称为效用。效用是人的心理感受，即消费某种物品或劳务对心理上的满足，是一种抽象的主观概念。因此，效用单位是任意选定的"，"边际效用理论……毕竟完全是主

---

[1]　张培刚：《微观经济学的产生和发展》，湖南人民出版社 1997 年版，第 40、46、50 页。

观的。"①

李翀教授在他的《现代西方经济学原理》一书中对效用原理或主观价值原理则作了如下评价："效用原理把效用看作是主观的范畴，把效用分析基于心理分析之上，这使它陷入了难以摆脱的困境。首先，既然效用是一种心理现象，它必然因人、环境、时间和情绪等许多因素而异，所以它是不确定的……其次，既然效用是一种心理现象，它肯定不可计量。还有，由于效用论是主观的，它的应用就无法避免设想。这样，把效用分析作为决策的手段，常常如不是多余的，就是难以进行的。"②

所有这些反对边际效用论的论点，从价值哲学上来说，有一个共同点，就是认为凡是主观心理的东西都是"主观任意的""不能确定""不可测量的"东西。其实，说事物的价值是主观的，只是说它的价值由它满足人们偏好的程度而定，但并不是说一种心理事件不可能成为人们经济行为和经济生活的机制与动因。这一点我们在第七章中已说得很清楚了。

千百万人对某一商品的偏好（这是主观的）恰恰构成一种对该商品的客观需要量。这怎么会是主观任意的呢？效用因人、因时、因环境而变化，恰好说明效用是一个变量，而将效用看作是个变量从而区分效用与边际效用，指出某物对人们的边际效用恰恰决定了某物的交换价值，从而解决了亚当·斯密在200多年前提出的价值悖论（为什么空气和水用处极大却几乎一文不值，而钻石几乎毫无用处却价值极高），具有很强的科学解释力，这怎么会是不确定的呢？而且，只要偏好是自反的、完备的、可迁的和连续的，它就可以是一个用实数来表示的实值函数，这已经是数学的常识。再加上在一定约束条件下人们总是最大限度满足自己的偏好（或实现自己最偏好的东西），

---

① 梁小民:《微观经济学》，中国社会科学出版社 1996 年版，第 157—158 页。
② 李翀:《现代西方经济学原理》，中山大学出版社 1998 年版，第 52—53 页。

这是日常生活的自明的公设。有了这些公理（效用公理和经济人公理），全部微观经济学的定理和方程，直到说明市场经济机制的帕累托方程都可以在这基础上推导出来，这怎么会"肯定不可计量"，怎么会"决策难以进行"呢？至于对边际效用论进行阶级分析，说它是个人主义的、消费主义的或资产阶级和垄断阶级的，这种说法来自苏联经济学家、著名的马克思主义理论家，曾担任过共产国际主席的尼古拉·布哈林。他早在20世纪20年代就讲过，奥地利学派的那种边际效用经济学反映了表示资产阶级一种根本特性的个人主义人生观，而强调消费者心理却是固定收入者阶级的特点，它"实际上成为国际资产阶级固定收入者的、有闲阶级的科学工具"①。其实，边际效用递减和收益递减一样，是一条公认的经济学规律，前者与消费者的需要满足的效应相关，与消费者属于哪个阶级是否有固定收入毫无关系。边际效用理论的提出不是什么资产阶级经济理论，而是经济科学发展的一场哥白尼式的科学革命。它将经济价值论研究的重心从客观价值论转向主观价值论，它将原来认为毫不相关的使用价值（效用）和价值概念统一起来，将哲学的价值概念和经济学的价值概念统一起来，它将经济分析广泛地引人数学分析的方法从而开辟了经济学方法论的革命，它使经济学的理论与实际的经济学经验事实更加一致了。

三 客观价值论与劳动价值说

当然，从哲学上来讲，价值不但有主观的一面，而且有客观的一面，不但可以从主观的视野，即主观偏好的角度来进行研究，而且还可以从客观需要的角度进行研究，人们的某种意愿、人们的某种追求、人们的某种偏好到底好不好，可以作科学的研究，可以对

---

① ［苏］布哈林：《有闲阶级的经济理论》，转引自［美］R. D. C. 布莱克等主编《经济学的边际革命》，于树生译，商务印书馆1986年版，第61页。

它们作出客观的评价。至于那些根源于人类基本需要而使之具有价值的东西，是任何人无论欲求什么、向往什么、偏爱什么都需要的东西叫作基本的价值或基本的善，它们显然是客观的。经济学中的劳动价值论显然也是一种客观价值论。一个商品的价值，不依需要者的偏好来决定，也与市场的供求无关，它只取决于生产这个商品对所需的社会必要劳动时间，它就是交换价值的一个唯一的客观的、"内在的"、"共同的"的"基础"与"本质"。关于这一点，劳动价值说讲得十分绝对："作为交换价值，商品只能有量的差别，因而不包含任何一个使用价值的原子"①，也与偏好与"欲望"毫无关系，它完全否认消费者的需求对于交换价值形成的决定作用。试看北京为申请2008年奥运会，请来了帕瓦罗蒂等世界三大著名男高音来华演出，在天安门之侧，搭起高台，一场演出，其价值上亿元，用消费者的偏好与需求自然很合理地解释了这个交换价值。而用演员所耗费的人类一般劳动时间来解释，怎么也说不清楚和计算不清楚这个决定交换价值的东西。因为歌迷需要的、所为之倾倒、所加以评价的、所愿意为之付出的并不是帕瓦罗蒂演唱时所付出的人类一般的体力和脑力的耗费，帕瓦罗蒂的男高音的表演艺术是一种不可以还原为社会必要劳动时间来衡量价值和价格的东西。当然，用劳动价值说也可能解释这种交换，但要附加上许多长长的、一个接一个的辅助假说和特设性假说，就像托勒密用七八十个本轮和均轮来解释行星运动一样，终将由另一种解释理论所代替。所以，劳动价值说的第一个片面性就在于它完全忽视主体偏好和效用对形成价值与价格中的作用。它对消费者的行为完全没有分析，它忽视了主观价值的作用。所以它不能解释供求的关系，不能解释市场价格形成的机制，不能解释自由竞争机制，也不能解释市场的自动调节作用。

如果我们将图9—1的哲学价值图式运用于商品交换，它就转

---

① 《资本论》第一卷，《马克思恩格斯全集》第23卷，人民出版社1972年版，第51页。

变为下列一个价值图：

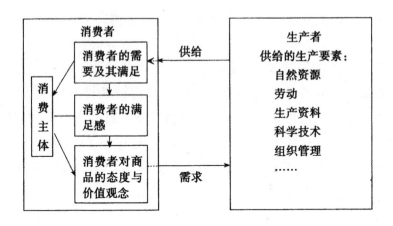

图 9—2　商品交换的价值

在图 9—2 中，非常明显，价值的形成有两个方面，需求的方面和供给的方面。劳动价值说只抓住了供给方面的某一个因素，即劳动因素，把形成价值的一切东西都还原为"人的脑、肌肉、神经等的生产耗费"，即"人类劳动力在生理学意义上的耗费"，[①] 即第一节价值公式 $V_0 = V\ (S,\ O,\ P_i\ (S),\ P_j\ (O),\ R_k,\ t)$ 中的 P_j (O) 的某一项，作为形成价值的唯一原因，或所谓价值实体 $V = V$ (L)，这里 L 为劳动。

毋庸置疑，在原始的以物易物的时代，在交换中能保证消费者得到供给的主要因素是生产者（也是出售者）的劳动。劳动价值说正是抓住这个核心，得出劳动创造价值，商品交换的价值是由社会必要劳动时间来决定的结论。这个结论在劳动起主要作用的早期资本主义时代也算是抓住了一个主要变量。但是，随着生产进一步社会化，特别是高科技企业的出现，决定供给的价值或价值的供给一方的基本要素就扩展为五大要素：劳动、土地、资本、知识和组

---

① 《资本论》第一卷，《马克思恩格斯全集》第 23 卷，人民出版社 1972 年版，第 57、60 页。

织。所以，劳动价值说的第二个片面性就是它在形成价值的供给方面的诸多要素中，只摘取了其中一个作为"本质"。这种还原主义和本质主义的价值观终因在解释力上比不上边际效用理论而被取代了。

不过有一点我们在这里必须指出，劳动价值说在当代主流经济学中被取代，并不等于它的合理的思想没有被新价值理论所吸收。前面讲过，对于需求价格来说，即消费者基于自己的需要和偏好对一定商品愿意支付的价格，用边际效用的主观价值论解释得相当成功。不过一个商品的价格或价值，不仅取决于需求的价格（或价值），即消费者愿意付给的价格，而且取决于供给的价格（或价值），即生产者愿意接受的价格，它是二者均衡的结果。可是，如何解释供给价格呢？主观效用论者认为，当今世界，为生产一种商品以投付市场，需要付出劳动与资本，例如，付出资本需要忍受"节欲"与"等待"的痛苦，付出劳动就要经过勤勉与努力、疲劳与辛苦、忍耐与牺牲。正如经济学家杰文斯和马歇尔所说的，这都是一种负的效用（disutility）。而且，随着劳动时间的延长，劳动的边际负效用（marginal disutility of labour）增大。但由于这种"辛苦度"或"负效用"不足以准确衡量为生产某种产品所作出的付出，不足以准确地解释生产者为提供他的劳动产品所愿意接受的供给价格作为他们"辛苦"的代价。于是，现代微观经济学力图寻求一种比较客观的价值尺度，即边际生产费用作为供给价格的决定因素。不过，在这里，劳动的耗费并不是供给价格的唯一决定因素，而是决定因素之一。因此，现代微观经济学的价值学说，事实上是以主观价值论为基础，又吸取了客观价值论（包括劳动价值论）的合理因素而形成的。它显然是一种主客体关系的价值学说。而且还须指出，劳动价值论在当代主流经济学中作为一种旧的理论规范被取代，并不等于客观价值论在一切经济学领域中被取代，而在福利经济学的领域中，它有复兴的趋势。

四　主观价值论的社会福利（welfare）概念

目前流行的微观经济学讲的个人福利（或效用），指的是个人偏好的满足，具体说来，是消费者对于消费者中间的整个商品配置的偏好。社会福利指的是个人福利的"加总"。社会福利函数是社会成员个人效用函数的函数。设 x 为消费品的配置，U_i (x) 为第 i 个人对 x 的偏好，即他的个人效用函数。这样，社会福利函数就是个人效用函数的函数：W $(U_1$ (x), U_2 (x), …, U_n $(x))$。对于个人福利函数或个人效用函数的加总，不同学派有不同加总的方法。边沁的加总方法是代数和，即边沁福利函数为：

$$W (U_1, U_2, \cdots, U_n) = \sum_{i=1}^{n} U_i$$

边沁认为，功利主义基本原则就是求得这个社会福利函数的最大化，即：

$$\text{Max} W (U_1, \cdots, U_n)$$

罗尔斯的加总方法是立足于最不利者也受益，所以，罗尔斯社会福利函数为：

$$W (U_1, \cdots, U_n) = min (U_1, \cdots, U_n)$$

罗尔斯认为正义论的基本原则之一就是最大最小原则，即

$$\text{Maxmin} (U_1, \cdots, U_n)$$

但是，不管如何加总，从主观价值论或效用论的角度看，这里福利被看作偏好的满足。这是福利的形式定义，它不问偏好的是什么，不问偏好的内容，并将偏好看作人们主观的决定与选择，不问这种决定与选择的原因以及它是否真的给他带来客观的利益。现在我们来仔细分析一下将福利看作偏好的满足这种主观价值论有何优点又有何局限性。

应该说，将福利理解为个人偏好的满足有很多的优点：①这种形式定义能使个人的不同种类、不同性质的福利能够成为可以比较和可以统一测量的东西。这个测量的标准就是人的偏好本身。希腊哲学家普罗塔哥拉说的"人为万物的尺度"这句话对于价值论来说

有一定的道理，不但同一个人的不同福利可以测量，就是不同人的不同福利也可以通过偏好的"加总"、"社会平均"和"个人效用函数的函数"（社会福利函数）来加以比较、测量和运算，并由此而推导出一些定律，例如福利经济学第一定律和福利经济学第二定律等。②将福利看作偏好的满足，也就是说将偏好的满足看作准确地测量个人需要和福泽的东西，在一个理想经济世界中成立，这个理想世界中，人人都有极为完全的信息，并有极为正确的信念、意志和自我控制能力使其偏好不出偏差。在这个理想世界中，人人不但是经济人，而且是全知全能的经济人。例如，在这理想的经济世界中，人人都不偏好抽烟，也不偏好赌钱，等等。现实世界在多大程度上类似于这个理想世界，它就有多大程度适合社会偏好函数所推导出来的定律。③即使个人的偏好并不完全反映他们的真实福利，但毕竟什么是他的福利之所在，在一定意义上说，只有他自己最了解他自己，为自己着想比别人为他着想更加切实反映他的实际，毕竟只有他自己才知道他的鞋子在哪里卡脚，哪一双鞋子最适合他。所以，福利经济学假定每个人都是他自己是否幸福的最佳发言人或唯一判断者，这是有相当道理的，这也体现了个人自由的原则。

不过，当我们从理想的天衣无缝的数学天国徐徐地降落到那"粗糙的"现实的经济世界时，我们立刻发现，用个人偏好的满足或社会偏好的满足来测量人们达到的福利状态发生许多问题。本来，我们测量人们达到的福利状态的目的，在于给我们确定一个福利的比较基准，考察随着科学、技术与生产的发展和社会的进步，人们应该怎样不断提高自己的福利。而我们的社会政策和经济政策的目标就在于尽我们的一切力量来提高人民的福利。首先提高哪些福利，然后提高哪些福利，这福利提高的目标是什么，以及福利如何分配，这是一个我们必须考虑的问题。可是现在福利被定义为偏好的满足而不问那偏好是什么，那偏好怎样来的，以及那偏好是否真实代表它的福利。这就出现了一系列问题。

（1）那些荒淫无度的和反社会的偏好的满足也是福利吗？不容否认，社会上有许多人偏好毒、赌、黄。在鸦片战争以后，广东有很多人偏好于抽鸦片，其偏好的强度大得无比，在他的个人偏好序中肯定占了首位，为此可以倾家荡产，甚至卖掉自己的老婆和孩子。满足了这个对他的偏好也是一种福利吗？我国目前贩毒活动有增无减。如果我们的福利定义是偏好的满足，我们就不应该去禁止它，既然我们对它加以严打，就说明我们有一个客观的福利概念而不将福利仅仅看作人们偏好的满足。至于赌与黄，也是许多人所偏好的东西，如果把满足这个偏好及其函数叫作福利或福利函数，那么在广州开办一个赌城和一片红灯区就是满足人们的需要、提高人们的福利和构造的一种福利函数。更不必说，社会上许多人偏好于一些奢侈的消费，爱吃野生动物，社会的政策不应满足这种偏好就是很明显的事情了。偏好是可以作客观的评价同样也是一件很明显的事情。

（2）在不健全的社会规范下，在恶劣经济环境困迫下和在反常心理状态支配下的偏好的满足也给人们带来福利或最大福利吗？试想 19 世纪的中国妇女在封建宗法规范的高压统治下，她们并不太偏爱放掉她们的小脚，不偏好于剪掉她们的辫子，不偏好于反对男人的三妻四妾和反抗封建家庭的压迫，也没有偏好于男女平等。然而，满足她们当时并不太偏好的东西，实现妇女解放、自由婚姻、男女平等，放掉小脚，同工同酬不正是极大地提高她们的福利吗？现在中国有一些极度贫穷地区的青年，在走投无路的情况下他们确实偏好于在工厂每天工作十多个小时以换取每月三四百元甚至一二百元的血汗工资，难道这种显示偏好的满足，也是他们的最大福利，就不需要再关心他们的劳动保护和阶级的利益吗？关于这一点，1998 年诺贝尔经济学奖获得者阿玛蒂亚·森（Amartya Sen）有一个很好的论述，他说："曾经有过不幸经历的人往往会有非常少的机会，非常小的希望，与那些曾经生活在幸运和顺利环境中的人相比他们更容易满足于清贫的生活。可是，幸福程度的衡量尺度

（或欲望满足程度的度量）也许会以某种特定的方式来扭曲清贫的程度。没有希望的乞丐、无依靠且无土地的劳动者、受压迫的家庭妇女、长期失业者和过度疲惫的苦力会因得到一点小小的恩惠而感到快乐，并设法为生存需要去承受更大的痛苦和压力，但是，因为他们的生存策略而在伦理上轻视他们福利损失的做法是非常错误的。"① 所以，主观的偏好和客观福利毕竟是两回事。我们需要有客观福利的概念和客观福利的量度，以补主观福利（效用）观念之不足，我们回避不了"什么是福利"这个哲学问题。

（3）那些由错误信念带来的偏好的满足也带来福利吗？我们是人，我们不是神，我们不是"拉普拉斯妖"，我们对未来的世界和未来的结果知之甚少。我们的信念不可能都是正确的，甚至不可能大部分都是正确的。那么，假定广州人及其市长相信在广州市白云山建立一个核电站，比从大亚湾，从云南、贵州、广西远距离输电来到广州好得多。对于这种偏好的满足会给我们带来福利吗？有人认为有病（即使是重病）靠自己的抵抗力，靠自己练功比去医院治疗好得多，他们害怕医院治疗会夺走他们有限的钱财，医疗事故会夺走他们的生命。对于这种偏好的满足也会给他们带来福利吗？如果不是，我们可以看出效用价值说的缺陷，我们就应该建立客观的福利概念。这里有三个概念需要加以区别：①有价值的东西；②福利；③效用。福利并不是唯一有价值的东西，而主观效用并不能充分代表福利。

现在，世界上已经有一些经济学家和哲学家企图建立客观的福利概念，并寻找对客观福利的测量。罗尔斯的"基本的善"的概念就是一个客观福利的概念。按照罗尔斯的看法，所谓基本的善（primary goods），包括基本的自然善，即健康与活力，智慧与想象力等；也包括基本的社会的善，即权利与自由，权力与机会以及收入与财富，还有自尊等。罗尔斯说的"基本的善"，"它是被假定

---

① A. Sen, *On Ethics & Economics*, Blac well Publishers Ltd., 1999, pp. 45–46.

为理性的人欲求其他什么东西都需要的东西"。① 还特别值得一提的
是，阿玛蒂亚·森认为客观的福利就是人们能达到和获得有价值的
机能的能力（the capability to achieve valuable functionings），我们能
走路，我们能弹琴，我们有很好的营养，我们能爱朋友，我们能探
索与理解世界……这些机能得到发挥和实现的能力就是我们的福
利。社会的福利政策就是着眼于对人们具有这种机能、实现这种机
能的"能力"（capabilities）的培养和发挥上。这种能力就是广义
的"自由"（freedom）。② 他批评罗尔斯，认为他的"基本的善"
的概念太过于着重善的外在手段而不注意于善的内在能力。用我们
的话说，提高全民的素质，提高每个公民的自由的全面发展的能力
是最大的福利。我想，这些论点的哲学资源主要是来自亚里士多德
学派的自我实现论，这种自我实现论可以从外部条件看也可以从内
部能力看。

五 客观价值论的社会福利概念

古希腊哲学家运用他们各自的价值论来追问什么是人们的善生
活，什么是人们最有价值的生活，这与我们这里讨论的什么是社会
的福利有密切的关系。以伊壁鸠鲁为代表的快乐主义者认为，人们
的最有价值的生活也就是最大限度增加自己的快乐和最大限度减轻
自己的痛苦的生活。当然，他所说的快乐不仅包括物质生活得到享
受和精神生活得到满足，而且包括友谊与爱这样的福泽。这是从主
观心理感受的进路，从主观价值论的进路讨论人的生活价值或福利
问题。近现代的许多哲学家和经济学家就是沿着这个主观价值论的
思路考虑社会福利问题的，洛克、休谟、边沁、穆勒都是快乐主义
者，推动 19 世纪经济学边际革命的经济学家门格尔、杰文斯和瓦
尔拉也都是快乐主义者。但亚里士多德却沿着不同的思路来考虑这

---

① J. Rawls, *A Theory of Justice*, Oxford University Press, 1971, p. 62.

② A. Sen, *On Ethics & Economics*, Blackwell Publishers Ltd., 1999, pp. 45 – 46.

个问题。他从生物的客观进化和人之所以为人的客观潜能或能力的发挥来看人的生活价值和客观意义上的社会福利。亚里士多德将人的生活与动物、植物进行比较，认为植物只有营养灵魂，只具有营养、生长、繁殖的能力；而动物在这基础上，还有感觉灵魂，因而具有营养、生长、繁殖、感知、反应的能力；至于人，又在这基础上加上自己独有的理性灵魂，具有营养、生长、繁殖、感知、反应，以及各种理智的能力。亚里士多德说，"不同物种按其本性来说有自己最好和最愉快的东西。因而，对于人，按照理性来生活，是最好的最愉快的。因为是理性而不是别的东西使人成为人，理性的生活因而是最幸福的生活"①。这也就是我国荀子所说的"水火有气而无生，草木有生而无知，禽兽有生有知而无义。人有气，有生，有知，亦有义，故最为天下贵也"。② 因此，人生的价值或人的价值就不但是生存需要的物质生活的享受，而且具备这样的条件，使人作为人的潜能和创造力得到充分完善的发挥。这就叫作自我实现的价值观，自我实现的福利观。这个自我实现论，发展到马克思那里，就将个人的才能、兴趣和创造力的自由的全面的发展，看作人类最高的善和最大的幸福，那只有到了共产主义社会才能普遍达到。这个自我实现论，发展到现代管理学，就发展为 A. H. 马斯洛的需要层次说：生理的需要，安全的需要，爱情、感情和归属的需要，自尊的需要和自我实现的需要，这就是从低级到高级的五大层次的需要。这个自我实现论，在当代福利经济学中，就发展为阿玛蒂亚·森的《作为自由的发展》，即"个人拥有按其价值标准去生活的机会与能力"③。他们都以一种客观的视野来看人的生活需要、生活追求和福利。

---

① R. Maynard（ed.），*Great Books the Western World*，William Benton Publisher，1952，Vol. 9. p. 432.

② 《荀子·王制》。

③ Amartya Sen，*Development as Freedom*，Alfred A. Knopf，Inc.，New York，1999，pp. 13 – 14.

现在，我希望能够从自我实现论中建立起一种福利的概念，这种福利概念不是经济学所说的人们的偏好得到满足的程度，而是人们的客观潜能得到发挥，客观的需要得到满足的程度。参考亚里士多德关于人们具有的不同维度生命功能、马克思关于人类能力的自由而全面的发展和马斯洛关于人类需要层次的满足，以及邦格关于需要的状态空间理论，我们将人类客观的需要划分为三个维度与三个层次。

（1）人类客观需要的三个维度

人们追求自己的生活幸福或生活福利，他们的需要应该得到满足，潜能应该得到发挥。事实上，人们的需要是多方面的、多维度的，不能牺牲一个而强调另一个。将福利与发展只看作 GNP 的提高和平均国民收入的增长以及技术的进步就是这种片面性的表现。人们多维度的需要可以分类为三个方面：

①物质上的需要：包括衣、食、住、行、性（生活），闲暇的时间，活动的空间，良好生态环境和疾病的治疗，健康的身体，长寿的生命和良好地养育后代。这些都是物质的或生理的需要。

②精神上的需要：包括学习和受教育的需要，增长自己的知识、能力与创造力的需要以及科学、文化、娱乐生活的需要。

③社会上的需要：包括友谊、爱情、社交、参加一定社团获得一定归属感的需要，获得他人的尊重，享受民主、自由与人权的需要。

以上三种需要相互依存又相互交叉，生理上的需要要在一定社会环境下才能满足，而友谊、爱情、自尊要有一定物质基础才能得到保证。所以，三种需要必须协调发展。亚里士多德说："普通和粗俗的人们认为善就是快乐，因而赞成一种享受的生活。而实际上有三种重要生活：感官的、政治的和思考的。"① 美国哲学家詹姆士

---

① R. Maynard（ed.），*Great Books of the Western World*，William Benton Publisher，1952，Vol. 9，p. 340.

说："有一个物质的我、一个社会的我、一个精神的我以及相应的
感情与冲动，他希望保存和发展自己的身体，使他有饭可食，有衣
可穿，有屋可住；他希望获得和享受财产、朋友和别的快乐；希望
获得社会的尊敬，被热爱与崇敬，发展他的精神趣味，以及帮助他
的同伴实现同样的愿望。"① 这里，从需要来说，是物质需要、精神
需要、社会需要三维；从价值来说，是物质价值、精神价值、社会
价值三维；从福利来说，是物质福利、精神文化福利、社会政治福
利三维，不可或缺，不可偏废。人们应从三维上不断提高自己的
福利。

（2）人类需要的三个层次

从需要的层次上，我们大体上可以将个人需要划分为三个层
次：第一，生存（survival）的需要，缺少了它，个人不能存在。
例如，一般来说，成人每天需要 2500 千卡的热量供应和 30 克的蛋
白质的供应等，这是在任何社会条件下都是必需的。R. L. Sivard 在
《世界的军事与社会的消耗》（1987）一书指出，全球有 8 亿人得
不到足够的食物，13 亿人得不到安全的饮水，即他们的生存受到
威胁。可见生存的需要在世界上还有许多人得不到满足。② 第二，
福康的或康乐福祉（well-being）的需要，这是在特定社会条件、
特定文化下，为保证身心健康的物质生活、精神生活和社会生活的
基本需要，包括较好的物质文化生活，友谊与爱，自尊与安全感等
需要都是基本的。从现代社会的观点来看，所谓个人的康乐福祉需
要，指的是人们过着有尊严的、有文化的、有保障的、身心健康的
生活所必需的东西。缺少了它们，或这种需要的满足达不到一定的
标准，人们或许还能生存，但他们会在身心上和人际关系上受到基
本的伤害。第三，自我实现（self-actualiztion）和全面发展的需要，

---

① ［美］弗兰克·梯利：《伦理学概论》，何意译，中国人民大学出版社 1987 年版，第
167 页。

② R. L. Sivard, *World Military and Social Expenditures*, 1987 – 1988, 12th, ed., Washington
World Priorites.

即个人的兴趣、才能和创造力得到自由的、全面的发挥，他的个人生活理想得到很好的实现。根据邦格估计，全世界约有 1/10 的人具有满足这种需要的条件。他将满足了这种需要的状态称为合理的幸福状态。M. 邦格是这样定义合理的幸福（reasonably happy）状态的。他说，"某一个人是理性地快乐"（或合理地幸福）的，当且仅当①他处于健康的生活状态；②他自由地追求他的合理的欲望。以上三种需要，前者是后者的必要条件，后者是前者的充分条件，从而形成需要的层次与序列，而第一、二层次的需要是基本的需要。基本的需要是一个十分重要的范畴，凡能满足人们基本需要的东西组成社会基本价值，或如罗尔斯所说的"基本的善"（primary goods），一个社会的成员的基本需要能否得到满足，是一切社会行为、社会政策、社会制度好坏的最终裁决。这样，我们便可以对"温饱"、"小康"和"富裕"下一个全面的客观价值论的定义，而不仅是美元标准的定义，虽然美元标准也是客观的。一个社会，凡是具备能而且只能满足其成员的第一层次需要的条件的社会称为"贫穷"而温饱的社会；凡具备且只具备满足其成员的第二层次需要的条件的社会称为"小康"社会；凡具备满足其大多数成员的第三层次需要的条件的社会称为"富裕"社会。这里说的"具备……条件"主要指的是在经济、文化、政治资源上具备这些条件。至于是否其成员都现实地满足了自己某个层次上的需要，这里有一个分配问题，即分配是否公正的问题。

需要的多层次，表现在需要空间中，便构成需要的层次结构。假定物质上的需要，包括生理需要由 N_{11}，N_{12}，N_{13}，…，N_{1i}，…表示，而精神需要由 N_{21}，N_{22}，N_{23}，…，N_{2j} 表示，而社会需要由 N_{31}，N_{32}，N_{33}，…，N_{3k}，表示，则需要层次在多维需要空间中由四个相互包含的圈层表示，如图 9—3。

N_{1i}，N_{2j}，N_{3k}，表示人类需要的多维变量，组成状态空间，需要的满足在 S 空间内能够生存，在 W 空间内身心能健康成长，达到福康的状态，在 H 空间内能得到自我实现或全面发展。而当状态落

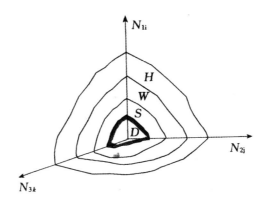

图9—3 人类需要的圈层结构

到黑色空间 D 时，意味着连生存需要也不能满足，即为死亡空间。一个人所处的福利状态，就是在这三维空间中的一个点。这三维空间所表示的就是客观的福利函数。它与目前微观经济学边际效用论讲的福利函数是不同的。这个三维四层的客观福利函数，为人类的生活追求提供了一个客观的论证，也为我国改革开放、实现现代化的过程分为脱贫、小康、富裕三步走，提供一个客观的论证。一个恰当的社会福利价值目标对于经济学，特别是对于不发达国家的经济发展十分重要。我们力图表达的这个客观的同时又是广义的福利概念的显著特点是：①它强调在提高福利的现代化发展过程中，不但要注意物质福利的增长，而且要注意精神维度的福利和社会维度的福利。②它强调在我们从脱贫、小康到致富的三步曲福利发展中，不但要注意人们的实际利益的获得，而且要注意人的自由与能力的拓广。马克思所说的"实质自由的实现"和阿玛蒂亚·森所说的"发展就是自由"的观点都是十分正确的。

六 价值理论与社会的和经济的政策

从第八章和第九章的论述中我们可以充分地认识到哲学上的价值理论的研究与人类的利益与社会的经济的政策密切相关。不同的价值理论有不同的社会经济政策推论。在第八章中，我们看到广义价值论和人类中心价值论有很不相同的生态政策和环保的行动纲领，不同社会系统之间的价值冲突的不同价值协调方式就会有不同的企业政策、科技政策。至于第九章所说的主观价值、客观价值、劳动价值、效用价值的不同理解对于各个阶层的利益关系以及社会革命和社会改良的政策推论的关系更加敏锐。19 世纪逻辑学家和道德哲学家穆勒（J. S. Mill，1806—1873）在他的《政治经济学原理》中有一段话说得非常深刻。他说："差不多每一种关于社会的经济利益的推理……都含有一些价值理论：关于这个问题的最小的谬误也会使我们所有的其他结论都传染上相应的谬误；我们对这个问题在概念上的任何含糊不清，都会在其他一切中造成混乱和不明确。"① 非常明显，如果认为只有产业工人才能创造价值，这就会导出剥夺剥夺者的推论。如果认为是生产要素创造价值就会导出按劳分配和按生产要素分配相结合的分配政策。如果认为价值唯一的根源是效用价值就会导出另外一种分配政策和宏观调控政策。而如果认为存在着某种价值观念导致某种客观福利的理论就会导出相应的经济发展目标模型。我们在下一章中将会进一步看到价值理论与社会利益和社会政策的密切关系。这就是为什么我们要特别注意精细地研究价值理论的理由之一。

---

① ［英］穆勒：《政治经济学原理》，转引自布莱克等主编《经济学的边际革命》，于树生译，商务印书馆 1986 年版，第 50 页。

第十章　多元价值论与道德行为的解释

本章要讨论的问题是健全社会的道德规范或伦理价值是怎样形成的。其中最基本的问题是：伦理原则是什么？这些伦理原则之间的结构是什么？怎样运用这些伦理原则对人类道德行为进行解释？

一　模型论与霍布斯问题

关于基本伦理原则的研究，哲学家的工作是首先抓住人的一些最基本的、最原初的特征或状态（original position 或 natural property）作为出发点，把它设想为人类前伦理时期的特征，然后追问：由这种状态过渡到建立伦理规范何以可能？现在看来这是一种典型的模型论思路：建立模型，进行一种类比推理，推出健全社会的伦理原则，以这种方法解决伦理原则的起源问题。

这个导致健全社会伦理规范形成的出发点到哪里去找？亚当·斯密找到了"社会同情心"，洛克找到了"人类天生的平等"，某些马克思主义者找到"公有制"和"阶级友爱"，等等。不过，这些"人性"都不是"前伦理时期"的，也不是"人的第一性质"。人的利他的天性与自利的天性相比，自利的天性应该是作为生物学的人的第一性质。关于这一点，我们在第七、八章已充分讨论到了，所以，我们最好以每个人都是自利的（self-interested）、都要实现自己利益最大化、最优化的"理性人"或"经济人"为讨论伦理问题的出发点。于是，现在的问题就是：自利的个人（"经济人"）怎样能够通过相互的交往，建立伦理规范，成为一个有道德的人（"伦理人"）？这就是霍布斯（T. Hobbes，1588—1679）首先提出的问题，社会学家帕森斯于1949年、哲学家哈贝马斯于1981年将这个问题正式命名为"霍布斯问题"。哈贝马斯还将它表述为"社会秩序（以及伦理规范）是怎样可能的问题"①。

在霍布斯提出这个问题后的几百年间，我们可以找到三个有代表性的理论模型。这就是近代的霍布斯"自然状态模型"、现代的罗尔斯"原始状态模型"和最新的经我们改进了的"博弈论模型"。现在我们对此略加分析。

（1）霍布斯的"自然状态"模型

霍布斯认为，在伦理规范出现之前，人和人之间处于自然状态：①自然创造人类，人类在能力上大致平等，这就产生希望的平等，若两个欲求相同的排他的事物，这事物不能为他们共享，于是他们便成了敌人。②每个人都有这样的自然权利，为了保全自己的生命和为了自己利益得到满足，对世界上每一样事物，甚至包括别人的身体在内，都有处置的权利，将它们当作达到自己目的的手段，而不当作目的本身。这样人们彼此必然相互摧毁、相互掠夺，包括剥夺别人的生命、财产与自由，就发生了"一切人反对一切人的战争"。于是人类的生命是"孤独的、贫穷的、凶残的、充满恐惧的和短促的"。②

问题如何解决呢？人们为了自己个人的利益，必须订立防范人们之间过度相互竞争的社会契约。正是导致一切人反对一切人的那个同样的自利驱动力，即对生命安全和舒适生活的渴望与欲求（它的作用如同牛顿万有引力对物体的作用一样），导致人们走出自然状态，达成和平共处、相互合作的协议：每个人放弃别人同样愿意放弃的那一部分权利，满足于具有他所答允给别人同样多的自由。这就产生所谓平等权利、平等自由的正义原则。当然，这里暗含了一个前提，就是协议的各方都是自由人，没有人能将自己的意志强加于他人。这种权利的平等转让就是社会契约。由此而产生"公道

① ［德］哈贝马斯：《交往行动理论》第2卷，洪佩郁、蒲青译，重庆出版社1999年版，第280页。

② ［英］霍布斯：《利维坦》（1650），见周辅成编《西方伦理学名著选辑》上册，商务印书馆1996年版，第658—665页。

（正义）""互惠""和顺""宽恕""正直""慈爱""平等"等道德信条。总之，霍布斯力图从自利的个人（self-interested individuals）这个公理中推出一切道德原则。

但人是自利的，谁来保证人们不为了自己的利益而撕毁协议？霍布斯认为，这就需要一个有绝对权威能使臣民绝对服从于其政府来监督协议的执行，对违反协议者进行惩罚与制裁。他称这个政府为"利维坦"，即《圣经》记载的"海上怪兽"，是至高无上的"上帝代理人"。可是组成政府的那些人也是自利的，他们有了权力可以更加胡作非为，谁又来监督政府秉公办事并尊重人权？霍布斯没有回答这个难题，他陷入困境。用逻辑学的语言来说，自利的个人或"经济人"这个前提是不能单独地、完全地推出各种伦理原则或伦理人的论述的，必须附加上某些辅助前提或辅助假说才能解释人类的基本的伦理现象。自利的个人是道德推理的必要而非充分的条件，是第一的原则而非唯一的原则。霍布斯强调这个前提是完全正确的。他的错误在于当他不能由"经济人"单独导出"伦理人"的时候加进了一个强权政府，不但不能消除这个逻辑鸿沟，而且加深了这个鸿沟。尽管霍布斯的模型引进了一个不应引进的强权政府来维持原则，但毕竟一些重要的伦理原则已从这个模型中导出来了，这就是"平等的权利"、"平等的自由"和"相互慈爱"这些原则。

（2）罗尔斯的"原始状态与无知之幕"模型

美国哲学家约翰·罗尔斯（John Rawls, 1921— ）于1971年写了划时代的伦理学著作《正义论》。《正义论》可以看作是解决霍布斯问题的又一个理论模型。它的基本概念是原初状态与无知之幕。所谓"原初状态"是这样的一些初始条件，由此可以推出伦理关系的正义原则。这些初始条件主要有三个：①有限的资源，即"资源的中等程度的匮乏"。②人们只关心自己的利益不关心他人的利益，这就是存在着"互相冷漠"（mutually disinterested）的理性人。③这些理性人在"无知之幕"（the veil of ignorance）的遮盖下要对建构社会基本制度的原则进行理性选择。

所谓无知之幕，就是假定每个人都不知道自己的出身和社会地位，也不知道自己的财富、能力和智慧，以及将来自己在社会上落入什么处境的概率。在这种不确定性的因而任何个人都没有什么优越性也没有什么偏见的公平竞争条件下对社会构造的正义原则进行选择，人们都必然倾向于思想保守，按决策中的"最大最小原则"（maximin rule）进行选择。就像如果你在"无知之幕"的遮盖下，不知道自己是男人还是女人，你大概会选择男女平等的原则而不会选择男人可以压迫女人的社会，因为你也有50%的概率做女人。

这样，选择的结果，必定是两个正义原则：①所有的社会基本价值，包括自由和机会、收入和财富、自尊的基础都要平等地分配；②除非对其中一些价值（如社会的和经济的价值）的不平等分配大体上有利于社会上处于最不利地位的人。

罗尔斯模型的优点在于，他用一个假想的"无知之幕"代替了霍布斯的现实的强权政府作为辅助假说，从理性的、自利的个人出发，推出了一系列基本的道德原则，例如，平等的自由，机会平等，最不利者也受益，应帮助弱者，也许还有功利效率原则等，在内容上比霍布斯更加具体，在论证上和辩护上比霍布斯更加严格。但"无知之幕"毕竟是理论模型中的在现实生活中无对应之物的"理论实体"。揭开了"无知之幕"的现实人为何能接受这些原则呢？这仍然是一个没有很好解释的问题，要解释这个问题，还必须引进像康德引进的"善良意志""道德理性"或"绝对命令"这样一些反映道德自觉性的范畴，可惜罗尔斯没有作进一步的说明。而且特别值得一提的是，罗尔斯将他的（A）平等的自由，（B）机会平等，（C）最不利者也受益（福利原则）和（D）功利原则等几个原则机械地对立起来，将它们按字典式进行排序，认为平等的自由原则永远优先于机会平等原则，而机会平等原则又永远优先于福利原则，而福利原则又永远优先于功利原则。"前者对于后者来说就毫无例外地具有一种绝对的重要性。"[①] 用优先逻辑的符号（P 表示优先）来表示：

$$\vdash （APB）\wedge（BPC）\wedge（CPD）$$

罗尔斯把它作为一个公理与他的两个正义原则相并列以解决几个正义原则之间可能发生的价值冲突问题。字典式排序在实际上与社会的许多实际情况不相符合，因而造成许多不能消化的反例。还应指出，罗尔斯模型中包含了伦理原则的选择上的悲观保守原则（最大最小原则），如果在某些问题上改变这个心理学预设和决策原则，可能会导出其他的结果。

（3）博弈论模型

第二次世界大战后兴起的博弈论，讨论的是理性人的选择与相互对策问题，被誉为"社会科学的统一场论"，运用它来解决霍布斯问题，可以看出经济人是怎样变成伦理人的。

典型的案例是囚犯困境。不过该案例讨论的是二人合作作案被缉捕后的招供还是不招供的理性选择问题，用以讨论伦理关系的形成，虽没有逻辑障碍，但有心理障碍，我将它改为 A、B 两个原始人合作捕杀猛兽。如 A 在战斗中逃跑，待 B 擒得猛兽后又可坐享其成，因而对 A 的利益来说这个对策的得分可记为 10 分。而 B 留下孤军作战，虽也有捕获猛兽之机会，但也有被猛兽咬伤之危险，权衡得失，这个对策对 B 的利益来说可记为 0 分。A、B 同时逃跑，利用这段时间去采集野果、野菜之类，虽然没有肉食但也不是一无所获，故二人在记分上均得 2 分。而如果 A、B 都坚守阵地，合作战斗，可将猛兽打死，均分其肉，各记得分为 6 分。在这个不确定的博弈中，A 与 B 均有两种对策：①逃跑，②合作。他们的支付矩阵如下：

---

① ［美］罗尔斯：《正义论》，何怀宏等译，中国社会科学出版社 1988 年版，第 40 页。

	A₁（逃跑）	A₂（合作）
B₁（逃跑）	（2，2）	（10，0）
B₂（合作）	（0，10）	（6，6）

这在博弈论中叫作二人不确定性非零和博弈。

对个人来说，最优选择是什么？是逃跑还是合作呢？以 A 为例，如果 B 逃跑，A 当然要选择逃跑（即方案 A_1B_1，这里 A 可得 2 分），否则他会得到 0 分。如果 B 采取合作态度，坚持战斗，则 A 还是采取逃跑方针为佳，因为他逃跑可得 10 分，比坚持战斗时得分 6 分还要多。同理，B 也采取了同样的方针、同样的对策。结果：A 也逃跑，B 也逃跑，大家只各得 2 分。很明显，从这个矩阵来看，如果 A、B 都采取合作的方针，大家都会得到 6 分。显然，后者才是最佳的（optimal）选择方案。这就是说，从个人角度看的最优方案，从整体角度看不是最优而是比较差的方案。这就是困境（dilemma），就是"悖论"（系统论将它称为"整体悖论"）。这里个人理性与整体理性发生矛盾。个人理性的结果，导致整体非理性，即支付函数值为（2，2），不是最优。而要获得整体的理性（6，6），则导致个人的非理性（不是最优）的选择。这里，逃跑的方案代表 A、B 不受任何约束可以为所欲为，相当于霍布斯的自然状态。其结果是人类处于一种悲惨世界，即霍布斯所形容的贫穷、孤独、凶残、恐惧和短暂的人生。当然，它的得分很低，相当于这里的（2，2）。而 A、B 都坚持合作表示形成道德规范的状态，道德规范约束大家走向共同合作，其结果，整体利益达到最大化，即 $6+6>10+0>2+2$，相当于一种功利主义目标。而不采取一方逃跑一方合作的方针，则相当于不采取损人利己的"解"，即不平等不正义方案 A_1B_2 或 A_2B_1，这相当于"平等的自由"和"平等的权利"以及将别人看作目的而不是手段。

这样，"囚犯困境"或"合作狩猎"的支付矩阵的各个值的组合便有了它的伦理意义，可以写成如下的定性形式：

A B	A_1	A_2
B_1	个人理性：自然状态或原始状态	不正义的选择：权利的不平等状态
B_2	不正义的选择：权利的不平等状态	集体理性：功利主义和正义原则

现在的问题是：如何解决个人理性与集体理性的矛盾，使具有个人理性的人过渡到具有集体理性的人呢？如何从选择 A_1B_1 方案进展到 A_2B_2 的方案呢？博弈论的现代成就证明，这就是自利的个人经过重复多次的博弈的结果。这时自利的个人追求的并不是在某一次博弈中期望的是得分最多，而是多次博弈中期望得分的总和为最大。1980 年博弈学家罗伯特·艾克罗特用电脑计得在二人多次博弈中，对于个人来说最优方案不是"总是不合作"，而是"第一次合作，以后各次依对方的对策，一报还一报"，即这次你合作了，下次我回报以合作，上次你"逃跑"、不合作，我也回报以不合作。不过，从理论上讲，这里所谓"多次博弈"指的是"无限次博弈"。从实际上讲，无限次博弈是不可能的。只要足够地多，就会接近这个极限。在这里，个人采取这个方案，有一个摸索、学习，包括思想境界的提高的过程，一旦大家摸索到这个方针，就相当于大家在 A_2B_2 的决策上稳定下来。这样个人理性就转化为集体理性。"经济人"就变成了"伦理人"，伦理规范便因此而形成。为什么这样说呢？

①通过多次博弈，人们通过学习，认识到必须采取基于回报的合作方针，通俗地说，这就是从合作的愿望出发，人不利我，我不利人；人若利我，我必利人。当然，"人不利我，我不利人"这句话并没有利他主义的含义。但是，从合作愿望出发，"人若利我，我必利人"这句话就包含了互惠性的利他主义、仁爱思想的出现，没有这种互惠利他主义，个人的长远利益的实现是不可能的，社会的和平与合作是不可能的。

②通过多次博弈，人们的相互关系的对策在 A_2B_2 区稳定下来，

就意味着人们从追求自己的短期利益最大化的目标转变到追求长期利益最大化的目标，再转变到追求共同利益最大化的目标，这里包含了一个从手段转变为目标的过程。共同利益最大化本来是达到个人利益最大化的手段，现在手段变成目的。这就是功利主义和集体主义的产生。

③通过多次博弈，人们相互之间默契了不采取 A_2B_1 与 A_1B_2 的方案，这就意味着摒弃不正义的原则，这就是正义的原则和平等的人权的起源。

这样，从理性的、自主的自利个人的前提出发，不需要附加政府的外部作用，也不需要附加无知之幕等其他的辅助假说，只需要附加上多次不确定性博弈的条件便可以推出"伦理人"的各种伦理规范论断。伦理的社会契约是通过多次博弈而产生的。多次博弈的理论模型将功利主义、仁爱主义和正义论三者统一起来，这个集体理性和伦理规范的统一起源并不是依靠政府的外部强制（当然，外部强制不是没有必要，它加速了一种客观必然性的实现），而是通过博弈过程的一系列学习和自我教育的内部过程而实现的。霍布斯问题就这样解决了。当然，伦理学并不是数学的习题，博弈论伦理模型概括了现实生活中通过自组织而形成伦理规范的各种社会系统。如通过核军备竞赛而达到的核裁军形成国际核伦理规范；通过国家之间的政治、经济和军事较量而形成和平共处的国际关系；通过企业之间污染环境的博弈而形成保护环境伦理规范，这些都是博弈论的关于"伦理人"形成过程的活生生案例。在改革开放中，我们常常埋怨市场经济（及其"经济人"）导致道德滑坡或道德沦丧。其实这是"经济人"通过多次博弈而转变为"伦理人"的道德爬坡过程，这是一个自发的又是自觉的过程。这个在寻求个人长期利益最大化的博弈中不断摸索、不断学习而进入伦理新境界的过程，显然包含了一种新的伦理关系临产的痛苦，我们不应该一概将这个过程出现的负面现象说成是改革开放和市场经济带来的沉重社会代价。马克思说："一个社会即使探索到了本身运动的自然规律，它还是既不能跳过也不能用法令取消自然的发展阶段。但是它能够缩短和减轻分娩的痛苦。"①

应该指出，在这三个理论模型中，尽管我们倾向于博弈论模型，但博弈论模型也有一个理论弱点，就是它所导出的集体理性（功利主义原则）和正义原则（反对权利不平等状态）需要无限次博弈。只是因为我们插入了一个附加前提"通过一系列学习和自我教育"的境界提升，才在有限次博弈中，从"经济人"变成"伦理人"。

还应该指出：①上述三个模型都说明，从逻辑上讲，经济人是不能逻辑地推出"伦理人"的，反之亦然。二者在逻辑上是独立的。②理论模型毕竟是理论模型，它对于现实生活不过是一种类比和比喻，要使它回到现实世界中并尽可能使其推论与现实世界相一致，要附加一些前提条件。霍布斯附加一个强权政府，它与现实的距离远了一些。生活在强权政权底下的健全伦理原则是不可能很好地贯彻的。至少那些强权政府的当权派是不会遵守社会契约所规定的伦理原则的。罗尔斯模型附加了无知之幕背后的"道德理性"，还没有很好论证，估计是康德的"绝对命令""目的王国"那样的东西，它的先验性与现实世界的距离也远了一些。所以，还是我们给博弈论模型补上的通过学习和自我教育的思想境界提升更为实际一些。

二 多元伦理原则的调节平衡

上节所讨论的是霍布斯问题的几种解法，无论哪一种解法，特别是博弈解法都会导致多种基本伦理原则的出现。加上在第八章讨论的环保原则，这里至少可以得出确定社会上人们行为正当性，调节社会生活稳定性和促进社会发展的四项基本伦理原则。

---

① 《资本论》第一版序言，《马克思恩格斯全集》第 23 卷，人民出版社 1972 年版，第 11 页。

R_1 有限资源与环境保护原则：一个调节社会基本结构、调节社会与自然动态平衡，以及调节政府与公民的行为的原则是正当的，它必须趋向于保护生物共同体的完整、稳定和优美，否则就是不正当的。这个原则称为利奥波尔德原则。[①]

R_2 功利效用原则：一个调节社会基本结构的原则，以及调节个人与集体的行为与行为的准则是正当的，它必须趋向于增进全体社会成员的福利和减轻他们的痛苦，否则就是不正当的。这个原则称为边沁、穆勒功利主义原则。[②]

R_3 社会正义原则：所有的社会基本价值，包括自由和机会、收入和财富、自尊的基础，都要平等地分配，除非对其中一些价值的不平等分配大体上有利于最不利者。一种调节社会基本结构和人们行为的原则是正当的，它必须符合这个原则，否则就是不正当的。这个原则称为康德—罗尔斯作为公正的正义原则，包括平等的自由原则、机会均等原则和适度差别原则三者。[③] 对于他们的适度差别原则，即最不利者也受益原则，我们加以弱化，并不要求毫无例外地执行，只要求"大体上"如此。

R_4 仁爱原则：一种调节社会基本结构和人们行为的原则是正当的，它就必须促进人们的互惠和互爱，并将这种仁爱从家庭推向社团，从社团推向社会，从社会推向全人类，从人类推向自然，否则它就是不正当的。我们可以将这个原则称为基督—孔孟博爱原则。这个原则可能最早是由孔子提出来的。孔子的"仁者爱人""泛爱众而亲仁""己欲立而立人，己欲达而达人"，以及孟子的"老吾老以及人之老，幼吾幼以及人之幼"和后来儒家道德家所说的"先天下之忧而忧，后天下之乐而乐"就是仁爱原则的很好的

---

① [美]奥尔多·利奥波德：《沙乡年鉴》，侯文惠译，吉林人民出版社1997年版，第213页。

② [英]边沁：《道德与立法的原理绪论》，转引自周辅成编《西方伦理学名著选辑》（下卷），商务印书馆1996年版，第211页。

③ [美]约翰·罗尔斯：《正义论》，何怀宏等译，中国社会科学出版社1988年版，第56—58页。

表述。

这四项基本原则起着约束与调整人们的行为，调节人们之间的利益关系，使之有序化的作用。R_1 使人与自然关系协调发展。R_2 使人们行为朝着一个共同目标，增进社会成员共同福利，就像磁化分子和激光原子的有序化那样。R_3 调节共同福利的分配，使之公平，减少摩擦。R_4 的作用也是这样。所以 $R_1 - R_4$ 的作用是促进社会内部环境的稳定（homeostasis）和外部环境的协调。如果 R_1 被违反，社会与自然平衡破坏。R_2 被违反，社会总体福利得不到保障，人民需要得不到满足，社会不稳定。R_3 被违反，人民自由与权利被剥夺，社会财富分配不均，出现社会不平等和不公正，社会不稳定。R_4 被违反，社会成员间无爱心，社会也不稳定。所以，这四项基本原则就是社会系统的四个序参量。这四个序参量是协同的又是竞争的，由此而决定社会的自稳定、自组织的状态。

当某一个原则占优势时是一种社会自组织状态；当另一个原则占优势时是另一种自组织状态。R_1 占优势是一种生态社会，R_2 占优势是一种效率社会，R_3 占优势可能是一种福利社会，R_4 占优势则可能是一种宗教社会。但社会不会总是由某一个原则来占优势的，情况总是不断地变化的。例如，在欧洲的一些国家，我们看到了从宗教社会发展到功利社会再发展到福利社会和生态社会的趋势。这样，我们便回到了罗尔斯的问题上来。罗尔斯问：是否有一种道德原则它总是优先于功利原则，因而我们可以找到一种理论"优于"从而"替代功利主义理论"。[①] 罗尔斯的回答是肯定的，他认为他和康德的正义原则总是优先于功利原则的，因而他的正义论可以替代功利主义成为主导的道德哲学理论。不过，这里我们的回答显然与功利主义和罗尔斯的正义论都不相同。首先，功利主义原则并不总是唯一的道德最高原则，由此可以推出生态伦理原则、人

---

① ［美］罗尔斯：《正义论》，中国社会科学出版社 1988 年版，第 2 页。（英文版）牛津大学 1972 年版，p. Ⅷ。

类正义原则和仁爱原则，它至多只能为这些原则作局部的辩护。其次，功利原则也不总是优先于其他几个基本原则。对于一个虽然比较富裕但严重存在着贫富不均和人民缺少自由和民主的社会来说，正义的原则对于功利原则来说显然具有优先的重要性。对于世界生态环境受到严重破坏，大量的野生物种面临灭绝的情况，人类必须降低人类福利的总量或其增长的速度来保证生态系统的稳定和完整以及生态平衡的恢复。而只要功利原则与其他道德原则发生冲突，也就说明后者不能从前者推出。所以功利主义一元论缺少说服力。而另一方面，虽然在特定的情景下，存在着比功利原则更高和更优先的道德原则，例如正义原则就是这样的原则。但是正义原则也绝非总是绝对优先于功利原则。倘若要问你是愿意要一个贫困而比较平等的社会还是愿意要一个小康或富裕但存在着人们在拥有财富上的不平等的社会呢？我想多数人会选择后者，而愿意"让一部分人先富起来"，这就意味着他们将功利原则置于正义原则之上。所以，在我们前面所讨论的四项基本伦理原则中，当发生价值冲突的时候，何者应占有优先的重要性，以及各个原则的重要性的权重，必须视具体情景而定，任何一个原则都不能有绝对的优先权。我们对罗尔斯问题作出的这种解决实质上是一种多元的、非基础主义的和强调动态情景作用的伦理观念。但由于我们主张这些原则之间有一种系统性的调节平衡的作用，所以我们解决罗尔斯问题的伦理观念又是系统主义的，是可以用系统论的原理与语言来加以分析的。

三　伦理价值系统的组成与结构

以上讨论的 $R_1 - R_4$ 的基本伦理原则可以帮助我们建立伦理价值的概念。一种社会制度、一种行为准则或一种具体行为是正当的、善的或有价值的，当且仅当它符合、满足这些基本伦理原则，能从这些基本原则推出；反之就是不正当的、恶的和没有价值的。当然，一种行为（准则和制度也是一样）能全部满足：$R_1 - R_4$，即能从 $R_1 \wedge R_2 \wedge R_3 \wedge R_4$ 推出，它就具有强的正当性，具有较高的伦理价值；而一种行为不能全部满足 $R_1 - R_4$，即它只能从 $R_1 \vee R_2 \vee R_3 \vee R_4$ 推出，它只具有弱的正当性，具有较弱的伦理价值。而当一种行为很符合 R_i 而不很符合 R_j 时，我们就要对因符合 R_i 而带来的伦理价值与因符合 R_j 而带来的伦理价值进行权重，而当我们面临对行为 X 与行为 Y 进行选择时，我们就要对 X 与 Y 的伦理价值进行比较。这样，一种行为的总伦理价值公式便可以由下列公式给出：

$$V（A）= \alpha V_a（R_1）+ \beta V_a（R_2）+ \gamma V_a（R_3）+ \delta V_a（R_4）$$

这里 V（A）表示行为 A 的总的伦理价值。$V_a（R_1）$ 表示该行为的生态价值，即该行为因符合环境保护原则而带来的伦理价值；同理，$V_a（R_2）$ 表示该行为的功利价值，$V_a（R_3）$ 表示该行为的正义价值，$V_a（R_4）$ 表示该行为的仁爱价值。系数 α，β，γ，δ 分别表示这四项价值在总伦理价值中的权重。它们对于不同的人和不同的情景有不同的数值。

现在我们设计两个思想实验来对伦理价值进行比较。第一个思想实验是有关 X 国某水电站的兴建问题，它的要点是：

（1）假设世界上有个 X 国，X 国有条大河，大河通过一大片布满原始森林和野生动物的山谷，它的水流劈开高山，形成位于大河两旁的风景宜人的两峡。大河越过两峡流入大海。在两峡之间截流筑坝，建造水电站，其水量之丰、落差之大、峡口之妙，足可发电 1 千万千瓦，水电站建成之后，附近一片穷乡可望变成工业城市。其中，工业产值翻两番，就业人口数十万，这是不成问题的。

（2）然而，河流通过的那片峡谷盆地，遍布原始森林，有生长了几千年的大树，有世界稀有的红松、绿竹，是各种动物与鸟类的栖息地，这些动物包括袋鼠、熊猫与金丝鸟，在其他地方都很难找到它们。河流两岸，奇山异水，急流险滩，简直仙境一般，吸引古今以及国内外游人，络绎不绝，其文化遗产之丰富，自然景色之美，生态环境之协调，堪称 X 国之首，有所谓"两峡山水甲天下"之称。可是水坝一建，这些全都被淹没。

（3）水电站的建设还需要移民 10 万人，他们将失去家园，离乡背井……

X 国这座水电站应该建设吗？在这决策的背后，隐藏着对几种不同价值的权衡。这里要点（1）说明了水电站的功利价值，主要以经济价值的形式表现出来，如上千万千瓦的发电量、工业产值的增长、城市就业人口的增加等。要点（2）说明水电站的生态负价值，自然环境的破坏，稀有动植物物种的灭绝。至于自然景观的丧失则既属于生态价值也属于功利价值的损失，可能还属于正义价值的损失。要点（3）说明水电站建设的正义价值问题。如移民的安家费数量不够，他们的损失得不到应有补偿，这是正义价值上的损失。而水电站建设主要是对最近几代人有功利效益。至于再过几代人，由于设备的折旧、技术的更新以及观念的改变，也许他们认为他们在自然景观和生态变化方面所造成的损失比他们得到一个旧水电站的得益大得多。这就造成代际间的不公正，也会造成正义价值的损失。而如果水电站建设的决策，没有充分发扬民主就主观武断地定下来，这也会造成因人与人之间在权力和权利的分配上的不公正产生的正义价值的损失。于是在水电站建设的赞成者与反对者的心目中，都有一笔账，都在决策时仔细用计量公式 $V（A）=\alpha V_a（R_1）+\beta V_a（R_2）+\gamma V_a（R_3）+\delta V_a（R_4）$ 求得其值，并寻求伦理价值的最大化。这些分歧除了经验的分歧（如有人估计水坝防洪作用很大，有人估计防洪作用很小；有人估计水电站投资很大，有人估计水电站投资不大，等等），即所谓关于事实信念的分歧外，最根本的分歧是伦理价值的分歧。一般说来，赞成建水电站者给功利价值以很大的权重，即在赞成者心中 $V_a（R_2）$ 的系数 β 很大，而生态价值 $V_a（R_1）$ 的系数 α 的数值很小。反之，在反对者心目中，β 较小而 α 较大，等等。所以伦理价值的权重系数正是反映决策者的价值观的最本质的东西。

现在让我们假设 X 国实行的是议会制，那里有四个政党，被称为红党、绿党、白党、灰党。红党主张国家必须权力集中以达到政治稳定，以便全力发展生产力，提高整个社会的财富。因此在它的道德决策或政治决策中，它所依据的上述伦理价值公式的 β 系数很大而 α、γ、δ 系数都很小。它是一个功利主义政党，对于是否建立这个水电站，它当然要投赞成票。可是绿党却主张保持生态平衡和生态的可持续发展是最高的价值，而野生动物的生存与人类的生存具有平等权利，因而在它的伦理价值公式中，α 系数量大，δ 次之，γ 又次之，而 β 系数最小。因此关于两峡水电站的建设问题，它认为是得不偿失的，水电站得到的功利价值远远小于因建设水电站而失去的生态价值和自然景观价值。所以绿党对这个水电站肯定要投反对票。至于白党，它是由一些民主自由主义者组成，其基本主张是公平高于效率，自由对于其他价值来说占优先地位。因此，在它的伦理价值公式中，γ 系数很大，α 次之，δ 又次之，而 β 系数最小。所以这个党强烈反对建水电站移民 10 万人，反对自然景观被淹没，反对野生动植物被毁灭，反对建设水电站方案的拟定不民主，要求对是否建设两峡水电站进行全民公决，等等。所以，在议会中，白党对这个水电站是否应该兴建也投反对票。至于灰党，它大概是宣传普度众生和普遍博爱的天主教—佛教联盟。在他们的伦理价值公式中 δ 系数最大。他们认为建设这个水电站有利有弊，还是超脱一些为好，所以他们将会投弃权票。再来假定在 X 国议会中，红、绿、白、灰四大政党各占 25% 的席位，两峡水电站的兴建问题便以 50% 反对，25% 赞成和 25% 弃权的票数被否决了。我们编造这个故事的目的，是要表明伦理价值的结构以及伦理价值系数在道德决策和道德评价中的作用。这里所谓道德决策或道德评价，至少包含一个道德判断的决策与评价。

由于我们在对伦理价值的讨论中，一直对于仁爱原则未有很好的发挥，我们不妨再设计一个思想实验来讨论伦理价值的组成，并对仁爱原则给予一定的分析。假设有个 X 国，X 国有著名大学 Y 校，Y 校有个 A 系 B 班。这个 X 国在性伦理上比较开放也比较混乱。根据社会调查，这个国家高中毕业生中已有 30% 的学生有过

"性生活经验"。由于这种事习以为常，大学生之间有男女关系就不怎么当作一回事。不过，Y校A系B班女生李丽因来自农村山区，家境清贫付不起Y校的学费，而B班某男生汤生却是有钱人家的弟子，挥金如土。汤生与李丽发生性关系在X国里并不值得大惊小怪，不过他们之间有一种交易，汤生与李丽发生那种事情，每次付给李丽若干美元，这样李丽上大学的学费因此而得到解决，避免了失学之苦。她是很有天资、很有才华、成绩优异的、很受师长们赏识的女大学生。正因为这样，汤李的性丑闻披露之后就引起了A系4个系主任的严肃而热烈的讨论。系主任张功利说，按照边沁的原理，凡是能导致有关人们的快乐的增加和痛苦的减少的行为是正当的。汤、李二人自愿发生的关系，既不影响他们的学习与生活，又能解决李丽的学费问题，这件事情的快乐总量增加了，所以是正当行为，不必加以干预。可是，张功利的言论立刻受到其他系主任的反驳："什么快乐总量的增加？汤、李败坏了一代人风，他们造成的坏的影响早就抵消了这个所谓快乐的总量。"可见，在张功利的伦理价值公式中，他将 β 系数看得很大。而且 β 系数划分为两部分：β_1——行为功利价值的系数，β_2——准则功利价值的系数。张功利是一个行为功利主义者，他将 β_1 看得很大以致他得出汤李事件是正当事件的结论。副系主任陈正义对汤李事件有独特的看法。他认为，婚前性行为是属于个人权利和个人自由的事情，不必加以干预，就像一个社会应该容许个人有自杀、安乐死和出卖自己的血的自由一样。不过，汤李事件反映了社会的不公正，不能保证人们有受教育的平等权利，所以，汤李事件的伦理价值是负值的，其所以是负值是因为有违正义原则，在这方面有负正义价值即不正义价值。所以，他主张解决这个问题的方法是除批评李丽、汤生二人的行为特别是汤生的行为不当外，发给李丽以奖学金或给予读大学的贷款。另一个副系主任赵仁爱则慷慨陈词，责备汤、李二人有性而无爱。他认为，在有关性爱的行为上爱是一个最高的原则。如果汤真的爱李，他应该可以为了李而牺牲自己的一切，而绝不应拿金钱去做交易，汤李事件绝对损害了爱情的原则，而在性行为上爱的原则应占支配的地位，所以在伦理价值的公式中，处理这种行为时 $\delta \gg \beta$。由于汤李事件在仁爱价值上是一个很大的负值，无论他们的行为有多少功利价值，总体价值必定是负值。这是一件在道德上应该谴责的事情。还有一个系主任王生态，他认为这件事情与生态价值无关，对此事不置可否。这样系主任会议对于是否应该对汤李事件进行道德谴责问题上，两票赞成，一票反对，一票弃权而通过谴责此事。这个讨论使四个系主任内心世界的伦理价值的结构暴露无遗。

以上的讨论，只是说明伦理价值的组成与结构及伦理价值系数的重要性，这些系数的确定，有主观因素的制约也有客观情境的决定，用表决来作集体的伦理决策或评价只是一种权宜之计。这关系到价值是主观的还是客观的这类道德哲学的重大问题，因篇幅有限，在此不能加以讨论。不过，无论如何，在作道德决策时，不能只诉诸一个伦理的基本原则，要全面地兼顾到各个基本伦理原理则是一个最重要的原则。

从以上所述的伦理价值结构公式中，我们可以作出两个重要的有现实意义的推理。

①关于生产力标准问题。人们常常说，人们的行为，特别是政府的行为与政策正确（正当性）与否的唯一标准是视这些行为与政策是否有利于生产力得到提高，人民生活水平得到提高。这个观点是不全面的。生产力标准或人民生活水平提高的标准，是一个狭义社会福利总量标准问题，它相当于我们的多元价值结构公式中的功利价值那个项。当然，我们可以依据一定的历史时期，例如，实现国家工业化或现代化的时期，给出功利价值项以比较高的权重。但除此之外，还有生态价值、正义价值和仁爱价值这些项。它们分别代表除功利标准即生产力标准之外，尚有生态标准、正义标准和仁爱标准，这些都是生产力标准所不能包含与概括，至少是不能完全包含与概括的。

所以，只看见生产力标准，看不见生态标准、正义标准、仁爱标准的作用的功利主义价值观念是片面的。至于将生产力标准进一步归结为综合国力标准，就更加狭隘了。当然，不管白猫黑猫，抓到老鼠就是好猫这个观点是完全正确的。而上述的分析表明，这里老鼠至少有四个。那些同时或先后抓到四个老鼠的猫才是好中之好的猫。

②关于社会综合指标的制定问题，目前经济学家和社会学家为了比较不同国家或不同地区之间发展的规模和质量，常常制定许多指标，如经济、人口、资源、生态、社会环境、科技等项目，并给出各项指标以一定的权重。至于为何需要这些指标，如何给出这些权重，都没有作出任何理论的说明。我们的多元伦理结构公式是一个最基本的价值体系，所以，它能够为一个合理的经济、社会、环境综合发展指标提供一个理论解释。例如，为什么我们需要人口、资源、生态指标呢？因为我们追求生态价值。为什么我们需要社会环境指标呢？因为我们追求正义的价值和仁爱的价值，因而需要有一个公平、正义、民主、平等和有爱心的社会系统和良好的社会风气。当然，有关正义价值和仁爱价值的指标体系还没有被发展学家们注意，这又是目前经济学和社会学的综合指标有待改进的地方。

四 道德推理的结构以及人类道德行为的解释

我们的道德哲学主张人类伦理生活的基本原则不是一个，而是四个，彼此相互独立，哪一条原则都没有绝对优先权，很可能被认为太过多元主义了。同时，我们又主张当处理具体问题，当四个原则分别导出的结论相互冲突时，如何权衡与取舍，无固定模式可循，它取决于具体情景，包括主观权重，可能太过相对主义和主观主义了。不要忘记，我们在第八章说过，我们本来就生活在一个价值冲突的世界里，基本伦理原则的出现，本来就是为了解决诸多的价值冲突而来的。于是在一定情景下基本伦理原则导出的推论之间出现冲突并没有值得大惊小怪的地方。而且伦理世界是一个极端复杂的世界，认识问题和处理问题都要视不同语境而定。连非常精确的语言分析和语言哲学都有一个语用学的转向问题，与伦理相关有个情景项也是不足为奇的。不过，这两个问题是否影响到道德推理结构的逻辑有效性和人类道德行为的解释的合理性倒是值得研究的两个问题。现在我们分别讨论这两个问题。

（1）多元伦理价值论的道德推理结构问题

关于能够用公理系统来表述道德推理的结构问题，是爱因斯坦于 1950 年首次以极为明确的方式表述出来的。爱因斯坦说："关于事实和关系的科学陈述，固然不能产生伦理的准则，但是逻辑思维和经验知识却能够使伦理准则合乎理性，并且连贯一致。如果我们能对某些基本的伦理命题取得一致，那么，只要最终的前提叙述得足够严谨，别的伦理命题就都能由它们推导出来。这样的伦理前提在伦理学中的作用，正像公理在数学中的作用一样。

"这就是为什么我们根本不会觉得提出'为什么我们不该说谎？'这类问题是无意义的。我们所以觉得这类问题有意义，是因为在所有这类问题的讨论中，某些伦理前提被默认为是理所当然的。于是，只要我们成功地把这条伦理准则追溯到这些基本前提，我们就感到满意。在关于说谎这个例子中，这种追溯的过程也许是这样的：说谎破坏了对别人的讲话的信任。而没有这种信任，社会合作就不可能，或者至少很困难。但是要使人类生活成为可能，并且过得去，这样的合作就是不可缺少的。这意味着，从'你不可说谎'这条准则可追溯到这样的要求：'人类的生活应当受到保护'和'苦痛和悲伤应当尽可能减少'。

"从纯逻辑看来，一切公理都是任意的，伦理公理也如此。但是从心理学和遗传学的观点看来，它们绝不是任意的。它们是从我们天生的避免苦痛和灭亡的倾向，也是从个人所积累起来的对于他人行为的感情反应推导出来。"①

以上的引述表明爱因斯坦的道德哲学立场很可能是功利主义一元论的立场，我们且不去说它。现在作为公理的我们的基本伦理原则即爱因斯坦所说的"某些基本的伦理命题"不止一个，而是四个，会不会造成公理体系的逻辑麻烦呢？原则上讲是不会的。在现今流行的道德哲学体系中，本来就有两种：①一元论的。例如，功利主义从"期望社会总福利最大化"的一个原则推出其余的道德原则，康德从"只按意愿其成为普遍规律的准则行事"（第一绝对命令）的一个基本原则推出其余道德原则进而解释人类各种道德行为。这种道德一元论有个好处，就是省去协调公理之间可能出现冲突的麻烦，无须进行公理之间的相容性的论证。②多元论的，就是从多个基本伦理原则推出其余道德原则，从而解释人类一切道德行为。例如，罗尔斯正义论中作为公理的基本道德原则细说起来就是三个：a. 平等的自由；b. 机会平等；c. 最不利者也受益。他自己将 a、b 归在一起说成是"两个正义原则"。而著名伦理学家弗兰克纳（W. K. Frankena）在构造他的道义论体系时也提出两个基本道德原则：a. 仁慈原则；b. 正义原则。其实，这也没有值得大惊小怪的，欧几里得的几何学的公理也不是一条，而是五条。几何学家们花费了一千多年的时间想将第五公设统摄于其他四个公设之下，由它们推出，结果徒劳而无功。

现在整个问题的本质在于伦理世界是极为复杂的，对于每一个基本伦理原则，我们不可能像爱因斯坦所说的那样"叙述得足够严格"，即将每一个基本原则叙述成条件语句的形式"如果存在着条件 C_1，则我们要采取第一个基本原则……""如果存在着条件 C_2，则我们要采取第二个基本原则……"以致一开始就消除基本原则之间可能出现的价值冲突与逻辑矛盾。于是，道德哲学一般采取的方法就是在公理体系中附加上一个协调公理，说明在基本伦理原则发

① ［美］爱因斯坦：《科学定律和伦理定律》（1950），《爱因斯坦文集》第 3 卷，许良英等译，商务印书馆 1979 年版，第 280 页。

生冲突时，如何消除它们之间的冲突。罗尔斯采取的方法是按重要性排序。他将他的三个原则，即平等的自由、机会平等、最不利者也受益原则的重要性按字典式进行排列。"按字典式排列"成为他的第四公设。我个人提出的伦理学体系的四项基本伦理原则，绝不步罗尔斯的后尘来个按字典式排序，我提出的是一个对原则进行权重的协调公理，即：

$$V（A）=\alpha V_a（R_1）+\beta V_a（R_2）+\gamma V_a（R_3）+\delta V_a（R_4）$$

有了这个协调公理，四项基本原则在公理体系中的相容性问题便得到解决。请读者不要认为我这个协调公理是最不确定的。比我提出的权重方法更不确定的是弗兰克纳。弗兰克纳对于他的仁慈原则和正义原则可能发生的冲突问题，他提出的解决冲突的协调原则或协调公理是："提高洞察力"，求助于"直觉"，灵活地加以解决。他说，"在我看来，这两条原则确实可能相互冲突；因为两者在个人行为和社会决策方面都处于同一水平上，我认为没有能够告诉我们如何解决这种冲突的公式，甚至不能告诉我们如何解决它们所产生的结果之间的矛盾。有人试图说，正义原则永远优于仁慈原则：执行正义——哪怕天塌"，这是"走极端了"。[①]

在作了这种分析后，道德推理的结构问题就比较简单了。根据休谟原则，道德判断不能单独由事实判断推出，所以道德推理的前提至少包含一个道德价值命题。而一般来说，道德判断的结论，是由一组道德原则的前提与一个或一组关于事实的判断的前提二者共同推出的。请看下列的道德推理：

①我们必须信守诺言。　　　　　　　　（道德原则命题）
②我约好今晚和 A 君一起去看电影。　　　（事实判断）

---

③所以，我今晚必须和 A 君去看电影。

　　　　　　　　　　　　　　　　　　（道德判断的结论）

---

① ［美］弗兰克纳：《伦理学》，关键译，生活·读书·新知三联书店 1987 年版，第109 页。

这样，一种道德行为的评价或解释是否成立取决于两个条件：①价值条件：它是否符合或依据一定的被认为是好的道德原则。②事实条件：它所依据的事实判断是不是真的或者关于某个事实判断是真的这种信念是否适当。现在的问题是，道德评价和道德决策所依据的道德原则是不是好的又拿什么做标准、拿什么来为它辩护呢？它同样向上追溯到一个高层次的价值条件和事实条件。例如，我们必须信守诺言这个道德原则（R_1）如何得到辩护或证明呢？我们又需要从一个或一组高层次的道德原则（R_2）加上一个或一组高层次的事实判断（C_2）将它推出。

例如：

①我们不应伤害人们之间的社会合作。　　　　　　　　（R_2）

②不信守诺言会伤害人们之间的社会合作。　　　　　　（C_2）

———————————————————————————————

③所以，我们必须信守诺言。　　　　　　　　　　　　（R_1）

或者，按康德的推导。

①你必须遵循那种你能同时意愿它成为普遍的准则的原则来行动。　　　　　　　　　　　　　　　　　　　　　　　　　（R_2）

②我不愿意别人对我不信守诺言，所以不信守诺言不能成为普遍准则。　　　　　　　　　　　　　　　　　　　　　　　（C_3）

———————————————————————————————

③所以，我们应该遵循信守诺言的准则。　　　　　　　（R_1）

这样，在道德推理链条或道德辩护链条中，向上追溯，如果不导致循环论证和无穷倒退，最终就必须要终止于某些基本的道德原则，它的被接受并不是由更基本的道德原理推出，而是作为公理被接受的。这些公理是道德推理的出发点，又是道德辩护的终点。

我们可以用图10—1表示道德推理的层次结构。

从行为的效果到社会基本伦理原则是没有逻辑通道的，它只存在着一种社会的、心理的和直觉的联系。这个推理结构便成为我们人类道德行为进行解释的理论基础。

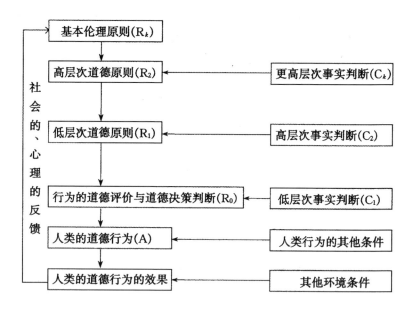

图 10—1　道德推理的基本结构

（2）人类道德行为的解释的基本形式

以上关于道德推理的结构，只是对人类道德行为进行评价与解释的基础。参照第七章第三节，如果略去行为目标这个项，这个结构可以写成下列形式：

①道德准则集：R_1，R_2，…，R_n

②规律陈述集：L_1，L_2，…，L_m

③条件描述集：C_1，C_2，…，C_k

_____

④被解释的行为：A

①由于道德原则甚至基本道德原则常常不能作出严格确定的和意义完全明确的表述，在不同情景下它有不同的含义、不同的适用范围和不同的重要性。②由于道德原则之间容许特殊情况的价值冲突，在冲突中道德原则何者优先、何者重要又依不同情景而发生变化。这样人类道德行为的解释就不能完全取决于形式推理，而要充分注意情景（context）或境遇（situation）在推理过程中的作用。这里

特别用得上范·弗拉森（van Fraassen）于 1980 年提出的解释的实用理论，其关键概念是解释者与被解释者必须情景相关。这相关是情景的函数。这里"情景"或"语境"概念强调术语的指称、谓词的外延、函子的功能、命题的确定依赖于随特定场合而变化的特定解释者的具体愿望。科学解释的基本形式不是理论与事实之间的二元关系，而是理论、事实与情景之间的三元关系。根据范氏的这个理论，我们在上述道德行为解释结构的前提中增加一个第④项，叫作情景回溯集或情景关系集：C_{r1}，C_{r2}，…，C_{rj}。说明①、②、③项以及 A 项所出现的情景与语境，以这种方式来解释 A 就显得更加全面了，其模型是：

R_1，R_2，…，R_n
L_1，L_2，…，L_m
C_1，C_2，…，C_k
C_{r1}，C_{r2}，…，C_{rj}

A

下面，我们用医学伦理的一个具体实例来说明这个模式。

假定有人采取这样的行动：在他女儿临终时拔去她的喂饲管和呼吸管，导致其死亡。对于这个道德相关的行为如何评价呢？对于这评价又如何解释？

假定"仁爱原则"（R_1）、"最大幸福原则"（R_2）、"正义原则"（R_3）都可得出"我们不应该杀人"或"我们不应该杀害无辜者"的结论。它在西方，从基督教时代开始就是一条准则，作为我们道德推理和道德行为评价的前提。这里特殊的情景是这样，某甲是昏迷病人（C_1）。她在昏迷之前曾经表示过，不愿意用特殊手段活下去，但并未形成法律文件（C_2），她后来昏迷了若干年，成为植物人而且复苏希望甚微（C_3）。她的父亲作为她的法定监护人决定将她的呼吸器和静脉液滴拔去（C_4）。那么她父亲应不应该这样做呢？如果说应该这样做，则这个判断就是待解释的道德判断 A。

如果不插入情景关系项，他父亲的中止喂饲的行为就得不到解释。而如果加入情景关系或情景回溯项，说明前提中"不应杀人"的"杀"的概念的外延不应包含一切"中止喂饲"的范围（C_{r1}）。而由于植物人复苏希望甚微这个特殊情景，中止喂饲是减轻她的痛苦，从而等于增加她的福利（C_{r2}），并且这是合乎她昏迷前的意愿，即她的自主权，因为她一再表示过不愿用特殊手段活下去（C_{r3}）。同时，这样做也是符合她家庭的利益的，因为她继续在医院住下去，家庭已无力负担医药费和护理费（C_{r4}）。补充了这几个情景关系判断（C_{r1}，C_{r2}，C_{r3}，C_{r4}），他父亲行为的合理性或伦理正当性就得到了解释和辩护。结论是："中止对某甲的喂饲不但不是杀人，而且是一个有道德的行为。"

为了使这个推理过程表述得更为明确，我们不妨将它写成如下的逻辑格式。

前提：

①道德准则集：

R_1：关心爱护他人的行为是伦理上正当的行为（仁爱原则）。

R_2：能增进相关人们的幸福的行为是伦理上正当的行为（功利原则）。

R_3：尊重别人的权利的行为是伦理上正当的行为（正义原则）。

R_n：我们不应该杀人（道德戒律）。

②规律陈述集：

L_1：所有的人缺氧就要死亡。

L_2：所有的人不吃东西、不吸取营养就要死亡。

③初始条件描述集：

C_1：某甲是个昏迷病人，已成为植物人。

C_2：某甲昏迷前曾表示，不愿意用特殊手段活下去。

C_3：某甲现在靠呼吸器和静脉注射维持生命。

C_4：某甲的父亲拔去她的呼吸器和静脉注射针头。

这里特别要注意，如果不回溯和考察道德准则集中"我们不该杀人"这个命题的意义和用法，在特别情景下指称什么，它的外延是什么，我们不能对她父亲的行为作正确的伦理判断，因为如果拔去输氧的呼吸器致死就是属于杀人的范畴，则她父亲的行为描述 C_4 得不到辩护。因此，在这里，须依据具体情景回头研究所有道德准则集和事实陈述集的意义与用法，看有无重新订正之必要。

④情景关系集：

C_{r1}：R_n 中的"不应杀人"的"杀"的概念，不应包括中止喂饲的一切情况，拔去喂饲器的行为与蓄意杀人行为只是维特根斯坦的"家族类似"，并无共同的本质特征。

C_{r2}：R_1 中"爱护他人"在本论题的情景下，应包括在某种情况下使他安乐死。

C_{r3}：R_2 中增进相关人们的幸福，应包括减少病人和家人的痛苦。尤其是她家境清贫付不起医药费的情景下更是如此。

C_{r4}：R_3 中尊重别人的权利包括虽然现在她无法表示自己的意愿，但曾经表示过的意愿也属于她的有效的权利。

在作了这些情景回溯、情景关系的补充后，由①、②、③、④可推出如下结论 E："她父亲中止对她的喂饲导致死亡，不但不是谋杀，而且是伦理道德上正当的行为。"道德相关的行为 A 得到解释。

第十一章　科学解释问题的总结

本文讨论了引进系统观念的本体论和价值哲学。在所有相关的问题上我们都讨论了其中的科学解释问题，包括人类行为的解释问题。本章要做的事情就是要对本书涉及的解释问题作一个简单的总结。近半个世纪以来，凡是比较广泛地讨论解释问题的论著，都不得不涉及科学哲学中所谓标准解释模型。本章也不例外，我们首先要讨论标准解释模型，然后讨论它所遇到的困难，最后讨论我们对这个问题的解释方案。

一　科学解释的标准模型

科学解释问题，是科学哲学的核心问题之一，这是因为所谓科学哲学是二阶科学，是对自然科学和社会科学（一阶科学）进行反思。而所谓反思就是研究、思考什么是科学，科学做了一些什么、为什么要这样做和怎样做得更好。科学做了一些什么？当然首先是发现自然现象，但更重要的是，科学不仅描述自然现象，而且要发现自然规律，解释自然现象和预言要发生的自然现象。因此，科学解释是科学的一个主要工作，而研究科学解释是科学哲学的一个主要问题。解决科学解释问题，理论结构问题才能解决，而理论实体的地位，即实在论与反实在论之争也与这个问题有关。所以，无论实在论或反实在论的一些主要著作，其中都有解释问题。至于理论的还原和科学的统一也与解释问题相关。同时，科学解释几乎涉及全部本体论，包括实体与物类，事物作用的机制，宇宙层次的结构，等等。这都是我们在本文中可以看到的。

为了解决科学解释问题，科学哲学的大师 C. G. Hempel 等人提出了著名的 DN 模型与 IS 模型，这两个模型曾被科学哲学界誉为标准解释模型（the received models of explanation）。它的影响是很大的。有人统计过，自从 1948 年 C. G. Hempel 和 P. Oppenheim 发表了

Studies in the Logic of Explanation，提出 DN 模型和 1962 年 C. G. Hemple 发表了 *Deductiue Nomological vs. Statistical Explanation*，提出 IS 模型之后三四十年来杂志上发表的科学解释论文，无论同意或者不同意他们的论点，75% 的论文都与这两篇论文有关。英美的科学哲学界一直到 20 世纪 80 年代，他们所编写的标准的科学哲学教材，一直使用这两个模型讲解科学解释，而我国科学哲学界编写的科学哲学教材，无论是邱仁宗教授编的，还是刘大椿教授编的，以及我本人编的，也都一直使用这两个模型，对它们基本上没有进行批评。因此，本章便需要首先介绍一下 Hempel 的解释模型（Hempel l965）。①

　　Hempel 认为，科学解释就是运用科学规律，对现象进行论证与理解，来回答科学提出的"为什么"问题。为什么一个气球放在桌面上发胀了呢？人们解释道，因为桌子旁边有个加热器，所以它发胀了。Hemple 说，这是一个省略了的解释。如果对它精确化，假定气球体积膨胀了一倍，就应该这样解释：

L：$(x)\ (T\ (x)\ \rightarrow V\ (x))$

C：Ta

E：Va

L：$\dfrac{V_2}{V_1}=\dfrac{T_2}{T_1}$（盖·吕萨克定律）

C：$\begin{cases} m=k_1 & （边界条件）\\ p=k_2 \\ T_2=2T_1 & （初始条件）\end{cases}$

E：$V_2=2V_1$

上式 L 表示自然律，C 表示初始条件或边界条件，E 表示结论，即被解释者的陈述。上式右边是一个比较具体的推导，左边是

---

① C. G. Hempel, *Aspects of Scientific Explanation and other Essays in the Philosophy of Science.* New York：Free Press, 1965.

一个比较抽象的推论模式。因此完备的科学解释就有这样的模型：

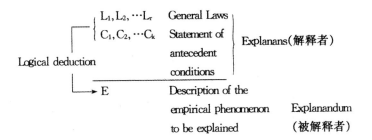

以上摘自 1948 年 C. G. Hempel 和 P. Oppenheim 论文的原文。

这就是所谓 DN 模型（Deductive Nomological Modal of Scientific Explanation）。因为 Nomological 的词根"nomos"是个希腊语，是规律的意思，因此 DN model 应译成演绎—规律解释模型。

但是，在科学发展中，那些全称普遍的规律，只是自然律的一种，特别是量子力学的发展，自然规律有许多是统计规律，所以，Hempel 在提出 DN 模型 14 年后，他又提出了第二个解释模型叫作 IS 模型即 Inductive statistical explanational model，译作归纳统计解释模型。

例如，如何解释小李得了麻疹病，回答是小李的哥哥上星期得了麻疹病，他和他哥哥接触很多，所以小李患上了麻疹病。我们就有一个解释模式：

L：P_r，（M ∣ E）is very high.

C：Lee Was exposed to the measles.

—————————— ［make very high］

E：Lee caught the measles.

这里，P_r（M ∣ E）表示通过与麻疹病人接触而患麻疹病的概率。上述形式化得：

L：(x) $(P(x) \rightarrow P_r, (Q_x \mid P_x) = r)$

C：P_a

—————————— ［r］

E：Q_a

这两个模型合称为解释的定律覆盖模型（the covering-Law model of explanation）。于是，什么叫作科学解释呢？一个这样形式的论证称为科学解释，当且仅当它满足下列三个条件：①从解释者（L & C）到被解释者（E）是演绎有效的论证（对 IS 来说是高概率的归纳支持论证）；②解释者至少包含一个一般定律（或统计定律）；③解释者具有经验地可检验的内容并且它是真的。这两个解释模型不但可以解释自然现象，而且可以解释经验定律和更高概括的科学定律。例如，用气体定律解释气球的膨胀或收缩，用气体分子运动论来解释气体定律，用牛顿定律来解释开普勒定律，又用开普勒定律来解释行星运动等就是它的典型例子。

定律覆盖模型之所以具有很大的吸引力，是因为它强调了科学定律在解释中的作用，这正好是科学家们的重要话题；而它强调解释必须是逻辑严格的论证，也正好符合当代科学的基本方法，即假说演绎法；而它的覆盖面很广，从对具体现象的解释，到对经验规律的解释，再到对理论规律和理论还原的解释，都给出了一个统一的说明。

二 科学解释标准模型的反例和困难

（1）有一个非常关键的问题是，C. G. Hempel 等人是逻辑经验主义者，他们的基本哲学主张是要"拒斥形而上学"，即拒斥本体论。因此，在讨论科学解释问题时，只注意逻辑形式的分析，而不注意也不了解解释者与被解释者之间除逻辑相关之外，更重要的是内容上的相关。它们之间是因果相关吗？一碰到这些与本体论有关的问题，Hempel 等人便保持沉默，所以，他们对于什么叫作解释相关问题一筹莫展。于是 ND 模型和 IS 模型建立不久，反例便连珠炮地飞来。反例的英文名词是 counterexamples，简写成 CE。下面我们来介绍几个反例。

CE1：金属受引力作用的解释反例。这是 Ardon Lyon（1974）

提出的，可以将它表述如下：

①所有金属都导电；

②所有导电体都受引力作用；

∴ ③所有金属都受引力作用。

这是一个对似律性陈述的 DN 解释的反例，如果用"这块金属"替换"所有金属"，就成了对特殊事件陈述的 DN 解释的反例。这是因为，上式中①与②确实演绎地推出了③，而且①又是定律，完全符合 DN 模型的要求，但谁也不把它看作一种解释，因为前提与结论解释不相关；金属并不是因为它的导电而受引力作用的。

CE2：男人吃避孕药不受孕反例。这是 W. Salmon（1971）提出的。[①]

①所有男人定时吃避孕药都不怀孕。

②约翰定时吃他太太的避孕药。

∴ ③约翰在过去一年中没有怀孕。

上式①中"所有男人"用"我猜测所有男人"来替换，这个反例就成了 IS 的反例。在这个反例中，约翰定期吃避孕药并不构成对他不怀孕的解释，他是个男人才构成这种解释，尽管上式完全符合 DN（或 IS）的要求。

标准解释模型的创造人，有个致命的混淆，就是将"导出"与"解释"混为一谈。导出就是解释吗？CE1 与 CE2 已经攻破这个论题。它们的前提虽然逻辑地导出被解释者，但它们明显地不是解释，而是解释不相关者。其实当用 DN 模型来解释经验定律或更高层次的定律时，有更为严重的反例。牛顿运动定律和牛顿万有引力定律导出了开普勒定律，被作为典型案例来解说 DN 模型，这是众所周知的。但开普勒定律与波义耳定律或其他无论什么样的只要是

---

① M. H. Salmon et al. , *Introduction to the Philosophy of Science*, Prentice Hall, 1992, p. 22.

真的定律的合取也可以导出开普勒定律。为什么这些类型的导出不能看作解释而只能看作无关？Hempel 后来自己也认识到自己的模型对这个问题无法解决①。因而以后他根本不提或者放弃了用 DN 模型对定律进行解释而只集中研究事件的解释问题②。为了解决这类解释不相关的难题以挽救 DN 模型，Hempel 在 1966 年出版的《自然科学的哲学》（张华夏等译，生活·读书·新知三联书店 1987 年版）一书中，他给科学解释补充了第④个条件，即解释相关的要求。但何谓"解释相关"呢？是本体论相关还是语境的相关或是心理学相关呢？我认为，这种相关就是本体论相关，又是语义和语境的相关。不过，逻辑经验主义者 Hempel 不可能这样回答问题，他对这个问题又保持沉默了。Hempel 为他自己在逻辑上说得头头是道的 DN 模型补上一个概念上很不清晰的并没有做出分析的"解释相关"前提，就使 DN 模型的逻辑魅力黯然失色了。这是标准解释模型的第一个困扰：解释相关困扰。

（2）标准解释模型的第二个困扰便是对称性困扰了。当 C. G. Hempel 建立和阐明 DN 模型的时候，他将解释与预言看作完全对称的，它们在逻辑结构上是同一的，它们之间的不同只是知识状态的不同：当被解释者 E 为已知时，DN 模型为解释模型；当 E 为未知时，DN 模型为预言模型。预言是潜在的解释，解释是已知了的预言。这种格言表明他认为二者是完全对称，这是 Hempel 所主张的对称，另有一种对称是 Hempel 不得不反对的对称。就是解释者与被解释者之间的对称。大家知道，如果解释就是论证，若 A 解释了 B，B 就不能解释 A。否则就是循环解释，这样的解释是不可接受的。所以解释应该是单向的、单调的、非对称的。可是 DN 模型却允许了许多对称性反例。

---

① C. G. Hempel, *Aspects of Scientific Explanation and Other Essays in the Philosophy of Science.* New York: Free Press, footnotes, 1965, 33.

② W. C. Salmon, *Four Decades of Scientific Explanation*, University of Minnesota Press, 1990, pp. 9 – 10.

　　CE3：旗杆及其影子反例。这是 Sylvain Bromberger 提出的（未正式发表，但在 1966 年已提出过类似例子）。

　　设太阳投射于地面的入射角为 53°13′，按直角三角形的边角关系，当旗杆高度为 4 米时其影长为 3 米。根据几何光学和毕达哥拉斯定理，以及太阳方位和旗杆高度的初始条件描述解释影子长度为 3 米，这完全符合 DN 模型。但反过来也可以从影长与有关定律演绎地论证和推出旗杆高度。这也完全符合 DN 模型，但它显然不是对旗杆高度的解释，不过它可作为对旗杆高度的预言。这里违反了：①解释的非对称性：当 A 解释了 B 时，B 不能解释 A；②C. G. Hempel 提出的解释与预言是对称的这个结论。

　　CE4：暴风雨与气压计读数反例。这是 M. Scriven（1959）提出的。

　　气压计读数突然急剧下降，这个事实预示着暴风雨的到来。但气压计读数并不能解释暴风雨的到来，尽管它完全符合 DN 模型。这个反例导致的结论与 CE3 相同。

　　值得指出的是，许多物理定律或方程是双条件语句的，它既包含同时共存的规律也概括前后相随的规律，上述的反例比比皆是。例如，星系光谱红移与星系离我们远去（宇宙的膨胀）二者是双条件关系（biconditional），但前者不能解释后者，后者却可以解释前者。公鸡啼叫与日出也是双条件关系。前者不能解释后者，但可预言后者。这些不对称反例是 DN 模型自身消除不了的。因为结论赖以推出的一般规律前提有对称关系时，就不可能推出解释的不对称关系以及解释与预言的不对称关系。要解释这个不对称困扰问题只有引进因果关系。因为原因与结果之间本来是不对称的，宇宙膨胀有一种因果作用引起星系光谱红移，日出有一种因果作用引起公鸡啼叫，反之就不然。所以后者不能解释前者。这种考虑导致 W. 萨尔蒙（Salmon）等人用因果解释替代 DN 解释和 IS 解释。萨尔蒙提出的因果相关模型（the causal relevance model）简称为 CR 模型。W. 萨尔蒙在提出的他的 CR 模型时指出，现在是到了将"原因"

放回"因为"中的时候了（the time has come to put "cause" back into "because"）。所谓解释，就是要表明被解释事件怎样符合于世界因果网络，指出是哪些因果机制造成被解释的事件。"In many causes to explain a fact is to identify its cause"[1] 就是他的一句名言。从因果解释模型的观点看，CE1 与 CE2 都不是解释，因为金属导电与它受引力作用之间以及男人吃避孕药与他不受孕之间无因果关系，是因果地不相关的。

但是，因果解释模型如果没有一个合适的因果概念和因果定义，DN 模型的反例会传染到因果解释中来，成为因果解释的反例。这就是为什么张志林和我要花很大的工夫来研究因果关系概念究竟表示什么的原因之一。[2]

如果我们采取我们在第五章中谈到的马奇的因果关系的 INUS 条件定义，这两个反例就会成为因果解释的反例。因为暴风雨及其相关的气压下降是气压计读数下降的原因，所以可以用暴风雨及其相关的规律来解释气压计读数下降，但反过来，气压计读数下降就是暴风雨来临的 INUS 条件，因为暴风雨总是跟随着乌云密布加上气压计读数下降到一定程度这种情况而出现的。为什么不可以说气压计读数下降是暴风雨来临的原因，从而是暴风雨来临的解释呢？正是这类反例迫使科学哲学家重新考虑因果概念，提出因果的作用分析。根据邦格、萨尔蒙以及我们的因果定义，既然旗杆影子不会有一种作用传递到旗杆上产生旗杆的高度，既然气压计读数的下降也不会有一种作用改变大气的状态从而引起暴风雨，所以 CE3、CE4 都不是因果解释。因此，我们明显看到 DN 模型和 IS 模型不可能解决对称性困扰，而没有作用机制的因果概念和因果解释也不可能解决这个困扰。

（3）标准解释模型的第三个困难是在科学领域和日常生活中常

---

① W. C. Salmon, *Causality and Explanation*, Oxford University Press, 1998, pp. 3, 93, 104.

② 张志林：《因果观念与休谟问题》，湖南教育出版社 1999 年版；张华夏：《关于因果性的本体论和自然哲学》，《自然辩证法通讯》1996 年第 4 期。

常遇到一些无须定律的解释实例。

CE5：墨水污染地毯反例。这个反例是 M. Scriven（1959）提出的。

靠近约翰教授书桌的地毯上，有一片黑色的斑渍。他怎样解释这件事呢？他解释道：昨天有一个打开了盖的墨水瓶放在桌子边，我不小心用手杖将它打翻在地，于是墨水倒到地毯上了。M. Scriven 认为，这个解释无须定律，也不是论证。这个解释已经清楚、完备，如果照 Hempel 的要求补上万有引力定律及精确的初始条件表述，企图逻辑地将这块地毯污渍推导出来，可能越解释越糊涂了。

CE6："威廉大帝击败苏格兰王却不入侵苏格兰"反例。这是 M. Scriven（1959）提出的。

对这个问题的解释是：这是因为威廉大帝并不想要苏格兰贵族的土地，他通过打败苏格兰王 Malcolm，迫使他效忠自己，从而巩固了自己北方的边界。这个解释不含任何定律，M. Scriven 认为，DN 模型或 IS 模型的覆盖律概念并非普遍适用。

不要小看 M. Scriven 猛烈攻击 DN 模型的这两个反例。在 DN 模型中，规律起了本质的作用。现在这个本质的作用至少在许多解释中，特别是历史事件的解释中被取消了，这就动摇了作为普适模型的 DN 模型的根基。进一步看，这两个反例都可以写成这样的形式（Ruben，1990）：①因为 C 是 e 的原因，所以 e；②因为 C_1，C_2，$\cdots$，C_n 是 e 的原因，所以 e。如果把这说成是以 "C 是 e 的原因" 或 "C_1，C_2，$\cdots$，C_n 是 e 的原因" 作为前提推出 e 的 "论证"（arguments），这不但是太平庸了而且是一个错误，因为本文第七章曾反复说明 "原因" 不等于 "理由"，因果关系不是演绎关系。所以 D. H. Ruben 对此甚至这样写道："这个批判，冲击了穆勒－亨普尔的，以及亚里士多德的关于科学解释理论的核心，这三个思想家坚持认为完备的解释是演绎的或归纳的论证。这样来说明解释不但不能提供解释的充分条件，而且也不能提供解释的必要条件……但我走得更远，我认为，典型的、完备的解释全然不是论证，而是单称句子或单称句子的合取。"① 当然，Ruben 后面的结论确实走得太远了。关于这一点，我们将在第三节中进行讨论。不过，上述两个反例连同 CE1 - CE4 确实冲击了 W. C. Salmon 所说的"经验主义"的第三个教条②。

（4）标准解释模型的第四个困难就是统计解释是否必须满足高概率的要求问题。Hemple 坚持认为如果前提并不能给结论以高概率的支持，其解释力就很差，所以就不能算作真正有效的解释。不过许多哲学家对此提出反例。

例如：

CE7：梅毒与偏瘫反例。这是 M. Scriven（1959）提出的，现在介绍的是由 Salmon（1992）据此修改过的例子。

①有梅毒病史的病人，如果发病第二期不定时注射青霉素，则到发病第三期有 25% 的病人患偏瘫。

②病人 A 有梅毒病史并在发病第二期没有注射青霉素。
$$\text{————————————————}\quad (r = 25\%)$$
∴ ③A 在发病第三期患了偏瘫。

病人 A 在病史第二期没有注射青霉素，此事构成了他患偏瘫的解释。

这个解释是低概率归纳支持，但不失为合理解释，它是 Hempel 的 IS 解释要求高概率的一个反例，说明高概率并非统计解释的必要条件。

CE8：心理治疗反例。这是 W. Salmon（1986）提出的。
①许多患有 N 型神经官能症的病人经过心理治疗都痊愈了。
②琼斯患有 N 型神经官能症并经过心理治疗。
$$\text{————————————————}\quad [r]$$
∴ ③琼斯痊愈了。

① D. H. Ruben, "Arguments, Laws, and Explanation", in M. Card, J. A. Cover (eds.) *Philosophy of Science—The Central Issues*, W. W. Norton & Company, 1998, pp. 732 - 733.

② W. C. Salmon, *Causality and Explanation*, Oxford University Press, 1998, pp. 95 - 107.

　　N 型神经官能症有一个特点：患者即使不治疗也会逐渐自动痊愈（有点像感冒患者）。据此，不管这里的概率 r 是高（比如大于 50%）还是低（比如小于 50%），都不能按上式解释琼斯的痊愈。由此得出的结论是：对于一个合理的解释，IS 模型的高概率要求既不是充分的，也不是必要的。

　　这两个反例使许多哲学家感到震惊，便怀疑 IS 模型本身是否可以成立的问题。请再看下面一个反例。

　　CE9：投掷偏心钱币反例。这是 C. Jeffrey（1970）提出的。设有质地不均匀的偏心钱币一枚，投掷得正面（头像）的概率为 95%，而得反面（花纹）的概率为 5%。当投得正面时，可以用 IS 模型来解释，但投得反面虽然不常有，也可以用 IS 模型来理解，正像某人飞机失事遇难身亡可以用他恰好坐了这班机来解释一样。所以，在投掷偏心钱币这个案例里，对正面结果给出的理解和对反面结果给出的理解完全一样。既然同一前提既可以解释正面也可以解释反面，所以，我们对于为什么这次投掷，钱币出现正面而没有出现反面，或者出现反面而没有出现正面就没有作出任何解释。因此，统计解释（IS）是不能成立的。

三　我们对科学解释问题解决的方案

　　以上所述的科学解释的 4 个困难和 9 个典型反例，无论如何在 DN 模型和 IS 模型的基础上是不能解决的了。这些反例和难题，暴露了 C. G. Hempel 这些逻辑经验论者的科学解释理解的问题：他们只将解释理解为一种逻辑推理，只注意解释形式，不注意内容；只注意解释的语法，不注意解释的语义和语用；只注意解释的认识论，不注意解释的本体论。现在的情况是，作为普适的标准解释模型确实崩溃了。出路就是范式的转换。这正是科学哲学的一个前沿问题。现在国外对这个问题的研究可以说是群雄四起，众说纷纭，莫衷一是。下面是三个主要学派的研究进路。我们认为，我们的研究工作应该站在这三个制高点上，对他们的研究成果进行批判地吸取和独立地创新，建构出我们自己的新解释模型。下面是我们对这三个学派的进路的讨论，以及我们对这些问题的解决。

（1）认识论进路。沿着 C. G. Hempel 开辟的认识论路线继续研究如何修正与改进它。其中 B. van. Fraassen（1990）[①] 特别注意对科学解释的语用和语境进行研究，P. Kitcher（1981）[②] 对科学解释的统一模型作了很好的论证。我们认为，这个进路是很值得我们吸取的。DN 模型和 IS 模型在进行了语用修正和语境修改后，它的解释力会得到大大加强。关于这一点，我们在上一章最后的案例中已作出了较为充分的说明。但无论如何，DN 模型和 IS 模型作为一种普遍适用的模型是不能成立的了，不过，我们确实不能虚无主义地把支配科学哲学界近半个世纪、在历史上曾经起过很好作用的标准解释模型完全否定。解释虽然不是论证，但并不是说任何解释都不是论证或不包含论证。本文在第四章《物类与自然律》中专门从物类论出发，为 DN 论证、IS 论证作了新的辩护，为此我们还独立提出了 FA 模型，对 DN 模型与 IS 模型作了补充。我们认为 DN 模型、IS 模型以及我们补充的 FA 模型作为一种归类解释特别合适。在科学研究和日常生活中，某一个事件常常因为被适当地归入某一个物类，从而共有（本质地共有、概率地共有或模型地和类比地共有）某一些特征而获得了解释。在这里，DN 解释模型的归类解释作用特别明显。凡人必死（L），苏格拉底是人（C），所以苏格拉底必死（E）。在这里，苏格拉底因为恰当地归入了人类而不归入"神"类而获得了必死的解释。一个事物因准确地归入一个类，所以服从这个类所具有的或模拟地具有的一般规律，因而便具有这些规律所揭示的特征。事件就这样地被解释了。这种解释可能因为它的解释规律未涉及事件的机制而只是属于对事件的初步解释。不过，我们已经至少以这种方式在 DN 模型和 IS 模型崩溃之时挽救了它的合理

---

① B. van. Fraassen, *The Scientific Image*, Oxford University Press, 1980.

② P. Kitcher, "Explanatory Unification", *Philosophy of Science*, 48, 1981, pp. 507 – 531.

内核。与此同时，根据我们对科学解释的语用学研究，给各种解释模型，包括作为归类解释的 DN、IS、FA 模型的解释论证结构中增加了一个情景关系项，就使得这些解释模型不但具有语形的和语义的意义，而且具有语境的意义。这也符合当代语言哲学和分析哲学中的语用学转向的要求。

（2）模型论进路。关于科学解释第二个学派认为，Hempel 对于科学解释的本质理解错了，不是运用规律来推出现象，而从根本上说，要解释一个现象，必须构造出一个模型，用隐喻、比喻（metaphor）和类比（analogy）的方法才能理解和解释世界。其中有两位女哲学家玛利·赫西（Mary Hesse，1974）[1] 和南茜·卡特莱特（Nancy Cartwright，1991）[2] 的模型论特别值得研究。赫西认为，类比在解释中起着本质的作用，那些被类比者（原始主题）就是被解释者，它用观察语言表达，而用作比喻或类比的类比物或模型（二阶主题）就是解释者，它用观察语言或熟悉的理论语言表述。借助于相似性原理（the principle of assimilation）和比喻链（a chain of metaphor），被类比者（一阶系统）与类比者（二阶系统）的相互作用到了这样的程度，类比者将它自己的特征迁移到被类比者中，被类比者可以用类比者的语言框架来重新描述，这就是解释。所以解释者和被解释者的关系并不是演绎关系，而是一种类比的关系。就这样，人们用水波解释声音、光线，用粒子随机运动来解释气体。卡特莱特说："我们对于解释能要求的只是一种公式框架，使我们能够揭示不同现象的类似性"，"解释一个现象就是找出一个模型，将现象配入理论的基本框架中，从而使我们能对真的但凌乱的复杂现象规律作出类比"（Cartwright，1991，pp.95，152）。对于这种模型论的研究，我们在第九章和第十章中补充了许多具体的案例分析。对于人类道德行为何以可能的解释，无论霍布斯的人

---

① Mary Hesse，*The Structure of Scientific Inference*，University of California Press，1974.

② Nancy Cartwright，*How The Laws of Physics Lie*，Oxford University Press，1991.

类"自然状态"模型，罗尔斯的"原始状态与无知之幕"的模型，以及我们自己提出的"博弈论"模型，都是名副其实的模型论进路。而对于人类经济行为的解释，我们将"经济人"的假说以及"边际效用论"的假说也都作为马克斯·韦伯所说的"理想类型"的模型论进行分析。而在自然现象的解释方面，我们在第四章提出的功能类比解释（FA 模型）本质上也是一种模型论的思路。

总结我们的考察以及赫西与卡特莱特的考察，我们认为模型论的解释理论，有两个问题必须注意。①如何保证模型的恰当性问题：如何运用 Metaphor 的方法才能使模型的推理与经验事实符合得更好（或接近得更好）。在模型与真理和模型与实在的关系问题上，由于模型是构造出来的（或虚构出来的），它与实在并不是符合论的，所以卡特莱特特别采取反实在论的立场。不过，无论对模型的理论实体采取实在论立场还是反实在论立场，模型所推出的"导出规律"必须与经验规律或经验事实相比较，来确定它的符合程度或接近程度。的确，情况绝不会像 Hempel 解释理论所说的那样，那些经验的规律或经验的事实陈述可以由模型和由模型具体化了的理论定律直接推出。由模型推出的东西并不就是经验的事实和经验规律，而只是与经验事实和经验规律相类似的东西。模型与类比既是智慧的工具，也可能是智慧的陷阱。如果认为模拟物就是现实事物，模型导出的规律就是经验规律，我们就可能掉进这个陷阱里了。因此我们主张模型多元论，可以用各个不同模型来逼近现象。在人类道德行为何以可能的解释上，我们同时使用三个不同模型来"导出"四项伦理基本原则。而在运用模型解释现象问题上，我们同样主张提出给模型导出规律补充修正因子或修正项以使模型解释更加完善。事实上，物理科学、经济科学和伦理学在运用模型解释现象方面，常常提出这种修正因子。例如，当利用理想分子模型解释体积很小、密度很大的气体状态方程时，就有所谓范氏修正因子，它考虑到分子之间的相互作用力，而不仅仅是弹子球之间的相互碰撞而已。当利用原子模型解释核弹的爆炸时，在大型超巨型氢弹爆炸的核反应中，我们又需要提出修正项来解决理论推导与实验数据之间的不协调性。②通过模型对现象进行解释只是科学解释的一种形式，并且类比推理总是与演绎推理与归纳推理协同使用的。这两位女哲学家主张一切解释都是类比的主张似乎说得绝对一些。

（3）本体论进路。关于科学解释研究的第三个学派认为解释就是要揭示现象发生的因果机制，阐明它在整个自然图景和层次结构中的地位，而不是什么论证（arguments）。W. C. Salmon 就属于这一派。他的名著 *Causality and Explanation* 一书建立了 CR 模型，风行世界，大有取代 DN 模型和 IS 模型之趋势。著名科学哲学家W. H. Newton-Smith 说："这个模型符合科学中和日常生活中的解释实践，这种符合比 DN 模型符合得更好。"①

由于本文以本体论与价值论为主题，并从这方面切入科学解释问题，所以本文是倾向于本体论进路研究科学解释的。我们基本上同意这个学派的这样一种观点，即对一个事件进行解释的核心问题就是要阐明这个事件发生和运作的机制（mechanism）。本靶文的主要篇幅就是分析这种机制。不过，我们与这个学派的代表人物萨尔蒙有下列几点分歧。

①关于事件或过程的机制问题。萨尔蒙只承认一种机制，即因果作用机制，相当于本文所说的两种机制，即因果决定性作用机制和因果概率性作用机制（笔者更喜欢称作随机盖然性作用机制）。他完全否认目的性作用机制和意向性作用机制的独立性。为了保证科学解释在本体论上的因果解释的统一性，他拒绝承认目的性解释、功能解释、人类行为的意向性解释等属于科学解释，认为它们或者是不科学的、不成熟的、不精确的，它们成熟后也至多可以还原归入因果解释的一个子集。这种观点至少要将心理学和社会科学中许多合理的解释排除在科学大门之外。本文作者比萨尔蒙在解释

---

① W. H. Newton-Smith（ed.），*A Companion to Philosophy of Science*，Blackwell Press，2000，p. 129.

问题采取更加宽容和更加兼容的立场，同时承认因果决定性解释、因果统计解释、功能解释、目的性解释和意向性解释都属于科学解释的范围。本文的第五、六、七章已为此作了本体论的论证。

②关于解释与论证的关系问题。萨尔蒙强调解释不是论证，说解释就是论证是逻辑经验论的第三个教条。我们的观点虽然同意"并非一切解释都是论证"这个命题，但我们认为，仅仅说解释不是论证，而是一组说明因果关系的语句（sentences）是不够的。问题在于，这一组语句到底按什么步骤和形式结构组织起来，组成解释模型？在这些步骤和形式结构中，论证是否参与其中呢？如果参与其中，它在解释中，在因果/机制的解释中的地位又如何？如果我们否认了这些问题，就等于取消了解释问题的研究。萨尔蒙之所以在这个问题上采取消极的立场，是因为他过分强调可以有没有规律的因果解释。当然，我们在一定限度内，也承认上述 CE5 与 CE6 的合理性。的确，对某些问题作解释时，不必事事去援引因果律，特别不必事事要从因果律上将被解释事件推出。但是，有一点必须注意：人们对于事件的因果关系的认识，必须依靠因果律。只观察两个事实有一次相伴随出现绝不能断定它们有因果关系。必须大量地观察同类事件的出现。所以，约翰教授的墨水污染了地毯，尽管他不引用因果律来加以解释，但他的解释是受因果律支持的。如果他像萨尔蒙所要求的那样，说明这个事件在世界因果网络中的位置，他还是要引用一些因果律，尽管我们不可能要求他建立墨水污染地毯的动态方程并将它解出来，特别是将它的混沌解解出来。至于 CE6 本身，它并不是因果解释，而是人类行为的意向性解释或目的论解释。这是我们在第七章已经讨论过了的。威廉大帝的决策是依据一定的决策规范的，历史学家可以发现其中的行为规律。

总之，为进行因果解释而寻找事件的因果机制时，人们总是要依据一定的因果律。因此，因果解释在大多数情况下还是需要引用因果律的。这样，即使是因果解释也常常要包含某种演绎论证，即对现象进行 DN 论证，虽然它不能归结为 DN 论证。我们的总体的认识是：因果解释在许多方面超越了 DN 解释，又包含了某种合理的 DN 论证作为自己的内容。因此，即使因果解释，包括概率因果解释，都有自己的形式结构和程序结构。本文在这方面已经提出了一些形式。

③关于因果解释与其他形式的解释的关系问题。萨尔蒙在因果解释之外，还承认了另一种与之相平行的、并且互补的解释形式，这就是 Friedman（1974）和 Kitcher（1981）提出的统一性解释（the Explanation of Unification）。其基本思想是主张解释就是以尽量少的假说数目和尽量少的论证形式去统一导出尽量多的现象。解释就是寻求更有统一性的知识组织。不过萨尔蒙想用新的二元结构 CR 模型（因果解释模型）和 UN 模型（统一解释模型）替代已过时的 DN 模型和 IS 模型，囊括科学解释的一切领域却很难成功，因为从我们的本体论和价值论的分析来看，以统一的图景来理解世界当然是科学解释的总体观念，也是科学的终极追求，不过科学解释已有一种走向多元化的趋势。从本体论的观念看，我们至少可以将它划分为下列一些解释类型：归类解释、因果解释、概率解释、功能解释、目的性解释、意向性解释、还原解释、扩展解释和统一性解释，其中还原解释与扩展解释已在本文第二章分析过了，其他的解释类型也在以上各章中有相应的分析。本章所做的只是将我们的见解与其他哲学家的见解作一个对比性的小结。

评　论

"世界的'系统'构造"及其缺憾

——从科学哲学的观点看

中国科学院研究生院　胡新和

　　早就盼着拜读张华夏先生的新作《引进系统观念的本体论、价值论与科学解释》，但真正捧起这篇"靶子论文"来，才发现要想读进去并不是那么顺利，当然，"找起碴儿"来也就更不容易，其间的感觉历程似乎是一段一波三折的三部曲。

　　首先自然是感佩。张先生此文洋洋洒洒，恣意纵横于自然科学和社会科学的诸多领域，尤其是为我辈所不熟悉的如经济学、价值学等领域，指南打北，挥洒自如，诚为如我辈者学力所不逮，也唯其如此，读起来就不那么顺畅，而且通览全篇，可知张先生着意于把文中所论及的各个领域，从本体论、机制论到价值论，直至最后的科学说明问题连接成一个完整且（至少比较）有机的体系，把消解其相互间的区别和差异玩弄于股掌之上而游刃有余，至少形式上似乎是比较成功的，不由得你不为之敬而佩之。

　　然而，既然标之为"靶"，当然不是让我等来唱喜歌儿的。感佩之余再一琢磨，发现尽管靶文头绪繁多，范围较广，似很庞杂，但大致可分以"一、二、三、四"来概括。"一"是指一个中心：系统观；"二"是两大论域：本体论和价值哲学；"三"是三种机制：提出了事物运行的因果决定性、随机性、目的性/意向性三种模型；"四"是四项基本原则：认为在社会的道德规范中存在着生态环保、功利效用、社会正义、仁爱这四种规则。而这个"一二三四"进行曲中的大部分具体内容是似曾相识的，如系统观念、实体论、因果性、广义价值、伦理公理体系等，先后散见于张先生这些年发表的作品中。对其中的实体与关系，伦理公理体系的架构等问题，还曾有过不同程度的纸面上或口头的讨论和交锋。因此，靶文似可看作他近年来工作的总结。但不同之处在于，如上所述，这些内容在这儿，全部用一根线串了起来——这根作用非同小可的线，就是标题中"隆重推出"的"系统观念"。

这么一来，就品出一点怪味儿了：如靶文"序"中所说，此文本从一个科学哲学中的说明（或者解释）问题出发，怎么竟会把系统观念或系统科学都"引"出来了？科学说明，当真与文中所提及的林林总总的各个领域、各种问题都扯得上吗？"哲学问题要就不解决，要么就一揽子解决"（见文中"序"），这么一种信念，及其在这种信念指导下做出的工作，合乎科学哲学自身的逻辑吗？显然，这里所谓的"怪味儿"，出自一种科学哲学的独特口味的评价。但其一，取这种独特的视角无疑是合理的，因为至少整个故事缘起于科学说明这样一个科学哲学问题；其二，任何一种解读都有自己的立场。只有确定了特定的视角，才不至于疲于奔命，光忙着感佩，而能真正发现问题（"怪味儿"），从而展开批评，并成一家之言。这也就是本文副标题的意旨所在。

一　自然哲学批判

从靶文的标题看，此文的关键词应当是"系统观念""本体论""价值论"和"科学说明"。无疑，这几个关键词中的任何一个单挑出来，都可立为一本书的题目，但把它们放在一起，给人的则是一种不协调和不平衡的感觉。科学说明作为一个哲学问题，何以能与本体论和价值论这两大哲学分支并列？本体论中当然可以引入系统观点，价值论中作此引进则不无勉强，而在科学说明中引进系统观念何以是可能的？其内在的逻辑又是什么？

读罢文中提纲挈领的第一章，我们似乎对作者的初衷已有所了然。首先，文章开宗明义的第一句就告诉我们，"本书的目的，是讨论一种引进系统观念和方法的本体论与价值哲学并对其相关的解释问题进行研究"。也就是说，作者之意图在于：①以系统的观念和方法为纲；②指向的是本体论和价值哲学；③即使涉及说明问题，也只是与本体论与价值哲学相关的。而在这一章的最后，更是以堂堂的"十四条"，明白清楚地提出了一个"引进系统观念的本体论和价值哲学的研究纲领"。从这"十四条"中，人们不难看出，张先生所真正瞩目的，实际上是一个"系统哲学的世界体系"；靶文不过是这一"长期的研究纲领"的牛刀小试，也不妨看作这一"系统哲学世界体系"的一个出场宣言。套用一句"文革"俗词，可谓"学子野心，昭然若揭"，是也。

既然是"体系制造"专业，显然就"非我族（科学哲学）类"，而应归于"自然哲学"门派，至少按照传统的门户渊源。当然，这里的分类绝无任何歧视或优劣评判，而纯属于一个事实判断：因为自然哲学的一个特征，就是倾向于以体系化的形态，去描绘自然界的图景。而自然哲学的另一个特征，至少自近代科学诞生以来，则总是倾向于立足或相关于一种具体的自然科学成就，来提供这种体系化的图景。这里用的两个"倾向于"，意在表明并非所有的自然哲学研究都必然具有这两个特征，而是说总体上看，自然哲学有这两种倾向。基于牛顿力学的机械自然观如此，基于热力学的唯能论如此，基于系统科学的拉兹洛的系统哲学同样如此。①

然而，毋庸置疑，自然哲学的这两个特征，或两种倾向之间是有着内在矛盾的。任何一种具体的自然科学成就，都有其确定的对象和界限，都是对于具体的物质结构、运动形式或相互作用规律的认识，其中即使综合程度很高，并且成功和辉煌如牛顿力学者，也

---

① ［德］赖欣巴哈：《科学哲学的兴起》，伯尼译，商务印书馆 1983 年版，第 234—236 页。

不过是人类认识之银河和浩瀚自然之宇宙中的一个星座；纵然灿烂光辉，也只是人类认识和自然奥秘中的一个局部、一个剖面，给我们以"由一斑而窥全豹"的一种视野，而绝不是实在的全景或全貌。若是以此而概括上升为一种什么"观"、什么"论"或是什么"主义"（如机械主义、能量主义、"场"主义或是系统主义），去构造出认识整个自然界的世界图景，甚至于用以把握理解人类社会及其价值观念的理论体系，并自以为如此就"一揽子解决了全部哲学问题"，这实在是一种自然哲学，或者说黑格尔式的自然哲学的狂妄，并必然要面临这样一个难题：如此一种由（科学的）"点"到（哲学体系的）"面"的"扩展思维"是何以可能的？这一问题实际上蕴含着两点质疑：其一是这种"点"的可靠性问题；其二是这种"点"的普适性问题。前一点当然是科学问题，一个成功理论的"点"的实证性和完备性，在确定的范围内得到保障，而一个头脑清醒的科学家会在"得到保障"前更严谨地加上"迄今为止"的限定，即他会意识到这一理论并非"终极真理"；而后一点则恰恰成了一个哲学问题：当你以一种自然哲学的倾向，把一种科学成就上升为哲学原理，突破其原有的界限，而"扩展"到"面"，即扩展到各种结构、各种形式、各种作用，以至于各个领域时，你何以保证其可靠性，即原有的实证性和完备性仍然具有可传递性呢？你何以认定如此构造出来的体系能与"面"上的现实相符或至少相近，令人有起码的可信度，而不仅仅是概念演绎和游戏呢？记得是拉兹洛于1988年首次访华时，曾在中国社会科学院哲学所作过一次关于他的"场哲学"或"场主义"的演讲。[①] 在随后的提问和讨论中，我就提出过如下问题：如果说世间万物，包括物质和精神的东西都可还原为他所谓的中性的"场"，那么，这种"场"是否可以用物理的方法探测出来？他的回答是：不能。既然如此，那么，显然此"场"非彼"场"，它除了名称上套用了物理词语之外，与

---

① ［美］E. 拉兹洛：《当代科学的新形而上学》，闵家胤译，《哲学研究》1988年第5期。

作为 20 世纪物理学重要成就的场论又有何关系？把它另冠以西方哲学史上源远流长的"逻各斯"，或是罗素"中立一元论"中的"要素"之名后，然后再"主义"一下，又会有什么区别？

正是在这里，暴露出了这种自然哲学倾向的最大弊病，这就是对于科学和哲学不加区分：一方面套用科学概念之名，另一方面却并不遵守科学的定义和界限；一方面明明是哲学家身份，另一方面却总愿越俎代庖，去干应当属于科学家的事。如果说在历史上，例如在 18 世纪、19 世纪对科学和哲学的界限和任务还无清醒认识时，这种倾向或工作还是一种哲学家的"集体无意识"的话，那么，在现代科学哲学尤其是逻辑经验主义对此作了明确界定之后，再想"鸳梦重温"的人，就不能简单地归之于历史的惰性，而显然与个人的理论情趣或是癖好有关了。

与大多数当代自然哲学研究一样，科学哲学也是从科学出发，即所谓在"科学之后"的。而与自然哲学不同的是，科学哲学对于自己的哲学定位有着清醒的认识。它们或是以一般性的科学理论和活动为对象，探究与其相关的分界、评价、结构、说明、进化、革命、实在论等一系列基本问题，或是针对具体的物理学、生物学或心理学理论中的哲学问题，如时空，决定论与偶然性，或是心身关系等问题进行研究：其特征显然是以问题研究为取向的。在这个意义上，我常常把科学哲学称为定义在一个问题域中的学科。

这里，我们又一次遇到了问题与主义，或是与体系之争。科学哲学主张从问题出发，而自然哲学则着眼于体系。但不同于政治斗争，学术研究不是靠登高一呼，挥舞"主义"大旗，就可毕其功于一役、一统江湖的，而要靠扎实的研究和日积月累的功夫。吸取了黑格尔式自然哲学的教训，逻辑经验主义明确了这样一种立场，即对于自然，应由科学来描述和说明，哲学不应僭越；而关于科学中的问题，则由哲学来说。因此，哲学是关于自然的二阶理论。这种分工和区别，也正是科学哲学所追求的那种科学的态度，因为科学历来是立足于分类、定义域和界限的。而自然哲学的那种建立体系和说明一切的内在精神和冲动，必然驱使它要不断地去超越它所奉为圭臬的具体成就的内在限定，消弭理论、学科及事物之间的界限，从而把这一具体成就扩展且"主义（权且杜撰为 ist-ing 吧）"为普适原理，并以此来建构一种能说明一切的普适的自然观。这与其说是一种科学上的无知，认为手中的科学理论会是一种没有限制的普适真理，不如说是一种哲学上的狂妄，认为哲学家有能力把一种科学的成就提升且推广为一种广泛的体系。

话头收回，张先生的自然哲学体系，无疑是以系统科学为"点光源"而向外辐射的。但即使是像系统科学这样具有相当综合性和覆盖面的横断学科，也不可能突破其概念和学理上的限定，而适用于全部的领域。科学家们十分清楚："一个解释一切的理论，等于什么也没有解释。"① 而哲学家，至少是拉兹洛和靶文中的张先生这样的自然哲学家却忘了，当什么都是"场"的时候，"场"就什么也不是了。同样，当什么都成了系统时，系统也就失去了其质的规定性，无以区别于其他，从而也就等于什么也都不是系统了。无论如何，对像我的书房中的家具，同一个班级的学生（或更松散些，一个商场中的顾客），或是不同的伦理学观点所组成的"系统"，应用起那些"普遍的"系统规律或"观点"时，比起那些严格的"具有动态学联系的元素之内聚统一体"来，总是要让我们的"系统哲学家"们勉为其难的。而当像"自然界，宇宙"这样至大无外，没有边界，从而无法与外界有物质、能量和信息的交流的对象也成了"就是一个系统"时，当夸克这种我们目前已确认其存在，但无法以有效手段探索其内在结构的存在，也因其存在而被认为是"具有动态学联系的元素之内聚统一体"且服从系统规律时（见靶文），我们实在是只能叹服"系统哲学家"们的"扩展思维"的想象力了。"种瓜得瓜，种豆得豆。"当"系统主义"的"扩展思维"

---

① ［美］林恩·马利古斯、［美］多里昂·萨根：《我的另一半》，王月瑞译，江西教育出版社 2001 年版。

拓展到意在用系统观点去建立体系并说明一切时，它也必然落入自然哲学倾向的固有陷阱：一方面，它要求它所赖以建立体系的"点"，即系统科学具有某种绝对性，因为"按照传统的要求，哲学体系是一定要以某种绝对真理来完成的"，从而封闭了自己的体系，宣告了真理的终结，另一方面，在它按此"绝对真理"所构造的"面"，即自然图景、社会图景、甚或是人类精神世界图景中，则只能"用理想的、幻想的联系来代替尚未知道的现实的联系，用臆想来补充缺少的事实，用纯粹的想象来填补现实的空白"。[①]

二　"实体论"批判

靶文拟议中的"系统哲学体系"的基石，是其本体论哲学；而本体论哲学的基石，则是其"实体论"思想；而其实体论思想的精髓，则似乎可以一言以蔽之：实体是"终极实在"。这种终极实在意义上的"实体"观，显然体现了系统哲学体系构造的内在要求，却并没有科学哲学上的必然性。

为了其体系上的需要，靶文开篇就以"本体论的研究何以可能"为题，从逻辑经验主义的"拒斥形而上学"和奎因的"本体论承诺"谈起，给人的自然是一种科学哲学研究的印象。然而，岂不知张先生这里依然是"项庄舞剑，意在沛公"，不过是借奎因之剑所撕开的"反形而上学"雷池的缺口，虚晃一枪之后，一家伙跳到了"本体论（体系）构造"的另一端，直接进入了宣告系统哲学体系"研究纲领"的立场，而其中所使用的"障眼法"，是所谓"广义"或不如说是"泛化"法，即所谓本体论不过是"广义的"科学，原本就不应被排除在"科学"哲学研究领域之外，进而言之，自然哲学也就是"广义的"科学哲学了。"戏法人人会变，只

---

① 恩格斯：《路德维希·费尔巴哈和德国古典哲学的终结》，《马克思恩格斯选集》第4卷，第213、242页。

◇ 评 论

是此番不同"，我等一不小心，被张先生的"系统整体论"用"广义法"一变，本体论就与科学浑然一体，自然哲学竟也与科学哲学一般无二了。此等"自然哲学"门派"踏'界'无痕"之神功再现，实在令人眼花缭乱。可叹"科学哲学"门派的奎大侠，为破除门派中的清规戒律，锐意改革，拓展套路，一时何等英雄，不曾想，其改革旗号到了异域他乡的"自然门"手中，竟然成了蹚浑水的工具。这恐怕是在逻辑经验主义桎梏甚严下立意"造反"的奎公所始料不及的。当然，早在1994年北京纪念洪谦先生和维也纳学派的国际科学哲学会上的发言中，我也曾指出过，奎公所提出的知识整体论过于宽泛，难免与其经验论立场产生矛盾。因为如此广大的知识场显然可以通过其波澜不惊的调整，把边界上经验反常造成的扰动吸纳殆尽，从而使经验论者所主张的经验对于理论的限定作用形同虚设。一种经验论的知识整体论只能是理论整体论。① 当然，这都是题外之话了。

我们再来看靶文中的实体论思想。这里的关键，是"实体"和"终极实在"这两个概念。应当申明在先的是，在科学哲学中，按照众所周知的规则，首先，应当尽可能严格地界定所使用的概念；其次，对于历史上沿用至今的基本概念，似也应尽可能保持其使用中的规范性。而靶文中本体论部分对于这两个核心概念的使用，并没能遵守这一规则。无论是对于"实体"（substance）还是"终极实在"（ultimate reality），靶文中都按照自己的理解和需要作了与其传统意义不同的独特定义。

我们先来看"实体"一词。众所周知，从巴门尼德开始，哲学家们就在追求纷繁变化现象后不变的东西、实在的东西：巴门尼德称之为"存在"，是无生无灭的、不变的；柏拉图称之为"理念"；而亚里士多德名之为"实体"，并以之为其"第一哲学"的对象。因此，这种"实体"是不变的、基础的（substantial）、本质的，是

① 胡新和：《可检验性与整体论——理论整体论的重建》，《东方论坛》1996年第1期。

— 266 —

使一事物为一事物的根据。唯其如此，才有以后种种"实体"学说，如笛卡尔把世间万物分为"物理"和"精神"两类实体，前者以广延为本质，后者以心灵为本质；也才有洛克的"第一性质"说，认为实体的不变性在于其"第一性质"的不变性，因此，"第一性质"是实在的，进而有罗素的"实体不过是挂起一束第一性质的挂钩"的说法，也才有我们的引入"关系实在"以挽救"第一性质"的相对不变性的"关系实在论"。拉兹洛、海森伯们所坚持的"不变实体"的概念，恰恰是"实体"概念之本意。而尽管亚里士多德本人确也引过个体事物为"实体"的例证，但他强调的是"排除了所有属性后"保留下的"纯实体"为"实体"概念的哲学底蕴。因此，说"可变的实体"，就如同说"冷的热"和"苦的甜"一样不合逻辑，是不可随意一说，而需要详加说明的。而认为实在性是那些自然界中的事物的本性，实在就是那些类似于事物的东西，它们外在于我们，却能为我们所感知这一类的思想，至少据马根瑙的考证，要到古罗马时期才出现。[①]

同样，"终极实在"的原意，也是如泰勒斯的"水"、阿那克西美尼的"气"、赫拉克利特的"火"那样可最终被化约成不变的东西，而不是如靶文中那样的"可变的各式各样的个别事物"。这种可变性、多样性恰恰是"终极实在"的追求者们要"揭蔽"和剔除的东西。这一概念即使与张先生的"实体"相关，也是指各种实体所可化约成的"终极实体"。"终极"一词，原本就是本体论意义上基本的、根本的、不可再分解或还原的意思。唯其如此，才有德谟克利特及其后的各种"原子论"，有莱布尼兹的"单子论"，也在某种程度上成为现代物理学中追踪"基本粒子"的原动力。而文中所说的与其他存在（或实在）形式，如属性、关系或过程相对意义上的"终极"之意，由上段所说的洛克的"性质实在"说，

---

① Margenau, H., *The Nature of Physical Reality*, McGraw-Hill Book Company Inc., New York, 1950.

莱布尼兹及现代的"关系实在"论，以及怀特海的"过程实在"论的提出时序，可知并非历时久远的"终极实在"概念之本意。

既然与原意不符，靶文中又何以要以此"实体"为"终极实在"呢？

首先，我想这是为了给其本体论哲学奠定一个坚实的基础。而传统哲学，或"自然辩证法"式的思维定式或习惯，使他仍钟情于以"物质"实体作为这种基础。按照英国科学哲学家罗姆·哈瑞的说法，在科学哲学中关注的相应问题，是科学理论与其对象——实在之间的关系问题，即实在论与反实在论之争，唯物唯心之争应当是已被超越了的问题[①]，这似乎是靶文自然哲学性质的另一例证。但这么做的结果，只能落入"实体"和"物质"的循环或交互定义：实体是"自然界、物质世界独立存在的具体事物"，而"物质是标志具有属性和关系的一切实体"（见靶文）。不仅"实体"的概念无法澄清，反倒又蹚进了传统哲学问题的浑水中去了。

其次，或许是为了诉诸或借助于人们关于"实体"的根深蒂固的常识和直觉，也是为了与新的科学进展相吻合。为此，"实体"又被说成"指的是所有的个体，特殊事物或个别事物的总称"，但这种常识化的"个体"显然不包括时空中非定域的"场"，因而与其"引力场也是实体"的说法相矛盾。说"世界的终极实在是变化着的实体或实体的过程"，显然是为了与新的科学进展所揭示的实体的变化相适应。但如前面所说，如此一来，则大到星球、小至夸克的各种实体都成了"终极"实在，显然有悖人们关于"终极"的常识，而另一方面，现代科学所揭示出的这些个体之间的关联性，又在多大程度上符合靶文中所设定的"具有独立意义"这一终极实在的"标准"呢？

这里，我们找到了以"实体"为"终极实在"的第三个原因，这就是一种一元论倾向在作怪。尽管作者承认属性、关系和过程都

---

① Rom Harré：中英暑期哲学学院 1991 年"科学哲学课程"讲稿。

是实在的，但当他致力于寻求"终极实在"，并认为仅有"实体"有资格作为这种"终极实在"时，他实际上坚持的是一种"一元论"的实在观。而如果遵循实体概念的原本含义及其历史发展和逻辑的线索，我们会发现实体、性质和关系这几种实在形式，实际上是相互制约、相互规定、相互补充的。作为"终极实在"的夸克，其本质是由一系列特征"量子数"所决定的，而这些特征性质，又是在内在和外在的关系中确定的。靶文在实在观上的这种一元论，既与其所强调的系统科学重视系统之间关系的思想相悖（原则上不存在截然孤立的系统），也是与它在文中其他部分，如机制论和价值论中的多元论精神不相吻合的。

这里，似可顺便简单地提一下我与罗嘉昌先生在"关系实在"思想上的一点分歧。这就是我认为罗氏"关系"也是一种一元的"实在观"，主张各种实在都可还原为关系，由关系中可以生成各种关系者。而我认为"关系实在"的特色正在于它的多元倾向：不同的关系中呈现出不同的实在图景。实体原本由不变的第一性质所规定，现代科学的发展，揭示出性质在特定的关系中确定，由此进一步丰富了事物及其性质间的普遍联系和相互作用的图景。实体、性质和关系，三元一体（实在），共同构成了科学理论所描述的对象。时至今日，依然囿于"终极实在"的怪圈，耽于鸡生蛋，还是蛋生鸡之类的孰先孰后的问题不能自拔，实在是有辱"智慧学"之名，而不谙多元论之真谛了。

三 "广义价值论"批判

掠过文中"机制论"部分，我们来看本文论述的另一重点：价值哲学。既然旨在打造"系统哲学"体系，当然首先要清理出，或不如说是"发现"从本体论到价值论的内在线索，从而打破传统的"是"与"应该"，"事实判断"与"价值判断"之间截然二分的壁垒。文中如此沟通的途径，再次是由"扩展思维"或"概念泛化"法来担当的。

　　如前所述,"系统主义"为拓展疆域、构造体系之需而"扩展思维"时的一个法宝,是玩弄概念游戏、泛化概念的定义域,常见为"广义"法。这里也不例外。通过在事物运行的第三种机制——目的性和意向性机制中引入"广义目的性"概念,再把这种"系统按一定程序,通过负反馈调节以指向一定目标"的广义目的性指定为该系统的"内在价值",然后再拓展"主体"概念,泛化"关系"范畴,从而建立起形式上满足了"表示主体与客体相互关系"这一"价值定义"的所谓"推广和发展了传统价值概念"的"广义价值概念",普适于从无机界、生命界到人类社会的整个世界。

　　由上述程序可见,"广义价值"的导出依赖于三个推广:"广义目的性""广义主体"和"广义关系"。其中关于广义目的性,尽管有维纳之言在先,但也只能说是一种启发性的比喻。人工物的目的性无疑体现的是人的目的性。人工智能也是一种人类智能的展现,至少迄今为止是这样。说它是客观的,内在于机器的,当然是可理解的,但绝不是在独立于人这一主体的意义上。用建立在"人工物"基础上的"广义目的性"概念,来作为"自然物"的"内在价值"的依据,显然有偷梁换柱之嫌,也不免过于急功近利。至于以"人的目的也是被文化或社群所赋予的"来类比,这里显然忽略了人毕竟还有自主选择、"自我决定"和改变的余地,而机器的"目的"则是预设的和命定的。排除了人工物后剩下的自然系统,如原子的趋于基态和原子间的共价结合,则完全是由科学已说明了的事实,即在所谓"因果决定性机制"和"随机性机制"辖内,再引入"广义目的性",则既有侵害"三大机制"的"三权分立"之嫌(还原为目的性一元论机制),也有叠床架屋之虑,当与亚里士多德目的论和神学的目的论解释一样,同属应由奥康姆剃刀剔除之列。

　　"广义主体",即将主体"从人推广到一切生命",当然甚至于推广到一切自然系统,这无论在认识论还是价值论领域中,都是一个根本性的"推广"，应当是需要详加论证，而不可轻松随意，一笔带过的。如同论证本体论的"科学性"一样，靶文此处也很潇洒地把哲学上有严格界定的"主体性"自如地"广义"到了人类之外的自然界。而既为主体，于是"生命自维持系统或生命自维生系统有自己的自我，有自己的目标、需要和利益，它们完全可以作为价值主体的"（见靶文），只可惜动植物们缺乏自我意识和表达能力，于是乎仍需人类的认识和表达——但君非鱼，安知鱼之乐？"私人语言不可交流"。对于某种自然"主体"的"目标，需要和利益"之类的"价值"内容，要么保持沉默，则等于没说，而当你一旦开口，就不仅如前所言，代科学言自然，而且在这里是代自然言其自身价值，何以知此言不是出于人类，或是其某一族类，甚或其中某个人一己之见，甚至于一己之利？这种代言骨子里不仍然体现了一种"人类中心"或"科学的"狂妄？

"广义关系"说，是指为满足"价值是主体与客体相互关系的范畴"这一概念，而自然此时既是主体，又是客体而引入的"自反性关系"。但这里在"广义主体"推广到生命系统的同时，"客体的类也可以包括主体自身"，从而使客体对于主体的价值关系"上升"为"主体对主体的自反性关系"的"广义价值"的（"广义"？）"逻辑"（游戏），实在是如我等脑钝笔拙之辈所难以理解和追寻的。不过我倒是从中"悟"出了张先生"实体一元论"的一个论据：既然有"自反性关系"这样的"广义关系"撑腰，又何惧"关系实在论"张狂？须知实体中原本包含有"自反性"这样的"广义关系"，至于"过程实在"等自然也不在话下，顶多再"广义"一下罢了。

有了"目的"，成了"主体"，再与自我接上"关系"，"广义价值"当然应运而生，"系统价值哲学"就此奠基。只是立足于如此泛目的性、泛主体性、泛关系性之上的"泛价值论"难免有"泛灵论"和"伪价值"之嫌。我们的一个初步判断是：这个"广义价值"说实在像是一个为了反"人类中心",或体系构造等"狭义目的"而作出的"价值判断",而不是"事实判断"。现实的问题,是如此得出的自然价值、内在价值,或客观价值显然是一元论的。张先生在实体一元论,"广义目的性"的机制一元论之后,又奉献给我们一个广义价值的"价值一元论"。但这个"元"实际上是不能说的,谁敢自命"知道"自然"客体"对于自然"主体"自身的价值?而关于自然客体对于人类主体的价值,则众所周知,显然是多元的。

在价值哲学部分的最后,作者确实给出了这么一个多元的"伦理价值系统",并认为他所提出的环保、功利、正义、仁爱"四项基本原则","构成了既协同又竞争的社会系统的四个序参量,决定着社会的自稳定和自组织的状态",并给出了判别一种行为的"总伦理价值公式"。但只怕面对极为复杂的伦理世界,张先生提出的这一"四项基本原则"的概念"系统",依然是一个过于理想化的"广义系统",或者说"伪系统"。因为人们不免要质疑为什么是这四项基本原则,而不是别的,或其他数目的原则?这些原则何以构成一个"系统",其判定规则是什么?面对具体案例,各项规则何以加权,抑或如文中所举思想实验那样,每家代表平等,各有一票?如我们所知,至少在生命伦理学现行通用的原则体系中,在正义(或公平)原则之外,单有一自主性原则,诸如人权、知情同意等都体现在这一原则中,而且常被西方学者置于生命伦理学原则体系中仁爱、不伤害、自主性和平等四原则之首,以凸显其重要性。而如果加上这一项,即考虑到当事者的自主权,则明显会改变其两个思想实验中的投票结果。至少从程序上说,会避免出现2∶2议而不决的投票结果。当然,这都是较真格的话了,如果张先生当真认为他的"价值系统"是一个相关的"事实判断"的话。

四 科学说明批判

啰唆了这么多之后,才回到原本是中心问题的"科学说明"。这当然是因为靶文中实际上对此也着墨不多。或许作者认为,当解释一切问题的框架或体系构造完毕后,科学说明也就是小菜一碟,不在话下了。因此,在全文中,至少从篇幅上来说,科学说明的地位似乎是双重的无足轻重:作为全文的引子和作为体系构造的附产品。

恕我才疏学浅,孤陋寡闻,原本对科学说明不甚了了,只记得说明是科学的基本功能之一,科学说明旨在研究科学理论何以说明自然现象和经验定律,研究这种说明的逻辑结构和形式。但此次阅读确实令我眼界大开:原来研究一个问题,就要联系所有问题;想要解决一个问题,就先要有构造整个体系的准备和雄心。如此一来,不仅让我等学力有限的人倒吸了一口凉气:原本想造体系是我辈无法企及的,以问题为取向的科学哲学或许还可以安身立命,但如此这般的科学哲学岂是我们所能做得到的?更让人不免生疑,这做的究竟是科学哲学,还是自然哲学?

的确,科学说明与科学合理性、科学实在论一样,是科学哲学中比较特殊的一类问题,涉及的面比较广,尤其是有必要说明现象发生和运作的机制,因此需要突破早期逻辑经验主义若干教条,引入相关的本体论和价值论论题,以说明其内在的相互作用机制和人的行为。但这毕竟只是为了研究科学说明的形式结构,并不必然要求你就此伸展到这两个领域中,去引入系统观点,构造本体论和价值论体系:这也正是科学说明与"自然说明",即"说明一切,解决一切问题"态度之间的区别。说到底,后者还是一种自然哲学倾向,而不是科学哲学应有的风格。实际上,靶文在此部分也确实是着力最小的,只是限于列举此问题上种种有代表性的见解,指出其存在问题,并表明"自己倾向于本体论进路研究科学解释,同意对一个事件进行解释的核心问题就是要阐明这个事件发生和运作的机制"的态度了事。因为在作者心目中，全部的本体论体系、机制论模型、价值论框架，他在本文的主体部分都已建构完毕了。

这样，我们就回到了本文开始时的一个判断：靶文从根本上说，是一篇自然哲学的论文，尽管提到了科学说明问题，也用到了科学哲学的一些分析方法。我自认为这是一个事实判断。如果作者确实想做科学说明问题，至少从全文框架来说，应当是从科学说明问题入手，而不是从引入系统观点和发布"本体论和价值哲学的研究纲领"这样的体系化方式入手更为妥当；如果作者确实是在做科学哲学问题，则如本文所剖析的，文中存在着明显甚至于严重的内在矛盾，这就是以自然哲学的思维方式，做科学哲学的工作；以自然哲学的体系取向，来解决科学哲学的问题；以自然哲学的精神，来使用科学哲学的方法——这正是本文开篇时所说的那种"怪味儿"之所在。

综上所述，此文虽立意于科学哲学，却雄心于包括自然哲学、道德哲学在内的一揽子解决方案，虽非科学哲学之正宗，却不失为自然哲学之佳作。靶文为构造体系，煞费苦心地致力于打破种种界限和区别，把科学与哲学，实体与关系，本体与价值，功利与正义，科学说明与说明一切等搅在一起，试图"一揽子解决"哲学问题。其志向可嘉，其心血可叹，其结局能否比黑格尔、拉兹洛更好，则可疑，尤其是在科学哲学昌明的今天。须知志存高远，但人力有限；雄心过大，漏洞必多。在某种意义上，哲学问题是解决不了、常议常新的——因此，提出新的哲学问题，或许比解决哲学问题更能哲史留名。

全文到此，似可作一小结。

承蒙张先生盛意相邀，我也放胆狂言，说了上面这么多。总起来说，是出于科学哲学立场。只需否认我的立场：说做的不是科学哲学，自然可以消解我的批评。因为科学哲学同科学一样，立足于分类和分析，而自然哲学，尤其是把一切（自然、社会、思维）都看作"系统"的自然哲学，自然旨在综合。因其要合，正如黑格尔的"正—反—合"程式一样，就难免要勉力而为、牵强附会。实际上，自然哲学的倾向，学过自然辩证法的人多少都有点，我前些年提过的"科学哲学中的关系论纲领"也属此列。张先生当然更有资格，也更有实力这么做，只是其中的每一步都应谨慎，不可过于勉强。建构一个比较自洽的理论体系，不管仅仅是逻辑上的，还是认定为与现实相符的，恐怕也是所有哲学家多多少少心中会有的愿望。比之于卡尔纳普的《世界的逻辑构造》，窃以为靶文之合适题目应为《世界的"系统"构造》：既有按照系统的观点和方法去构造（a construction according to system theory）世界之意；也不乏"系统地"构造（a systematic constructing），或者说，"体系化（原本就是一个词）地构造"、"一揽子"地构造出整个世界，包括自然界（natural world）、人类社会（human world），以及人们的价值准则世界（value world）之蕴涵。谨以此建议作结，不知张先生可笑纳否？

张华夏实体本体论评析

中国社会科学院哲学所　罗嘉昌

一　"实体"的含义：从 Ousia 到 Substance 再到 Identity

实体是西方哲学最核心的也是含义最复杂的一个范畴。自从亚里士多德建立了以实体为中心的形而上学体系以来，实体的含义经历了许多变化。为了给张华夏教授的实体实在论加以定位，有必要简单回顾哲学史上实体含义演变的历程。

我将实体含义的演变划分为以下三个阶段。

（1）Ousia 阶段，即以亚里士多德为代表的阶段。在希腊语中，Oasia 首先意味着农业庄园，含义是"所有物""财产"。在柏拉图的对话中，Ousia 主要指与可感事物、与非存在相对立的真实存在、实在或本质，也就是理型（理念）。亚里士多德将柏拉图的理解翻转过来，将 Ousia 定位在可感世界中日常可见的事物上，如这某个人、这某匹马。这就是亚氏所说的"第一实体"。就其赋予具体的个别以终极的本体论地位所引申出来的殊相主义（particularism）而言，亚氏的实体论显然是与柏拉图的共相主义正相反的。不过，当他后来在《形而上学》中越来越强调"是其所是"和形式是实体时，则又表现出了与柏拉图的一致性。再放宽一点来说，他们都肯定 Ousia 是某种真实存在的东西，区别在于两人对什么才是真实存在的东西有不同的认定。

人们注意到，Ousia 在亚里士多德那里并非一贯地意味着概念化的、与人的实际体验和时间性无关的"实体"，而似乎更多的是parousia（在场、来临）一词的略写，意味着在场性。这在亚氏经常以亲临现场的"这个"（todeti）来指称实体、作为实体的标准和代名词也能充分显示出来。但是，当柏拉图和亚里士多德将这个出自活语言的词语作形而上学的思想构造，形成一种概念之后，古希腊早期的当场构成的存有思想，就被以"理型"和"范畴"为主导的概念理性所取代，Ousia 也就被理解为一个没有时间性、没有生命体验的持存之物，这就是实体。在西方语言主谓结构的规范下，实体成为逻辑的主词，它和属性（谓词）的地位是不对称的。

（2）Substance 阶段。中世纪普遍用拉丁文 Substantia 来翻译亚里士多德的 Ousia，Substantia 进入英语就是 Substance。这种转译不可避免地带入了经院哲学家所赋予的含义。Substantia 字义上是对希腊字 hupostasis 的翻译，后者意为"在下面站着"，因而其英译 Substance 字义为"在下面站着或支撑着的东西"。这样，实体也就与载体、承担者的意义合二为一。实体等同于载体，这是实体含义演变第二阶段的基本特征。它不仅进一步脱离了 Ousia 的原意，也与亚里士多德的理解有重要的、然而经常被人们忽视了的区别。前面谈到，在亚氏那里，实体的根本标志就是看其是不是"这某个"，而不是注重认其为承载属性的载体。这和亚里士多德后来强调形式、"是其所是"是具有确定性的实体，而否定质料和载体是实体有必然的联系。尽管亚里士多德没有放弃毫无确定性的、成问题的载体概念，但他的观点和经院哲学、机械唯物论以及张华夏教授的观点有根本的不同。

实体即载体的观点受到了英国经验主义的强烈冲击。另外，从费希特、黑格尔以来，德国辩证法也对实体本体论进行了拆解。19世纪以后，大多数哲学学派已不再对载体意义上的实体感兴趣。我在《从物质实体到关系实在》一书的第四章中，专门介绍了现当代哲学近十个流派对实体本体论的拆解，主要就是针对载体意义上的实体而言的。

（3）从同一性（identity）来讨论实体的阶段。这是现代西方哲学不考虑实体的承担者作用之后的基本进路。例如奎因的主张："没有同一性就没有实体。"这里的实体也就通常译为"entity"。这是实体含义演变的第三阶段，即当前阶段。

二　张华夏实体论的形而上学唯物论实质

对照以上实体含义演化的三个阶段，我认为将张华夏的观点定位于第二阶段较为恰当。请看他自己的说明：

"实体（Substance）一词来自希腊语 Sub-stare 两个词根所组成，是在某物之下支持着它（Stands under others）的意思，转成哲学概念就是能独立存在，自我支持而不需要别的物体作为载体，所以实体是自立体，自在自为的具体事物，是基体、基质、载体，是第一性的，而属性（attribute，predicate）、性质（Property）以及关系（relation）是不能独立存在的，即不能离开实体、载体而存在的，在这个意义上它们是附属的、第二性的东西。"

实体"是属性的本体、载体与基体，是第一性的存在，是它具有性质，经历着变化、事件与过程，处于与其他实体的相互关系中。这就是哲学上的实体概念以及实体实在的概念"。

"实体与属性从来就处于一种不对称的地位，这也说明我们研究本体论时，实体、属性与关系，它们之间的地位是不能任意调换的。"

以上的引证足以说明张华夏教授持有的是一种本质上属于18世纪唯物主义的观点。这种观点在20世纪苏联的哲学著作中也经常能读到。例如，图加林诺夫的《辩证唯物主义范畴的相互关系》一书，就有对这种实体—属性观的较详细的论证。由于这种机械唯物论的实体—属性观同当时在自然科学领域中的哲学批判有密切的联系（现在，在张华夏教授的著作中，如《实体实在论》一文，继续坚持对"奥斯瓦尔特和海森堡的唯能论"的批判，并不是偶然的)，20 世纪六七十年代以后，苏联东欧哲学界的看法也有了相当大的变化。我以为，诸如科普宁、福克、赫尔茨、拉扎列夫、乌约莫夫等一大批哲学家和科学家的思考和探索是值得参考的。

张华夏教授引证了斯特劳森的观点，表明他对斯特劳森的描述的形而上学进路的认同。然而，斯特劳森以物体为基本殊相，否定了罗素和维特根斯坦的事实本体论，把事实排除在世界之外，坚持世界只是物体的总和的观点，以及他的孤立的个体概念，贯彻下去都是有困难的，也受到了质疑和批评。

张华夏教授也引证了奎因的工作，但他对奎因观点的理解和介绍是不全面的，将奎因描写成只允许取具体个体为变项的值的唯名论者了。然而，就在张文引证奎因有关"无须包括狗性或自性"这段话的下面，紧接着奎因就写道："但是，当我们说有些动物学的种是杂交的，我们就作出许诺，承认那几个种本身是存在物，尽管它们是抽象的。"这段与张先生观点不一致的话，不幸被省略掉了。事实上，奎因在很多地方都谈到：如果我们使用以抽象的非个体的东西为值的变项，那就是许诺了抽象的非个体的东西的存在，"当我们说有个东西（约束变项）是红的房屋和落日所共同具有的"，这就是许诺了作为共相的红性的存在。奎因早期的确倾向过唯名论观点，但后来很快就有了变化，公开宣称自己是"赞成共相的实在论的"，自己是一个"谓词和类的实在论者"，"承认类和谓词为对象"。

如果不受狭义谓词逻辑眼界的限制，引进集合论，还能看到一种有趣的现象。集合逻辑把谓词转化为一个集合，此集合（例如上述有关"红"的"类"和"集合"）就是独立存在的。仅当主词的所指被包含在"是红"的集合中，谓词"红"才是关于该主词的。有的学者认为："主词决不能是集合，而只能是由谓词构成的集合的一个分子。这是揭示了在主语和谓语之间的这种重要的反对称的性质。"

集合逻辑允许我们只有一个充满"存在"的更为丰富的宇宙。而张华夏教授的实体论却是以传统的主谓逻辑为基础的。在他看来，一切命题最终必然能转变为关于实体的主谓命题，或者干脆说，实体结构也就是主谓结构。

三　关系实在论和实体本体论之分歧

19世纪下半叶以来，传统的主谓逻辑及其实体主义的形而上学基础业已被逻辑学家和哲学家们普遍地放弃。

罗素在1900年完成并出版的《对莱布尼茨哲学的批评性理解》一书指出：尽管莱布尼茨相当重视"关系"问题，但是，由于受到主项—谓项学说的束缚，最后还是接受了康德的理论，认为关系虽说是确实的，但却是心灵的产物，是一种"纯粹观念性的东西"。罗素批评了莱布尼茨的观点，进而论证了"关系"的实在性。可以看出，在罗素对莱布尼茨主谓逻辑学说和实体学说的批评中，酝酿了他后来才完成的"从具有属性的实体到处于关系中的事件"的"转变"。这样的一种转变是他和维特根斯坦的逻辑原子主义得以形成的前提。维特根斯坦所谓"世界是事实的总和，而不是事物的总和"等命题所提供的世界图式，是一个非实体主义者（non-sub-stantialist）的世界图式。原子事态意指一个集合，一种关系，最先给出的是关系而非事物。事物只有在某一可能的原子事态的空间之内才能出现。罗素和维特根斯坦等人用关系逻辑（arb）来代替传统的主谓逻辑（S是P）。

在罗素关于莱布尼茨哲学这本书出版将近100年后，最近出版的《建设性后现代哲学的奠基者》（格里芬等著）一书有关怀特海的部分，我们又一次读到了"从具有各种属性的实体到关系中的事件"这样的小标题。怀特海的工作不再是纯逻辑的，而是结合了20世纪物理学等科学的新进展来进行的。

20世纪下半叶科学和哲学的进展进一步显示了关系实在论或

关系的存有论方向的可能性。下面只列举若干事例，不再展开说明。

（1）EPR 实验结果和爱因斯坦定域性破坏的哲学意义要求物理实在观上有一种带根本性的改变，亦即由实体本体论、个体本体论向关系实在的转变。与此同时要展开对殊相主义的批判。

（2）在批判经验主义的殊相主义的同时，推进对"抽象个别"的形而上学研究。解决属性的个别化和独立存在的问题，在诸如柴郡猫脸上的颜色或笑容的问题和是否"弯曲这个属性本身使你绊倒"等问题上，得出了和张华夏教授不同的结论。

（3）间隔原理和间隔同一性的研究。

（4）关系实在论中关系参量和关系算子及其应用。

以上这些探讨也是对张华夏教授对关系实在论质疑的回答。

评张华夏的"系统主义的世界图景"

西安交通大学人文学院　邬　焜

一　系统哲学的视野

作为国内著名的系统哲学家，张华夏先生思维敏捷、思想深刻、著述颇丰，是我最为敬重的学术前辈之一。此次拜读大作更感其胸怀博大、气魄非凡。

在靶子论文的《序》中张先生有两段话引起了我的共鸣。第一段话是："我的目标并不想保卫我的哲学结论，而是要实现我的哲学追求。我发现，历史上哲学家们的大多数哲学结论或阶段成果都是转瞬即逝的东西，只有那哲学追求才是永恒的。"第二段话是："哲学问题要么就不解决，要么就一揽子解决。科学解释问题不从一个更广泛的视野中分析它是不会解决得好的。这也许是我的系统主义和扩展思维所要求的。"

第一段话体现了系统主义的过程论思想，并且是一个彻底系统主义的过程论思想，因为它把系统主义的学术思想本身也看作一个不断变化、生成和转化着的过程；第二段话体现了系统主义的整体性思想，部分是在整体中的部分，部分的性质是由整体的性质所规范和限定的。无论是哲学问题还是科学问题的解决都依赖于特定的哲学或科学体系的整体参照作用，任何具体的个别问题都只有在相应的学科体系中才能得到较为明晰的规定。这不是什么"黑格尔式的自然哲学的狂妄"①，而是想要真正解决问题所必须采取的一般途径和方法。

二　关于形而上学、本体论和自然哲学

在当今中国学术界，拒斥形而上学、进而拒斥本体论、拒斥自然哲学，似乎已成一种时髦。且不说照搬西方某些科学哲学流派的观点的某些学者，就连从原本是马克思主义哲学阵营中杀出的实践唯物主义学派，也以这种"拒斥"为荣。在靶文中，张华夏先生从西方科学哲学的最新发展，以及科学解释必须具备的本体论承诺等诸多方面论证了"本体论的研究何以可能的问题"，并对相关的"拒斥"理论进行了有力的批驳。张华夏先生还公开表明："在我们的认识主体和实践主体之外，存在着一个不以人为中介的外部世界。如果没有这样一个世界，大多数的探索就没有主题。"正是基于这样的一种本体论承诺，张先生试图从系统主义的本体建构出发，并在此基础上将哲学的本体论、认识论、价值论，以及科学解释等诸多领域的问题统一起来"一揽子解决"。金吾伦先生在其对靶文所作的评论文章中对此予以了充分肯定，并强调说，"形而上学是拒斥不了的"。② 对于张先生和金先生所持的这样一种观点和立场，我本人表示完全的赞同和支持。

其实，许多大的科学家同时就是自然哲学家，如爱因斯坦、玻尔、霍金、普利高津等。在他们所阐释的相对论、量子力学、现代宇宙学，以及自组织理论中都不乏形而上学的思辨性内容，也不乏建构相应自然图景的自然哲学倾向。问题的关键并不在于是否通过了形而上学或自然哲学的途径，而在于通过这一途径所得出的结论与当时的科学成果相去多远，以及是在怎样的意义和程度上符合或

---

① 胡新和：《"世界的'系统'构造"及其缺憾——从科学哲学的观点看》，参见本书第259—275 页。

② 金吾伦：《抛弃构成论，走向生成论》，参见本书第 321 页。

违背当时的科学成果的。与科学理论必须对相应的科学事实具有解释力一样，在自然哲学与科学理论之间也具有某种解释力问题。有人担心自然哲学所得出的结论的可靠性和普适性问题①，这是提出了自然哲学的相对性问题。其实，相对性并不是自然哲学理论所独具的特点，人类所建构的所有科学理论都具有相对性特征。正如不能因为科学的相对性而拒斥科学一样，也不能因为自然哲学（世界图景）的相对性而拒斥自然哲学。

三 关于实体、关系与过程

张华夏先生引进系统观点所具体建构的本体论，是根植于他对实体、关系与过程三者关系论述的基础之上的。根据张先生的阐释，这一本体论有如下几个要点：其一，实体、关系与过程是存在或实在的三个范畴和三个方面；其二，实体是自立体，是第一性的完全意义的存在，是属性、关系与过程的载体，只有实体之间才可以发生直接的相互作用，实体组成系统和元素相互作用的聚合物；其三，关系与过程的实在是第二性的不完全意义的存在，它们不能脱离实体载体而独立存在，它们是实体的存在方式，是实体的相互作用；其四，实体没有终极的不变形态，世界的终极实在是变化着的实体或实体的过程。

对于这样的一种系统本体论构架，有人批评说，它是一种实体"一元论"的实在观②，又有人批评说它是一种"精致的构成论"③。应该说来自两个不同方向的这两种批评虽然都有某些偏颇之处，但也并非全无道理。在张先生著作的多处行文中都流露或渗透出试图把实体实在论、关系实体论和过程实在论加以统一的倾向，但他并未将这一倾向贯彻到底。由于他强调了实体实在的第一性的完全存

---

① 胡新和：《"世界的'系统'构造"及其缺憾——从科学哲学的观点看》，参见本书第260—265页。
② 同上。
③ 金吾伦：《抛弃构成论，走向生成论》，参见本书第322页。

在的意义，并认为在"研究本体论时，实体、属性与关系，它们之间的地位是不能任意调换的"，所以，张先生的系统本体论便少了一些多元协同综合的系统辩证关系，而更多陷入了实体决定论的经典哲学的樊篱。

当然，张先生的实体实在论与经典的实体实在论还是有诸多方面的区别的。一是张先生放弃了终极实在实体的不变性的简单性观念，二是强调由次一级实体间的关系综合而形成的更高层次系统的整体性质对作为次一级系统的实体性质的不可还原性。

正因为张先生强调了实体的第一性，关系和过程的第二性，所以，张先生的本体论便只能是构成论的。正是从构成论的观点出发，张先生才认为哲学是"研究一般实体的存在、性质、关系与过程"的，而"实体组成系统或元素相互作用的聚合物，世界上一切事物不是系统就是系统的组成部分，它们组成相互联系的世界整体"。综合的系统观念不应当预设任何形式的实体的先在性和本源性，而应该强调特定的实体结构是在特定的关系与过程中锻造出来的。在这里，处于不同层级的系统不是由层层剥开的可以作为"独立存在、自我支持而不需要他物作为载体来支持的自立体"的实体构成的，而是在关系和过程的综合中建构和生成着的综合体，在这个综合体中，无论是作为系统要素的实体，还是作为系统的关系与过程的方面都是被系统整体性质所特化规定和约束了的具体存在形式，其中任何一方都不可能是"自立"的，或是先于系统、先于其他方面而存在的。所以，对于实在来说，实体、关系和过程并不存在谁是第一性、谁是第二性之类的问题，也不存在先有怎样的实体，后有怎样的关系或过程之类的机械论命题。在这里，在实在的具体形式中，不仅实体是关系与过程的载体，而且关系与过程同样是实体的载体；作为系统的实体是关系的网络，在此，实体是由关系构成的，实体即是关系，没有关系就没有实体（系统）；作为要素的实体是关系的扭结，在此，实体是由关系规定和约束的，没有关系就没有作为要素的实体，作为要素的实体不能简单被认为是可以游离于此系统之外的"自立体";过程是新旧实体,新旧关系,新旧系统变化、转换或生成的载体,没有过程就没有新的实体、新的关系和新的系统的创生、发展和进化;从一个特定的角度来看,也可以把过程看作系统纵向演化的系列关系的体现者、承载者。其实,在张先生设定了"可变实体"的概念的同时,就意味着对关系与过程的第一性存在价值的肯定,只不过张先生并没有把"可变"二字所蕴含的革命性意义贯彻到底。

有必要指出的是,应当把构成论和生成论综合起来予以考察。当论及系统的现实结构组构方式的时候,构成论是有效的,当论及新旧系统的转化、新事物的产生、旧事物的消亡的时候,生成论则显示出它的价值。"协同生成子"概念本身就深刻体现着构成论和生成论的具体统一,"协同"更具有构成论的色彩,而"生成"则是生成论的。

四　系统是直接存在和间接存在有机统一的整体

在张华夏先生的用语中,"存在"与"实在"两个概念基本上是不作区分的。如张先生写道:"实体、关系与过程是存在或实在的三个范畴和三个方面";"什么叫做实在?在哲学上,它指的是真实存在的意思";"一切存在即实在"。其实,真实存在的并不都是实在的。存在范畴所指谓的外延要大于实在范畴所指谓的外延。

当代信息科学的发展揭示了一种区别于实在(直接存在、物质、客观实在)的另一种意义的存在,即不实在(间接存在、信息)。在这样一个新的科学存在观面前,存在 = 实在 + 不实在 = 直接存在 + 间接存在 = 物质 + 信息。[①] 在这样一个双重存在的世界图景面前,无论是体的概念、关系的概念,还是过程的概念都具有了二重化的意义和价值。

---

① 参见邬焜《自然的逻辑》,西北大学出版社 1990 年版。

体是物质体和信息体的统一，体是关系与过程的网络。物质体是对体中的直接性相互作用的关系与过程网络的抽象；信息体是对以直接性相互作用的关系与过程网络为载体所凝结或载负着的间接存在的信息内容、信息关系和信息过程的抽象。张华夏先生提出的"可变实体"的概念本身就内含着承认实体即是直接存在（客观实在）的关系与过程网络的合理性逻辑命题。然而，囿于实体概念早已特化规定的局限，在此沿用实体概念无助于清晰表达富有革命性的新思想，还可能引起诸多误解、非议和麻烦。所以有必要建议直接采用"直接存在体或物质体"等概念来取代"实体"概念。相应地，我们也可以直接采用"间接存在体，信息体"来指谓综合体中的间接性关系与过程的方面。

在系统主义高度综合的世界图景中，理应对这两种不同意义和价值的存在予以系统综合，将系统看作直接存在和间接存在有机统一着的整体。另外，在实在的诸多存在形式之间，如在时间、空间、运动、相互作用、直接性的关系与过程、实物、场能之间，再作出什么是第一性存在，什么是第二性存在之类的区分将会是多余的和无意义的。直接存在就是第一性的存在，而间接存在则是由直接存在所派生和载负着的第二性的存在。如果还有必要更详细地作出区分的话，那么我们也可以进一步说：客观间接存在（客观信息、自在信息）是第二性的存在，主观间接存在（精神、自为和再生信息）是第三性的存在。[1]

五　关于"广义价值论"

张华夏先生认为，在他所做的研究中，"在本体论和价值论中引进系统的观点最重大的突破之一，就是提出了广义价值论"。他将狭义价值论推广到广义价值论的过程是通过两个步骤来完成的：

---

[1]　邬焜：《哲学信息论导论》，陕西人民出版社1987年版。

第一个步骤是将价值和目的性关联起来，第二个步骤是用系统的定向性行为来解释目的，从而将有目的系统泛化到了具有不同程度自组织能力的一般自然系统。

将目的性推广到具有目标定向性行为的自然系统，承认在某些自然系统中存在着独立于人、独立于人的评价活动的客观的自然价值，这无疑是具有创造性意义和价值的观点和理论。我这里要提出的问题是：价值是否仅仅和目的性相关，是否仅仅在有目的的行为活动中才有价值现象发生？

在靶文中，张华夏先生并未给出一个自己的价值定义，他只是表示同意这样一种意见：价值是"主体与客体的关系性质，是主体对客体的偏好与需要以及客体对主体的效益与满足的这样的关系性质"。张先生的广义价值论只是将这种主客体关系的范围扩展到一般的生命系统，乃至有目标定向行为的无机自然系统。其实，张先生所赞同的关于价值的规定正是价值学界流行的"需要论"的观点，这一观点主张用主体的需要，以及客体对主体需要的满足来规定价值的本质。我曾在一篇文章中对"需要论"的观点提出了质疑：它"强调了主体主动意向的方面，而事实上，主客体间的价值关系并非都是主体主动需要的，有些价值关系往往是主体不需要的，或想尽量避免的。但是，在现实的主客体关系中，不需要不等于不发生，想避免不等于能避免，如客观条件对个人和人类发展的限制，自然灾害对个人和人类行为的惩罚等等，这也全然是一种价值关系。看来，就是严格限定在客体对主体作用的这样一个层面和角度上，价值问题也绝不仅仅是只存在于主体主动意向的追求和选择之中，而且还必然存在于主体无奈的被动接受或承受之中"。[①]

有必要指出的是，目的本身并不是价值，仅仅是在价值选择基础上所产生的价值取向，只有在行为实施中目的实现所产生的具体

---

① 邬焜：《一般价值哲学论纲——以自然本体的名义所阐释的价值哲学》，《人文杂志》1997年第2期。

效应和结果才是价值；有利于达到系统目的的条件、事物与行为本身也不是价值，只是参与到实现价值的相互作用行为中的一些方面，只有在诸多方面的相互作用的结果中所呈现出来的效应才是价值。在此，在现有的一般价值论学说中，在价值、价值信息、价值反映、价值评价、价值需求、价值选择、价值取向、价值设计、价值实现等范畴和环节之间往往并未作出较为严格的区分，这就引发了目前价值学界普遍存在的种种混乱和不知所云的状况。至于将价值区分为内在价值和工具价值的做法本身就具有人为规定的相对性特征，将这一划分推广至一般自然系统的价值行为时便不能不失去它的合理性和有效性。

论系统科学哲学的若干问题

——评张华夏先生的系统哲学观点

清华大学科学技术与社会研究所　吴　彤

一　对第3条、第8条、第10条论纲的一般性评论

张华夏先生在靶子论文（以下简称张文）中，引入14条论纲。其中：

第3条说：实体是能独立存在、自我支持而不需要他物作为载体来支持的自立体，它是个别特殊的具体事物，它是第一位的完全意义的存在，并且存在于时空之中。而属性（包括多元属性即关系）虽是刻画表征实体和实体的类，但却是第二位的，不完全意义的存在，它不能脱离实体而独立存在，关系的实在是第二位的实在。正因为这样，在科学实践中，我们是通过迫使实体的变化来研究它的属性与关系，修改我们关于它的结构知识，而在科学理论中，我们总是建立这样的实体数学模型或语言模型，其中实体处于受量词约束的变元的值的地位，而性质与关系用定义在实体域中或包含实体的集中的谓词（函项）来表现。

张文把实体扩展到包括所有物质，并且并非不变，这是一个聪明的方法，但是这样一来，与列宁的物质定义还有区别吗？另外，把实体说成第一位，属性说成第二位的，实体自立，属性非自立，这种说法是存在反例的。例如，我们在牛顿范式下常常以为物质存

在于时空中，时空就像一个大盒子，无论里面有无具体的物质，时空都自在地存在。根据爱因斯坦相对论，则不存在这种不对称的存在。实体（物质）无论如何离不开时空，时空也离不开物质。时空的属性也与物质定域的地点、物质的多少有密不可分的关系，而物质实体此时也受到此时的时空的影响。因此，说自我支持的实在，离开了属性的实体，是什么呢？

第 8 条说：实体组成系统或元素相互作用的聚合物，世界上一切事物不是系统就是系统的组成部分，它们组成相互联系的世界整体。

评论：张文在引用 M. 邦格的《系统的世界》中这些表述后，在第二章中进一步说，"我个人近来倒是倾向于工程控制论创始人贝尔（S. Beer）的定义，他说'系统就是具有动态学联系的元素之内聚统一体'这个定义说明元素之间的系统联系的性质是内在的、内聚的、紧密关系的，而不是外在的松散的联系；这种联系是地动力学的相互作用，动态的过程的联系，而不是外力的静态的平衡"。注意，张文不仅是在"关联"性意义上使用系统的定义，而且是在"紧密关联"的意义上使用系统的定义。这就自然导致一个与张文后来行文矛盾的立论，按照张文的系统定义，我们自然逻辑地推论，非紧密联系的元素构成的"东西"是什么呢？如果它们能够构成什么的话。按照张文的定义，这种非紧密联系的元素集合，应该不是系统，那它们是什么呢？另外，正如胡新和所批评的，当什么都成了系统时，系统也就失去了其质的规定性，无以区别于其他，从而也就等于什么都不是系统了。[①]

我认为，在这点上，分析传统的科学哲学学者批评得有一定道理。关于这点我曾提出一种解决方案，即区分要素和元素，区分系统性存在、演化与非系统性存在、演化以及"无"（具体论证放置到第二部分）。这样世界才能五彩缤纷，多样性存在才能体现，多元化解释的根基才能建立。按照我的系统哲学观点，世界的各个部分有

---

① 见本书所集胡新和的批评文章。

系统、系统的组成成分，非系统以及"无"。世界的各个部分的联系也同样存在系统的联系、非系统的弱联系以及"无"的无联系。

第 10 条说：世界是具有层次结构的，一切实体和系统都处于一定的物质层次中，每一个层次中的系统都是从低层次的实体或系统中，在高层次系统的协同作用下，经合成与突现而产生出来，是一个不可还原的独特整体。

评论：我们也依据自然科学现有的认识，认为世界的系统部分（注意，我只说世界的系统部分，而没有说其他部分）是存在层次的，如果按照演化的层次观点，高层系统是从低层系统中合成和突现出来的，那么，当高层系统层次还没有生成时，我们如何按照张文所说"每一个层次中的系统都是能够从低层次的实体或系统中，在高层次系统的协同作用下，经合成与突现而产生出来"，照我的理解，此时是不存在高层系统的协同作用的，大概系统外部此时只存在环境吧。因此，在系统演化中，我们把低层系统的演化的突现，如若描述成系统在低层的实体或系统的作用中，在环境的影响下，经合成与突现而产生出来，岂不更好？

另外，我说世界的系统部分是存在层次的，这意味着我认为非系统的部分是不存在层次的，至于"无"，则是弥散在世界空间中的，是缺失了原来意义的联系的存在，是不能够在原来意义上谈论的实体（在张文意义上的可变的、到处存在的实体）。例如，活的生命作为一种系统，和一种实体（标记1——以生命方式存在），它存在多个层次，生命整体—组织—细胞—生物大分子—分子—原子，它们是结构地结合在一起的，共同对生命活动发生作用。活的生命一旦解体，变成腐烂的尸体（实体标记2——以正在演化中的生物大分子的机械聚合体方式存在——即拉兹洛意义的"堆"）时，生命整体已经瓦解，组织存在吗？细胞存在吗？显然，它们都随着生命一起死亡了。这时只有原属于非生命世界层次的分子—原子还存在，而且它们只是暂时地居住在这具腐烂的躯壳之中。在时间的长河中，我们会发现它逐渐离开它的躯壳，而逐渐弥散开来

（实体标记3——以分子—原子方式存在），但是这几种实体已经不是同一实体，其存在方式也逐渐从系统层次过渡到非系统无层次直至"无"的弥散方式。

因此，从这种观点出发，张文的几种有强有弱的联系的观点就变成了这种观点的自然推论了。

我们现在完成了对张文的三条论纲的一般性评论。下面展开我的系统观点。

二 "元素"与"要素"

在系统科学中，我们经常遇到这两个基本概念，但是很少有人区分它们，经常在一个同一的意义下不加区别地使用它们。我认为，应该区分这两个概念，通过对这两个概念的辨析，会得出一系列关于系统存在与演化的特征的更深入的认识。

这两个概念至少存在两个基本的区别：第一，在一个特定层次上，元素是组成系统的所有基本单元。这些单元并不要求它们之间彼此独立。而要素则是组成系统的、彼此可以相互独立的单元。第二，由于第一个区别，要素是一种从性质上相互区别的质元，而元素则是从数量上构成系统的数量性单元。假定一个系统的所有单元为 A，B，C，D，E，F，G，H，而 A，B 为性质完全相同的一类单元；C，D，E 为另一类性质完全相同的单元；F，G 为一类性质相同的单元；H 为单独的性质单元。那么，A，B，…，H 均为系统的元素；而系统的要素则只有四类，即以 A，C，F，H 为代表簇的四要素。对系统而言，要素是不可或缺的，元素则不是不可缺少的。系统的要素是系统的质元，缺少了一个要素，系统的性质就可能发生变化，[①] 系统可能不再是原来的系统了。在自然科学如物理

---

① 这种性质的变化，可能是系统的要素的相互关系性质发生变化，也可能是系统的整体性质发生变化。例如，中药的各味药草或其他材料，有时缺了一味药，就改变了药效。

科学中，科学家常常运用物理量的自由度来说明各个物理量的相互独立性，各自具有不同性质的要素类似地具有这种特征。

当我们谈论系统与要素的关系时，我认为我们是在性质的意义上讨论系统与组成它的独立的各个单元的结构、功能关系；当我们谈论系统与元素的关系时，我们是从数量的角度谈论组成系统的所有单元在系统中的位置和作用。一些研究系统问题的文献在探索系统与非系统问题，或两类复合体问题时（加和性复合体和非加和性复合体）认为，如果一个系统只能从元素的相互关系区分时，构成了非加和性复合体，而从元素的数量区分时，则构成了加和性复合体。[①] 我认为，这样很难从概念上区别系统与非系统，或加和性与非加和性复合体。相反，当区分了元素与要素时，这两类复合体不仅比较容易区别，而且其含义也更为清晰了：所谓加和性复合体，就是其组成均为同类的多个元素所构成的复合体或由一类要素构成的复合体。所谓非加和性复合体，就是其组成由两类要素以上构成的复合体。

有了元素与要素的区分后，张文论纲中第 6 条、第 11 条的定义的有关说法也成为一种推论命题。因为这时的物类划分才有了自然基础，随之的规律和规则的差异也可以自然引入，不必人为规定。

三　非系统、无与系统

在系统哲学研究中，有两种关于系统的观点，其分歧主要在是否存在非系统。事实上，这个问题可以有两个提法或分解为两个问题，即非系统存在问题和事物是否以非系统方式存在问题。仔细考虑，实际上这两个问题是有区别的，而且还会引发新的问题。

从系统逻辑上的退化方向看，系统是从一种非加和性复合体的

---

① 苗东升：《系统科学原理》。中国人民大学出版社 1990 年版。

有序结构，退化到一种局域化的加和性复合体（即非系统），而后才能进一步退化到"无"。拉兹洛把这种非系统称为"堆"[①]，堆与有序结构的系统的差别，主要表现在：第一，组成堆的是同质的单元，组成系统的是异质的单元；第二，组成堆的元素（在考虑的条件和范围内）有很弱的或无相互联系或相互作用，而系统内部的要素存在相互联系和作用。

非系统与"无"（与"有"相对应）一样吗？就存在而言，非系统也是一种存在方式，是限制在一定区域内的、一定条件下的与系统存在不同的存在方式。与"有"对应的"无"呢？看起来这个问题很简单，"无"意味着原系统不再存在，意味着系统的解体、瓦解。"无"意味着不存在。但是这从语言上和本体论上就存在悖论：如果"无"意味着原系统不再存在，意味着系统的解体、瓦解，那么，系统的物质、能量到哪里去了？系统解体，解体了的系统的元素哪里去了？我们似乎可以认为它扩散到系统之外，变成环境的一部分了。扩散为环境组成部分的原系统成分可能仍然存在另外一种意义的联系，而且，此时的联系是更松散的联系，因此，针对原来的联系而言，这种联系已经不在论域讨论内。它肯定仍然存在，但肯定不是以系统方式存在。这样一讨论，我们就清楚了："无"对系统存在状态而言是"无"——即非存在，但不等于对系统的物质、能量和元素而言是"无"，"无"与非系统的差别是："无"并不限制在一定区域内，原来组成系统的各个组分现在分散在无穷的时空之中。那么，"无"如果从全体存在的意义上看，它也是一种存在。但对局域而言，则是一种非存在、不存在。正如人活着时，是一种系统存在；人死了，未完全解体时，是非系统存在；完全解体变成物质分子弥散在宇宙中则是"无"的存在。

如此说来又会引起一个新问题，什么是（在全体意义上的）不

---

① ［美］拉兹洛：《用系统论的观点看世界》，闵家胤译，中国社会科学出版社1985年版；《进化——广义综合理论》，闵家胤译，社会科学文献出版社1988年版。

存在呢？既然有"有"，那么就应该有"无"，既然有全体的
"有"，也应该有全体意义的"无"。但是，仔细推敲后一个推论，
则是有问题的。有全体意义的"有"吗？我们不知道，此点亦未经
证明。因此，我们也无法言说全体意义的"无"。

　　我以为，这种认为世界同时由系统和非系统以及"无"的方式
存在，是一种容忍多样性的存在，是一种以多元化作为根基的存
在。而且可能由于这种多样性的本体论，才能更有效地支持张文后
部分的多元化的价值论思想。

　　仅以上面观点作为一种建设性的批评，给我们尊敬的张华夏
先生。

关于系统本体论、辩证法及价值论之我见

武汉大学哲学系　桂起权

在国内科学哲学学术圈（部分与自然哲学学术圈交叉）内，尤其是在感情上与华夏先生较为亲近的学者中，也许我可算是对华夏先生总的哲学观点和具体结论接受最多的人之一。我从自己的立场出发也赞同系统本体论和辩证自然观，赞同系统辩证法，赞同因果性、随机性与目的性三者相互作用模式或运行机制。虽然，我没有华夏先生那样的气魄和雄心，去建构宏伟的哲学体系，以求一揽子地解决哲学疑难。不过，我在《理解当代自然哲学的钥匙——量子/系统辩证法》①一文中已勾勒了辩证的自然图景的一个纲要。我主张立足于系统科学与量子革命成果，辩证地重建自然图景：自然本体是依赖于系统繁体或场境的、生成的、潜在的实在；人是自然不可分割的一部分，主客不可严格二分，主体只能作为参与者内在化地观察自然（客体）；因果与机遇联合支配自然，机遇有规则；偶然性作为自然运行的基本机制应当恢复应有的本体论地位；自然系统作为自组织的有机整体是合目的的（即使非生命的自组织系统也有内在价值）。这些论点与华夏先生的思想可谓同声相应。不过，在具体细节上仍可能有不少分歧。借这次讨论的机会，向华夏先生提几点意见。

---

① 见《自然辩证法通讯》1997 年第 3 期。

一

　　华夏先生所主张的系统本体论与我的系统本体论，显然总纲领一致，但在子纲领层次上却存在很大差异。他在讲述世界的终极实在时，终于亮出了"实体实在论"（并自认为是与"关系实在论"相对立）的底牌，对此我是有疑问的。华夏先生在靶子论文中说："实体是能独立存在、自我支持而不需要他物作为载体来支持的自体，它是个别特殊的具体事物，它是第一位的完全意义的存在……关系的实在是第二位的实在。"从子纲领意义上说，我的"潜在实在论"是与上述主张相立的。我主张"自然本体是依赖于系统整体或场境的、生成的、潜在的实在"，"依赖场境"说法来自唐力权场有哲学，"生成"来自金吾伦生成哲学，"潜在"来自海森伯量子哲学。其要旨就是对牛顿式物理本体论采取批判立场，取消、替代牛顿本体论的"自我支持"的孤立存在论点。依我看，华夏先生不知不觉陷入了牛顿本体论的泥潭，尽管他的出发点是一种维护邦格式科学实在论的良好愿望。

　　我不喜欢牛顿式"自我支持"的孤立实在，而喜欢潜在、场有和生成的实在。为了使我们的物理本体论不至于陷入空洞的思辨，唯有借助于经验科学材料和形象思维。第一个案例是氢氧化铝。试问它究竟是作为酸还是作为碱而存在？回答是，这"实在"本身完全依托于相对相关的场境。氢氧化铝 $Al(OH)_3$ 也就是铝酸 H_3AlO_3，它具有"亦此亦彼"的性质，它在水溶液中能同时进行碱式和酸式电离。具体说，氢氧化铝既作为碱可以看作铝的阳离子与氢氧根的"阴阳和合"，又作为铝酸可以看作氢离子与铝酸根阴离子的"阴阳和合"。它不是"自我支持"的孤立实在，而是典型的"场有"。因为这种两性氢氧化物，是个不确实的存在物，既是潜在的碱，又是潜在的酸，给它什么场境它就生成什么实体，显现什么性质。如果在溶液中加进酸，则它就相对相关地显示碱性，作为碱的身份出现；如果在溶液中加进碱，则它就相对相关地显示酸性，作为酸的身份出现。

也许华夏先生会说，他不想否认氢氧化铝（在分子层次上看）是关系实在，不过在原子或亚原子层次，它仍可以还原为"自我支持"的独立实在。而我想说的是，不管哪一层次，都难免实在地潜在化、关系化和生成化。

第二个案例是，电子壳层中的光子。谁都不会否认，绕核运行的电子从高层跌落到低层时会放出光子。可是，当有人问这种光子是否真在电子层中存在着时，却很难回答是或否，倒不如说光子是潜在地存在着，而电子层并不能说直接由"电子加光子"所组成的。这里光子不是"自我支持"的孤立实体，却是依托于电子层的"依场而有"，是潜在的、生成之中的实在。

第三个案例是原子核。大家知道，原子核是依靠在质子与中子之间不断交换虚的 π 介子而保持稳定性的。质子与中子就像两个相貌相似的双胞胎运动员快速互相传递"排球"，质子不断变脸为中子，中子不断变脸为质子。因此，中子与质子两者并没有绝对的区分，中子是潜在的质子，质子是潜在的中子。若要追问原子核内某份质料究竟是质子还是中子，那是很难得到明确答案的。因为它们是瞬息万变、不可严格区分的。这绝不是什么"自我支持"的孤立实体，而是潜在的、处在生成过程的实在。同理可释，夸克也不是"自我支持"的孤立实体，甚至真空场都是整体全息相关的、潜在的、生成之中的实在。我觉得，生成哲学比构成论掌握更多的真理。

二

华夏先生有非常执着的、深深的"辩证法情结"，我也是一样，真可谓"同病相怜"了。华夏先生是系统辩证论创导者乌杰最重要与最杰出的盟友之一。乌杰与华夏先生不约而同地在充分肯定现有系统哲学研究成果的基础上，企图将它与唯物辩证法结合起来，建立自己的系统辩证法新体系。乌杰主张用整体优化律、结构质变律、层次转化律和差异协同律等来替代辩证法原有基本规律，华夏先生做了更精细化的改进工作。乌杰同志的亲身经历十分感人并富于教益，他通过对自己所遭受磨难的哲学反思，悟出一个深刻的道理，即中国社会许多政治灾难的总根源在于"斗争为纲"与"斗争哲学"，而旧矛盾辩证法的要害问题正在于"斗争哲学"，他和华夏先生都决心以系统科学的辩证内涵作为素材，用以改造并取代旧的矛盾辩证法，开拓系统辩证法的新思路和新体系。

　　我与华夏先生（和乌杰）的不同点在于，我认为"斗争哲学"并不属于矛盾辩证法的硬核（核心假说），而只属于辅助假说。我觉得，在倒掉"斗争哲学"洗澡水时，用不着把小孩一起倒掉。我本人认为，系统辩证法与矛盾辩证法可以在一定条件下互通有无、相互解释。实际上，在上文所举的氢氧化铝案例中，我首先是用矛盾辩证法的眼光，来分析酸与碱、阴离子与阳离子的"对立统一"关系和动态相互作用的。同时又是用系统辩证法的眼光，来看待系统与子系统及其要素之间、局部与整体之间、实体与性质、关系之间的动态的互依关系或相对相关关系的。在这个氢氧化铝的案例中，既进行碱式电离又进行酸式电离的水溶液可以考虑为一个总的系统，碱式电离方面、酸式电离方面及其相应的阴阳离子则可以看作子系统及其要素，外加的酸或碱则是外加的系统，相应的阴阳离子就是其构成要素。它们都是处在动态相互作用之中和场境之中的"关系实在"。

　　系统辩证法与矛盾辩证法在自组织动力学机制的解释上是高度一致的：当自组织系统处于不稳定点时，系统内部矛盾全面展开并有所激化，与各种子系统及其要素的局部耦合关系和运动特性相联系的模式和参量都异常活跃，各种参量的涨落此起彼伏，它们都蕴含着一定的结构与组织的胚芽，为了建立自己的独立模式并争夺对全局的支配权，它们之间进行激烈的竞争与对抗，时而"又联合又斗争"，最后才选拔出作为主导模式的序参量。非完全决定论在协同学的描述系统演化的数学方程中也得到反映。如郎之万方程（描述布朗运动的）和福克—普朗克方程中，概率论描述与因果性描述共处于一体，随机作用项与决定论作用项被综合在一起，偶然性与必然性因子被综合在一起。它们体现了机遇律与因果律的辩证综合。因果耦合的反馈调节的机制与目标定向的目的论机制已经一体化。以上分析表明，系统辩证法与矛盾辩证法确实难分难舍。

矛盾辩证法遭受分析哲学家和数理逻辑学者冷落的部分原因是"矛盾"一词充满歧义。形式逻辑的矛盾律禁止逻辑矛盾，$A \neg A$（A 合取非 A）是永假式，而号称辩证矛盾的论题却具有与之相同或相似的形式结构。以 da Costa 为代表的非经典派逻辑学家正是为了"在矛盾中求协调"，为了在形式系统内拯救或合理处理"有意义的矛盾"，为了实现维特根斯坦"矛盾演算"的理想，才去开拓创建"次协调逻辑"（paraconsistent logic）的。记得邓晓芒说过，黑格尔所说的矛盾（德文 widerspruch）意即"相反的话语"，是反思或语言层次上的矛盾，而不是中国人的（真刀真枪的）"矛"与"盾"，不是本体论意味的矛盾。

华夏先生赞同美国哲学家巴姆的做法，讲辩证法时完全回避"矛盾"二字，巴姆的《对极性、辩证法、有机性》，完全不出现 contradiction 这个词。省得自找麻烦，让逻辑学家纠缠不清。我倒觉得"阴阳辩证法"这个叫法还不错，中国古代早就有以阴刚为格式的辩证法传统。当然，从根本上讲重要的是实质性内容，命名只是约定俗成的。

张志林说得好："真正的辩证法绝不是思想贫乏和含混者的避风港。"[①] 我终于弄明白，他所痛恶的只是对辩证法的肤浅理解和滥

---

① 张志林：《因果观念与休谟问题》，湖南教育出版社 1998 年版，第 44 页。

用，而绝不是痛恶辩证法本身。他自己在分析休谟问题时就使用了辩证法。他说："瞧，奇妙的事情发生了：单个看来，机会表征心灵的中立性（按：休谟认为，原因表征心灵的倾向性，而机会的本性＝原因的否定）；同类联合，机会则像原因一样，表征心灵的倾向性。从否定走向肯定，这倒是清楚明白的例子。"①

可见，只要不是将辩证法表述得模模糊糊、空空洞洞，而是将它表述得实实在在、明明白白，辩证法就不会显得那样可恶和令人反感。这里，我要提醒自己和辩证逻辑盟友们，在作辩证论述时千万要记住分析派学者张志林的警句，力戒空洞和含混！那样的话，华夏先生对辩证法也就不必绕道而行了。

<h2 style="text-align:center">三</h2>

我不仅赞同华夏先生关于因果性、随机性与目的性的三者相互作用机制，而且赞同无论生命系统或非生命的自组织系统都是目的论系统，即使非生命的自组织系统没有人那样的意图，却也是目标定向的、合目的的，具有内在价值的。这是 20 世纪下半叶发展起来的系统科学和系统主义的必然结论。

胡新和责怪华夏先生对目的论所作的系统科学解释"自然哲学味"太重，应当从纯粹科学哲学所要求的"科学解释"中排除出去。不过，我觉得这种界线不能划得太绝对。系统科学是作为跨学科的横断科学而兴起的，目前尚不够成熟，难免"自然哲学味"重了些。但从历史上看，牛顿的物理学还不是从他的"自然哲学"变过来的吗？

我想，我可以举出一个更现代的例子，说明系统科学的解释有资格成为一种科学解释。这就是艾根用超循环理论对达尔文自然选择背后的深层原理作出了合理解释。施太格缪勒在《当代哲学主

---

① 张志林：《因果观念与休谟问题》，湖南教育出版社 1998 年版，第 129 页。

流》（下卷）中也是赞赏这种解释的。我们在《系统科学：生物学理论背后的元理论》① 一文中对此作出了细致分析。在艾根之前，许多生物学家（特别是遗传学家）都企望给予达尔文原理以一种精确的形式，甚至是数学形式。根本困难在于，难以精确刻画选择原则所隐含的等级概念。艾根通过引用选择价值及相应的价值函数，很好地解决了这一难题。进化的前提是存在可供选择的突变种，物种的进化是一种寻求尽可能高选择价值的优化控制过程，它可以因系统科学原理而得到确切解释。超循环则是一种独特的自组织形式，能赋予物种系统内在的选择评价能力，以有效地选拔并保持突变体序列的某种优化的结构组合。艾根的选择进化方程及相应的选择价值函数（selective value function）概念，给出了达尔文机制的精确表达。其中用数学语言表达的选择函数值将起主要作用。以此为判别标准就可以指明，突变体序列的结构组合在生存竞争中受到一定的选择压力，最后只有选择函数值高的形成物才保留下来。选择价值函数 F_i 的表达式为：$F_i = A_i Q_i - D_i$。

四

华夏先生在自己的价值论中提出四项基本伦理原则：生态、功利、正义与仁爱原则。这些原则之间时常会产生矛盾，例如，在花豹咬伤了农妇的案例中，农妇奋力反抗，结果打死了花豹。试问花豹该不该杀？根据野生动物保护法，不该杀；根据公民有卫护自己生命安全的权利，花豹该杀。于是，产生了广义的"道德二难论题"。华夏先生是用类似于加权平均的方法来协调矛盾的。不过，我提醒华夏先生，在非经典逻辑中已经发明了一种现成的逻辑工具，可以在道义逻辑的形式系统中合理处置"道德二难论题"。它

---

① 此文是桂起权、任晓明为"文化与科学国际研讨会"（北京，2001年10月）提交的论文。

叫作次协调道义逻辑。其关键性的技巧在于，采用次协调逻辑手法，使道义逻辑中的各种规则的各种变种失效，诸如 $OA \wedge O \neg A \vdash B$（既应该又不应该 A 可推出任意命题）、$PA \wedge FA \vdash B$（既允许又禁止 A 可推出任意命题）之类不再是定理，从而道德二难命题可以合法地存在。

罗嘉昌把华夏先生对目的论的控制论解释界定为"一种新的机械论"（作为其价值哲学的基础之一）。这对我很有启发，使我联想起勃克斯（W. Burks）的一本书《机器人与人类心智》①，勃克斯提出了一种新的逻辑机器哲学或逻辑机械论，其核心论题叫作"人＝自动机"，功能等价就算是完全等价。例如，自动机情人美丽、聪明、富有魅力而且含情脉脉，在功能行为上完全可以成为自然人理想的性伴侣；又例如，具有人工智能的机器人要求与肉身人类享受同等的人权，于是，在伦理道德上出现了新的难题。机器人的主人（发明家）无权随意拆换它的零件、修改它的程序，就因为它也是"人"！我们不能把这看作仅仅是科学幻想。因为最近有人做了新试验，把芯片植入颈背中枢神经系统，这样的"带芯片人"或"电子人"，有时会产生与原先不大一样的不由自主的想法，等等，这样的人可以看作人—机耦合新系统，而且随着新植入芯片数量的增加，就有可能使人—机组合中机器成分在整体中比重增大。林德宏在《人与机器》一书中所断言的"人类具有不可超越性"和"人造物不可能也不允许全面超过人"②的结论就成了问题。《计算机带来的变化世界和哲学新意》的作者意味深长地指出："当身体的界限和神经系统的边界变得不那么明晰的时候，哲学不得不把灵魂／肉体问题作为灵魂／网络问题加以重新概念化。"③

至此，可以重新认真提出勃克斯"逻辑机械论"所提出过的

---

① ［美］勃克斯：《机器人与人类心智》，桂起权、任晓明等译，成都科技大学出版社 1993 年版。

② 林德宏：《人与机器》，江苏教育出版社 1999 年版，第 188—189 页。

③ 乔天庆、陶笑眉：《计算机带来的变化世界和哲学新意》，序二（待出版）。

"机器人社会的伦理道德问题"，这就是人—机组合机器人、芯片人、网络人的新伦理道德准则、公德私德问题，这将是华夏先生的价值论值得思索的新问题。

论作为"物理学之后"的形而上学

中国人民大学哲学系　韩东晖

一　引言

在 2001 年 10 月举行的"现代外国哲学学会学术研讨会"上，笔者宣读了论文《论实证主义的形而上学》。中山大学张华夏教授对此文的观点很有兴趣，并希望笔者就他的新著《引进系统观念的本体论、价值论与科学解释》撰写一篇评论文章。张先生是笔者十分尊敬的学者，其大著引入系统哲学而建立了独特的本体论和价值论体系，立论精深，分析透辟，自成一家，令人心仪，但可惜又是笔者不甚了解的领域。因此，提出有力的批评意见并非笔者力所能及，而愿就其第一章"本体论的研究何以可能"立论，讨论作为"物理学之后"的形而上学问题，为张先生的观点提供一点佐证。

张先生论证的对象是本体论，而笔者则以形而上学为对象，并把 ontcology 译作存在论。对于形而上学这一术语，本文首先采取了一个描述性的定义："形向上学是一种对实在和我们在其中的位置的最基本、最普遍的特征的哲学探究。"[①] 而存在论一直是形而上学的主要内容，根据当代的理解，它有三个基本目标：①确定存在者（所属的东西）的基本范畴，即实在的终极构造的类别；②探索不

---

① Jaegwon Kim & Emest Sosa（eds.），*Metaphysics：An Anthology*，Malden：Blackwell Publishers，1999，p. ix.

同类型的事物之间的关系；③勾画同一范畴内诸事物之间的关系。①
本文最终的论断是：形而上学是人类理智的自然的冲动或倾向，如
果它超越了独断论，接受了"语言的转向"的洗礼，作为关于实在
的范畴理论或概念理论，就能够被证明是可能的。

二 形而上学的坎坷命运

如果形而上学有历史的话，它在现代哲学（modern philosophy）
的长河中大致遭受过三次重大的打击，但每一次打击又都伴随着形
而上学高峰性的建构。

第一次打击发生在 16 世纪末 17 世纪初。1562 年和 1569 年，
希腊怀疑主义的主要文献——恩披里柯的著作——被重新发现并译
为拉丁文出版，立刻加强了 16 世纪怀疑论的、反理智的和信仰主
义（fideism）潮流。这一潮流中的作者质疑任何新理论的价值，坚
持认为如无信仰则无法获得终极的知识。"新怀疑主义"通过蒙田
和他的远亲 Franciscco Sanchez 的作品而对整个哲学的面貌产生了影
响，成为 17 世纪初期先锋派知识分子的流行观点。伽桑笛牧师作
为实验科学家中的领军人物，就是其中之一。② 每当新的独断论者
提出一套揭示实在真实本质的方法，他就举起怀疑论的武器予以回
击。16 世纪末 17 世纪初怀疑主义所引发的危机，直接导致了对确
定性的寻求和形而上学体系的大爆发，特别表现在笛卡尔、斯宾诺
莎和莱布尼兹的形而上学体系当中。

然而，17 世纪末，怀疑主义又一次卷土重来，皮埃尔·贝尔
用"启蒙时代的弹药库"——《历史与批判词典》——杀出了回
马枪，休谟和伏尔泰对启蒙时代乐观的理性信念进行了温和的怀

---

① Steven D. Hales；（ed.），*Metaphysics*：*Contemporary Readings*，Wadsorth Publishing Compa-
ny，1999，pp. xv－xvi.

② R. Popkin（ed.），*The Philosophy of the 16th and 17th Centuries*，New York：the Free Press，
1966，p. 10.

疑，形而上学作为独断论而命系一线。康德被休谟所警醒，摧毁了由于理性的独断使用而造成的"超验的"形而上学，通过对纯粹理性的批判而论证了"作为科学的形而上学是如何可能的"——这种可能性在于综合判断的先天可能性。作为科学的形而上学是怎样的？第一个层次是通过限制理性的超验使用而为关于现象界的知识立法；第二个层次是在限制理性的认识能力，开放理性的实践能力的基础上建立道德形而上学——关于自由的科学。但黑格尔却对康德的"内在形而上学"不以为然，他评价道："康德这种哲学使得那作为客观的独断主义的理智形而上学寿终正寝，但事实上只不过把它转变为一个主观的独断主义。"① 黑格尔批评康德的现象学割裂了认识和道德这两个领域，他要在实体论的基础上统一理性的王国。但这种实体论不可能是亚里士多德传统的静态的实体论，因为那是"形而上学的"而不是"辩证的"；因此他要把自为的主体赋予自在的实体，将精神的生命注入"物"的本体，从而建立绝对精神的形而上学。是为形而上学命运的第二次转折。

第三次打击来自实证主义，特别是逻辑经验主义。打击的目标是柏拉图传统，特别是黑格尔主义。这一次打击有两个突出的特点，而这两个特点都体现出康德式的风格。

首先是恢复了感觉经验的尊严，肯定了经验的实在性，舍弃了感觉世界与理念世界、表象与实在的二元论，拒斥了探讨本原、本体、本质、实体的"物"的形而上学。但笔者认为，具有悖论意味的是，实证主义在拒斥"物"的形而上学的同时，预设了一种"事"的形而上学，也就是说，①世界是由（基本）事实、现象或经验构成的；②现象就是本质，或者说，现象本身是透明的，它背后并没有隐藏着什么，对现象及其关系的正确而充分的陈述就是"本质"；③可以对事实、现象或经验作出客观而中立的描述，而不

---

① ［德］黑格尔：《哲学史讲演录》第四卷，贺麟、王太庆译，商务印书馆 1978 年版，第 258 页。

至于陷入唯我论和唯心论的泥沼。这种"事"的形而上学最终是在维特根斯坦的《逻辑哲学论》中建构起来的，① 可按康德对现象界的建构而把"物自身"排除在认识领域之外。

其次，"全部哲学都是一种'语言批判'"（《逻辑哲学论》4.0031），这就从康德的理性批判深入语言批判的层次。② 康德要防止理性的超验使用，而逻辑经验主义者则要制止不合逻辑的语言使用，这两种使用都违反"先验逻辑"。关于世界的逻各斯学要彻底让位给语言的逻辑批判，即"通过语言的逻辑分析清除形而上学"。语言批判得出的一个重要结论是：形而上学不是知识的领域——无论是经验知识还是综合的先天知识（这根本就不存在）。如果说哲学因此成为一种活动，确定或发现命题意义的活动，一种方法，逻辑分析的方法，总之是一种语言批判，一种释义活动，那么，形而上学至多不过是"用来表达一种人对人生的态度的"③。但同样具有悖论意味的是，这种基于经验论特别是证实原则的语言批判仍然未能逃逸出它所挖苦的形而上学。剑桥学派的威斯顿就把逻辑经验主义当作一种新的形而上学，因为其核心的证实原则既非重言式的分析命题，亦非关于事实的综合命题，按照其自身的标准就是无意义的。而在奎因和戴维森批判了经验论的三个教条之后，在这三个教条支持下的实证主义更是无地自容了。

从上述分析我们可以得出两个重要结论。①实证主义对形而上学的驱逐是不成功的，因为它在架空"物"的形而上学之后，又偷运着"事"的形而上学。似乎可以说，要触及实在，必然要确立某

---

① 关于这一点，笔者在《论实证主义的形而上学》一文中有比较详细的论述。在此恕不赘言。

② "纯粹理性批判"之后对"物"的形而上学的有力批判，是"纯粹语言批判"。J. Hamann 和赫尔德的对纯粹理性批判的"批判"（metacritik）便是一例："没有语言，就没有理性"，因此，"理性就是语言，即 logos"（Hamann）。（参见 E. Mendieta（ed.），*Karl-Otto Apel*: *Selected Essays*，Vol. I："Towards a Transcendental Semiotics"，New Jersey：Humanities Press，1994，pp. 92 – 93）。

③ 洪谦主编：《逻辑经验主义》，商务印书馆 1989 年版，第 35 页。

种关于实在的形而上学。②但是，这场"哲学的转变"的积极意义在于，此后的任何形而上学探究都必须建立在语言批判的基础之上。换言之，形而上学的探究实际上是我们在语言的层面上"触摸"实在，更确切地说，必须在语言的层面上用概念建构实在，构造关于实在的范畴理论。在这两个意义上，张华夏教授引入系统哲学建立本体论的构想和语义分析方法的运用是能够建构一种有价值的形而上学的。

三　后实证主义的形而上学

形而上学在实证主义之后并未免遭猛烈的口诛笔伐，但也不像在实证主义一手遮天的时代那样溃不成军。相反，尽管后期维特根斯坦似乎消解了形而上学乃至传统哲学的整个思维进路，尽管后现代主义者对形而上学极尽恐怖主义手段之能事，形而上学仍旧悄然成长壮大起来。

奎因和斯特劳森在这场形而上学的复兴当中功不可没。斯特劳森不但在早期的《个体》中提出了"描述的形而上学"与"修正的形而上学"的划分，而且在晚年的《分析与形而上学》中将逻辑学、存在论和认识论结合起来，虽不能说这与黑格尔如出一辙，但是，将存在论概念（对实在的判断）和认识论概念（赋予判断以内容和意义的经验）通过逻辑概念联结起来，恰恰是刻画我们的思想和概念结构的不可或缺的方式。这种"复归康德"的思想进路似乎预示着"作为科学的形而上学是如何可能的"这一问题应该有当代的解答。

从《个体》一书中来看，与其说维特根斯坦的世界是这样的，不如说我们关于世界的概念构架或概念图式是这样的；与其说我们的概念构架是这样的，不如说世界的逻辑形式和语言的逻辑形式是这样的。不同的概念构架和对逻辑形式的不同理解，给出的世界构造是不一样的。斯特劳森说，有两种形而上学，一种是描述的

（descriptive），一种是修正的（revisionary），前者"满足于描述我们关于世界的思想的实际结构"，如亚里士多德、康德，而后者"则关心创制一个更好的思想结构"，如笛卡尔、莱布尼兹和贝克莱①（当然，对具体的哲学家来说，斯特劳森承认，这只是大致的归类）。斯特劳森在这里的路数也接近于他所青睐的康德：我们实际的概念构架具有什么样的特征，它的可能性条件是什么。他不是在谈论世界如何，而是在描述当我们谈论世界的时候，我们在存在论意义上实际承诺了什么东西。被承诺的（committed）是可辨明的（identifiable），可辨明性是我们说话和交谈的根本条件。在最基本的交流形式"说者—听者辨明"中，被辨明的是特殊物："处于时空结构中的特殊物是日常语言的基本主体（主词），而物体和具有物体的个人则是基本特殊"，"认为物体是我们概念构架中的基本特殊，等于说，物体在那个构架中在存在论意义上优于其他类型的特殊"②。这一论证的一个推论是，心物二元论是不能成立的，否则"心"的概念就比"个人"的概念更为基本了，但"物体"和"个人"才是基本特殊。个人的概念在逻辑上是原始的个体③，不可再分割为"心""身"两个概念。另一个推论是，感觉材料不是最原始的构造，它们是"私有特殊"（private particulars），从属于"个人"的类别。④ 由此推出一个对我们来说最重要的结论：事实不是我们所谈论的世界的基本单位，要谈论事实必须首先辨明物体。这恰恰与早期维特根斯坦的论断截然相反。

我们不是不能直接谈论实在或世界，而是我们首先必须谈论我们的概念结构和我们关于世界的思想的结构，然后才能更好地把握

① P. F. Strawson, *Individuals*: *An Essay in Descriptive Metaphysics.* London and New York: Routeledge, 1959, p. 9.

② Ibid., p. 41.

③ "个体"（individuals）最初是译希腊文"原子"（atom）的拉丁词，二者都是"不可分割"的意思。

④ P. F. Strawson, *Individuals*: *An Essay in Descriptive Metaphysics.* London and New York: Routeledge, 1959, p. 59.

我们的哲学方法，确立"作为科学的形而上学"，以指导我们去认识世界。当然，我们可以如斯特劳森那样谈论思想的实际结构，也可以如笛卡尔、黑格尔那样创制更好的思想结构，只要不堕入独断论的陷阱，不宣称自己是顶峰的顶峰，就能够让我们更好地理解对世界的谈论，而且只有这样，我们对世界的认识才能够避免重走"批判哲学"之前的弯路。在这个意义上，张华夏先生引进系统观念建构本体论的思想是一次有意义的尝试。

从某种意义上说，斯特劳森的工作与奎因的努力是异曲同工的。奎因采取了语义上行的策略，使存在论问题从事实走向承诺，从经验证实走向语言使用："一般地说，何物存在不依赖于人们对语言的使用，但是人们说何物存在，则依赖于其对语言的使用。"[①] 因此，在《论何物存在》一文中，奎因指出，在辩论什么东西存在时，有必要退回到语义学的水平上，以便找出可以进行辩论的共同基础。而存在论的分歧必然包含概念结构上的基本分歧，如果把存在论的基本争论翻译为关于语词和怎样使用语词的语言学争论，在这样的范围内的争论才能争论下去。这样看来，"汉尼拔是否存在"是个存在问题，却不是存在论问题；是经验事实问题，而不是关于世界或实在的最一般的存在的问题。哲学家想要知道的是，在更一般的层次上，总体存在着什么。也就是说，哲学寻求整个世界系统的大致轮廓。然而，不同的理论给出的世界的大致轮廓是不同的，但当它们这样做的时候，就已经给出了构成世界系统的存在者的类，而这也就是这些理论的存在论承诺。负载着存在论承诺的是约束变项，"存在就是成为约束变项的值"。当然，奎因的存在论承诺不同于哲学史上的存在论预设，例如（$\exists x$）A（x）和（$\forall x$）$\neg A$（x）虽然具有同样的存在论预设，即变元的同一个值域，但不具有同样的承诺，前者承诺了 x 的存在，而后者则只承认了非空论

---

① ［美］奎因：《从逻辑的观点看》，江天骥等译，上海译文出版社 1987 年版，第 95 页。

域的存在,① 从而避免了困扰着哲学史的如何谈论"非存在"的问题。这也许并不显眼,但在哲学史上却是一个非同小可的进展。

重复这些大概众所周知的论述的原因在于,在奎因看来,形而上学不是可以被一劳永逸地清除的,相反,形而上学内在于任何科学理论之中,是不可避免的,而且应当成为"科学的"。哲学与科学是连续的。知识如何产生?知识的有效性何在?这仍然是康德式的问题。为认识论提供形而上学的基础,这也是康德式的思路。"一旦我们择定了要容纳最广义的科学的全面的概念结构,我们的本体论就决定了"。② 当然,正如亚里士多德的形而上学需要三段论逻辑作为工具,康德的"科学的形而上学"需要"先验逻辑"为准备,黑格尔的精神辩证法需要"辩证逻辑"为骨架一样,奎因的形而上学构想也是以逻辑特别是一阶谓词逻辑为背景框架的。也正如亚里士多德的《形而上学》相当于一部"哲学概念辞典",黑格尔的形而上学是一部"概念的辩证法"一样,奎因也要求我们明确地返回语义的层次,通过语义整编等方式研究形而上学问题。

四 作为"物理学之后"的形而上学

奎因对当代形而上学的重建的影响是不可估量的。他的著名论文"On What There Is"更是每一部形而上学文选必选的经典之作。显然,"存在"问题仍然是当代形而上学研究的重头戏——"存在"及其同类词所表达的是哪一类概念?当我们说某物存在时,我们是把某种性质(存在的性质)归之于它,如同我们把红这一属性归之于苹果一样吗?说某物是红的意味着它与黄或黑或别的颜色相对,总之不是红的,但说某物存在是与什么相反对呢?与它的不存在吗?但这怎么可能呢?——这些问题仍然在讨论之中。

---

① 陈波:《奎因哲学研究》,生活·读书·新知三联书店1998年版,第9.1节。
② [美]奎因:《从逻辑的观点看》,江天骥等译,上海译文出版社1987年版,第16页。

S. L. Katretchko 在《作为形而上学的哲学》① 一文中认为，未来的哲学活动与科学不同，它所探讨的不是自然对象，而是特殊的对象——哲学家们所构造出来的 the totalities——这个词不太好翻译，但它暗示着普遍性和总体性的东西。"存在"作为这样一种概念，更具有基础性。"存在"是谓词也好，不是谓词也罢，但它究竟是什么？究竟意味着什么？既然它似乎不可能从我们的概念框架中被清除，它的意义何在呢？

除此之外，像同一性、可能世界、普遍者、性质、种类、物及其持存、自我及其持存、因果关系、真、事件、颜色、抽象物与具体物、实在论与反实在论等，都是当代形而上学广泛讨论的主题。当然，或许由于这些问题太过抽象，或许是由于人们的偏见作祟，当代西方形而上学的研究在中国未能得到足够的重视。因此，在这里，笔者试图重新强调作为"物理学之后"的形而上学，以使我们正视哲学的主要分支之一的形而上学。

形而上学作为"物理学之后"（Meta-Physica）虽语出偶然，但理有固然。简单地说，物理学预设了如下三点：①存在着独立于我们的心理状态的物理实在；②构成这一实在的物质的相互作用服从于一定的普遍法则；③我们能够把握物理法则，并获得支持或反对特定法则的证据。显然，前两个是形而上学的，而第三个是认识论的，但更重要的是，它们不是自明的真理，也不是物理学所讨论的主题，因为物理学中没有这样的命题。这三点如今虽然众所周知，但从思想史来看，却是很晚才为人们接受。某种形而上学必定左右着人类的思想，但随着人类知识的演进，形而上学的面貌也在不断变化。

然而，普遍者、总体性及其与经验的关系问题始终萦绕在人类思想的构型中。亚里士多德热衷于经验归纳和自然研究，但他不满足于此，他要描绘人类思维的"范畴网络"，要为人类思想整理出

---

① 第 20 届世界哲学大会论文（http：/www. bu. edu/wcp/Papers/Meta/MetaKatr. htm）。

一套合适的概念框架，从"作为存在的存在"到研究存在的某一部类的知识，这便是形而上学的自然冲动。从逻辑上说，这种冲动发生在"物理学之后"；但从思想的演进来说，却可能发生在"物理学之前"。"物理学之后"和"物理学之前"的东西是什么？现在可以肯定地说，是语言。"语言是存在的家，而人则栖居于语言的深处"。这句富有诗意的"比喻"是对思想、语言和实在的写真。只不过人类只有经历过"物理学之后"才能够把他的目光从经验的实在中撤回，明确地意识到语言对思想和实在的左右，从而通过范畴和概念重新构造实在。这种被重新构造出来的实在或者与"物理学"（科学）是连续的，或者又复归"物理学之前"的境域（如海德格尔的基础存在论）。形而上学作为"物理学之后"，不但可以返回它的古朴内涵，而且能够与当代的各种形而上学进路沟通，尤其重要的是——这一点我们未曾涉及——它能够把道德哲学纳入它的视野。道德哲学必定是道德形而上学。

经过康德哲学的"理性批判"、马克思哲学的"实践批判"、分析哲学的"逻辑批判"之后，哲学的面貌既可以说是多姿多彩、交相辉映，也可以说是众说纷纭、混乱不堪。20 世纪在哲学史上或许又是一个高峰时代，也许是雅斯贝尔斯所预言的又一个"轴心时代"即将开始的预兆。拿形而上学领域来说，表面上的繁杂甚至混乱，实质上是开启了巨大的思维空间。花样繁多的哲学工具，眼花缭乱的哲学观点，伴随着知识的巨大增长，势必成为今后哲学发展的契机。经过批判和"治疗"的人类理性和思维语言会建设性地成长。在形而上学的研究中，昔日的庞大体系虽已坍塌，但仍然是令后人仰之弥高、俯之弥深的宝藏。令人遗憾的是，形而上学作为范畴论和概念论应当以体系的面貌展现自身，而当代的形而上学研究绝大部分还停留在把大钞票兑换为小零钱的操作方式当中。我们期待着同时也要祝贺具有当代意义的形而上学体系的涌现，为我们更好地理解正在发生着沧桑巨变的世界点亮烛光。

哲学本体论研究的三点意见或建议

中山大学社会科学教育学院　王志康

　　此文仅就张华夏教授靶子论文的序和开头两章冒昧地提出以下三点意见或建议，供张先生参考。

　　（1）张先生从科学哲学和系统哲学的发展论述了本体论研究何以可能。我认为张先生所给出的依据是充分的、有说服力的。本体论研究在经过了一段语言分析和新科学的洗刷后更深入了。本体论研究是一个永恒的主题。舍此，哲学即无存在的可能。也许有人认为，本体论缺席，还有认识论、方法论、价值论呀！国内外持此观点的不乏其人。他们以为本体论研究，已随着早期分析学派拒斥形而上学和马克思等对形而上学的批判成为历史。因为没有了本体论或本体不是问题，所以，恩格斯说的那个哲学基本问题，以及哲学学派的基本划界标准也相应消失了；唯物主义和唯心主义的问题也就没有了，用一些人的话来说就是被超越了。这大概就是一些人要取消本体论研究的出发点和真正的用意。现在摆在我们面前的一个严肃的问题是，哲学真的可以没有本体论吗？所以，首先要回答的不是一个可能和不可能的问题，而是必须有，还是可以不要的问题。张先生在著作中没有对这个问题展开论述，而是把它作为一个不需言明的预设，这样可能出现一个漏洞。因为可能做的事并不一定是非要做的事。我认为，针对一些人对本体论问题的否定，应当特别强调：本体问题对哲学来说绝不是多余的，历来哲学家对本体的思考也绝不是多事，哲学绝不是要与科学争什么功，或做什么科学之母、科学之王，完全不是那么回事。本体问题本是哲学自身之母、自身之根。认识论、方法论和价值论都离不开本体论的结论。说研究本体论问题是在搞 Science 实属胡说。我想，张先生一定是同意我的这种观点的，否则就不用费力来讨论何以可能的问题了。但是，在张先生认为已是定论的问题，我却恰恰认为是当前哲学最突出的要害问题。我对这个问题即哲学本体论研究的必要性、不可或缺性，是从思维层次结构上理解。[1] 建议张先生在书的第三部分对本体论研究的必要性这个重要的问题展开论述，至少，确立一个明确立场，以便使全书的逻辑更严谨。

（2）张先生试图从本体论研究入手，进一步解决认识论和价值论问题。因为，"哲学问题要么就不解决，要么就一揽子解决"，这是说，本体论、认识论、价值论三者之间有不可割裂的内在关系。张先生看问题的高度，确值得敬佩。张先生为实现他的愿望而做的不懈努力引导出了一条通向解决问题的新途径——"引进系统观念"。但是，我知道对张先生的这种探讨之路是存在异议的。张先生搞的是不是哲学？张先生写的书是不是哲学书？为什么我会在这里提出这种奇怪的问题呢？因为在张先生的著作里没有对自己所做的工作的性质作辩护。我认为，张先生的探索之路与古希腊以来的哲学主流基本是一致的，但是，同我们国家现代的主流似乎不一致。现在的所谓主流派的意见是：一曰，哲学不是知识，哲学是智慧，而智慧不能够是知识。智慧是什么呢？大概就是类似拈花一笑、大智若愚之状。据说，大成智慧都是只能意会不能言传的。二曰，哲学是对什么什么的反思，而反思不需有结果，特别是正面的结果。反思也不是知识，所以不能用语言来述说或传递。三曰，哲学不把握客观规律，而是解决人类为什么要按客观规律办事，而人为什么要按客观规律办事这种"规律"不是客观规律。而且，如果

---

[1] 王志康：《突变与进化》一书的跋，广东高等教育出版社 1993 年版。

人按客观规律办事就是命定论。四曰，哲学不仅认识世界，而且更重要的是改造世界，所以，认识客观规律不是哲学的事。五曰，哲学从文德尔班之"伟大"发现以后就只剩下价值问题了。自然观还给自然科学，社会观还给社会学，精神或意识问题还给心理学，认识论、方法论还给逻辑学，美学还给美术理论，哲学彻底被掏空，剩下的只有道德先生们要做的事情，构造或者重构无须本体支撑的价值体系。六曰，以往的哲学都无人在场，缺乏主体性，不是人的哲学。所以，要重建人的哲学。七曰，哲学思维是个人的事，所以，只能是多元的，甚至是无限多元的，没有，不可能有，也不需要有好、坏、对、错及合理与否的标准：只能通过心理学方式的传播而起作用。从本性来说，哲学更接近宗教和政治而不是科学。最后，辩证法要苏格拉底的，不要赫拉克利特的，现代的智者们如是说。他们否定自古希腊以来哲学对客观真理的追求，从而否定了马克思、恩格斯开创的自然辩证法及近百年来后人所做的工作。炒作这些观点成为哲学研究的时尚。这种思潮来势很猛，足以置哲学于死地。显然，哲学家如落入圈套，去追求一种说不出，道不明，不是知识，不把握客观规律的虚无缥缈的东西，哲学还不死吗？退一步说，即使这样的哲学不死，我们的时代需要这样的哲学吗？这可能就是现代中国的所谓哲学危机，当然是与我们现时代的政治经济背景相关的。近数十年来我们与国外交流，在获得很多好东西的同时，捡回的哲学洋垃圾也不少，极容易使人产生误导。张先生的著作好就好在恢复了哲学研究真实的一面，使我们有耳目一新的感觉，至少我个人有这样的感觉。但是，如果张先生的书在开始和后来都没有对全书立论的基础——哲学的本性问题展开讨论的话，所做的工作难以说服一些人和被承认或接受。我以为，在目前的形势下一本希望一揽子解决问题的哲学著作如果缺少了这方面的论述就可能达不到著书的初衷和目的。所以，我想，作一个补充很可能是必要的。

（3）哲学是时代精神的精华，面对自然科学研究的新成果、社会的变革和人们思想行为的变迁，人们头脑中原有的信条不可能不变，而哲学工作者也不能无动于衷。哲学的一个根本的任务是对这些新成果和新变化反思，通过交流使旧的信条得到更新。反思必有结果，把结果诉说给别人，就是知识。反思必有方法，如何反思，告诉别人也是一种知识。那些自称掌握了大智慧却什么也说不出来和说出来别人也不懂的人，我们自然不必去理会他们，也无须同他们争辩，说张先生的著作带给了我们知识，因为张先生的书告诉了我们他反思的结果，也告诉了我们他反思的方法。当然，这知识就是智慧，所以，也可以这么说，张先生的书带给我们智慧。这里仅就张先生关于世界系统性的反思谈一点意见。

张先生说他接受世界是一个系统这样一个结果作为反思的起点。因为世界是个系统已经是结果，是反思的起点，所以，"世界为什么是系统"的问题便不在张先生的问题内。我以为，作为一种哲学探索这种问题是不能回避的。我不能十分肯定地说，任何能够立足的哲学或能维持较长的一段时间的哲学都是能够自圆其说的，但是至少自圆其说是理论被公认的必备的条件之一。作为哲学的反思，就不是直观的对于现成事物的把握。为什么我们把世界确认为系统，因为我们看到了？不，我们只看到了一些事物，只看到世界的局部；因为我们觉得？不，觉得不是真知识；因为我们证明了？不，我们证明不了世界。是不是任何人都可以想出一个什么东西加给世界呢？问题又回到哲学研究本身的方法论问题上去了。

就我个人的理解，系统想法的来源，是面对我们已知的世界的变化、发展，除了假定世界具有系统性之外，我们没有别的选择（当然，将来有更好的选择也不一定）。康德也好，恩格斯也好，贝塔朗菲、邦格、拉兹洛等也好，无非都是这样。所以它是一个类似公理的东西，对自然科学和社会科学来说是一种概括，而对哲学来说就是一种选择。我们选取系统观念作为世界知识演绎的一个前提。然而，作为哲学的公理或出发点应有外延为最大的特征，既包括已知的，也包括未知的；既包括现实世界的，也包括过去的可能世界和未来的可能世界的设定。有没有或需不需要说出作这种设定的理由呢？我想，张先生的回答大概是没有或不需要，那么，系统就是本体论的一个元概念了。但是，仅系统一个设定不足以构造一个本体论知识体系。所以，必然还有其他不能被系统推出与系统平行的本体论设定。它们是怎样共同演绎出本体论知识体系的呢？当我们对这个带系统设定的本体论知识体系作评价时，必定要追问这些基本设定之间的相互关系，它们是完备、独立、无矛盾的吗？我以为，如果要建立起一门自圆其说的系统哲学，这绝不是一个多余的问题。我自己对此问题也不是很清楚，一直想搞清楚。希望在本书的第三部分读到张先生对系统作为本体论研究的出发点何以可能的阐释。

以上意见或建议并未深思熟虑，说错了，请张先生指正。

抛弃构成论，走向生成论

中国社会科学院哲学研究所　金吾伦

中山大学哲学系发给我们的邀请函中说张华夏的《引进系统观念的本体论、价值论与科学解释》一文是"靶子论文"——是给我们当靶子的，而华夏本人在给我们的信中则要求我们"毫无保留地提出尖锐的批评，挑明我的问题之所在，并提出修正和替代性的论题、论点和替代性的论证，从而促进学术争鸣和学术发展"。我非常荣幸地准备在这篇打靶式的"命题作文"里，将就以下几个方面发表自己的看法，也许枪枪脱靶，无一中的，但也算是记录在案的一片心意。

一　形而上学是拒斥不了的

我国哲学界曾有一些人在一段时间内承袭逻辑实证主义者，当时具有合理性，但如今早已过时的"拒斥形而上学"的衣钵，刮起一股反对形而上学之风。有人甚至认为，"拒斥形而上学"是现代西方哲学的基本原则，也是马克思主义的基本原则，并且还认为"现代实践格局和科学结论证明了马克思'拒斥形而上学'原则的真理性"。然而，理论和实践都表明，形而上学问题和本体论问题是不能拒斥也是拒斥不了的。关于这一点，我在 1989 年写过一篇题为《"拒斥形而上学"能实现吗?》的文章在《光明日报》上发表了。张华夏教授在论文中从理论上有力地论证了"本体论的研究何以可能的问题",指出人们想要认识世界和解释世界离开本体论承诺是不可能达成的。我个人完全支持这一点。

问题的关键是我们究竟需要一种什么样的形而上学和本体论?张华夏教授则是以一种实体为基础(或中心)的系统整体论作为他的本体论,并用系统哲学提出、论证和解释各种本体论问题。它是一种"既使用分析方法又使用系统方法的本体论和价值哲学的研究纲领"。但是,一旦涉及具体的哲学主张时,分歧便产生了。我对华夏先生引入系统观点后的本体论主张的总体看法是,这是一种建立在我们曾经批判过的构成论基础上的研究纲领,只是引入系统观点使这种构成论更精致一些而已。同时他又将"突现""生成"等观念纳入他传统的构成论主张中去,形成了一种以系统、实体为核心的构成论。因此,我把张华夏先生精心探索而形成的新构成论称作"精致的构成论"。

二　精致的构成论者

张华夏先生倡导的观点归根结底是我们称之为"构成论"的观点,但由于他以系统观作"伪装",因而成为一个精致的构成主义者,扮演着类似于为证伪主义辩护的拉卡托斯的角色。但毕竟还是一个构成主义者。

认真阅读张华夏的研究纲领,除去其价值哲学内容,关于本体论的共有11条。这11条中7条是关于实体的,4条是关于系统的,而实体又是通过系统而构成起来的。其中第8条说得很清楚:"实体组成系统或元素相互作用的聚合物,世界上一切事物不是系统就是系统的组成部分,它们组成相互联系的世界整体。"这一表述与华夏引用的贝塔朗菲的"系统可以定义为相互联系的元素的集合"的表述相一致,我认为可以说是构成论的一种典型表述。什么是构成论呢?我在《生成哲学》的第一编《还原论与构成论》的第一节"构成论的批判"中开宗明义地指出："构成论的基本思想认为，宇宙及其万物的运动、变化、发展都是宇宙中基本构成要素的分离与结合。"董光璧先生在谈论"构成论"与"生成论"的区别时，这样写道："科学思想是从探讨宇宙的本原和秩序开始的。所谓'本原'意指一切存在物最初都由它生成，或一切存在物都由它构成。我把前一种观点称之为'生成论'，而把后一种观点称为'构成论'。生成论和构成论的不同在于，前者主张变化是'产生'和'消灭'或者'转化'，而后者则主张变化是不变的要素之结合和分离。"一句话，构成论只讲"构成"，不讲"生成"。关于这方面的内容，我在《生成哲学》一书的"构成论批判"中已经谈过了，这里恕不赘述。总之，构成论"把宇宙看成一个'生长'过程的观念走到了尽头，'时间'的过程和体系，转变成为'空间'的关系，时间的连续性，出现了'空间'的断裂"。构成论观念归根结底是一种否定时间的静态观念。

不过，张华夏先生的观念并不完全是旧有的构成论，因为他"引进系统观点"了。由于引进了系统整体的观点，所以，他的本体论纲领具有了以下新的性质：①突现性质；②组分间相互联系的性质；③对环境的适应性自稳性和适应性自组织的性质；④不可还原的性质。尽管有这些系统的观念进入了张华夏先生的本体论纲领中，但他的基本进路和思维方式仍然没有跳出构成论的窠臼，就是说，他还是身列于构成论体系中。因为他依然强调的是实体、结构和功能，只不过变成系统的结构功能（即相互联系的元素的集合）罢了。例如，他在讨论系统的结构功能性质时，基本上仍然用构成主义的路子。"什么是系统的结构呢？"华夏先生回答说："所谓系统的结构，就是系统诸元素之间相互关系、相互作用的总和，它构成了系统内部相对稳定的组成形式和结合方式。"张华夏先生多了点什么呢？多了点"突现性质"，但结构仍在系统中起决定作用。

所有这些观念都是构成主义的观念，尽管张华夏先生将"突现"与"生成"概念归入他的体系，但其范式还是构成论的范式，本体论的概念框架依然是传统的。华夏力图用系统观点去修补传统的构成论。虽然构成论被华夏先生精致化了，但构成论毕竟还是构成论。

三　用生成论取代构成论

构成论作为本体论已经充分显示其局限性，应该将它抛弃，而用生成论取而代之。这是我写《生成哲学》一书的初衷。

董光璧先生在谈到用生成论取代构成论时说："近代以来的科学一直是沿着构成论的思想思考的，将一切现象都归结为不变要素的结合与分离。尽管这种分析方法曾经使科学获取众多成果，但基于构成论的不断分割的思维方式已遇到很大的困难，于是有一些科学家便转向了生成论。德国物理学家海森伯（Werner Heisenberg，1901—1976）是其中的先觉者，他从粒子物理学研究中领悟到生成或转化的概念比构成论的概念更有用。在 1958 年纪念普朗克（Max Karl Ernst Ludwig Planck，1858—1947）诞辰 100 周年的演讲中，他说：'在碰撞中，基本粒子确实也会分裂，而且往往分裂成许多部分，但是这里令人惊奇的一点，就是这些分裂部分不比被分裂的基本粒子要小或者要轻。因为按照相对论，相互碰撞的基本粒子的巨大动能能够转变为质量，所以这样巨大的动能确实可以用来产生新的基本粒子。因此这里真正发生的，实际上不是基本粒子的分裂，而是从相互碰撞的粒子的动能中产生新的基本粒子。'又说：'基本粒子碰撞实际所表明的这一类现象，犹如一个苹果分裂为两个西瓜，而两个西瓜结合却成为一个苹果。这的确不能由构成论的观点得以直观的理解，而借助生成论却易于理解它们。量子场论中的产生算符和湮灭算符的概念基础正是生成论的宇宙论。各种统一场论要求一切粒子从统一场经对称破缺产生的基础也是生成论的宇宙观，尽管有英国物理家霍金（Stephen William Hawking，1942—）通过其宇宙自足理论研究如何从没有空间也没有时间的状态产生出空间和时间而走向了生成论，美国物理学家惠勒（John Achbald Wheeler，1911— ）依据宇宙学的启示提倡"质朴性原理"，而认为物理定律也有个从无到有的生成过程，但大多数物理学家的思想还没有从构成论转到生成论。我认为这正是金教授的力作《生成哲学》对于当代科学的意义之所在。'"

事实上，华夏先生的这篇"靶子论文"中也提出了类似的观点和实例，只是他回避了构成论和生成论的对立与争论。早在1986年，我在《新物质结构观的诞生》一文中就论述了构成主义的局限以及用生成论（当时称"潜存—显现"观）取代构成主义的必要性。在那篇论文中，我肯定了构成主义在促进科学思想进步中确实起了很大的作用。这主要表现在：第一，它论证了世界的物质性和物质的第一性，强调了物质的性质是由物质结构决定的；第二，在方法论上，它为分析方法提供了基本概念，它与近代科学伴生的分析的时代相适应。但是，构成主义物质结构观是有其局限性的。局限性之一就像耗散结构理论的创始人普利高津所指出的：它是建立在一种"现实世界简单性"信念基础上的，"要了解宇宙，就只要了解构成宇宙的砖块——基本粒子；懂得了生物大分子、核酸、蛋白质，就可以理解生命，这曾是生命科学的基本信念。总之，一旦了解了组成整体的小单元的性质，就算掌握了整体"。但是，普利高津说："实际上，直到现在我们也还不知道这个整体的统一是如何建立的，仍然需要人们继续作出努力。"所以，他以为"任何事物都用对客体的微观解剖来发现"这种想法已经不适合了。因此，科学的发展日益要求突破构成主义物质结构观带来的局限性，创立出与当代科学发展水平相适应的新概念和新方法。

自20世纪60年代开始，基本粒子的研究有了深入的发展，从而孕育了一种与"构成主义"物质结构观不同的观念，我们不妨叫作"潜存—显现"物质结构观。"潜存—显现"观是基于自然科学新发现的事实提出来的，因为在基本粒子内部至今尚未发现任何现成的组成基本粒子的其他粒子，它们并不像由原子组成分子，由原子核和核外电子组成原子那样。它们既不是相互组成，也不是由任何其他更简单、更基本的粒子组成的。

20世纪70年代，观测自由夸克的试验屡试屡败，"夸克禁闭"进一步导致了对"构成主义"物质结构观的怀疑，认证可能有新的物质结构形态存在。新物质结构观与"构成主义"物质结构观已有了重大的差别，它至少要求我们放弃或改变在后者意义上看待物质的结构和组成问题。海森伯指出，"组成"一词只有当粒子能以比它的静止质量小得多的能量消耗而分裂为它的组成部分时才多少有一点意义，否则"组成"一词丧失了它的意义。例如，两个高能质子碰撞，除了两个质子仍然存在外，还有各种介子产生。我们不能说，介子原先就现成地存在于质子中或是质子的组成部分，我们只能说，介子是潜在地存在于质子中，它们是在反应过程中由潜在可能性转化为现实性的。

张华夏先生在他的文中也谈到了这一点，并作了"生成论"的解释。他说："在宇宙线的级联'簇射'中，宇宙线中一种高能粒子（电子、光子或介子等）在高空中击中一个原子核，就像雪崩一样转化为几十万个同样的高能粒子（电子、光子、介子等）。这里'组成'与'可分'的概念已经失去了意义。我们不能说几十万个电子组成一个电子，或一个电子分解为几十万个电子。但这几十万个电子却可以说由一个高能电子生成，是更大的能量环境生成了它们，是将世界联成一体的规范场的激发生成了它们，是宇宙生成了它们。"

这就是生成论思想，而不是构成论思想。解释上述现象只能用生成论，而不应纳入构成论。可惜张华夏先生没有进而接纳生成论，而是用六个分析维度（即①载体的分析；②关系与结构的分析；③过程的分析；④还原的分析；⑤本层的分析；⑥扩展的分析）回到他"对于系统中发生的事件的分析"中去了。这种分析本质上是一种构成主义的分析态度。

那么，究竟什么样的方法是生成论的方法呢？我想关键的一点是要避免分析方法，而是用整体生成的方法。

四　"协同生成子"只能纳入生成论框架，而不应纳入构成论框架

我和华夏先生一拍即合。1997 年，我访问澳门后下榻中山大学招待所，一个晚上的讨论，我们共同提出了"协同生成子"的观念。在华夏先生的这篇宏论中，对"协同生成子"作了进一步系统深入的阐发，并深刻地批判了"物质无限可分论"，使我对他的学识、他的思考问题的能力深深敬佩、但我对于他的结论却不敢完全苟同。

他的结论说："作为基本实在的协同生成子所阐明的物质层次结构的概念是突现生成的概念而不是'一尺之棰，日取其半，万世不竭'的无限可分的概念或由越来越小的东西构成的概念，它所阐明的实在概念是实体、过程、关系三位一体的概念，这里实体的概念不过就是某种突现生成，有某种持续性的过程和相对稳定的结构，整体性地与其他事物发生作用的东西而已。"对这一结论的前一部分，我认为，我们作为学术探究的任务已基本完成了。有些人不接受物质不是无限可分的这一结论，只是或迟或早进行范式转换的问题。而极少数不愿改变范式的人只能按普朗克原理带着旧范式到上帝那里去找他们的"共同体"了。关键是结论的后一部分："实体"与"结构"。问题是为什么一定要把"生成"概念纳入"实体"和"结构"之中去呢？究其根源，我认为，华夏把"生成"仅仅理解为"有生于有"，而并没有考虑到"有生于无"的问题。

不错，华夏认为，"这里实体的概念不过是某种突现生成，有某种持续性的过程和相对稳定的结构"，但他仍把它归结为"整体性与其他事物发生作用的东西"，这是问题的关键，即它是"东西，还是不是东西？"或"是什么东西？"因为"生成论"不但强调

"有生于有"的生成过程，更重视"有生于无"的过程。按照生成论，宇宙万物都是生成的。首先，宇宙本身是从无中生成的，其他一切也都是无中生有的。实体、结构等归根结底都是生成的，不是永恒存在的。这就是说，华夏认为是东西的东西原本就不是东西，即使是"东西"，也不是人们所能感知的"东西"，是潜在的东西。如果把它叫作"实体"或"结构"，似有点文不对题。

张华夏先生赞成我提出的"生成妖"，而"生成妖"正是认为"拉普拉斯妖"、"麦克斯韦妖"和"哈肯妖"都是以宇宙存在为前提的。在宇宙存在以前这些"妖"是无从谈起的，"生成妖"的提出是以此为前提的。"道生一"是"生成妖"的作用，"一生二，二生二，三生万物"的过程都借助于"生成妖"，所以把"生成妖"归结为"实体"或"结构"等类似的东西显然是不妥的。我不知道华夏作何看法？希望能得到他的指教。

另外，从方法论上说，构成论原则上是从部分升到整体的，所以才有分析重构和还原。而生成论则要求从整体的动力学认识部分的性质的，它不能用还原论的方法，而是生成的方法。关于这方面的内容，有待于以后再作讨论。

提倡生成论，绝不意味着否定构成论在历史中和实践中的地位和作用。正如我们批评机械论世界观，并不意味着否定机械论在历史上的地位和生活实践中的作用一样。

我们需要一种新的思维方式，一种思考问题的逻辑上一致的理论框架，这种理论框架能够解释自然科学中出现的新现象乃至生活实践中发生的新问题，即追求一种新的形而上学。我以为这正是我们作为哲学工作者的任务。在这一点我和华夏的观点是完全一致的。

中山大学哲学系把华夏的文章作为"靶子论文"吸引大家讨论，开启了一个学术讨论新风气的先河。这使我想起了科学哲学发展历史上于1965年7月在伦敦召开的那次《批判与知识的增长》的专题讨论会。那"是一次真正意义上的学术讨论会"。在会上，托马斯·库恩发表了《是发现的逻辑还是研究的心理学》一文与波普尔的观点进行了批判讨论。这场讨论大大促进了科学哲学的历史进程。

我衷心希望我们这次由华夏先生发起的批判讨论在促进形而上学研究方面有一个新的进展，把各种不同的主张充分展示出来，争鸣、批判和反驳，形成一个百家争鸣的新局面。

我特别希望华夏先生能就"生成论"发表高见！

评张华夏的伦理学四项基本原则

中国社会科学院哲学研究所　甘绍平

张华夏教授的伦理学，不论其内容如何，单凭他的研究进路与论证方式，就能为自己在当代中国伦理学的舞台上赢得令人瞩目的一席之地。不难理解的是，不同学术背景、观念立场的人对他的观点会有不同的解读（包括误读）与评价，因而不产生争论绝非正常。然而，张教授非同一般地表态："我的目标并不是想保卫我的哲学结论，而是要实现我的哲学追求"，"我不在意结果而是在意过程"，能够赢得的或许就不仅仅是惊异、教益、感动以及投身学术论争的冲动，而且也让人隐隐地体验到他的态度中所折射出的一种可贵的伦理精神。

一

张华夏的伦理学大厦，是由四根立柱支撑起来的。虽然他为了给自己留有余地总是强调并没有排除其他立柱，但我相信这一点并不会改变这四根立柱在他心目中的独特地位。所谓四根立柱，就是他的伦理学四项基本原则：有限资源与环境保护原则、功利效用原则、社会正义原则、仁爱原则。

这四项基本原则构成了张教授系统主义的规范伦理学的主轴。张教授伦理学的出发点，是对本质主义的反叛。在张教授看来，不论是功利主义还是道义主义，都是本质主义，他们都总是企图用一个原则为普遍本质，将人类的一切伦理行为概括起来，结果总是遇到许许多多的反例。为了超越功利主义及道义主义的本质主义，张教授通过四项基本原则，干脆将功利主义与道义主义一下子统一了起来，将功利主义与道义主义都纳入自己的体系之中，"心安理得地承认四项基本原则的相互独立性而不再去寻找它们的'共同本质'"。① 也就是说，不再诉诸一个基本原则，而是全面兼顾四项基本原则。当四项基本原则相互发生冲突时，要"特别注意情景变量在道德推理中的作用"②。任何一项原则都不能有绝对优先权。通过四项基本原则，张教授便向我们展示了一种"多元的、非基础主义的、强调动态情景作用的伦理观念"。

我感到张教授虽然自认为超越了本质主义，但并没有改变规范伦理学的本质，因而也就没有克服规范伦理学的根本缺陷。规范伦理学的困境，正如张教授所言，是它无法囊括所有的道德现象，无法有效地解释，更谈不上解决所有的道德冲突。张教授坚信功利主义及道义主义从一个原则出发，会遇到许多反例，所以，后来出现了弗兰克纳的从两个原则出发和罗尔斯的从三个原则出发，以至于张华夏的从四个原则出发。那么，我们自然要问：从四个原则出发，就能一帆风顺？今天张华夏提出四项原则，明天王华夏或许就会提出五项原则，因为他发现张华夏的四项原则不足以应对诸如堕胎、安乐死、克隆人等问题，而这些问题都与尊重当事人的自主意志之原则——简言之：自主原则——相关，所以应增添自主原则作为第五项原则，如果王华夏完全认可张华夏的四项基本原则的话。但后天认可张华夏四项原则及王华夏五项原则的刘华夏或许又会提出六项原则，他所增添的原则是"尊重"，因为他认为随着全球化的进程，对不同的文化、不同的族群的尊严与价值应予以认可和尊

---

① 张华夏：《现代科学与伦理世界》，湖南教育出版社1999年版，第162页。

② 同上。

重的问题已变得相当紧迫；尊重原则，作为社会机构性行为的道德基础，在当今的多元化社会具有规范性的意义；而这样的问题在以往的伦理学史上还从没有得到过今天这样的重视。或许大后天又会出现一位陈华夏，他的理论的出发点则是对张华夏四项基本原则中的若干原则的质疑与否定。照着这个模式关于基本伦理原则的论争从理论上讲就可以无限延续下去。

对这种无限争论下去的趋势的恐惧，迫使我不得不改变一下思想进路。是不是让我们暂时离开张华夏教授的四项基本原则，重新考察一下事情的来龙去脉，考察一下事情到底是如何发生的，换言之，伦理道德问题在我们今天的社会何以出现，伦理道德何以可能？伦理原则到底如何才能按照某种可以理解和把握的脉络得到发掘与论证，从而摆脱个人偶然性与随意性之外衣的缠绕？我相信这样一种思路转换是不会受到张教授的拒绝的，否则人们就无法解释，为什么在张教授的四项基本原则里，除了清一色的经典的伦理原则之外，还会有一个颇为时髦的环保原则呢？

我们知道，在当代西方发达国家，伦理道德与宗教信仰一样属于个人的私事。除了教堂与中小学校之外，没有任何其他社会机构关注人们的道德建设，政府只负责法律制定、监督与执行。20 世纪 70 年代以来，社会公众开始自发地思考和讨论伦理道德问题，这并非是因为人们忽然对理论产生了兴趣，而是因为实践问题的新颖性所使然：科学技术的迅猛发展导致了人类社会生活的巨大变迁，引发了诸如人类有可能通过自身的技术创造改变自身的遗传结构、通过环境的破坏毁灭后代的前途、通过核战争毁灭全人类的存在等一系列历史上前所未闻的价值与规范课题。在科技赋予人类的全新的行为可能性及这种行为可能造成的后果的威胁面前，人们一下子丧失了方向：往后看，传统的宗教、艺术观念在提供行为指南方面已经无能为力；往前看，相应的具有普遍约束力的行为法律、法规还尚未建立。正是在这样一种状况下，拥有着重新定位之巨大需求的社会公众想起了哲学，他们将哲学，确切地讲，是将伦理学看成介乎于宗教传统与当代法律之间的一种意识形态：对于过去的传统观念、宗教理论，它可以以理性的眼光重新加以审视与汲取，对于孕育中的法律，它有义务提供有益的哲学论据。于是伦理学成了公众热忱关注的焦点，人们将哲学真诚地看成一种以解决定位之危机为目标的智慧的反思艺术。这就是伦理学在今天所赢得的地位。

由此可见，社会公众对伦理的需求是与大量的伦理冲突、伦理悖论的出现密切相关的。解决伦理悖论与冲突的传统方式是向古代圣哲的智慧请教。然而，在今天，情况就不像过去那么简单。原因有三：一是今天人们所遇到的伦理问题大体上多是以前从未出现过的，问题的新颖性远远超出了经典作家们的理论视野；二是在民主时代里人们不习惯唯上是从的思维方式。对民众自主意志的尊重以及民众在长期的自主文化中所形成的一种自信意识是一个公民社会的基本特点；三是在一个价值多元化的社会里，公众的道德观念各不相同。面对道德冲突，没有任何一种伦理或价值观念有权宣称自己是唯一正确的指导原则，没有哪位个人、哪个团体、哪个群体可以断言自己把持着朝向道德真理的唯一通道。因此，为了解决伦理冲突，在民众中间能够形成共识、达成一致的首先不是某种具体的立场、某种具体的观念，而是一个中立的程序——交往对话，共识首先只能是关涉到规范与价值之多元性的处置程序，共识只能是在程序问题上才是可能的、有意义的。这样一种"中立的"程序上的共识的优势就在于，一方面它尊重并认可每位个体或族群拥有自己的道德信念、按照自己有关"好的生活"的观念理解和安排自己生命征程的自由，也就是说，它允许不同的生活方式以及有关好的生活的各种不同的方案可以并列共存、互不侵扰；另一方面，它又能够使各种不同的理念在一个共同的客观的道德视点上得到审视，从而为道德观念的冲突的解决开辟一条出路。因而，程序共识在多元化社会中构成了当代伦理学的基础。

之所以说以交往对话为表现形式的程序是客观中立的，是因为从表面上看，这一程序本身只是形式，它并不涉及具体的内容，它向所有的道德理念开放，而并不关照或鄙视某一特定的价值理念。但是，"程序"这一概念本身有着不同的表现形式，它既可以表现为交往对话，也可以表现为抽签。为什么对于道德冲突的解决，人们不采取抽签的办法，而是采取交往对话的办法，是因为抽签程序与人们的道德自主性不相容。由此可见，只要我们深入一步加以考察就会发现，以交往对话为表现形式的程序共识并不是价值中立的，其本身就是某种内容的表达，即对个体自我决定的道德优先权的表达。程序共识的原则尊重并鼓励人们在交往对话中表达自己的意志，坚信在对话中达成的任何一项意见一致都是人们自主决定的结果。就此而言，程序原则上讲与其内容是不可分割的，程序既不是纯形式的，也不是中立的。正如库瑟（Helga Kuhse）所言："我们应当尊重其他人的按照其自己的决断来行动的自由，这并不再是一种程序上的原则，而是一种富有内容的关于'好生活'的观念，在这种生活中，'自主性'超出了其他在道德上有意义的考量。"①总之，如果说程序共识（或程序伦理、共识伦理）是当代伦理学的基础的话，那么，自主原则就是程序伦理或共识伦理的基础了。

作为一种重要的道德价值的自主原则的确立，是人类发展史上的一项伟大成就。它是个体从外在规定的、强制性的意志中解放出来的结果，是文艺复兴以来欧洲国家在以"反思性""公开性""自由"等概念为标志的精神、文化、政治发展进程中逐渐培育起来的成熟了的个体自主性的一种表达。

众所周知，从历史上看，不论是共识理论还是作为共识理论之根基的自主理念均来源于康德的思想传统。在康德那里，道德是从自主理念中推导出来的，但康德本人只关注自主理念的个体层面。所谓自主被理解为自己给自己立法，而这一自我立法又不是无章可

---

① ［澳］库瑟：《新复制技术：伦理冲突与共识问题》，载拜耶慈（Kurt Bayenz）主编的《道德共识》，美因河畔法兰克福1996年版，第111页。

循、完全随意的，恰恰相反，它的标准就在于：自己的一种行为是否合宜，要看大家是否都愿意这样，也就是说，自己的行为标准是否是一种普遍的法则，该行为是否是一种与普遍法则相吻合的行为。到了当代，出现了一种对康德式自主理念的集体层面的理解，即共识理论：具有实质性内容的道德规则不再是从个体的思维活动或思想实验中引导出来的，而是来源于所有社会成员的认同，道德规则体现了所有当事人的兴趣。在共识理论中，自主理念这一核心原则得到了充分的体现，尽管个体性的程序解释已被一种集体性的程序解释所取代了。

综上所述，在现代民主社会，道德问题总是以道德冲突的形式出现的。解决道德冲突的唯一途径就是公众之间以赢得道德共识为目标的理性的对话与交谈。而交谈程序本身又体现了自主原则作为一切伦理讨论的前提、基础与出发点的独特地位。

于是，在这样一种情况下，道德冲突的解决就并非来自哲学家个人的学术探讨，并非凭借个人简单的道德直觉与洞见，而是来源于不同学科的专家、代表着不同利益的当事人经过缜密的思考、周详的权衡与反复的协商所形成的共识。道德问题的权衡与决断不应只是个人的私事，而是要依靠集体的智慧，要诉诸一种复杂的理性的权衡机制，才有可能最终形成摆脱了个人偶然性与随意性的明智合理的答案。而一旦进入集体决策的程序，则论证就不可能仅仅依赖一个、两个、三个或四个前提或原则，换言之，不能仅仅局限于张教授的四项基本原则，而是应依赖许许多多的原则与权衡因素，论证就存在于一种对不同因素的相互协调之中，存在于这些不同要素的共同作用之中。所谓诸多因素，一方面是指不同的伦理范式——如康德的理性伦理、亚里士多德的德性伦理、边沁的功利主义、叔本华的同情伦理、哈特曼的价值伦理、罗尔斯的正义原则、忧那思的责任原则、马伽利特的尊重原则、格特（Bernard Gert）的"不伤害"原则等，另一方面是指社会中通过不同的群体所体现出来的各种各样的利益要求。论证就在于对这些不同的理论范式及事实因素进行综合性、整体性的考察分析，仔细地权衡各种得失利弊，从而求得一种作为最为合理答案的、体现了某种社会共识的道德判断。这种方法决定了哲学家在研究探讨及商议的过程中，必须放弃自己具备导向正确的道德判断的直接通道的观念，相反地，他（她）要认真听取其他专业人士的建议，并且——如果是作为决策会议的参与者的话——要有妥协的意识。这种方法还决定了哲学家与其他专家一起研究商议后所达到的共识并不一定体现着某种绝对的正确，而或许仅仅是一种相对的合理。它或许并不像传统伦理学所要求的那样能够使问题得到一揽子解决，但又不是那种类似于在上帝与魔鬼之间进行选择的非此即彼的决断，而是可以达到问题的某种近似的解决，是一种将不利因素减至最低限度的最好的可能。当然，在遇到不可调和的道德悖论，即必须做出非此即彼的选择之时，哲学家在听取了拥有着不同知识背景的其他专家的建议之后，经过周密的权衡，最终只能作出放弃或牺牲一方利益或一种道德原则的决断，但是他（她）所提出的理由相对而言应当是具有最强说服力的。从这个意义上讲，如果说传统的伦理学意味着一种靠自己的力量即可解决所有问题的强的道德理论的话，那么，上述的这种伦理学可以说是一种弱的道德理论。

由此可见，这样一种民主时代的集体的伦理权衡模式是对传统规范伦理的演绎模式的一种否定。规范伦理的演绎模式包含着三个要素：①必须具备一个最基本的道德原则及一定数量的知识。②按机械推演法将这一原则和这些知识应用到相关的经验事实中去。③演绎程序是客观公正、与利益无关和价值中立的。简言之，以道德理论为装备，以逻辑演绎为程序，就能得出最终的道德结论。所以有人将这种模式称为"工程师—模式"，就像工程师要建一座桥，医生要治一种病或法官要判一个案子那样，他们以几百年积累起来的理论知识为依托，来应对具体的问题。在这样一种"工程师—模式"中，起决定作用的就是康德所讲的判断力，所谓判断力，按照康德的说法，就是指"将特殊包含在普遍之下来思考的能力。如果普通物（规则、规范、法则）给定了，则将特殊物归纳于其下的判断力也就确定了……"①。显然，如果将民主时代以解决道德冲突为基本任务的伦理学仅仅视为一种"工程师—模式"，视为一种将理论与特殊结合在一起的实践的判断力，那么，就会使当代伦理学中的伦理分析的任务过于简单化了。我们说，民主时代集体的伦理权衡模式有别于传统的规范伦理的模式，有别于将理论机械地应用到事例上去的"工程师—模式"，原因就在于在规范伦理中，需要得到决断的事例完全没有超出现有理论知识的有效适用范围，而当代伦理学所应对的社会实践问题却不是简单地应用现有的道德理论就能解决的，它们远远超出了传统伦理学的理论视野。显然，把当代伦理学仅仅理解为是将理论按演绎法机械地应用到个别事例中去的做法，低估了这种伦理学所应有的创造性的因素，这一点正是解释学反对规范伦理学的重要理论依据。按照解释学的观点，伦理学本身应体现着一种公开的战略性的行为，是一种作为创造性的程序的应用行为，"这所表明的不是别的，而是对事例的判断……并不简单地应用普遍性之标准，而是其自身还要对此标准进行参与决定、扩充和修正"②。也就是说，在当代伦理学中，应用程序本身是创造性的，它伴随着规范的生成、塑造与改进的进程。这具体表现在对于规范中所包含着的一些关键性的概念，人们就必须根据实践的发展重新进行解释与定义。例如，传统的道德理论所理解的道德共同体非常狭窄，它只包括理性的、有自主行为能力的人，而将人类胚胎、婴儿、精神病患者、未来人等都排除在外了，殊不知后者同样也需要我们的道德关护。所以，有关道德对象的传统理解必须加以修正。如果我们打一个不恰当的比喻，将传统的规范伦理比作为立法，将规范伦理中的"判断力"的运用比作为执法的话，那么，当代伦理学就应看成立法与执法的结合，是在执法中来立法，并发展

---

① ［德］康德：《判断力批判》，见 Wilhelm Weischedel 等编的《康德著作六卷本》，达姆斯塔特 1983 年版，第 5 卷，第 X、Ⅳ 页。

② ［德］伽达默尔：《真理与方法》，卷一，图宾根 1990 年版，第 45 页。

和完善法律。总而言之，当代伦理学绝不是传统规范伦理演绎模式的复兴，它重视应用实践对道德理论的反作用，认为对理论伦理与应用伦理进行严格的区分实际上已经不大可能。

二

在民主社会的道德交谈程序中，不仅任何旨在达到道德共识的具体论据是评价和讨论的对象，而且任何人所提出的任何一项伦理基本原则同样也是评价和讨论的对象，不论这种基本原则是来源于悠久的历史传统，还是对当代伦理学所涉及的重大实践问题之基本性质的某种哲学概括。这也就决定了：任何一种受到认可的基本的道德规范或核心的价值原则都必须在最大的范围之内拥有广泛的适用性和有效性，它必须为所有的当事人（现实的及潜在的）所接受，说得明白一些，它不能为任何当事人所反对，否则就无法作为道德原则而赢得普遍的认可。正如哈贝马斯所言："只有能够获得作为一种在实际讨论中的参与者的所有当事人的赞同的那些准则方谈得上有效力。"① 按照这样一种评价标准来考察张华夏教授的四项基本原则，我感到其中的两项原则——仁爱原则与环保原则，似乎并不是无懈可击的。

无须赘言，作为传统伦理学最重要的伦理原则之一，"仁爱"这一概念不论是在中国的儒家哲学还是在基督教伦理中都占据着极其重要的地位。然而，如果我们承认有着道德理想与道德原则之别的话，那么在我看来，仁爱这一概念应当被划归于道德理想的层面。

仁爱原则坚持者的出发点，就在于肯定人心都是善良的，人可以将仁爱"从家庭推向社团，从社团推向社会，从社会推向全人

---

① ［德］哈贝马斯：《对交谈伦理的阐释》，美茵河畔法兰克福1991年版，第12页。

类，从人类推向自然"①，个体甚至可以为哪怕是匿名的他人作出牺牲。然而，这样一种人类图景实际上却完全是虚幻的，以这种图景为基点的伦理学在现实的社会条件下也就很难发挥什么有效的作用。因此，我们可以把视点投放到一种并非虚幻的，而是完全现实的人类图景上，这一图景是由休谟及亚当·斯密所勾画的，并且在经济学、在当代社会科学中发挥着重大的作用，甚至被誉为经济科学的核心公理。在这两位经典作家看来，人性具有双重的性质。一方面，自利是人的本性；另一方面，人类也有设身处地地替他人着想、与他人同甘苦共欢乐的本能，即同情意识。于是，人就这样，既像一只鸽子，但又带有狼的因素，鸽子与狼的要素在人的身上复杂地交织着。这里的关键就在于，鸽子的要素主要起作用于近邻，而越向外，则投射出的狼的要素就越明显。按照休谟、亚当·斯密的理论，人的兴趣就是这样按照距离与熟悉程度向外投射的：一般来讲，他（她）最关心的是自己，然后是亲戚朋友，再后才是一般熟人及陌生人。总而言之，人在道德本性上似乎并不完美，对他人的关爱与同情是有程度差异的，而对于完全陌生的人的关怀则肯定就相当有限了。更严重的是，这一特点并不可能获得本质上的修正与改变，要想通过什么外力（圣人的宣传、规劝、引导等）来提升个体对陌生人和他人的兴趣，便是一个遥不可及的梦想。

这样一种有关人类的图景，看起来虽然令人沮丧，但却完全是真实可信的。有意义的是，以虚幻的人类图景或以真实的人类图景为基点，会得出两种完全不同的行为战略。以环保为例，以虚幻的人类图景为基点的行为战略，就不会有成功的可能。因为这种战略，就是引导人们为了陌生的利益——不论是指后代还是指所谓大自然自身的价值——而限制甚至是放弃自身在生态环境上的利益。但是，如上所述，人是不具备能够为了对于行为主体来讲完全是匿名者的利益而自愿牺牲自己利益，即对未来的尚未存在的人类的仁

---

① 张华夏：《现代科学与伦理世界》，湖北教育出版社1999年版，第129页。

爱的。因此，如果仅仅指望人类现有的道德能力，那么，我们就可以说，人类的持续生存的机会微乎其微，人类的前景十分黯淡。

不过，好在我们还拥有以真实的人类图景为基点的行为战略。这种战略相信人类自利的需求并非只有摧毁性的力量，恰恰相反，它也有着创造性的对社会有益的力量。在巨大的匿名的社会联系中，出于自利动机的行为在特定的条件下可以像利他主义者所期待的那样转变成为利他的行为。所谓特定的条件，就是指人类行为的外在的游戏规则的框架，在这一框架里，所有破坏环境的行为都要给行为者带来巨大的经济损失。于是，破坏环境的行为便成了有害无益的行为。在趋利避害的动机驱使下，人们自然会作出有益于环保的举动。于是，所有的环境问题便转变成了理性的经济问题，原则上可以在经济合理性的框架内得到解决。

如上所述，任何一种基本的道德规范或核心的价值原则要想得到认可，就必须在最大的范围之内拥有广泛的适用性和有效性。而仁爱原则——由于人性的难以改变的不完美的状态——并不能满足这一要求。

从范围的角度来看，与公正原则相比，仁爱原则的适用性十分有限。当然，这并不意味着我要根本否定仁爱的概念，而是说，我认为，在比较小的范围内，道德主要是指团结、同情、帮助、奉献，即相当于基督教伦理中的近爱；而在一个非常广博的社会领域里，只有公正这一概念才能比较准确地反映人与人之间的最基本的道德关系。

从运用仁爱原则的能力的角度来看，并非每一个人都能够以平等的方式将仁爱概念付诸实践。对于富人、强者而言，善举是一种高尚的而又令人愉悦的美德，而对于穷人、弱者而言，再让他（她）行善就意味着一种令人痛苦的苛求。如果我们将仁爱、行善作为一种根本的道德规范的话，那么，社会中的弱势群体或许就会感到它遥不可及、形同虚设，而强势群体也不一定会认可这一规范，因为他们担心长此以往就会给自己造成不利。

总而言之，如果就仁爱这一概念所蕴含的"己欲立而立人，己欲达而达人"之含义而言，它可以被看成个人的来自对生活本身规则的总结的一种明智的处事艺术和生活智慧。但如果就这一概念所蕴含的"仁者爱人"、"泛爱众而亲仁"、"老吾老以及人之老，幼吾幼以及人之幼"和"先天下之忧而忧，后天下之乐而乐"之含义而言，它充其量只能被看成一种高尚的道德理想或社会行为准则的一种理想状态，而不能作为具有广泛适用性与有效性的基本的道德原则。

环保原则在张华夏教授伦理学体系里被置于与功利、公正和仁爱原则同等的地位上，可见这一原则在张教授心目中独特的分量。我原本以为，生态环境问题本来是一个简单的并不需要人们高强度的脑力劳作就能理解的问题：我们通过自然环境与后代具有某种关联；我们破坏了环境，后代就无法继续生存。因此，我们这一代人正视这一环境课题，目的在于消除与避免我们的行为给后代在生态环境上造成的直接或间接的伤害，从而使人类的自然生存基础赢得长期的保障。从理论上讲，生态伦理学的核心是代际公正的关系问题；从实践上讲，生态伦理学必须最终转变成为社会政治学、生态经济学，才能发挥其应有的效力。所以，按照我的理解，环保问题应当是被包含在公正原则之内的。

但是，张教授不这样认为。环保原则之所以单独成为一项原则并且占据着十分重要的地位，根源就在于他的广义价值论。显然，张教授所赞同的是一种生命中心主义的生态伦理，因为他主张生命是有目的性的有机体，这一点构成了生命唯一的有伦理学意义的特征。而"保护自己，实现自己的生存与繁殖这个目的本身是生物所追求的，我们就将它看作是生物的内部的'善'，或内在价值"[①]。总之，生命体的这种内在的自我目的，就是其维持自身的生存与繁殖的欲求。凡是有利于这一目的之实现的事物，就是善的，反之，

---

① 张华夏：《现代科学与伦理世界》，湖南教育出版社1999年版，第15页。

就是恶的。将生命体的内在自我目的之模式推而广之，则整个大自然生态系统也有其维持自身的生存与繁荣的目的，一切有利于生态系统的完整、稳定与完美的事物，才是有价值的，否则，便是恶的、无价值的。

然而，我认为这种生命中心主义的观点完全经不起推敲。首先，张教授在这里没有区分出功能目的与实践目的的本质差别。所谓功能目的，所体现的只是一种纯粹的事件，指的是客观发生了的事情。生命体、生态系统的维持生存、繁衍后代的目的就是功能目的，它只是一种客观事件，没有好、坏、善、恶之意义。如饥饿的猛虎捕捉人体为食物，或艾滋病病毒侵蚀人的机体，这些行为都是生命体维护其生存的自保行为，是一种本能的行为，故我们不能让老虎或病毒为其损害人类的行为负责。而所谓实践目的，则体现着一种有目的的行为，行为者为自己的行为作出选择，并为自己的所作所为负责。可见实践目的所关涉的是拥有理性选择能力的行为主体，即人类；只有人类的行为才涉及责任这一概念，只有人的自觉的有意识的行为才有善、恶之区分。如上所述，艾滋病病毒侵蚀人的机体的行为是一种价值中立的行为，谈不上善、恶、好、坏；而医生利用药物杀死病毒以达到挽救病人生命之目的的行为则是一种善良的举措。总之，善、恶总是与人相关，总是相对于人类而存在。而植物、低等动物、自然生态系统等只有功能性目的，没有实践上的目的。由于功能目的仅与事实相关，毫无道德价值可言，因而以生命机体拥有"目的"为由，来论证生命自身的价值地位，这无疑是不合逻辑的。

其次，张教授在这里并没有对动植物生命的目的与人类生命的目的作出明确区分；没有明确解释动植物生命的价值与人类生命的价值的差别；没有明确说明，在人类的生存与健康需求同动植物的生命的保护之间发生矛盾冲突的时候，为什么要毫无疑问地作出维护前者牺牲后者的选择。他只是承认，动物权利不可以与人权相提并论，动物不能具备与人类一样的普遍的生存权利，但就是没有解释清楚为什么会是这样？原因很简单：他要想作出一种令人信服的回答，就必须彻底改变他所坚持的人类不过是生命共同体的一个"普通公民"的态度，彻底改变他目前所处的"漂浮着的状态"，回到人类中心主义的基点之上。

从深层次的角度来看，非（或反）人类中心主义论从某个意义上可以说是对西方近现代伦理学出现以前的原始神秘主义世界观的一种回复。这种神秘主义的世界观认可自然是独立于人类主体的客观存在，崇尚整体、权威、统治万物的神秘的主宰。而人类文明史从某种意义上讲恰恰正是理性主义与神秘主义之间的斗争史。奠定在理性哲学基础上的近代伦理学破除了传统的神秘主义的观念，指出，"自然总是对于我们而言的自然"①，离开了认识主体而去奢论认识客体的独立存在，根本就是无稽之谈。康德说，自然是现象的集中体现。自然，若没有能够使其存在得到显现的主体的存在的话，那么，谈及其存在与否就毫无意义。从认识论的角度来讲，人类主体是世间万事万物的逻辑起点。自然离不开主体，自然只有以为主体所建构的方式才能出现，自然总是在文化中被论及，自然总是已被文化了的。按照奠定在这样一种认识论之基础上的伦理学，人类主体不仅是对自然的一切认识的出发点，而且也是判定一切自然物的存在价值的唯一标准。在人类出现之前，大自然如何发展变化，是无善恶差别的，既无好的状态，亦无坏的状态。在人类消失之后，情况也是如此。只有凭借能够做出价值判断的人类，世界才拥有了好的或差的状态。任何自然物的价值，都只是对于人类而言的价值，亦即一种工具价值（满足人类的基本需要、身心愉悦、道德教育等），而绝非其自身之价值。无生命的自然物没有意识、没有需求，它同人类的利益之间也并不构成矛盾。当然，除了人类之外，有意识能力的高级动物也有其自身的存在价值，因为它们的神

---

① Andreas Brenner：《生态伦理学》，载 Annemarie Pieper 等主编《应用伦理学》，慕尼黑：贝克1998年版，第48页。

经心理结构决定了其也拥有肉体及精神痛苦的能力。但高级动物并不能拥有与人类相同的平等。原因在于动物并非是道德主体，它们无法理解和遵循道德规范，无法像人类那样对存在着的权利与义务达成谅解。

总而言之，那种以生态环境危机为借口，将人类中心主义看成生态罪恶之根源，从而呼吁彻底扭转人与自然的关系的反人类中心主义论，是非常荒谬的。人类中心主义并不是邪恶，而是人类在与神秘主义、反智主义斗争中取得的一项伟大成就。它的精神实质就是人道主义。人类对于自然，不存在着什么"统治""剥削""强暴"。所谓环境问题，并不是人类与自然的矛盾与冲突的问题，而是今天生活在自然中的人与未来生活在自然中的人的关系问题。破坏环境并不是对自然的不负责任的行为，而是对后代的不负责任的行为。在保护自然的问题上，生态的、经济的、科学的、美学的所有这一切理由最终都这样或那样地与人类的利益有关，而不是自然本身的利益。善待自然并不是为了善待自然本身，而是为了善待人类的生存条件，为了善待后人。在这个问题上，我们不需要什么新的生态伦理，我们已有的道德理论——人类中心主义的伦理学——就足以为人类保护自然环境的行为提供理论依据与作出论证。整个大自然并不能像一个国家公园那样得到保护，更不能为保护本身而保护。问题的关键在于不同的需要——保护需要与消费需要——之间的平衡，即当代人利益与未来人利益之间的平衡，这是解脱生态危机的唯一出路。

张教授从人与人之间的和睦之道，推出国与国之间的和睦之道，进而得出人与自然的"互相依赖、协调发展"之关系的结论。但在我看来，这一推论的后一半是不符合逻辑的。毫无疑问，在人与人、国与国之间应当形成平等、合作的伙伴关系，从而创造一种双赢的局面。然而"和平""团结""和解""互相依赖""协调发展"等概念所体现的是结构上的一种对等关系，而人与自然的关系在结构上是不对等的。自然并不能产生出对人的"伙伴""互相依赖""协调发展"关系的意识，并不能与人建立一种"和平"与"团结"，而只有人才有可能形成这样一种意识，"只有人才是与自然相涉的行为与责任的主体，只有人是从方法上研究其伙伴的认识主体"。①

从关心所有生命形式的利益、尊重大自然的伦理态度出发，张教授在一个"在人类以及整个生态系统八天后注定灭亡的前提下，能否以人类的提前死亡为代价来换取其他物种及生态环境的幸存"的思想实验②中，得出了"同意"的结论。这一结论符合他的环保原则。坚持人类中心主义的哲学家则自然会采取"不同意"的立场，同时他（她）认为"人类价值高于大自然的价值"是一个质的问题，"人类的八天存活期与大自然的长期存在"则是一个量的问题，两个问题处于不同的层面，丝毫没有可比性。假如这个思想实验要求我一定要表明自己的态度，那么我首先就会把这件事作为一种伦理冲突摆在社会公众面前，让所有的当事人都有机会参与交谈程序。我坚信只有这一程序才能决定伦理冲突的解决方案，只有这一程序才能决定人类的命运，只有这一程序才能决定张教授环保原则的命运。

---

① ［德］Dieter Bimbacher：《人与自然》，载 Kurt Bayertz 主编《实践哲学》，汉堡 1994 年版，第 295 页。

② 参见陈晓平对靶子论文的评论文章对《对张华夏伦理体系的批评与改进》。

对张华夏伦理体系的批评与改进

——兼论公德与私德

华南师范大学哲学研究所　陈晓平

本文首先对张华夏先生的道德理论或伦理体系作一总体的评价，然后讨论公德与私德的问题，最后从公德—私德的角度对张先生的伦理体系作一修正或改进。

一　张华夏的道德理论

张华夏教授在其著作《现代科学与伦理世界》中以晓畅清新的风格阐述了他的伦理体系：他称为"系统主义伦理体系"，也称为"非本质主义伦理体系"。张先生在该书中先后给出两个伦理学系统，其一是第三章给出的功利主义的非本质主义的伦理系统，也叫作"系统功利主义"；其二是第五章给出的超功利主义的非本质主义的伦理系统。前者的非本质主义体现为这样一种不确定性，即行为功利和准则功利时常会发生冲突，而对此冲突的解决仅仅依据功利主义原则是办不到的，必须结合具体的情境，包括考虑行为者对行为功利和准则功利的主观权重。这种非本质主义只是局部的，从整体上讲它还是本质主义的，因为无论行为功利还是准则功利毕竟都是功利，其道德评价最终还是依据功利主义的基本原则，即使最多数人的最大幸福得到增加。与此不同，后者的非本质主义则是一种整体的，它体现在这样一种不确定性中，即基本伦理原则（即道德公理）不仅功利原则一条，而且有多条，至少可以归结为四条，即环境保护原则（R_1）、功利原则（R_2）、正义原则（R_3）和仁爱原则（R_4）。而这四条基本原则时常导致价值冲突，对此冲突的解决需要结合具体情境，包括行为者对这四条伦理原则的主观权重，没有哪一条原则有着客观的和绝对的优先权。在对这两个非本质主义伦理系统的取舍上，张先生最终采纳了后一种整体的非本质主义，而放弃了前一种局部的非本质主义；也就是说，张先生认为后者比前者更好。在本书的第一部分第十章中，张先生又进一步阐明他的多元伦理价值体系，并在逻辑上作了一些辩护。不过，依我看来，张先生这个多元价值体系的内在不协调性并没有消除，或者没有完全消除。

张先生虽然自称非本质主义者，但又称其非本质主义是建构型的，并且他在总体上持道德乐观主义。笔者赞成道德乐观主义，但认为张先生所给出的道德乐观主义的理由是不恰当的。他谈道："当四项基本原则之间在某些具体领域中发生冲突时，如何解决这个冲突，不存在一个固定的公式，要看具体的境遇而定，不过行为或制度在总体上是朝着强正当性的方向进行调整的。这次如果 R_1 让 R_2 优先，下一次就可能 R_2 让 R_1 优先，直至四项基本原则都得到满足，这时系统便进入一个适应性自稳定和适应性自组织的状态。"[1] 这里有两个问题。首先，道德进步的目标不应放在各种道德准则都被满足上，而应放在如何在它们中间合理地作出权衡和取舍，因为道德冲突很可能是永恒的，至少我们不知道道德冲突何时会被扫除干净。其次，张先生并没有给出一个进行道德选择的确定公式，尽管给出一个不确定的公式。这使得人们在这四项基本原则之间作选择时带有很大的主观性和私人性，因而无法在不同的道德选择之间作出好坏优劣的比较，当然也就无法作出道德进步或退步

① 张华夏：《现代科学与伦理世界》，湖南教育出版社1999年版，第161页。

的评价，这样，道德乐观主义的基础也就不复存在了。这表明，张先生的道德体系中存在着某种不协调性，即他的道德乐观主义与非本质主义之间的不协调。在我看来，消除这种不协调的关键在于对其公式的不确定因素给予限制。下面我们具体考察一下张先生所给出的关于道德选择的数学模型，至于对它们的改进则放到本文的第三节。

张先生在第五章给出的超功利的非本质主义道德体系集中体现于如下公式：

$$V（a）=\alpha V_a（R_1）+\beta V_a（R_2）+\gamma V_a（R_3）+\delta V_a（R_4）$$

$$（1）$$

在这里，V_a 表示行为 a 符合某一基本原则 R 时所带来的伦理价值。α、β、γ 和 δ 分别是关于四项基本原则的伦理价值的权重系数。这些权重系数在不同的人那里是不同的，即使对于同一个人，他的不同行为也会使这些系数有所不同。可见，权重系数带有极强的主观性和私人性，用张先生的话说："伦理价值的权重系数正是反映决策者的价值观的最根本的东西。"[①]

问题就出在这些权重系数的主观性和私人性上。假定甲、乙二人对于两个行为 a 和 b 持有两套不同的权重系数，从而对这两个行为作出不同的道德评价：甲的评价是 $V（a）>V（b）$，乙的评价是 $V（a）<V（b）$。那么，哪一个人的评价更正确呢？再假定同一个人在不同的时期，对同一行为的权重系数发生了变化，那么，他的这一变化是进步还是退步呢？这些问题在张先生的这一道德体系中是找不到答案的。

张先生在第三章给出的功利主义的非本质主义道德体系集中体现于如下公式：

$$U_c（x）=f（U_r（x），U_d（x））$$

这里 $U_c（x）$ 叫作行为 x 的系统功利函数，中间变量 $U_r（x）$

---

① 张华夏：《现代科学与伦理世界》，湖南教育出版社 1999 年版，第 138 页。

和 $U_d(x)$ 分别叫作行为 x 的准则效用函数和行为效用函数。在可以线性化的简单情况中，这一多元复合函数可以表述为：

$$U_c(x) = RU_r(x) + DU_d(x) \tag{2}$$

这里 R 为准则功利系数，D 为行为功利系数。R 和 D 的数值是因人而异的，比例 R/D 可以反映不同的人的这两个系数之间的重要差别。对于一个更注重准则功利的人，$R/D > 1$，而对于一个更注重行为功利的人，$R/D < 1$。在一种极端情况下，D 的取值为 0，从而 R/D 趋于无穷大，持这种态度或靠近这种态度的人叫作"准则功利主义者"；另一种极端情况是，R 的取值为 0，从而 R/D 为 0，持这种态度或靠近这种态度的人叫作"行为功利主义者"。张先生所主张的系统功利主义介于这两种极端态度之间，因而 R/D 是一个有限值。张先生借用中国哲学的术语把 R/D 称为"义利系数"。

此体系与前一体系的最大差别是，它的基本原则是唯一的，即功利主义原则：使最多数人的最大利益得到增加。由此基本原则以及一般情境可以推出许多定理即伦理准则，例如，要诚实和守信用，要互相关心和互相帮助，等等。遵守这些伦理准则，有利于功利主义基本原则的实现，因此，伦理准则本身具有一定的功利价值。伦理准则直接规范人们的具体行为，从而使基本伦理原则间接地起到规范人们行为的作用。不过，人们的行为所产生的后果也可直接与基本伦理原则发生联系，从而使行为本身具有直接的功利价值。例如，某人资助一个失学儿童上学，直到大学毕业。他的这一行为为我们国家减少一个文盲，甚至增加一个大学生，是直接符合功利主义原则的，这就是他的这一行为的行为功利价值。此外，这一行为还符合爱护儿童、关心他人和互相帮助等伦理准则，对促进社会良好风气的形成起到积极作用，而社会良好风气又有利于功利主义基本原则的实现，因此，这一行为还具有准则功利价值。在许多场合，一个行为的行为功利价值和准则功利价值是相互一致的，上面这个例子就是如此。然而，在有些时候，一个行为的行为功利价值和准则功利价值是相反的，是彼此冲突的。张先生举了一个据说是实际发生的例子：在第二次世界大战期间，波兰有一个德国人关押犹太人的集中营，其中一个分营所关押的 80 个人中有 13 人越狱逃跑，但被德军追回。德军官命令枪毙这 13 人，但有一附加条件，即每人必须在其余 67 人中选一人陪死，否则 80 个人全被枪毙。于是，这 13 个人便面临行为功利和准则功利的冲突：到底应该不应该找一个无辜的人来陪自己去死？从行为功利的角度来看，应该找一个人陪死，因为这样做可以挽救 54 个人的生命。但是，从准则功利主义的角度来看，不应该找一个无辜的人陪死，因为这样做是违反仁爱原则的。

现在，让我们来看看，在张先生的系统功利主义的伦理体系中，这个伦理冲突局面是如何得到处理的。假定被德军抓回的那 13 个人的义利系数 $R/D = 2$。又假定：在这个案例中违反伦理准则即找人陪死所带来的道义损失可以折算为损失 10 条人命，而其直接后果所带来的是正效用即挽救 54 人的生命，亦即只损失另外 13 条人命；不违反伦理准则即不找人陪死所带来的道义收益可以折算为挽救 10 条人命，而其直接后果所带来的是负效用即导致另外 67 人死亡。根据系统功利函数可得：

$$U_c（找人陪死）= RU_r（找人陪死）+ DU_d（找人陪死）$$
$$= 2 \times（-10）+ 1 \times（-13）= -33$$
$$U_c（不找人陪死）= RU_r（不找人陪死）+ DU_d（不找人陪死）$$
$$= 2 \times（10）+ 1 \times（-67）= -47$$

既然 $-33 > -47$，所以那 13 个被德军抓回的人应当选择找人陪死的行为方案。不过，这里有一个问题，那就是义利系数 R/D 是主观的和因人而异的。如果义利系数不假定为 2 而假定为 3，则计算结果正好相反，即应当选择不找人陪死的行为方案。这样，无论一个人作出怎样的道德选择都是合理的。

总之，张先生所给出的两个不同的道德体系均未给出道德评价的客观标准，由此便导致他的非本质主义，同时也导致道德的主观主义和相对主义，这与他的道德乐观主义态度是不协调的。不过，他的超功利主义体系与他的系统功利主义体系相比，主观主义和相对主义的程度要强一些。正因为此，在笔者看来，后者比前者更为可取。① 在后面的讨论中，主要涉及后者。

二　公德与私德

在有关文献中，"公德"（public morality）和"私德"（private morality）这两个术语往往是有歧义的。不过，有一点似乎是得到公认的，即公德是与公共生活密切相关的道德准则或道德行为，私德是与私人生活密切相关的道德准则或道德行为。正因为这样，人们常常把公德—私德问题隶属于政治—道德问题，既然政治生活是最典型的公共生活。

政治—道德问题最早可以追溯到古希腊哲学，但真正把这一问题持久地凸显出来的当推 16 世纪意大利的政治哲学家马基雅维里（Machiavelli，1469—1527）。马基雅维里在其名著《君主论》（*The Prince*，1513）中表述了这样一种观点：在公共领域和私人生活中有着不同的道德标准，因此，把适合于私人生活或个人关系的道德标准用于政治行为是不负责任和不道德的。如果一个人在追求公共政策目标的过程中，拒绝采用某些无情的狡诈的或欺骗的手段，那么这就等于背叛了他所代表的并给他以信任的人们的利益。公共政策的对错取决于其后果的好坏，而不取决于其执行过程的内在品质，而公共政策的内在品质往往从私人生活的角度看是令人难以接受的。由此，马基雅维里得出结论：政治道德必须是后果论的，其标准就是国家的繁荣富强，国力的持续增长和在国际事务中占据支配地位等。如果用适合于私人生活的道德标准——如友谊或公正——对一个政治家在政治领域中所采用的手段加以约束，那就等

---

① 关于这一结论的理由详见笔者为《现代科学与伦理世界》写的序。

于让他亵渎职责。可见，政治的"脏手"是不可避免的。

当代英国哲学家、原牛津大学 Wadham 学院院长斯图尔特·汉普希尔（Stuart Hampsire）教授（1914—）在其《公德与私德》一文①中从道德哲学的角度对马基雅维里的政治—道德学说作了相当深入的讨论。汉普希尔一方面赞成马基雅维里把公共生活与私人生活在道德标准上有所区分，即对公德与私德有所区分，另一方面却不赞成他把公德与私德截然分割开来，即在公共生活中可以完全不顾私人生活的道德标准。汉普希尔的论证是从两种道德思维方式入手的，即他所谓的"明显推理"（explicit reasoning）和"隐含推理"（implicit reasoning）。所谓明显推理，就是以逻辑推理或数学推理为典型的传统推理，其特征是从前提到结论的过程被展开为一系列步骤，这些步骤之间被抽象的和确定的逻辑计算或准逻辑计算连接起来。所谓隐含推理，就是由直觉支配的并且即刻完成的推理，其过程是不能展开为一系列清晰的或逻辑计算的步骤的。

在功利主义者看来，关于道德问题的实践推理（practical reasoning）就是关于实践后果的精心计算，然后，根据这种计算来选择具有最好后果的行为，即能够增进最多数人的最大幸福的行为。这种计算也许是快速的或隐含的，但是它们总是能够并且应该被重建为明显推理。对此，汉普希尔不以为然。他认为，当一个人不能把他的某一道德决定的理由展开为一个明显推理的时候，并不等于他是没有理由的或非理性的。例如，当一个人在其朋友遇难的紧急关头毫不犹豫地舍身相救时，他很可能没有进行任何明显推理，而且事后也给不出明显的推理过程，但我们不应因此说他的行为是非理性的。这种不能展开为明显推理的理性思维就是隐含推理。

隐含推理不仅在私人生活中起作用，而且在公共生活中也起作用，因为在公共生活如政治决策中不可避免地会遇到道德冲突。例

---

① Stuart Hampshire, "Public and Private Morality", in Stuart Hampshire (ed.), *Public and Private Morality*, Cambridge University Press, 1978.

如，一个政治家时常不得不在两种相互对立的重大政策中作出非此即彼的选择。他也许首先应用明显推理对这两个政策的后果进行精心计算，根据计算结果来选择那个具有最佳后果的政策。然而，他难免遇到这样的情形，即两种对立政策的后果在优劣程度上是彼此相当的，并且这两种不同后果的严重性（往往关系到两个群体、两个阶级或两个国家之间的利害冲突）使他没有中间道路可走。这时，他便陷入进退维谷、左右为难的境地，或者说，他面临终极冲突（ultimate conflict）。终极冲突是两种生活方式亦即两个道德体系之间的冲突，于是，作出终极选择的理由只能来自他的道德体系之外，即来自他的内容庞杂且不甚清晰的背景知识和基于背景知识的直觉，这种直觉思维是不能展开为明显推理的，只能以隐含推理的方式进行。可见，无论在私人生活中还是在公共生活中，隐含推理都是必不可少的，因此，公德和私德是不能截然分开的，相应地，政治和道德也是不能截然分开的。①

汉普希尔所说的道德思维的明显推理主要是指功利主义关于社会行为后果的功利计算。需要强调，功利主义所说的功利是指社会功利而非个人功利，因此属于公德的范畴。于是，我们把公德定义为：可以借助于理性推理加以评价或辩护的道德行为或道德规范，其标准是增进最多数人的最大利益。一个人由直觉作出的道德判断仅仅反映他个人的偏好，即使这一判断涉及公共政策。于是，我们把私德定义为：必须借助于情感直觉加以评价或辩护的道德行为或道德规范，其标准是增进他人的利益。

根据笔者的定义，公德和私德不仅在思维方式上有差别，而且在判别标准上也有差别。公德的标准是增进最多数人的最大利益，

———————

① 在笔者看来，汉普希尔把直觉叫作"隐含推理"只是他个人的偏好，而笔者更情愿接受传统的说法，即把直觉看作一种非理性的思维。从一个方面看，把直觉归于理性或者把直觉归于非理性，除了所用术语的不同以外，并没有实质性的差别，只要在一点上达成共识，即直觉是一种非逻辑的瞬间完成的思维状态。但从另一方面看，把直觉归于非理性在逻辑上是必要的，因为思维方式一般被二分为逻辑思维和直觉思维；如果不仅逻辑思维属于理性，而且直觉思维也属于理性，那么，理性就等同于思维，"理性"这个术语就成为多余的了。

私德的标准是增进他人的利益。这两种利益在许多情况下是一致的，但在有些情况下是不一致的。例如，你的一个朋友在进行走私活动的时候遇到困难，并请求你给予帮助。这时，在增进他人利益和增进最多数人的最大利益之间便发生冲突。从个人情感或私德标准出发，你觉得应该帮助这位朋友，但从理性思考和公德标准出发，你又觉得不应该帮助他。这便是通常所说的道德冲突，具体地说，是公德与私德的冲突。一个好的道德系统是以公德为主而以私德为辅的。①

需要强调，以公德为主并不要求人们在作出一个道德行为之前总是进行理性计算，而是要求人们经常在道德行为之后进行理性的反思，包括进行理性的计算，用以指导和改进今后的直觉，进而改进今后的道德行为。事实上，人们的道德行为常常是在直觉的指导下迅速地作出的。正因如此，笔者关于公德和私德的定义只涉及评价或辩护道德行为或道德规范的思维方式，而不涉及得出道德行为或道德规范的思维方式。

三　对张华夏道德模型的改进

关于"价值"和"效用"，文献中常常把它们作为同义词来使用。然而，台湾淡江大学盛庆琜教授对二者作了区别，为此他引入"主观价值的社会统计平均值"这一概念。② 我们知道，同一对象

---

① 中国著名学者梁启超先生早在 20 世纪初就以其独特的视角提出这一结论。他指出，中国传统道德哲学的最大弊病就是以私德为主，他所提倡的新道德就在于把这种以私德为主的体系变为以公德为主的体系。不过，梁先生并未给出公德与私德的明确定义，并且他的这种观点后来有所改变。（参阅梁启超《新民说》的《论公德》（1902）和《论私德》（1903），均载于《饮冰室合集》第 6 卷，专集之四）

② 盛庆琜：《功利主义新论——综合效用主义理论及其在公平分配上的应用》，上海交通大学出版社 1996 年版，第 210 页。（该书原著为英文版：*A New Approach to Utilitarianism: A Unified Utilitarian Theory and its Application to Distributive Justice*, Kluwer Academic Publishers, 1991）不过，令人感到遗憾的是，盛先生在自己的道德模型中也把效用和价值混淆起来了，对此，我将另文讨论。

的价值对于不同的人往往是不同的，这表明价值具有主观性和私人性。伦理学作为关于社会行为的一种规范理论，必须使其研究对象具有一定的客观性，因此，它所讨论的价值不能仅限于纯主观和纯私人的价值，而要以个人价值的社会统计平均值为基础。统计平均值具有一定的公共性和客观性，因为它对任何人来说都是大致相同的。虽然个人的主观价值与统计平均值之间是有差异的，但二者之间可以有一种函数关系即效用函数，记为 $U(x) = f(V(x))$。效用函数 $U(x)$ 是因人而异的，反映个人的主观价值；价值函数 $V(x)$ 代表个人价值的社会统计平均值，不是因人而异的，因而具有一定的客观性。这里所说的"客观"有其特殊含义，即主体间性（intersubjectivity）。

　　然而，遗憾的是，张先生在其数学模型中却没有将"效用"和"价值"作出区分。在笔者看来，这是一个失误，致使他的数学模型的理论意义受到一定影响。现在我们将其公式中的模糊混淆之处予以澄清。

　　张先生在其系统功利主义的数学模型中，对于行为功利和准则功利并未表示为价值，而是分别表示为效用即 $U_d(x)$ 和 $U_r(x)$。但是，根据效用和价值的关系即 $U(x) = f(V(x))$，他的公式（2）应改为：①

---

　　① 张先生对公式（3）表示异议，其理由是：个人效用 $U(x)$ 不应是社会统计平均值 $V(x)$ 的函数，恰恰相反，$V(x)$ 应是 $U(x)$ 的函数，即：

$$V(x) = \frac{1}{n}\sum_{i-1}^{n} U_i(x)$$

当然，也可把 $U(x)$ 看作 $V(x)$ 相对于这个函数的反函数，但是，这个反函数不是公式（3）。

对此，我的回答是：上面公式中的 $U_i(x)$ 与公式（3）中的 $U(x)$ 是完全不同的两种效用，后者是特指某一个人（如我自己）的效用，而前者是指 n 个人中每一个人的效用。正因为此，$V(x)$ 不受某一个人（包括我自己）的效用变化的明显影响，因而具有客观性和公共性。对于某一个人（如我自己）而言，$V(x)$ 是客观给予的，即使没有我的参与，$V(x)$ 也在那里。公式（3）则表达了 $V(x)$ 对于我个人的主观映射，其结果 $U(x)$ 属于我个人，而不属于 n 个人中的任何其他人。因此，这个 $U(x)$ 相对于 $V(x)$ 的函数关系不应看作上面这个函数的反函数。

$$U（x）= DV_d（x）+ RV_r（x）\qquad\qquad (3)$$

根据第一节，式（3）中的系数 D 和 R 具有主观性和私人性，因而效用 $U（x）$ 具有主观性和私人性。式（3）的这种主观性和私人性与张先生所持的道德乐观主义是不协调的。在保留道德乐观主义的前提下，为消除这种不协调性，就必须对这两个系数加以修正。最直接的方法是把它们去掉，从而使式（3）成为：

$$V（x）= V_d（x）+ V_r（x）\qquad\qquad (4)$$

式（4）中用价值 $V（x）$ 替换式（3）中的效用 $U（x）$，是因为式（4）所得出的结果已经消除了式（3）中的主观性和私人性，从而成为一个具有一定客观性和公共性的社会统计平均值。

由前一节可知，公式（3）主要是关于私德的，而不是关于公德的，因为那里包含的系数 D 和 R 是主观的和私人的，对它们的确定主要是依据个人的情感直觉，而不是理性推理。与之相反，公式（4）主要是关于公德的，而不是关于私德的，因为其中没有包括系数 D 和 R，而是完全基于对社会的行为功利和准则功利的考虑。这两种功利都表达为价值而非效用，因而具有客观性和公共性，这样的思考属于理性推理而非情感直觉。

前一节谈到，无论在公共生活还是在私人生活中，公德和私德都是不能截然分开的，因此，需要把这两种道德评价模型结合起来。为此，我们将公式（4）和公式（3）加以组合，从而成为：

$$\begin{cases} V（x）= V_d（x）+ V_r（x） & (a) \\ U（x）= DV_d（x）+ RV_r（x） & (b) \end{cases}$$

在这个组合模型中，（a）是公德模型，（b）是私德模型。下面我们就具体考察一下这两个模型之间的关系。

在日常生活的多数场合，个人利益和社会利益是协调发展的。但是，人们不可避免地在某些场合会遇到道德冲突。许多道德冲突最终可以归结为两个不同的道德准则之间的冲突。这里有两种情况：一是从公共客观的角度看，两个准则的优先次序有着明显的差别，如遵守法律和珍视友谊。当这两个道德准则发生冲突的时候，应当遵守前者，这是符合公德标准的，因为遵守前者要比遵守后者的准则功利大得多；二是从公共客观的角度看，两个准则的优先次序不相上下，即汉普希尔所谓的"终极冲突"，如发展经济原则和生态保护原则。对于一项在一定程度上有损于生态环境但却为国民经济所急需的生产项目是否要进行呢？当具体条件使这两个对立政策的优劣程度难以区分的时候，政治家或行政管理人员的私德便成为决定性因素。在这种情况下，便需要应用私德模型（b）。（b）所考虑的不是具有公共性和客观性的价值，而是具有私人性和主观性的效用。其中决定性的因素是两个系数 D 和 R，而 D 和 R 是因人而异的。需要强调，在这个模型中，公式（a）和公式（b）不是平等的，而是（a）优先于（b），这体现了以公德为主而以私德为辅的原则。因此，当一个人面对道德冲突的时候，他首先要依据公式（a）来作评价或选择，仅当（a）无效时才考虑公式（b）。

在张先生的道德体系中，没有把（a）与（b）区分开来，进而没有把公德和私德区分开来，以致忽略了独立于个人情感直觉的公德的存在。在他的道德模型中，一个人在任何时候进行道德评价或道德选择时都要取决于他个人的各种价值系数，这使得不同人所做的不同选择没有好、坏、优、劣之分。这就是张先生的道德体系的严重缺陷，即缺乏规范性。不过，另一方面，张先生的超功利主义模型以及系统功利主义模型也有其优点，即具有较好的描述性。这种描述性对人们在"终极冲突"面前的道德选择能够做出较好的说明，因为在这种情况下，不同的人所做的不同选择一般是难以区分其好坏的。

在张先生的道德模型的基础上，我们改进后的道德模型保留其优点而避免其缺点。具体地说，公式（a）具有规范性，公式（b）具有描述性。可以说，这个道德模型是规范性和描述性的统一，也是公德和私德的统一。

四　系统主义与功利主义

张先生明确地说，他的道德理论是引进系统观点及其方法的。他起初建立了系统功利主义理论，后来又加以超越。他之所以要超越系统功利主义，依笔者看来，其主观动机是为了更彻底地贯彻系统论的观点与方法，从原来的功利主义一元论变为坚持四项基本原则（即功利原则、仁爱原则、正义原则和环保原则）的多元论。从系统观点看，价值是多元的和广义的。可以说，张先生的伦理学是以广义价值论为基础的。因此，我们有必要对他的广义价值论作一检讨。

按照系统论的观点，任何自适应系统都有一个最终目的，即保持自身的稳定性，说到底是保持自身的存在性。自组织性是保持自稳定性的一种特殊方式，即在外界压力过大致使原来的平衡被打破时创造一种新的平衡结构。因此，可以说，保持自身稳定是一切自适应系统的目的性。这是一种广义的目的性。

目的性在生命系统中尤为突出。生命系统是以维持自身生存和繁殖为最高目的。这个目的本身便构成生命系统的内在价值，而达到这一目的的手段便具有工具价值。对于一个生命系统来说，凡有利于其生存或繁殖的事物就是善的，反之就是恶的。简言之，工具价值是以其合目的性的程度来衡量的。

既然任何生命系统都有其独立的目的，那么价值体系便是多元的而不是一元的，因为同一个事物对于不同的生命系统，其价值往往是不同的。人只是诸多生命系统中的一种，因此人的价值只是诸多价值中的一个，而不能成为衡量其他生命价值系统的尺度。这进而表明，价值是客观的而不是主观的，因为其他生命价值可以独立于人这个所谓的评价主体而存在。以人为中心的价值理论为"狭义价值论"，超越人类中心的价值理论就是"广义价值论"。

以上便是张先生从系统论观点得出广义价值论的基本思路，对此笔者没有异议。但是，当张先生根据广义价值论得出其深层生态伦理即反人类中心的生态伦理观点的时候，笔者便不敢苟同了。笔者在为其《现代科学与伦理世界》一书所写的序中曾对其深层生态伦理观作了批评，之后，笔者同张先生又作了不少讨论。

在一次口头讨论中，张先生谈到一个思想实验：在人类及其所在的生态系统注定灭亡的前八天，一个科学家发明一种生物基因物质，它能保持地球的其他物种及其生态环境的存在与繁荣。但是，释放这种基因必须以人的立即死亡为代价。现在问：你是否同意释放这种生物基因。张先生的回答是：同意。

对许多人来说，张先生的这种态度是难以接受的。对于笔者来说，这个思想实验的判决性还不够，因为笔者在地球上生活了这么长的时间，对地球生物圈是有一定感情的。如果让人类提前较短时间（如1秒钟）死亡来换取地球生物圈的繁荣，我会同意的，因为这满足笔者的某种情感需要。但是，如果让人类提前较长时间（如一年）死亡，笔者不会同意，因为人类是一切价值的中心，否则就是本末倒置。对于这个修改了的思想实验，张先生没有给予明确的回答。然而，从他所持的反人类中心的生态伦理学的观点，应该得出肯定的回答，即同意让人类提前一年灭亡。

张先生从系统论得出广义价值论，从知识论的角度笔者是赞同的，因为每一生命系统都有自身稳定和繁荣的目的，有目的就有其内在价值和相应的工具价值。但从实践的角度我不能赞同，因为在实践中我们无法代替别的系统求得稳定和繁荣，而只能求得我们自身的稳定和繁荣，否则，我们就把自己摆在上帝的位置上了。因此，从实践的角度，我们只能接受狭义价值论，而不能接受广义价值论。具体地说，我们只要求得人类自身的稳定和繁荣，就为地球生物圈的稳定或繁荣作出贡献，而没有必要以牺牲人类利益为代价来换取其他物种的稳定或繁荣，除非这一代价能得到对人类利益来说是更广大或更长久的回报。

按照系统论的观点，一个自适应系统不会离开自稳定之需要而去有利于其他某个系统的稳定性的，人也是如此。因此，人首先是以个人为中心的，出于个人利益的需要，将自己的关怀扩展到他人或人类，当然，也可扩展到我们所居住的地球或宇宙。而反人类中心的深层生态伦理学，则要求一个系统（如人）可以以牺牲自身稳定为代价来换取没有人的地球之稳定和繁荣，应该说，从系统论的观点看，这是没有根据的。

从认识论上讲，我们完全承认其他系统的独立价值，但从实践论上讲，人必须从自身系统出发，力求自身的稳定和繁荣。可以说，这是一切自适应系统特别是生命系统都遵守的实践原则。张先生的错误在于，把认识论的结果与实践论的原则混为一谈了，而道德哲学或伦理学主要是一门关于人们社会实践的学问，用康德的话说，是一门关于"实践理性"的学问。

前面谈到，对于一个生命系统，工具价值是以其合目的性的程度来衡量的。合目的性就是一种广义的功利，在这个意义上，任何工具价值都是功利价值。其实，在功利主义创始人边沁和密尔那里，"功利"（utility）这个词就是被广义地使用的，它包括人的物质幸福和精神幸福。在这个意义上，仁爱原则、正义原则和环保原则都可以隶属于功利原则之下，因为这些原则对于人类来说都有着某种合目的性。

张先生的哲学体系有两个标志性的基本点，一是系统论的目的论，一是承认终极实在。这两个观点笔者基本上都能接受。其终极实在就是过程，而过程本身并非终极，这里似乎有矛盾。但在笔者看来，其实没有矛盾。因为这里涉及两层语言，即对象语言和元语言：非终极的过程属于对象语言所表述的，而终极的过程则是元语言所表述的。①

类似地，目的一元论与目的多元论也处在不同的语言层次上，

---

① 不过，张先生在谈终极过程的时候，又加进一些内容，即他所谓的"协同生成过程"。但在笔者看来，终极过程只是一个纯粹理念，即终极就是没有终极。或者当笔者说"没有终极"或"一切都是过程"时就把话说完了，因而达到终极。

目的一元论就是合目的性，而不论目的的内容是什么。合目的性也是一种广义的功利，在这个意义上，目的一元论也就是功利主义一元论。功利主义一元论与张先生的包含四项基本原则的多元论处于不同的语言层次，因而并不矛盾（四项基本原则中的功利原则只是对"功利"的一种狭义的解释，即主要解释为物质利益，而不是合目的性的广义解释）。因此，四项基本原则可以看作隶属于合目的性这一终极功利原则的次一级准则，进而可以纳入兼顾行为功利和准则功利的系统功利主义。

有趣的是，张先生的系统主义使他自觉不自觉地朝着这一方向迈进。他在《现代科学与伦理世界》第二章以及第九章第五节，提出一个人类需要的圈层结构模型。这个模型有三个维度，即物质需要、精神需要和社会需要。其中，精神需要就包含对仁爱的需要，社会需要就包含对人权和正义的需要。在这里，仁爱原则和正义原则已经包含在人类"福利"这个范畴之中。在这三个维度的基础上还有三个层次，即生存需要、福康需要和自我实现的需要。社会发展一旦超过最低层次的生存需要，而进入较高层次的福康需要和自我实现需要，人们便要求身心健康和全面发展，这里更把仁爱原则、正义原则以及环保原则包含进来。这表明，张先生已经得出目的论的功利主义一元论的结论。然而，不幸的是，这迈出的一步在其后的多元主义伦理体系中又缩回去了。

笔者在《现代科学与伦理世界》的序中曾说，张先生用四项基本原则取代系统功利主义是多走了一步，现在，笔者更愿意说他少走了一步。如果他在四项基本原则的基础上再向前迈进一步，或者说把他早已建立的人类福利模型再向前推进一步，就可达到合目的性的功利主义一元论了。应该说，这是更彻底的系统功利主义。

科学主义与人本主义的融合

——对张华夏的"社会福利、主客观价值论"的一点思考

中山大学管理学院　周　燕

近水楼台先得月，在康乐园中听完张华夏老师为 2001 级文科博士生开的精彩讲座"广义价值、狭义价值和经济价值——劳动价值论、效用价值论和人类中心主义的批判"之后，我辈受益良多。张教授虽是哲学系的教授，但其对经济学，尤其是关于价值论的真知灼见，足以让众多所谓的经济学家们汗颜。讲座之余，意犹未尽，我翻阅了《中国社会科学》2001 年第六期上的相关文章，随后又幸而得到张老师的靶子论文，引发了更深入的思考。以下是一些心得与疑惑，望师长给予指正与释疑。

一　科学主义与人本主义

经济学是否应问伦理问题是困扰我国经济学界的大问题，无须他例，只需见 20 世纪 90 年代关于公平与效率的讨论，众多经济学家参与其中便可知晓。这里面深层次的原因恐怕是科学主义与人本主义的冲突。

经济学家们对经济学的定义各不相同，但总体来讲主要有两派意见，即干预的经济学与解释的经济学。干预的经济学旨在经世济邦，研究什么是好的、什么是福利的，政府应该做些什么，并冀望

改善人们的生活水平，发展一国或一地区的经济。20世纪30年代凯恩斯主义的兴起，使得持这一观点的经济学家们获得了前所未有的威望，至今余波犹存，尤其在那些渴望发展的国家中常常能从各种媒体上看到"指点江山"的经济学家们叱咤风云。然而，政府干预在实践层面上的失败，例如，高福利国家陷入的困境，各种干预措施无法改变经济周期，经济学家的预测常常落空，等等，使人们开始怀疑经济学家的经世济邦的能力了。而在解释层面上苦苦耕耘的经济学家们却获得了累累硕果，如交易费用的引入、关于契约的研究大大增强了经济学的解释力，带来了堪与边际革命相媲美的又一次经济学上的革命。经济学家们开始认识到，对满足人类需要的物质手段的研究，并不在于它们的物质性，而在于它们与估价的关系，即研究的重点是经济物品与给定需要之间的选择关系，而不是它们的技术实质。于是经济学不再关注于目的本身，而关注达到目的的行为如何受到限制，这些约束条件怎样决定行为的选择，并用科学的论证与推理来解释这些行为与现象。

经济学是门科学，它的任务是解释人的行为，这一点已被众多经济学的大师们所阐释。张五常与阿尔钦都曾举过这样一个例子：一百元现钞放在马路上，三分钟之内不见了——这个问题物理学家解释不了，化学家解释不了，而经济学家却是能够解释的。经济学家是如何解释的呢？首先，从人是自利的假设前提出发，接着分析约束条件——旁边没有警察、不会被其他人看见等，最后推断会有人将其拿走。其中约束条件归纳起来有八种：财富、知识、价格、成本、产权、竞争、边际产量下降和交易费用，经济学研究过程中的困难很大程度上是由局限条件的选取难度大而造成的。

由此可以得出经济学的研究范畴，包括三部分的内容。①在知道有关的局限条件或游戏规则（这就是产权制度或人与人之间的权利划分）的情况下，推断竞争准则是什么，如在私有经济条件下，以价格为竞争准则，价高者得利；在其他一些制度下，以等级制为竞争准则，越高的级别所享受的资源越多，等等。②由已知的竞争规则推测出人的行为、资源的使用、财富或收入的分配。这是经济学中最容易的一部分（新古典经济学研究的部分）。③解释游戏规则是怎样形成的，如为什么出现共产制度，不同的产权制度是怎样形成的，什么是国家，为什么会出现国家，等等。（张五常：《经济解释》，2001）①

经济学是一门科学还体现在它以人性自私和需求定律为"公理"，进而推断人的行为，并以此解释现象。不要追问人为什么是自私的，人是否是自私的，这些问题属于本体论的问题。而假设的非现实性并不重要（弗里德曼），重要的是以此为公理而推断出来的理论体系是否具有解释力。经济学不必去问人是否是自私的，而是在自私的这样一个公理前提下去解释人的行为。人是否是自私的还是留给伦理学去研究吧！18 世纪所完成的认识论转向正是把本体论的问题，如上帝、存在等问题从科学的认识论中分离出来，放入伦理学的研究范围之内。不再问人的认识能力从哪儿来，而是追问在承认认识能力的前提下，这一能力是如何与客观事物发生作用的，机制是什么，这种认识论的转变使得 19 世纪的科学突飞猛进，经济学亦在其中。

因此，经济学是一门科学，有严谨的公理、定理、推论，经济学家们从事的是解释现象的工作。一位经济学研究者应该首先是一名科学家。以这一立场来看，张华夏老师所提出的三个福利问题就不在经济学的回答范围之内。"好不好""应不应该"这类问题应放在伦理学的范围内讨论，而不是经济学家要问的问题。经济学只告诉你，在什么样的条件下会有什么样的结果。规范的研究在科学中是不应有其位置的。坎梯隆在《商业性质概论》中说："让绝大多数人过贫困恶劣的生活是否比让少数人过非常安乐的生活好，这也是超出我论述范围的一个问题。"然而，经济学家是否不能提出价值判断呢？这如同主张植物学不是美学，但并不等于说植物学家

---

① 　张五常：《经济解释》，商务印书馆 2000 年版。

不应对花园的设计有自己的看法一样，经济学家可以提出自己对
"好"与"坏"的判断，但必须把不同学科中与社会活动密切相关
的不同种类的命题区别开来，这才有助于我们更好地认识世界，不
至于陷入混乱。

将规范问题引入经济学有三大坏处，会破坏经济学的科学性：
第一，比较人与人之间的效用；第二，容易造成政府干预；第三，
容易引入心理学的享乐主义。福利经济学认为，人与人之间的效用
是可以比较的。并且由于边际效用递减规律的作用，将富人的财富
转移给穷人，会实现社会总体效益的提高。而且，福利经济学家们
认为，社会总体效益的这种提高是好的、有益的，因此，政府应该
采用各种手段来帮助实现这种好的转移。然而，以解释为己任的科
学经济学家们对此却不敢苟同，他们认为人与人之间的效用是不可
比较的。例如，我花 5 元钱买了 5 个苹果，我也可以将这 5 元钱花
在其他的机会上，如买橙子，这两种选择对于我的重要性我可以作
一比较，即可以排列出买苹果与买橙子对我而言的偏好顺序，但是
却不能将我花 5 元钱买苹果的满足与卖苹果的人得到 5 元钱的满足
相比较。这种比较超出了实证科学的范围，是性质完全不同的比
较。哈伯勒在《物价指数的意义》中指出："如果经济学试图为别
人决定两种实际收入中哪一种'较大'，那它便犯了超越其必要边
界的罪，也就是说，它在试图作价值判断。哪种实际收入较大以及
应选择哪种实际收入，这只能由享有实际收入的个人即作为经济主
体的个人去决定。"

如果按照福利经济学家们的观点，经济学可以作出价值判断，
即指出什么是应该的，什么是不应该的之后，那么由谁来实现这种
应该与不应该呢？显然只能由政府或社会来履行这一职责，由"看
不见的手"转入"看得见的手"。这是一个非常危险的举措。第
一，如布坎南等人所言，政府也是经济人，有其自身的经济利益，
并且享有信息上的优势。它能否真正以社会大众的利益为重，各国
历史已经给予了否认，否则现代国家就不需要设计如此精密的制度

框架来约束政府行为。第二，即使政府真是全心全意为大众服务，是毫无私心杂念的"圣者"，它也会有一种管理上的倾向，即威廉姆森所说的行政成本中的另一种——工具倾向。威廉姆森认为："倾向于管理是所有行政组织的特征。管理倾向有两个构成部分：一是 Morris 所谈到的工具倾向，决策者认为自己具有管理复杂性的能力，——这种想法不断地被事实驳倒；二是利用组织的资源追求自己的目标的策略倾向。"① 用哈耶克的话说则是"通向地狱的道路总是由美好的愿望铺成的"。第三，市场经济从来都是以效率为核心，优胜劣汰，奖勤罚惰的。市场的规则不断教育人们：每一个人都有充分的自由，自己进行选择，但同时也必须为自己的选择承担责任。市场经济的自由选择无论何时何地都是与个人的负责相伴而行的。当政府一而再再而三地以增进社会福利为借口，加大干预的力度时，其结果只能是使社会上"一部分人感到自己具有至高无上的权力；而另一些人则感到自己像孩子那样需要别人照顾。被救济者的独立自主能力由于弃而不用而萎缩了"②。

我非常赞同张华夏老师将边际革命视为经济学中的"哥白尼式的革命"，这一革命的其中一大功绩就在于，解决了"效用"不可衡量的困难，将心理学的享乐主义彻底从经济学中剔除，为经济学的科学性质奠定了基础。"效用"（Utility）这一概念是由英国经济哲学大师边沁（J. Bentham，1748—1832）于 1789 年和 1802 年提出的。他所提出的效用概念有三大含义：①效用代表着快乐或享受的指数；②每个人都希望这一指数越高越好，并尽力实现；③一个人的收入增加，他在边际上的效用就会减少。富人的边际收入效用低，而穷人的边际收入效用高，社会整体最高的福利是人与人之间的边际收入相等。这一论述后来成为福利经济学的基石之一。然而，我们知道，人与人之间的效用是不能相互比较的。俄国经济学

① Oliver Williamson, *The Economic Institutions of Capitalism*：*Firms*，*Markets and Relational Contracting*. NewYork：The Free Press.

② ［美］弗里德曼：《自由选择》，胡骑等译，商务印书馆 1999 年版。

家 E. E. Slusky（1880—1948）曾经指出，要解释行为，我们需要的是推断人的选择，或在什么情况下人的选择会怎样改变。至于人的选择是否以增加快乐为依归，是无关宏旨、完全不重要的。"效用"这一概念发展到后来有了基数效用论与序数效用论之争。边际革命扫清了障碍，使人们真正看清了效用的意义——它仅仅是用来排列选择的数字单位而已。费沙（I. Fisher，1867—1947）在 1892 年指出，从解释行为那方面看，基数排列效用是不需要的。这是因为在边际上，基数排列与序数排列没有什么不同，而解释行为单看"边际"就足够了。"边际"效用是指多一点物品或少一点物品所带来的效用数字的转变。从边际上看，没有什么需要加起来，也无须比较效用数字的差距。[①] 这不仅大大增强了经济学的解释力，而且将心理学中的享乐主义彻底从经济学中剔除掉，增加了经济学的科学性。

张教授在靶文第九章《主观价值和客观价值》中提出的三大福利问题是伦理学研究的规范性问题，可以说并不属于科学经济学的研究范围。经济学涉及的是可以确定的事实，伦理学涉及的是估价与义务，实证研究与规范研究的法则之间存在着一条明确的逻辑鸿沟。罗宾斯曾举过这样一个例子[②]，假设一个委员会在一间会议室里开会，委员有边沁、佛陀、列宁和美国钢铁公司的董事长，由他们对放高利贷的道德问题作出决定，那么边沁很可能拿不出一份"大家都同意的文件"。但假如让该委员会确定政府管制贴现率带来的客观结果，那依靠人类智慧就会取得一致意见，至少会提出一份多数人同意的报告，或许列宁持不同意见。"无疑，为了在这个充斥着太多可以避免的分歧的世界上我们能取得一些一致意见，值得慎重地将可以解决分歧的研究领域与不可解决分歧的研究领域区分开来——值得将中立的科学领域与争论较多的道德哲学和政治哲学

---

① 张五常：《经济解释》，商务印书馆 2000 年版。

② ［英］莱昂内尔·罗宾斯：《经济科学的性质和意义》，朱泱译，商务印书馆 2000 年版。

领域区分开来。"经济学不提供对实践有约束力的规范，不能决定不同的取舍，仅仅提供行为的解释，这与伦理学有着本质上的区别。

然而，从另一个层面上讲，在西方，正是因为人本主义与科学主义这两大主义不断冲突而推进了学术的进步。两者并非完全割裂，而是可以沟通的。人本主义代表了人的有意识的活动，而科学主义代表了世界有规律的运动。世界本来就是这两者的合一体，只是我们的认识将它们分裂开了，因为如果不这样，我们就没有办法更好地了解世界。历史上的确出现过而且也将出现能打破这一认识障碍的大师，从而将两者沟通。但一般大众因为认识能力有限，在认识上只能将人本主义与科学主义区分开来。若能破除这种认识上的障碍，人本主义与科学主义是可以融合起来帮助我们更好地了解世界的。大师毕竟是大师。我们众多的研究者一般在智力上难以与百年一见的大师相提并论，否则哪来"高山仰止"，哪来"各领风骚数百年"，因此，以人本主义与科学主义中的一种主义来作为治学的向导就在所难免。张华夏教授想用客观价值下的社会福利概念来评论效用价值论，也许正是在尝试做这种融合。

二 马歇尔的剪刀

张华夏教授认为效用价值论比劳动价值论更具解释力，我十分赞同这一说法。其中对劳动价值论的批判也与经济学家张五常教授有着惊人的相似[1]，认为效用价值论是一种主观价值说。张华夏教授举了男高音歌唱家帕瓦罗蒂的例子，而张五常教授则在他的书中

---

[1] 张五常：《卖桔者言》，香港花千树出版社出版，第 14 页。"马克思的劳动价值论错在两个基础上，其一就是价值与劳力并没有一定的关系——所有的价值不是单从劳力得来的。其二，马克思的资本的定义，因为缺乏了一般性的概念，矛盾甚多。正如费沙（Irving Fisher）指出，所有可以导致增加收入的东西都是资产。这当然包括相貌、天资及劳力。在这个广泛而正确的概念下，马克思的剩余价值就毫无剩余可言——因为他所指的只不过是劳力资产以外的其他资产的收入。"

举了歌星邓丽君的例子，可谓君子所见略同，都认为对商品或劳务的评价出自主观判断而非客观的社会必要劳动时间。

经济学中的价格理论（我不乐意提"效用价值论"，如前面所述，效用并不存在价值一说，只是一种排列偏好的单位）就是以个人的主观偏好出发的，至于偏好的程度，科斯认为只要让个人出价便可了。例如，之所以说鸡蛋是稀缺的，是因为相对于需求而言不够分配。坏鸡蛋虽然比好鸡蛋少得多，可从我们所指的意义上说，却不是稀缺的，反而显得过多。这也就说明某一物品或某一劳务究竟是不是经济货物或经济劳务，完全取决于它与估价的关系。根据价格理论，不同商品的生产要素的价格是相对稀缺的表现，换言之，是边际估价的表现。任何已知的价格只有相对于当时的其他价格而言才有意义，它本身毫无意义可言。只有当它用货币表示某种偏好次序时，它也才具有意义。价格可以表示交换某种商品而必须支付的货币数量，但它的重要意义却是这一货币数量与其他货币数量之间的关系。价格制度表示的估价完全不是数量，而是偏好的某种次序排列。价值是一种关系，不是一种测度。把价值视为偏好次序的表现，由此而带来的结果是，除非价格被加以比较的商品可以互相交换，否则，对各种价格加以比较就毫无意义可言。价格理论的基础是这样一个假设，即个人想要做的不同事情对个人具有不同的重要性，因而可以根据某种顺序来加以排列。这种排列完全出于个人主观的偏好。次序排列对于解释人的选择行为十分重要，因而也是价格理论比劳动价值说解释力更强的原因所在。

然而，在肯定了价格理论比劳动价值论更具解释力后，张华夏老师在《主观价值和客观价值》一章中接着提到："对于需求价格即消费者基于自己的需要和偏好对一定商品愿意支付的价格来说，用边际效用的主观价值论解释得相当成功。但是，一个商品的价格或价值，不仅取决于需求的价格（或价值），而且取决于供给的价格（或价值），它是二者均衡的结果。"

进而，张老师认为在供给方面，是有客观成分的："由于'辛苦度'或"负效用'不能准确衡量为生产某种产品的付出，不能准确解释生产者为提供他的劳动产品所愿意接受的供给价格，于是现代微观经济学把边际生产费用作为供给价格的决定因素。"

在这一论述中，张老师显然接受了"马歇尔的剪刀"，即认为由供给与需求二刃相交决定价格。然而，供应同样是主观的结果，与需求一样也是主观价值的体现。除了上述对价格理论的论述可以同样证明这一结论外，还可以从另一角度进行分析。经济学鼻祖亚当·斯密在其巨著《原富》中曾经提出两个关于价值的理念：用值（use value）与换值（exchange value）。用值是某物品给予拥有者或享用者的最高所值，或者说是这个人愿意付出的最高代价（主观的）。换值则是获取该物品时所需要付出的代价，在市场上，换值就是该物品的市价了。张五常认为市价的决定，是因为数之不尽的需求者与供应者，各自争取最高的交易利益，以市价比较自己的边际用值，或购入，或沽出（供应），而这些行动或使价格上升，或使价格下降。达到每个需求者的边际用值与市价相等时，市场的需求曲线刚好与市场的供应曲线相交。一百多年来，一般的经济学者都误解了物品市价的确定。市价的确定，绝对不是因为市场需求曲线与市场供应曲线相交。正相反，这市场二线相交，是因为数之不尽的需求者与供应者各自为战，那一大群自私自利的人，不约而同地争取自己的边际用值与市价相等，从而促成市场需求曲线与市场供应曲线相交之价。价格若高于或低于市价，市场需求者的边际用值会低于或高于价格。这些自私自利的人们，为了要增加私利，就会沽出而使价格下降，或会购入而使价格上升，市价于是因为人的自私而升降，也因为人的自私而安定下来。例如，在"马歇尔的剪刀"这一理论中，认为如果价格被管制在市价之下，那么会出现需求大于供给的"短缺"现象。而实际上，如果价格被管制在市价之下，需求的人们见到自己的边际用值高于价格，竞争抢购不获，逼着要付出金钱价格以外的其他代价来做补充而争取。这些其他补充可能是排队、武力、人际关系，等等。只要知道哪一种补充金钱价格的准则会被采用，或哪几种准则的合并会被采用，我们就知道补充准则的代价，加上金钱之价，会等于边际用值。另一种均衡就会出现，不可能出现"短缺"。因此，市价是由许许多多人的主观用值共同决定的，供应与需求都是主观的。

三 关于"在客观价值中只摘取一个因素作为本质"

张华夏教授认为劳动价值论的第二个片面性就在于，在客观价值中只摘取了一个因素来作为本质。如下图所示：

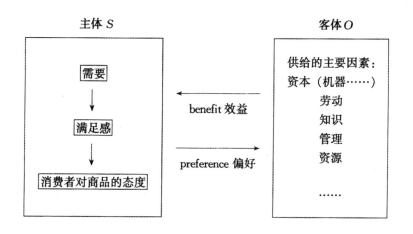

劳动价值论只看到生产要素的基础因素——劳动的作用，忽视了生产要素的主导因素。

我同意劳动不能决定价值，但却有一个问题让我百思不得其解：在客观价值中摘取一个因素作为"代表"并没有什么错，在衡量上是需要的，也是可行的。例如，我们购买一斤苹果，我们买的不是重量"斤"，苹果有重量、有质量（糖分、水分……），如果我们购买一个苹果时要把这些"本质"的所有内容全都衡量，是存在困难的，而且因为度量费用过高，高于我们的主观用值时，我们不会购买。因此，在日常生活中，我们衡量苹果的重量来对苹果估价，那是否也可以摘取价值中的劳动时间来衡量价值呢？但这显然

◇ 评　论

不对，所以，这里是否存在一个逻辑上的问题，我至今仍未想明白。

　　以上是我对张老师书中关于经济学中价值部分的一点思考。还想一提的是，从硕士到博士，我常常去听中山大学哲学系的科学哲学论坛。非常感谢张老师不辞辛劳为中大各个学科的师生们准备了一场又一场精彩的演讲。虽然我一直是学经济学的（现在转入管理学，师从毛蕴诗老师），但张老师苦心经营的这一论坛开阔了我的思路，给予了我无数的启发。我觉得在硕士阶段，正是论坛带我走上了思考之路，研究、为学之路。在此，我从心里感谢张华夏老师！

科学解释的语用学转向

山西大学科学技术哲学研究中心　殷　杰

承蒙中山大学哲学系张华夏先生厚爱，约请对先生的新作《引进系统观念的本体论、价值论与科学解释》进行讨论。欣然受命之际，不免备感任务艰巨。作为 20 世纪科学哲学核心主题之一的科学解释（scientific explanation），实在是一个大问题。考察科学解释的历史不难发现，在过去半个多世纪中，科学解释一直是"演绎—规律"模型的历史，它支配着整个解释问题的发展，以致很难在没有把它置于中心位置上来探讨科学解释。一方面，在分析哲学和语言哲学大背景下展开的这种科学解释模型，改变了 20 世纪初期把解释视为形而上学和神学而不是科学领域的普遍态度，使科学解释在科学哲学的研究中凸显出来，成为 20 世纪科学哲学的经典论题之一；另一方面，这种基于纯语形和语义学的模型，由于遇到了不可克服的逻辑困境而不得不寻求修正和改良，从而出现了一系列替代性解决方案，特别是随着 20 世纪 80 年代语用学分析方法在科学哲学中的普遍展开和应用，科学解释开始在语用学维度中寻求固有难题的求解，并试图由此而构建新的科学解释语用模型。但是，通观张先生的论文，似乎很难说是在科学解释发展的这一趋向上来讨论科学解释问题的。本文试图立足于科学解释的这一历史演变，内在地揭示科学解释从科学逻辑向科学语用学转变的动因、特征和意义。因此，本文既是对科学解释问题发展趋向的把握，也是对张先生的靶子论文中在科学解释语用模型研究方面的一点补充。

一 亨佩尔的科学解释经典模型

历史地讲，从亚里士多德开始，人类对于自然的认识便不是只停留在仅仅懂得现象"是什么"，而是试图去探讨"为什么"，解释现象背后的原因。这一思想得到了穆勒、波普尔等哲学家的赞同，尤其是休谟的因果陈述必须具备一个似律性陈述的论证更开启了现代科学解释理论的雏形。① 然而，真正使大多数人认识到解释是科学的一个主要目的，要归功于 20 世纪初逻辑经验主义运动，它将哲学的任务看作构建对基本概念的阐释，哲学应通过使用其他概念代替模糊概念来获得进步，因此，合理地处理解释概念和被解释概念间的普遍性关联就成为科学认识的本质目标之一。为此，卡尔纳普给出了四条评判这种阐释的基本原则：相似性、精确性、有效性和简单性。② 但这些评判原则在具体的科学解释操作中缺乏规范性，无法完成形式化的任务。

1948 年，亨佩尔（C. Hempel）和奥本海默（P. Oppenheim）发表的经典论文《解释的逻辑研究》为逻辑经验主义从评判原则转向逻辑模型奠定了基础，为重新恢复科学解释概念的地位起了领导性的作用。这一著名的"演绎—规律"（Deductive - Nomo logical，以下简称 DN 模型）经典科学解释模型又称为覆盖律模型（Cover-ing - law Model），具有三个相互关联的核心特征：①当我们解释时，根据"成为解释的东西最终就是所期望的"这一原则来组织材料，并借助于解释项和被解释项间的演绎推理联结达到；②这种联结通过在成真的非偶然概括之下包摄被解释项而得以被提供；③解释论证和预测论证的结构同一。具体可以用以下五个命题来说明此

---

① [美] S. 摩根贝塞：《科学解释》，《哲学译丛》1987 年第 6 期。
② P. Kitcher & W. Salmon, *Scientific Explanation*, University of Minnesota Prees, 1989, p. 5.

模式。[1] ①科学解释是对"为什么"问题的回答，或者是对可转换为"为什么"问题的回答。②解释的对象是描述现象的语句，而不是现象本身。③解释的逻辑条件为：（i）被解释项必须是解释项的逻辑后承；（ii）解释项必须包含普遍规律；（iii）此普遍规律必须是因为被解释项的推衍而被要求；（iv）解释项必须具有经验内容。④解释的经验条件是，组成解释项的句子必须为真。⑤解释和预测在逻辑上同构，其不同仅仅是语用的。

亨佩尔通过 DN 模型，在预设的规律中把事实纳入解释中，一个事实的解释由此就被还原为陈述之间的一种逻辑关系，只要满足了解释的相关性和可检验性要求，并且前提全部为真的话，便是一个真正的科学解释，而语用方面则不必考虑。这样，在承继逻辑经验主义语形和语义分析方法的基础上，亨佩尔就为经验科学中的解释程序提供了一个系统的逻辑分析基础和统一的方法论基础，将解释还原为形式化的逻辑论证，使解释模型化，真正具备了科学的资格。可以说，这样一种科学解释的普遍观念，这种对自然现象科学解释的可能性意识是 20 世纪哲学进步最为有意义的成就之一。

尽管 DN 模型符合了我们关于解释的许多直觉，但在其中包含着亨佩尔所不能克服的基本逻辑困难。DN 模型的核心观念是"解释要求科学规律"，事实只有被包摄于规律之下时才能被解释。因此，自然规律应当成为分布于整个宇宙中的普遍定律，从而只有能够从基本规律中演绎出来的任何普遍陈述才有资格作为被导出的定律。同时，形式化的 DN 模型引入了标准的一阶逻辑演算，所有个体均被量化，普遍性通过量词来表征，故对特定事 件的解释完全是在语义分析中给出的。这样一来，尽管科学解释有了规范化的基础，但是，当运用这一模型对科学事实进行解释时，出现了与 DN 模型对在真的非偶然概括之下包摄的不可或缺性以及解释和预测间的对称性主张相悖的反例。这些反例显露了 DN 模型存在的许多可

---

① R. Cohen, *The Context of Explanation*, Kluwer Academic Publishers, 1993, pp. 1 – 4.

争论的方面。其一，如何排除掉那些具有偶然性的普遍概括成为需要首先解决的问题，因为事实上，规律对于解释并不是必要的，形式化的要求只是针对科学理论。否则，所导致的结果只能是任何规律均能解释任何事实。其二，这种形式化不能够把解释项中出现的似规律前提中的不相关因素排除掉，使得解释项中的非相关项参与了解释，另外，解释性事实与被解释性事实间由于认识论要求的语义空缺，确实并不存在时序上的限制。只要 DN 模型坚持外延逻辑的推导形式，这种纯粹语义分析所固有的局限就不可避免。其三，解释和预测的对称性问题。同一逻辑模式既运用于科学解释又运用于科学预测的情况并不普遍，在确定的约束条件下，预测作为从已知到未知的推论，与解释的意义阐释有着逻辑方法上的不对称性。其四，DN 模型的形式化特征阻碍了概率概念的发展和对概率规律性的认识，从而在实际的操作中不可能找到真正形式化的模型解释。因为某些满足 DN 模型的解释，事实上并非真正的规律性解释，它们并不具有逻辑关联上的必然性，而只具有某种概率性。

二　替代性解决方案

本质上讲，对 DN 模型的修补和替代必须考虑到两个关键因素。其一，DN 模型中真正的危险并不是对称性论题，而是给对称性论题作出一个直接解释后果的解释基本概念。因为亨佩尔把解释视为依据解释而提供了一种期待中事态的事情，并且所期待的事态明确就是预测的功能，在此，提问者与问题中的事件处于一种适当的关系中。所以，一旦把对称性视为在解释和潜在预测论证，以及预测论证和潜在解释之间所获得的话，对称性论题在解释中存在就不令人惊奇了。其二，由于亨佩尔主张，规律必须基于所有真正的解释，并且直接源自作为解释项和被解释项间适当联结的推理模型使用，故一旦将推理视为核心的，就需要规律去澄清推理的适当亚集。所以，在此，DN 模型的另一个真正的危险并非是否存在没有规律的满意解释，而是在此情景之下这种联结的本质问题。由此，DN 模型就被视为提供了一种解释的概念和一种解释联结的说明。只有从这两个方面来进行 DN 模型的修正和替代，才有可能真正超越 DN 模型并使科学解释问题进一步发展。具体地讲，沿着这个方向，有以下几种替代性解决方案。

（1）亨佩尔的修补方案

基于 DN 模型所遭遇的种种反例，亨佩尔重新考察了整个科学解释的主题，意识到并非所有合理的科学解释均可归结为 DN 模型，还存在着某些概率的或统计的模型，为此，在 1965 年发表的《科学解释的若干方面》中，他对统计解释的逻辑特征进行了探究，提出了两种统计解释的模型：“演绎—统计”模型（Deductive-Statistical，以下简称 DS 模型）和“归纳—统计”模型（Inductive-Satistical，以下简称 IS 模型）。前者通过从其他统计律的推衍来给予统计概括以解释，而后者则通过在统计律的包摄下对特定事实进行解释。但它们都包含着统计律，解释项仅仅给予被解释项一个更高的概率，它并不是前提的逻辑后果。亨佩尔认为 IS 模型比 DS 模型更重要，因此，他更多地关注于 IS 模型。

可以看到，包括 IS 和 DS 模型的归纳解释在许多方面都类似于 DN 模型的演绎解释，即：①归纳解释和演绎解释都是规律解释，都要求普遍律；②解释项和被解释项之间是一种逻辑关系，尽管在演绎解释中后者是前者的一种逻辑后果，而在归纳解释中，则是一种归纳关系，但在任一模型中，只有逻辑方面才是相关的，语用特征不会被考虑；③解释和预测之间的对称性仍然被保持；④解释项必须为真。可见，IS 模型仍然没有摆脱 DN 模型的影响。

当然，也应当看到，亨佩尔将统计分析引入科学解释，由对普遍规则的说明转向了对特殊事实和个案的说明，指出概率解释只具有相对的意义，仅仅是在认识论意义上与我们的知识状态和对该过程的客观描述相关，从统计解释的规律性和相对性的结合上论证科学解释模型建构的合理性和必要性，从而事实上“已放弃了 1948

年论文中提出的仅仅根据语形学和语义学来提供科学解释说明的企图"，应当说，"这是向前的一大步，而不是后退"。①

（2）统计相关模型

亨佩尔的统计解释模型，特别是 IS 模型中存在着严重的统计歧义性难题，即：将统计不相关的性质引进了解释项中的"指称类难题"（Reference Class Problem）。尽管亨佩尔使用了最大特征要求（Requirement of Maximal Specificity）来解决，但却产生了"真正的归纳解释证明不言而喻都是演绎的"这样的恶果，因此，"最大特征要求对于挽救 IS 模型是不充分的"（P. Kitcher 语）。为此，萨尔蒙（W. C. Salmon）提出"统计相关模型"（The Statistical Relevance Model，以下简称 SR 模型）来解决统计歧义性难题。在他看来，"统计相关"较之"高概率"是科学解释中更关键的因素。"统计的相关性在这里是必要的概念，它可望用统计上相关的而非统计上不相关的方式缩小指称类。当我们选择一个指称类用于指称某一特定的单一事例时，我们必须问是否存在统计上相关的方法去细分那个类。"②由此出发，萨尔蒙认为，不仅要在形式上确保指称类中的每一个成员都具有同等概率，而且还要保证这种指称类的同一是在本体论意义上实在间的规律性联系，是在统计相关意义上的实在性的表征。

在某种程度上，SR 模型克服了 IS 模型的一些困难，特别是在解决"指称类难题"时对实在性问题的涉及，促进了对理论实体的客观指称意义的相关性分析，为科学解释论题指出了本体论的发展方向。但 SR 模型在对指称类选择上具有一定任意性，并不能保证完全排除掉统计不相关因素，而且，萨尔蒙自己也意识到，概率解释背后隐含着的因果性对于指称类选择是关键性的，这也正是萨尔蒙后来转向赞同因果相关模型的原因之所在。因此，统计相关模型

① W, Salmon, "The Spirit of Logical Empiricism: Carl G. Hempel's Role in Twentieth – Century Philosophy of Science", *Philosophy of Science*, Vol. 66, September, 1999, p. 343.

② W. Salmon, *Statistical Explanation and Statistical Relevance*, Pittsburgh University Press, 1971, p. 42.

逐渐放弃了自己的科学解释自主形式，成为科学解释因果理论的辅助内容。

（3）因果相关模型

克服 DN 模型困境比较流行的方式是诉诸因果性的思考。尽管亨佩尔注意到了解释和因果间的关联，但出于对休谟式因果观念的担心，他主张我们对因果关系的理解是基于我们在似律规则之下去包摄现象的能力，因而解释概念先因果概念。因此，亨佩尔不可能诉诸因果相关性来重新思考解释。为此，萨尔蒙、费茨尔（J. Fetzer）等把因果关系引入解释中，提出了"因果相关模型"（The Causal Relevance Model，以下简称 CR 模型）。这种模型主张，"解释知识就是关于因果机制的知识"，"解释知识就是把模型向度注入描述和预测知识。它是关于什么是必然的和什么是可能的知识"。① 可见，CR 模型认为解释并非论证，而是指出和辨别现象出现的原因，因此并非 E_1 解释 E_2，则 E_1 就引起了 E_2，而是解释值的获得是通过展示所被解释的如何适合于世界的因果构造，正像萨尔蒙所讲，尽管此解释仍涉及包摄，但这里的"包摄"是一种物理关系而不是逻辑关系，即因果是世界间事件的一种关系，而解释是这些事件的特征间的一种关系，为了保证消除解释歧义性，必须放弃推理而诉诸因果作用，在实在的层次上为解释相关性提供本体论的根据，② 只有将因果性和实在性结合起来，才能真正避免纯形式的逻辑主义。

CR 模型较 DN 模型而言，更符合科学和日常生活中的解释实践，但它所遇到的困难也是明显的。非常显著的一点是，它使用的是一个成问题的"因果"概念，自休谟起，把因果视为一种心理习惯的观念使人们对使用"因果"概念具有恐惧感，而且，因果律发生作用尚受各种条件制约，因此，要发展一种适当的 CR 模型，就

---

① P. Kitcher and W. Salmon, *Scientific Explanation*, University of Minnesota press, 1989, p. 128.
② 张志林：《论科学解释》，《哲学研究》1999 年第 1 期。

需要寻求一种非休谟式的因果关系，其难度大大制约了 CR 模型的发展。

（4）一致性和统一性解释

在对 DN 模型的替代研究中，尚有另外一种解释类型，这就是非因果解释，包括一致性解释（explanation by identification）和统一性（unification）解释形式。由于对变化的解释和对属性的解释并不同，而因果模型只适合于前者而不是后者，因此，对于那些预先认为是可能相关但事实上同一的两个现象无法用因果律作出解释，正像阿洛森（J. Aronson）指出的："有一系列现象，其存在和属性都是偶然地相关，也即，对任何一个而言，都有可能在没有其他的情况下而存在并具有它所具有的属性。进而，我们用系统的各种特征阐明这些现象，在此，该系统的对象遵守特定的规律，即事件和属性的特定结合必须是在与这些规律相一致 的方式中存在。"①可见，一致性解释的关键点在于消除偶然性出现的同时将逻辑必然性转化为一种自然律的必然性。其基本解释程序是，假设 B 的属性 p 是偶然的，但 A 与 B 同一，那么 A 将也具有属性 p 且 p 是偶然的，但 B 和 A 具有相同的属性 p 这一点却不是偶然的，因此，一致性解释就消除了出现于关系后项中的偶然性成分，这样，对于两个偶然事件为何总是具有相同属性的解释就是，它们事实上并不是两个事件，而是同一个事件。

统一性解释的提出源于费德曼（M. Friedman）认识到"科学解释的本质是……通过还原那些我们不得不作为最终的或所予的东西而接受的大量独立现象来增加我们对世界的理解"。②解释的各个模型事实上就是诉诸更多可理解的规则和更高层次的规律来提供比被解释项更大的解释力，因此，解释的最终目的就是获得对世界的理解，理解是一种关涉全局的事情，随着我们减少说明世界现象所

---

① J. Aronson, *A Realist Philosophy of Science*, St. Martins Press, New York, 1984, p. 190.

② M. Friedman, "Explanation and Scientific Understanding", *Journal of Philosophy*, (71), 1974.

需要的理论或规律的数目，即随着统一性的增强，我们对世界的理解将会进一步增强。可见，统一性解释本质上并不是解释概念本身，而是成功解释的条件，需要结合其他形式的解释来完成对世界的理解。

三　科学解释的语用学转向

针对 DN 模型而提出的各种替代性解决方案所遇到的种种困境表明，其一，由于驱动科学解释之兴趣的多样性，并不存在对 DN 模型的一种成功的、广泛的和直接的替代物，解释模型是多元的，科学家作为变化着的共同体成员，总是借助于不同解释模型的解释力来判断和评价各种理论和假说，那种试图获得单一模型的追求最终证明是徒劳的；其二，一种客观而不依赖于解释实际被给予的特定情景的解释是不可能的，任何成功的解释必须处理两个相当不同的语境，一个是静态的，一个是动态的。传统的解释理论大都建筑在前者之上，它们被设定为去解释一个"已完成的"科学知识体如何能被置入于解释的使用中。但是，真正已完成的科学几乎没有，并且远离按预想的方式所发展的解释中。真正的解释存在于动态语境中，在其中，问题被提出，并且在理论的建构中给予回答。

范·弗拉森指出，科学解释不是（纯粹的）科学，而是科学的应用，它是满足我们特定愿望的一种科学使用；这种愿望在特定的相互关联中不尽相同，但它们总是描述信息的愿望。从这一基本信念出发，范·弗拉森在构造经验主义的立场上，吸收了形式语用学，特别是疑问逻辑的研究成果，通过语用分析给出了自己对传统科学解释难题的求解途径，具体来讲，范·弗拉森解释的语用论模型的特点在于以下几个方面。①

---

① Bas C. van Eraassen：*The Scientific Image*，Oxford：Clarendon Press，1980.

　　首先，范·弗拉森认为，一种解释就是对"为什么问题"（why-question）的回答。对"为什么问题"的每一个回答都构成一个命题，并且每一给定命题均可由许多不同的疑问语句来表达。同样，一个特定的语句在不同的场合言说，又可表达不同的命题。在这里，问题的本质，以及什么构成一个对它的合理回答很大程度上由语用的考虑确定，即相关语境决定了所要提出的问题及对它的解释。可见，"为什么问题"本身是一种被疑问句所表达的特定抽象体，比如，当问"为什么这个导体弯曲了？"（Q）时，该疑问句表明这个导体弯曲了并需要寻求其原因。它包含了一个特定的主题（P），即由导体弯曲这个命题所组成。但是，此命题并未穷尽问题的所有内容，它至少可用另两种不同的方式来表达：（Q_1）为什么是这个导体而不是那个导体被弯曲？（Q_2）这个导体为什么被弯曲了而不是没有弯曲？可见，"为什么问题"具有一种"对照类"（contrast-class），它由用于对问题主题作出选择的命题集所组成。此外，"为什么问题"还包括确定解释相关性关系（R）的理由，问题的变化依赖于所寻求的理由类型，并且它所确定的这种相关性关系进而就成为被表达命题的适当部分。总之，在特定语境中表达的"为什么问题"是由三方面的因素构成的，用符号表示为：$Q = (P_K, X, R)$，即"一种'为什么问题'Q是一个有序的三元组(P_k, X, R)，这里的P_K是问题的主题，X是由包括了主题的集合$(P_1 \cdots P_k \cdots)$所组成的对照类，R是相关性关系"。这样，传统科学解释模型局限于理论的语义学特性并束缚于理论与事实的双边关系就被理论、事实和语境三者间的多边关系所替代。

　　其次，范·弗拉森考察了对"为什么问题"的回答，认为一个命题可算作是对所予问题的回答仅当能通过语境相关的关联关系确定，可表述为"A是对（P_K, X, R）的一个回答，仅当A相对于（P_K, X）具有R"，由此，A就是一个与Q相关的命题。一旦A的相关性被建立，那么，在已接受的背景理论和事实信息实体K（在此，K的内容是语境的一种函数，特定的问题由此语境而产生）的基础上，它的解释值就可由以下三个标准来评价：第一，A 为真的可能性；第二，A 支持主题 P_K 的程度超过对照类中其他成员支持的程度；第三，在与其他回答的关联中来比较 A 的成功。在此，范·弗拉森结合了萨尔蒙的统计相关因素，用语境来规范那些相关事实中具有解释相关性的不对称关系，同时确定某些理论或信念来决定哪些因素可能，从而用概率来解释科学，即 A 支持 P_K 的程度超过 X 的其他成员的程度，依赖于 A 是如何从其他成员中来分配概率函数并朝向于 P_K 的，就是说，在 A 增加（减少）P_i 的概率时，如果它的后概率（P_i, A & K_Q）相关于 A，则此概率比它的先在概率（P_K, K_Q）更大（更少）。因此，A 是对所提问题的更好回答就在于，它在支持 P_K 方面要比其他竞争性回答更可能和更为有效。由此，范·弗拉森给出了他的"回答问题的解释模型"，该模型包括三个方面：①解释模型要求有需要解决或回答的问题，即"为什么问题"；②科学解释是对问题的回答；③科学解释需要在问题的回答中作出更恰当选择，即科学模型总是具有一个伴生的评价系统。可见，一种合理的解释仅仅就是一种合理的回答，在其中，一个很可能为真的相关命题强烈地支持此问题的主题超过它的对照集的其他成员，并且不为其他成员的出现所遮蔽。

可以看到，这种基于语用分析的模型的核心是语境，因为它内在地包含了三个语境相关的成分，即：①被一个所予疑问句表达的特定的"为什么问题"；②在对答案的评价中所使用的背景知识 K；③包含在问题中用以确定解释相关性本质的关联关系。正如范·弗拉森指出的，"欲成为解释首先应是相关的，因为一个解释就是一种回答。既然解释就是回答，那么它就是相对于问题来被评价，即对一种信息的要求。但应明确的是，这里借助于'为何是情况 P'，而所要求的信息从语境到语境地不同"。因此，"为何是情况 P"的意义是它被言说时的语境函数，可见，并无单一的解释关联关系，关联是基于人的愿望和兴趣而不可避免地从一种语境到另一种语境的变化。

本质上讲，范·弗拉森的语用论科学解释模型与他对"什么算是一种'科学的'解释"的认识密切相关，即把一种解释限制为是科学的仅仅需要依赖于科学理论，他指出："称一种解释为科学的，并不是要对它的形式或所引证的信息说什么，而仅仅是，此解释利用科学来获得这种信息，并且，更为重要的是，评价一种解释如何的标准就是在它被应用时使用了科学理论。"应当看到，范·弗拉森的这样一种依赖于科学理论的解释观并不是充分的，它允许解释的关联关系过于宽泛地运行并依附于个人的兴趣，从而导致用某种私人解释的普遍理论来代替科学解释，特别是，他未能将作为行为的解释和解释的给予区别开来，因为解释的正确性依赖于科学事实而非此事件是否被某个体的意向所把握。因此，范·弗拉森实际上并未涉及科学解释的本质，他的语用分析仅仅停留在"解释的给予"这个次要论题上，事实上，我们不仅应当描述被解释者所处的语境方面，而且还要提供什么是适当的解释。

但是，无论如何，范·弗拉森的语用论科学解释模型根据作出解释的解释者来阐明事实，要求按照适当语境的指导来在听者中产生理解解释者的意向以及解释行为的核心性，它是一种反逻辑主义的思维，即反对解释是独立于充满了语境的语言单元，以及所有好的科学解释能满足逻辑条件的单一集合，而认为解释依赖于主体，由于解释语境的差异，不同解释主体形成不同的提问方式，因而形成特定的回答方式、特定的解释形式。这促使人们普遍地认识到，一个所予事件不只存在一种正确解释，科学解释中存在着语用域，它的功能就是从一系列客观的正确的解释中挑出一个特定解释。这种语用学的分析转换了人们的思维视角，超越了逻辑经验主义"所有解释都是唯一地运用语形和语义分析"的教条，使科学解释范式发生了从静态科学逻辑向动态科学语用学的转变，它所显示出的哲学意义不仅体现在科学解释的认识论和方法论的变化上，而且表明对科学理论的认识已不仅仅是科学解释的问题，更应结合人文解释，从科学共同体的意向、心理、行为等各个方面认识，在科学语用学基础上所建构的解释才能对科学理论的本质得出真正的认识。

漫谈量子力学的诠释问题

——与张华夏先生商榷

青岛大学物理系　谭天荣

引　言

在《引进系统观念的本体论、价值论与科学解释》一文中，作者张华夏（下面简称"作者"）断言，量子力学中的薛定谔方程、迭加原理和测不准关系对决定论做出了最为坚决的打击，从而成为证明自然界存在客观的、本质上的随机事件，存在绝对的偶然性的有力论据。作者还说："我们虽然坐在一个本质上是随机的、偶然性的、不确定的微观世界之上，但是我们却生活在一个多少带有确定性的和决定性的世界里，这二者是不相矛盾的。"对此，我有不同的意见。作者是根据量子力学的正统诠释引出上述结论的。如果承认其前提，就难以表述我的意见。因此，在这里，我把主要篇幅用于批判作者的前提——量子力学的正统诠释。

一

对于薛定谔方程，作者断言：方程中的波函数描写的是微观粒子的某一状态，但它不能给出该状态量的确定值，只能为这个量的取值提供一个概率分布，而且与统计力学不同，这个概率分布首先不是描述一个群体，而是描述单个粒子。

在这里，作者没有说"概率分布"这一用语对微观粒子有另一种含义。而按照其本来的含义，它不能描写单个粒子的状态。为了证明这一点，让我们仔细考察"概率"这一用语。如果一再地把一枚硬币随手一掷，则该硬币一会出现正面，一会出现反面。但掷的次数多了，出现正面的次数与出现反面的次数将越来越趋于相等。当掷的次数足够多时，两者的差别就可以忽略不计。这一经验事实可简单地表示成："多次掷一枚硬币，出现正面的次数与出现反面的次数相等。"在这种意义下我们说："单独掷一次硬币，出现正面和出现反面的概率相等。"

一枚硬币掷出去以后，可以拾起来再掷。对于不能这样重复的过程，上述说法不再适用。这时我们换成如下说法：如果许多人各掷一枚硬币，则有的人掷出的硬币出现正面，有的人掷出的硬币出现反面。当掷硬币的人足够多时，就会大约有一半人掷出的硬币出现正面，一半人掷出的硬币出现反面。简而言之：

（a）在掷出的大量硬币中，出现正面的个数与出现反面的个数相等。在这种意义下，我们说：

（b）掷出的单个硬币出现正面的概率与出现反面的概率相等。在命题（a）和（b）中，出现了同一分布："正面占1/2，反面占1/2。"我们将这一分布记作（1/2，1/2）。在（a）中，这一分布表现"大量硬币"的状态（指出现正面还是出现反面）的数目分布，人们称它"统计分布"。在（b）中，这一分布表现"单个硬币"的状态的"概率分布"。但是，（a）和（b）只不过是同一经验事实的两种不同的说法，当我们把（a）表示成（b）时，并未增加任何新的内容。从（a）我们不可能知道单个硬币出现哪一面。因此，从（b）我们也不可能知道这一点。

于是，我们得出结论：在（a）中，分布（1/2，1/2）描写了"大量硬币"的状态分布。而在（b）中，这一分布却并未描写"单个硬币"的状态。那么，在（b）中，概率分布（1/2，1/2）

到底描写了单个硬币的什么呢？什么也没描写！它只不过在单个硬币身上观念地反映了大量硬币的状态的统计分布而已。在这种意义下，我们称（b）为（a）的"观念映象"；称（a）为（b）的"现实原型"。

从这个例子我们看到："统计分布"是一种现实的分布。在大量硬币中，实实在在约有一半出现正面，一半出现反面。而"概率分布"则是一种观念上的分布，是大量硬币的统计分布在单个硬币身上的一种观念映象。

二

德布罗意通过电子衍射实验，发现电子束伴随着一个未知的波，现在人们称它"德布罗意波"。一个波的"波函数"的绝对值的平方称为它的"能函数"，对于机械波或电磁波，能函数描写波的能量分布。实验证明：德布罗意波的能函数与电子的数密度（指单位体积内的电子个数）成正比。在这种意义下，德布罗意波的波函数（下面简称"波函数"）描写了大量电子的位置的统计分布。

但是，波函数对单个电子也有意义。例如，对于原子中的单个电子，波函数所满足的薛定谔方程就能给出它的总能量和角动量等特征量。薛定谔正是从单个电子在原子中的行为找到薛定谔方程的。诚然，波函数不能完全给出电子运动的一切特征量，它只能给出一部分，确切地说，给出一半特征量。例如，对于一个自由电子，波函数给出了它的动量就不能给出它的位置；反过来，给出了它的位置就不能给出它的动量。尽管如此，波函数还是部分地描写了单个电子的状态。那么，波函数对于单个电子究竟具有什么意义呢？自从1926年薛定谔方程建立以后，所谓"量子力学的诠释问题"，其实就是这个问题。

当时，人们对这一问题给出各式各样的回答，但都难以自圆其说。最后，玻恩对"波函数的统计诠释"获得了公认。这个诠释最初的形式可描述如下："既然波函数描写了电子束中的大量电子的位置的统计分布，它也就描写了单个电子的位置的概率分布。"在那以后，玻恩的诠释有一些改变，但把波函数与单个粒子的某种概率分布联系起来这一点却始终不变。

不幸的是，玻恩的这一诠释其实并没有回答"波函数对单个粒子有什么意义"这一问题，因为概率分布并不描写单个粒子的状态，而只是观念地反映粒子束的统计分布。由此，我们立刻得出结论：迄今为止，一切被认为描述单个粒子的命题，实际上都是对粒子束的描述。在这里我只举一个例子：

在量子力学中有如下命题："如果一个电子的动量完全确定，它的位置就完全不确定了。"这一命题的确切表达是：

（c）如果一个电子的动量取某值的概率为 1，则它的位置的概率分布是均匀的。

由于概率分布是一种观念上的分布，命题"某电子的动量取某值的概率为 1"观念地反映了这个电子所在的电子束的如下统计分布：每一个电子的动量都取该值。换句话说，该电子束的诸电子的动量是一致的（指取相同的值）；而命题"某电子的位置的概率分布是均匀的"的现实原型是：该电子束的诸电子的位置在全空间均匀分布。于是，整个命题的意思是："如果一个电子束的动量一致，则它的诸电子的位置在全空间均匀分布。"

我们看到，这是一个表现电子束的性质的命题，与单个电子的状态完全无关。人们把它表示成（c）的形式，只有把人弄得莫名其妙，并没有因此而表现了单个电子的性质。

在实验室中可以制备动量一致的电子束，根据电子束的上述性质，这样的电子束有均匀的位置分布。但是，不言而喻，实验室中制备的电子束只能是或宽或窄的一束，从而只能在一个或大或小的区域里均匀分布，而不能在全空间均匀分布。这时，它的动量也因此不能完全一致。换句话说，当电子束的位置分布有某种程度的集中时，它的动量分布将相应地分散。这是电子束的一种"交叉分散"的性质，著名的"测不准原理"所描写的正是这种性质。

　　从这个例子我们看到：从量子力学建立到现在，在"波函数对单个粒子有什么意义"的问题上，物理学没有丝毫进展。人们至今对单个粒子的行为仍然一无所知。更糟糕的是，在这里，人们不只是一无所知而已。

<h1 style="text-align:center">三</h1>

　　现在让我们设想，有人误解了概率这一用语的含义，以为概率分布是描写单个物体的状态的现实分布。那么在掷硬币的例子中，他就会把命题（b）理解为："掷出的单个硬币出现半个正面与半个反面。"

　　诚然，这种误解在看得见的宏观世界是不会出现的。不幸的是，它在微观世界不仅出现，而且还造成了难以想象的混乱。在量子力学的正统诠释中，人们把"波函数给出的概率"误解为描写单个粒子状态的特征量，得出了一系列怪异的结论。为了揭示这一点，薛定谔曾经提出过现在称为"薛定谔猫"的比喻：

　　把一只猫和一个板机同置于一个钢箱中，板机的构造如下：少许放射性物质置于盖革计数器中，它在一小时内有原子衰变和没有原子衰变的概率相等。如果它有原子衰变，计数器就产生反应，并作用于一个装有小锤的继电器，使小锤打碎一个盛有氢氰酸的瓶子，从而毒死关在钢箱中的猫。猫不能直接接触板机，因此，如果一小时之内没有原子衰变，猫就还活着；如果有原子衰变，猫将被氢氰酸毒死。由此得出结论："在一小时之后，钢箱中的猫死与活的概率相等。"换句话说："猫的状态（指死与活）的概率分布是（1/2，1/2）。"

　　按照概率这一用语的本来含义，这里的概率分布（1/2，1/2）是一种观念上的分布，它是如下统计分布的观念影像："如果有大量钢箱，其中的每一个都在同一时刻置入同样的板机和猫，那么，在一小时以后，在这些猫中约有一半是死猫，一半是活猫。"

反之，如果把概率分布（1/2，1/2）误解为描写这只猫的状态的现实分布，则它的意思是："在一小时之后，钢箱中将出现半个死猫与半个活猫。"薛定谔则表达得更形象一些："在一小时之后，钢箱中将出现半个死猫与半个活猫混在一起，或者模糊不清。"

这一结论显然是荒谬的。我们都知道，在一小时之后，钢箱中的猫要么已经死去，要么正活着，不可能半死半活，也不会模糊不清。但是，只要把量子力学的正统诠释应用于比喻中的系统，就不可避免地得出这样的结论。

薛定谔猫揭示的怪异观念只是量子力学中的许多的怪异观念之一。类似的怪异观念还数不胜数，有人称它们为"量子怪异"。现在，人们对这些怪异观念已经习以为常，甚至认为是"常识"。例如，1998年北京大学百年校庆，我曾经参加物理系召开的一次学术会议，谈到量子力学的诠释问题。有位老师对我说："一个电子既定域在空间的某一点，同时又分布在整个空间。这已经是常识，你又何必为这种问题费时间呢？"

我们中国人从来就擅长幻想，一本《西游记》把这一特长发挥得淋漓尽致。例如，孙悟空有一根金箍棒，可小可大，小时可以放到耳朵里，大时则高耸入云，人们的想象力可谓丰富矣。然而，和量子物理学家相比，毕竟稍逊一筹。原来电子是这样一种兵器，它可以既"定域"在耳朵里，同时又高耸入云哩！

四

薛定谔猫所揭示的"量子怪异"主要涉及两种失误。第一个是把"概率"理解为描写单个粒子的状态的范畴，第二个是把"概率不遵循迭加原理"这一事实理解为"概率的加法公式不适用于微观过程"。那么，这两个失误到底是怎样导致量子怪异的呢？仔细地研究当代的物理学史，当然可以弄清这一过程的来龙去脉，然而，这种工作很可能是吃力不讨好的。常常有这样的情况，人们在清醒时觉得根本不相关的两件事，在梦境中却十分自然地联系起来，而当他醒过来时，却怎么也想不起到底是怎么联系的。也许有一天，人类终于对量子力学有了新的认识，当他们重新阅读今天的量子力学书籍时，也会有相似的感觉。但是，除了专家，那时的人们似乎没有必要去追溯现在的量子力学理论的思路。至于现在，这种工作反正无人理睬。

　　人们会强烈抗议：难道现在物理学家们处在梦境中吗？诚然，这不过是比喻，而比喻总有它蹩脚的一方面。但学过量子力学的人想必都有体会，我们是在一种极度受迫与自我禁锢的气氛中学习量子力学的。当我们提问题时，老师的回答往往是："不许提这个问题。"例如：不许问电子到底是粒子还是波；不许问在双缝衍射中电子通过的是哪条缝；如果你在北京精确地测量一个电子的动量，不许问这个电子是在北京、在上海、在纽约还是在天狼星上。总之，在这个领域里，思考是被禁止的。这一点，苏联物理学家兰道说得最清楚："量子力学永远不可能被'理解'，你们只需去习惯它。"在这种气氛下，除了像我这样的坏学生，又有谁愿意冒天下之大不韪去问一个"为什么"？不仅量子力学的初学者如此，就是在量子力学飞速发展的年代，工作在最前沿的物理学家们也规劝自己："计算吧，不要思考，免得头疼。"这就是量子物理学家的群体的精神状态！试问，如果别的群体有这样的精神状态，我们会认为他们很清醒吗？

　　其实，埋头计算而不思考，对于一个物理学家或许并不是什么坏事。他仍然会取得相当的成果。当然，他必须把自己的成果用一种语言，确切地说，用一种框架表述出来。但是，谢天谢地，哥本哈根学派的正统诠释已经准备好了现成的框架。如果他硬要自己去找框架，说不定就不会有同样的成果了。

　　然而，对于一个哲学家却不能这样说，因为哲学家的天职就是思考。我想，如果作者更仔细地考察一下量子力学正统诠释的历史与现状，并且耐心地将它与其他诠释作一横向比较，他或许会放弃"绝对的偶然性"或"本质上的随机事件"等哲学结论。

评张华夏的哲学追求与哲学进路

华南理工大学人文学院　彭纪南

张华夏在靶子论文的"序"中说，历史上哲学家的大多数哲学结论或阶段成果都是转瞬即逝的东西，只有那哲学追求是永恒的。本文主要就张华夏的哲学追求和哲学进路谈一点看法。

一　张华夏哲学研究中的辩证
唯物主义传统和科学情结

从张华夏的靶子论文以及相关的几本著作中，我们可以深深感受到，正是辩证唯物主义的哲学传统和对科学（特别是自然科学）情有独钟的情结引导着张华夏的本体论哲学追求和研究进路。

关于其中的辩证唯物主义传统，体现在把本体论研究定位在通过对经验科学的概括与总结，揭示"关于自然、人类社会和思维的运动与发展的普遍规律"，构建一种科学的世界图式，解决人们的世界观问题。应该说，张华夏是国内坚持这一传统比较好、比较彻底的一位哲学工作者。

张华夏在本体论研究中浓厚的科学情结则主要体现在他力图运用从事科学的方法来研究本体论哲学，力图将本体论哲学构建成为科学，即他所谓的"广义科学"。在他的靶子论文及其相关著作中，清晰地体现出如下脉络。

（1）坚信有一个独立于人这个认识主体和实践主体的外在世界。这一本体论信念既是自然科学家从事自然科学探索的基础，也是张华夏坚持其哲学追求的前提。

（2）如同自然科学一样，我们可以通过经验实证的方法和思辨方法的结合，构建具有某种解释力和预见力的关于外在世界的理论模型，对外在世界作出某种描述和说明。

（3）关于外在世界的理论模型，可以是只对外在世界某一领域加以描述和说明的理论模型；也可以是横跨若干不同领域，对外部世界不同领域的某些共同侧面加以描述和说明的理论模型。各种不同的模型在普适性上是有差别的。

（4）本体论哲学的研究和实证科学的研究的共同方面都是要构建关于外在世界的模型，但其普适性是不同的。本体论"是关于存在与生成的最一般性质的科学"，它"可以看作是最一般的广义科学"；"而本来意义的科学可以看作是局部的本体论"。这种"广义科学"与"本来意义的科学"同样具有经验内容，同样可以接受经验检验，同样都应具有合法地位。

（5）本体论哲学关于外在世界的理论模型同本来意义上的科学的关于外部局部世界的理论模型一样，都不可能是唯一的，而是多元的。同一研究对象，可以有多个不同的模型存在着和竞争着。"本体论理论选择标准并无二致，我们需要按照本体论理论的简明性、它的解释力和预言力，它怎样有利于解决科学问题，它与现行科学与技术的协调性和一致性等来进行本体论的选择。"

（6）以矛盾规律为核心的唯物辩证法，只是作为本体论关于存在与生成一般特征的一种理论模型。这一模型"主要来源于哲学史研究，带有更多思辨的痕迹，概念比较模糊而灵活"，应该根据现代科学的发展，改变它的形式。可以考虑通过概括与总结现代科学的发展成果，借助跨学科的共同语言建构另外一种或若干种其核心范畴不同于矛盾辩证法的、在逻辑上相互独立的理论模型。

（7）20世纪下半叶以来，由于系统科学的成就，提出了一系列贯穿从力学、物理学到生命科学、社会科学和经济科学的跨学科的观点和方法，引入这些概念和方法，就有可能构建另外一种关于存在和生成最一般模式和样态的概念模型和数学模型。

二 为张华夏的哲学追求和研究进路作一点辩护

张华夏的上述本体论哲学的追求和研究进路遭到了诸方面特别是从事分析哲学研究的学者们的猛烈批判，被认为不合潮流的、毫无意义的、是早就应该扫到哲学垃圾堆去的东西。我认为，对张华夏的哲学追求和研究进路持这种态度是不可取的，而且也是没有道理的。

（1）爱因斯坦说："相信有一个离开知觉主体而独立的外在世界，是一切自然科学的基础。"我们的科学哲学学者可以允许科学家具有这一本体论信念，并不认为他们的这一本体论信念是没有必要的乃至有害的，为什么就不允许从事哲学研究的张华夏坚持这一本体论信念，认为是不合潮流而应予以否定呢？

（2）我们的科学哲学学者可以允许自然科学家和社会科学家通过经验实证方法和思辨方法的结合去构建关于外在世界某一具体领域的理论模型，对外在世界某一领域某一部分进行描述和说明；我们的科学哲学学者也可以允许科学家开展跨学科跨领域的研究，寻求"科学同型性"，构建描述和说明外在世界不同领域某一共同侧面的普适规律的理论模型，并且承认这一工作的意义和价值。那么，有什么理由不允许张华夏运用经验实证和思辨相结合的方法，通过对科学成果的概括总结，去构建一种具有经验内容、具有可检验性、具有某种解释力和预见力的、普适性更高的关于外在世界的模型呢？有什么理由把张华夏所作的这种"广义科学"的研究，所作的这种"经验交叉科学的研究"，看成"多余的""无意义"的呢？

（3）对外在世界同一对象、同一领域，同时有多个理论模型共存，这在科学史上是司空见惯的事，在许多科学史家、科学哲学家看来也是天经地义的事。张华夏不顾"离经叛道"的恶名，鼓起勇气公开宣称，矛盾规律为核心的辩证法只是关于客观世界运动和发展的普遍规律的一种理论模型，应该允许有第二种、第三种不同的、相对独立的（但不一定是相互对立的）理论模型，并且宣称他的本体论研究，就是要根据现代科学成果，引入系统观念，吸纳分析哲学的严格的逻辑分析、语言分析的方法，构建一种新的理论模型。这应该受到我们的科学哲学家们的充分肯定和鼓励才是啊！

当然，要构建这样的理论模型，是非常艰难的事，难免会出现许许多多错误，甚至会有一些被认为"胡说八道"的东西（其实从事具体实证科学的研究，何尝不是这样呢？）。但是，如果断言，只要从事这一构建外在世界普遍模型的工作，就只能是"胡说八道"，只能是"大杂烩"，这就太武断了。

请我们的某些科学哲学家，不要用偏执的眼光，而是以宽容的心态，用对待科学家及其从事的工作的同样的态度，一视同仁地对待哲学家张华夏及其所作的本体论研究吧！

三　本体论、价值论和科学解释的系统研究之不足

张华夏引入系统观念到本体论、价值论以及科学解释的研究中，作了大量的卓有成效的工作。从总体上说，他在这方面的研究是多元分析充分，整体相关研究不足。

系统观念首先包含着多元性的观念，凡是系统都必定是由两个或两个以上元素构成的，单个元素不是系统。但是，系统并不是多个元素的线性叠加、简单堆积，它是系统各组成元素相互关联构成的整体，非线性相关性和整体性观念也是系统观念的重要内涵。从某种意义上讲，系统观念更强调相关性和整体性的观念。但是，无论在张华夏的本体论或是价值论的论述中，我们看到更多的是多元性的分析，而整体相关性的论述却显得异常薄弱。

例如，在本体论研究中，张华夏对整个世界的过程的作用机制进行了多元分析，指出其具有三种作用机制：决定性因果作用机制、随机作用机制和目的性/意向性作用机制。但是，这三种过程作用机制如何相互关联整合成整个世界的演化过程呢？张华夏却没有作专门的论述。其实，在复杂系统的演化过程中，我们可以看到，正是这三种机制相互交织，构成完整有机的过程（而不是所谓三种机制的"混合"）。因此，我建议，张华夏应在深入把握复杂性科学的研究成果的基础上，在三种作用机制的整体相关分析上多下功夫。

在价值论的系统研究中，我们更多地看到的是张华夏对人类价值系统的多元分析，指出了人类伦理的价值取向是多元的，生态保护原则、功利效用原则、社会正义原则和普遍仁爱原则是健全社会的四项基本伦理原则。但是，这四元的价值取向，或这四项伦理原则在个人或整个社会中是如何相互关联整合成价值系统的，在这种相互关联相互整合中，哪些方面丧失了，哪些东西屏蔽起来，哪些新的东西突然涌现出来了？这正是我们要着重研究并加以阐明的，而不是简单地以一个加和性的公式并声称这些加权系数是变系数就可以敷衍过去的。引入系统观念于科学解释研究中也有类似的弱点。这里就不一一列举。

四　目的性概念和价值概念的不适当推广

事物的价值与目的性相联系，一切有目的的系统都有自己的价值尺度，系统的目的就是系统的内在价值之所在。

人们在谈到"目的性""合目的性"时，常常提到控制论创始人维纳对"目的"概念的推广，将本来用于人类的"目的"概念扩大到非人的生命体和非生命的机器中去。但是，许多人对维纳的这一工作没有确切的理解。为此，维纳和罗森勃吕特于1950年发表了一篇文章，题为《目的性行为与非目的性行为》（*Philosophy of Science*，Vol. 17，Oct.，1950），回答了一些人对其1943年发表的

《行为、目的和目的论》一文的批评。维纳声称，"目的概念乃是科学中的一个基本范畴"，"在科学上是有意义的和必不可少的"。维纳声明，为什么要把原本只用于人类的目的和目的论的概念扩展到某些机器和生命体，既不是意味着哲学上对终极因的信仰，也不是认为人、其他生命体、机器在结构上或本性上没有区别。他说："我们把目的性看作是理解某些行为样式所必需的概念"。目的概念的推广是出自方法论上的考虑，是为了便于将某一领域的卓有成效的方法用来研究另一个领域。该文指出，不能把目的概念任意推广到一切非生命物体。例如，不能把上足发条的钟表最后停在某一时刻位置，看作钟表不断趋向其终极目标的目的性行为。维纳在该文中提出了区分目的性行为与非目的性行为的三点预备性说明和八条区分标准。

在靶子论文的第七章关于"广义目的性概念和自然系统的目的性机制"的论述中，看来张华夏把"目的性"概念作了不适当的推广。按文中论述，上足发条的钟表最后停下来，受激发的原子最后回到低能级的基态，一个活跃的元素倾向于与其他元素相化合成稳定化合物，地面上的流水流向低洼地，都看成追求某种目标的目的性行为。这未免将这一概念推广到不适当的地步，而且与维纳等系统科学家的原意并不符合。至于某些自动机器，的确是表现出由目标定向的目的性行为，但值得注意的是，这个起定向作用的目标，往往是由制造机器的人所设置的，体现了人的目的，而且，从这一目的性行为的内在机制上考察，往往可以还原为因果作用机制，例如，用反馈机制来实现某些目的性行为。因此，这类机器也很难说是具有内在目的性，将"内在价值"赋予这类机器恐怕也未必合适。因此，我认为将"内在价值"概念拓广到生命体为止，可能要恰当一些。

张华夏研究哲学的五大情结

中山大学哲学系　林定夷

　　张华夏研究哲学的五大"情结"，即辩证法情结、体系情结、形而上学情结、数学情结和经济学情结，在他身上表现得相互纠缠，盘根错节，难分难解。特别是其中的前三大情结，可以说已经形成一体，你中有我，我中有你。但是我们毕竟还是可以把它们分析开来，将它们暴露在"光天化日"之下，然后"品头评足"一番，看看它们的真相如何？是美是丑，是好是坏？本来，所谓"情结"，也就是某种"偏好"。"偏好"是个人的事，别人无须过问也无权过问。但是，即使根据张华夏的理论，"偏好"作为一种"价值追求"，仍然是可以被评价的。甚至从某种角度上讲，是可以对它作"客观"评价的。我的这项工作就是试图对张华夏研究哲学的五大情结作出某种客观的剖析和实事求是的合理评价。至于是否真的能够做到"客观"和"合理"，那就请张华夏教授以及其他专家作出再评价了。

一　辩证法情结

　　有"辩证法情结"，这是张华夏自己所承认的。但张华夏曾认为他自己还有另一种独立的"系统论"或"系统哲学"情结，这在我看来是不成立的。他的"系统论"或"系统哲学"情结，其实不过是他的"辩证法情结"的延伸，其根源仍在"辩证法情结"。张华夏身上的这种情况，其实在我国并非个别现象。我国有许多人之所以热衷于"系统哲学"，其原因也在于他们身上挥之不去的"辩证法情结"。虽然他们，包括张华夏教授在内，实际上也承认或者看到，所谓"系统哲学"在国际上并不纳入20世纪国际哲学之主流，甚至被20世纪的主流哲学传统——分析哲学的传统所排斥，但由于"系统哲学"与他们身上原有的"辩证法情结"十分合拍，于是就对之"热情有加"。

从我与张华夏的接触中，他使我深深地感到，他自年轻的时候起就有一种非常执着的"辩证法情结"，所以，他甘愿花费大力气，像啃一块块硬骨头似地去啃一本又一本晦涩难懂得像天书般的大部头的辩证法经典著作。什么黑格尔的《小逻辑》《哲学史讲演录》《自然哲学》以及列宁的《哲学笔记》等，不一而足。在这些著作上，曾消耗去张华夏的大量青春时光，而且自觉津津有味。这在当时看来，正是他有精深的学问之所在，与我们这些浅薄之辈适成对照。尤其是像我这样的浅薄之徒，虽然由于职业上的原因也被引导着花过些功夫去啃那黑格尔的《小逻辑》和列宁的《哲学笔记》之类的东西，但是，说句实在话，这些东西从未引起过我的兴趣，因而也从未真正地"钻进去"。在我花了不少力气读过它们之后，除了感觉到它们晦涩难懂之外，使我最深刻的感觉就是它们的内容实在"空泛"，其中许多句子，读起来简直不知所云。比较之下，我喜欢自然科学，尤其是物理学，对于它，我确实感到它博大精深，有很多内容和问题可以让人钻研，可以使我对它产生深深的感情。反过来说，对于张华夏教授的那种深深的"辩证法情结"，我始终都持有异议。特别是近20年来，只要外界没有"卡住我的喉咙"，我就结合着我的专业性著作或论文，对那种空洞的（实质上是形而上学的）辩证法采取直言不讳的批判态度。我与张华夏教授之间对辩证法的两种截然相反的"情结"，可能就如张华夏教授所言："走进一个理论体系容易，要走出一个理论体系便异常困难。"（见靶文）

张华夏教授因为曾经深深地走进了辩证法，所以他的"辩证法情结"始终难以摆脱，而我由于从来没有被它所吸引，所以也就谈不上曾经真正地走进过"辩证法王国"，因而相对来说容易摆脱。

但是，在我看来，张华夏教授对"辩证法情结"的心理变化也是相当复杂的，特别是近20余年来随着他对"系统哲学"的研究，其情况尤为如此。当初，他是怀着执着的"辩证法情结"才钟情于"系统论"或"系统哲学"之研究的，但到最后，他却又在一定程度上试图挣扎着想要摆脱"辩证法情结"而终于未能如愿。

在我看来，在近20年的时间里，伴随着他对系统哲学的研究，张华夏的"辩证法情结"曾经历了三个阶段性的变化。

第一阶段大致是1978年至20世纪80年代末（他去英国前后）。那时，他的主要工作是想用辩证法去"消化""吸收"系统论的研究成果，并以系统论的成果去"丰富""发展"和"装潢"辩证法（"装潢"一词是我加的用语，其意思是指企图用系统论的语言使辩证法穿上更加"摩登的"外衣）。其主要成果可以其代表性著作《物质系统论》（浙江人民出版社1987年版）为标志。张华夏在该书以及其他一些著作中曾一再强调系统论或系统哲学是与唯物辩证法相一致的。他一再通过引用系统论的创始人的话来说明这种一致性。例如，他引用一般系统论的创始人L.贝塔朗菲的话说："一般系统论的原理和唯物辩证法的原理相类似则是显而易见的"[1]。他还一再说明，包括L.贝塔朗菲和拉兹洛在内的系统哲学家都承认黑格尔和马克思是系统论的先驱者之一[2]。并引用拉兹洛的话进而强调："被表达成一般进化论的规律和原理的进化的动力学构成了新发现的一种辩证法形式"，"这些新发现的具有普遍性的动力学构成了由马克思主义奠基人提出来的辩证法的一种形式"。

---

[1]　参见张华夏、叶侨健编著《现代自然哲学与科学哲学》，中山大学出版社1996年版，第71页。

[2]　见张华夏《物质系统论》，浙江人民出版社1987年版，第328页，张华夏、叶侨健：《现代自然哲学和科学哲学》，浙江人民出版社1987年版，第69页。

但是，在这个阶段上，他还是一再强调，只有辩证唯物主义才是最高层次的东西，而一般系统论则是较低层次的东西①，认为"唯物辩证法三大规律，是抽象程度最高的规律，它是自然界、社会和思维的最普遍的规律"。虽然他认为，他在《物质系统论》一书中所概括的系统五大规律，也是"最高层次的规律，和辩证法三大规律一样，都是自然界、社会和人类思维的最普遍的规律"②。但是，从根本上来说，他认为那五大规律本身只"应该是辩证规律的一部分"。因此，他承认，"在这个意义上，将系统规律与辩证法规律并列起来进行比较研究似乎不很合理"。不过，由于这五大规律是从一般系统论的研究中产生出来的，迄今"它尚未进入，至少尚未完全进入公认的辩证法学科体系之中"，所以，他为自己确立的任务是："将系统诸规律吸收到唯物辩证法的新体系中"③，"在理论上将两类规律整合起来，加以发展，将会使唯物辩证法发展到一个新阶段"④。以上所述，可以说就是张华夏教授在20世纪80年代所想要完成的任务。但是，这项任务，张华夏教授自认为终于遇到了难以克服的困难，于是就有了它的"辩证法情结"发展的第二阶段。

张华夏"辩证法情结"发展的第二阶段大致上是20世纪90年代。在他"辩证法情结"的第一阶段上，他自己实际上还没有使用系统哲学，特别是"系统辩证法"一词，并且总是把"系统规律"与"辩证法规律"区分开来使用的。所以，那时他要讨论的是"系统规律与辩证规律"的关系⑤，其目的是要"将系统诸规律吸收到唯物辩证法的新体系中"，并在理论上将两类规律整合起来。但在第二阶段中，他接受了贝塔朗菲和拉兹洛的"系统哲学"的提法和乌杰的"系统辩证法"的提法。其代表性的观点就体现在他与

① 张华夏：《物质系统论》序言，浙江人民出版社1987年版，第2页。
② 同上书，第329页。
③ 同上书，第327页。
④ 同上书，第339页。
⑤ 同上书，第326页。

叶侨健合作编著的《现代自然哲学与科学哲学》（中山大学出版社1996 年版）一书之中。在那本书中，他们自问自答："系统哲学是不是辩证法的新形式？我们认为是。"他们虽然仍在一定程度上努力阐述系统哲学与辩证唯物主义哲学的相同与相通之处，但是着力点却已是在强调"应该看到系统哲学与传统辩证法有很大的不同"①。所以，他们工作的着力点也已不再是用唯物辩证法去"吸收"一般系统论或所发现的"系统规律"的成果，以便丰富它、发展它、装潢它，而是强调"总而言之，我们认为辩证法实际上是有两个理论模型：矛盾哲学和系统哲学。他们在逻辑上彼此独立（不能简单互推），在解释能力上各有长短（都不完备，因而不能互代但却可以互补），而在基本思想上彼此相容（没有根本冲突，因而可以整合），当然这意味着辩证法本身的形式必须更新"②。自此，他决心努力去发展系统哲学。所以，在这个第二阶段里，张华夏终于在"辩证法情结"的梦境中，实际上看到他有两个"情人"，并且已经从原来所相中的"情人甲"开始有点"移情"到"情人乙"身上去了。虽然他还是认为这两个"情人"是各有长短的。这就是张华夏的"辩证法情结"在发展的第二阶段上所具有的第一个特点。这一阶段上的第二个特点，就是他开始考虑要以系统哲学观为基础，着手来构建他的完整的哲学体系。这个体系包括本体论、价值论、认识论三大部分。他自己称之为他的"哲学的三部曲"，并于 1997 年出版了其中的第一部曲《实在与过程——本体论哲学的探索与反思》。这是一本洋洋 36 万字的巨著。

张华夏"辩证法情结"的第三个阶段，起源于何时很难说清，但可以以摆在我们面前的靶子论文为标志。在此文中，虽然其价值论部分与他在 1999 年湖南教育出版社出版的《现代科学与伦理世界——道德哲学的探索与反思》一书的内容大体相同，但在本体论

---

① 张华夏、叶侨健：《现代自然哲学与科学哲学》，中山大学出版社 1996 年版，第 71 页。
② 同上书，第 72 页。

部分，却与他在第二阶段上所写的本体论著作《实在与过程》以及《现代自然哲学与科学哲学》中的自然哲学部分有相当大的变化，其中的"系统哲学"的新辩证法情结（或曰对"情人乙"的情结）是大大加强了。在《现代自然哲学与科学哲学》以及《实在与过程》两书中，他虽然已经有稍稍"移情"于"情人乙"的小小倾向，但在那两本书中，"情人甲"与"情人乙"毕竟还能平起平坐。他虽然还提到了"系统辩证法与矛盾辩证法"之说，例如，其中有一段文字说："如果按恩格斯和马克思的意见，将辩证法定义为'关于自然、人类社会和思维运动和发展的普遍规律的科学'，人们就不可避免地将'五大观点'和'三大规律'看作是辩证法的两个不同的理论模型（系统辩证法和矛盾辩证法）。"但在靶文中，他不但从标题到内容都已经大大地突出了对辩证法"情人乙"的情结，而且我们从序中还看到了这样的话："我们是否应该或可能从分析哲学或系统哲学的研究中或当代其他学派的本体论哲学中获得一些哲学宇宙观的规律来补充、修正或更新'辩证法三大规律'问题。"从这句话里体现出，他的"移情"是更加明显了，简直是要用"情人乙"去改造或取代"情人甲"了。

但不管怎么说，张华夏孜孜以求地研究哲学 40 余年，始终没有摆脱他梦境中的"辩证法情结"。但"辩证法"究竟是什么？到头来他似乎自己也搞不清楚。在靶文中，我们看到他坦诚地承认："至于我们到底应该将辩证法了解为什么？我个人虽然研究了多年，到现在仍然不甚了了。"他还进一步引用了一个拉兹洛的故事来加强他梦境中的困惑。他说："系统哲学家拉兹洛 1998 年到中国讲学时曾经讲过一个故事。当年他曾经访问过他的祖国，即社会主义国家匈牙利，问了科学院哲学所所长一个问题：'什么叫做辩证法？'结果得来的回答是：'我也搞不太清楚，如果什么时候你搞清楚了，请你告诉我。'"不过，我以为，张华夏的这段绝妙的回答也确实反映了他"为学"的态度。他一生孜孜以求做学问，但他的总态度就是："不断探索就是一切，阶段的成果是微不足道的。""在哲学探索的道路上，不断地追求智慧追求真理就是一切，阶段性的学术成果、学术地位、职称和博士导师之类的头衔都是微不足道的。"① 我虽然不太认同张华夏的"辩证法情结"，但十分赞赏他的"为学"态度。在为学态度的问题上，我以他为师，认真实践。

辩证法虽然不是只供人们挂在嘴上套用，随时供人"穿戴装饰"以获赞赏的"皇帝新衣"，但确实像一具具可以有不同容貌的"空壳人"，不管是系统辩证法或者是矛盾辩证法，它们的共同特点就是"空"。这是我这个凡夫俗子长久以来的一种感觉。为了解除我的这个长久感觉是否为一种"错觉"的困惑，我曾获机会与国内"矛盾辩证法"界的某位领军人物有过一次简短的交谈。交谈中，我当然直言矛盾辩证法内容之空泛，并直接向"三大规律"发难，尤其以"三大规律"中似乎表述得最具体，最有"内容"的质量互变规律为例作分析，指出它实际上什么都没有告诉我们②。这位领军人物听完我的分析以后，只回答了一句话，"今天看来，唯物辩证法实际上只留下了一句话：宇宙间万事万物都是相互联系的。"然后，他又不忘再补充一句："当然这句话所表述的思想还是很重要的。"无独有偶，我又有幸看到了国际间系统辩证法的一位领军人物的十分类似的话。国际著名系统学家、曾长期担任《一般系统年鉴》主编的 A. 拉波波特在其所著《一般系统论》中写道："我认为，一般系统论正是这种哲学（按：指系统哲学）的最初发展。一般系统论的基本假定可以用一句话来概括：每一事物都同每一其他事物相关联。这一论断如此笼统，似乎空空洞洞，然而正是得出这一普遍相互关联原理，才把科学思想和道德哲学两方面的长处充分发挥出来了，它为人类的整合指出道路"③。大约在 20 世纪 80 年

① 见张华夏《我的哲学追求》，载《自由交谈》第一期。四川文艺出版社、四川人民出版社 1998 年出版。
② 参见林定夷《近代自然科学中机械论自然观的兴衰》，中山大学出版社 1995 年版，第 253—255 页。
③ A. 拉波波特：《一般系统论》，钱兆华译，福建人民出版社 1994 年版，第 2 页；放在我们面前的这本张华夏所写的网上书稿中，也引过这句话。

代中期，我受到张华夏的"传染"，也曾花了许多时间去仔细阅读了 L. 贝塔朗菲所著《一般系统论》一书，因为此书当时被炒得很热。但当我认真读完此书以后，却仍未能"开天目"，一方面对此书中的某些基本论点甚有异议，于是后来借机会对此书中的某些观点捎带着进行了批判①；另一方面又不满足于此书内容实质上的空泛，于是，当时就在教研室中对着张华夏和叶侨健发表议论，说贝塔朗菲的"一般系统论"和辩证法一样，它们追求普遍性是以牺牲内容为代价的。在我看来，这是走错了路子，与科学中追求普遍性的道路适成反照；在科学中，愈普遍的理论是内容愈丰富的理论。我当时尚未说完（因为我上面的那番话已引起议论，不得不被打断）的话是：试图以辩证法或系统论作为科学方法论的导引，可能会引错了路子，因为它们本身寻求理论普遍性所使用的方法业已表明它们是很不高明的。所以，大家可以看到，我写科学方法论的书或文章，从来不以这两者来作为科学方法论的一种内容或导引，甚至钱学森先生给我写信提出这方面的建议后，我也从来没有听进去。

不过，回过头来说，我发现我当时的那番议论，事后在张华夏、叶侨健那里还是获得了回应。因为我发现在他们合作编著于 1996 年出版的《现代自然哲学与科学哲学》一书中出现了这样的活："系统自然观能促进现代科学的整体化并推动其发展吗？我们认为能。尽管它有某种'以牺牲内容为代价换取普适性'、'以表面相似掩盖实际差别'的嫌疑，但它毕竟不是'皇帝新衣'，也不是海市蜃楼。"但是，很遗憾，对于矛盾辩证法也好，系统辩证法也好，它们何以会造成"以牺牲内容为代价换取普适性"的可悲局面，而不如科学中追求理论普适性的结果是导致内容愈来愈丰富那样辉煌，他们并没有从方法论上找出原因，相反，却一味地提倡要

---

① 见林定夷《论科学理论之还原——兼评 L. 贝塔朗菲的反还原论观念》，载《自然辩证法通讯》1990 年第 4 期；亦可见林定夷《科学的进步与科学的目标》，浙江人民出版社 1990 年版，第 9 章。

以这种辩证法来作为方法论的指导。

二 体系情结

　　要创建独具特色的庞大哲学体系，似乎是张华夏年轻时就做过的梦。他少年有志，早年就想过要建立哲学体系。记得他于1996年退休前的一次谢职演说中，十分生动而有趣地模仿孙中山的革命遗嘱说出了如下一段话："余致力哲学研究凡四十年，其目的在追求建立一个新哲学体系，以适应现代自然科学、社会科学和管理科学之发展。积四十年之经验，深知欲达到此目的，必须消解哲学的独家之言，融贯各家各派之学术成就，批判继承，独立创新，反复沉思，深入发掘，方有成效。我愿顺流而下，寻找它的踪影，无奈前有险滩，道路又远又长；我愿逆流而上，无奈激流险阻，道路曲折无比。然而生命不息，探索不止……"（参见张华夏《我的哲学追求》）然而，张华夏虽少年有志，欲毕生建构新哲学体系，但他生不逢时，在他与我共同度过的那漫长的中青年时期，是那"红太阳"高照的年代。在那个年代，除了"红太阳"，有谁敢言自己"发展"了马克思主义？更何况还想创建一个新的哲学体系？我记得，当年党组织给我们这些马克思主义哲学教员划定的任务就是："当一名忠诚的马列主义、毛泽东思想宣传员。"为了"宣传员"这三字，我曾痛苦万分，因为这就意味着不许创造，我深感我这一生就将被葬送在这三个字上了，于是总闹"专业情绪"。张华夏可是一个少年有志于"创建一个新哲学体系"的人。我想，他内心的痛苦一定比我更加强烈。确实，我们从他的回忆性文章里看到了这样的话："在哲学追求的道路上我感到最为苦恼和最为不幸的事情，就是我很快就发现我当时所处的时代和我的境遇，根本没有一个能达到我的主导信念和目标体系的社会环境和运行机制。"他回忆自己从1950年进入大学本科，1957年从复旦大学哲学系研究生班毕业以后，"没有多久，我终于发现，一个有创造精神，但求有所发明有所发现的学者，在这个领域里不但英雄无用武之地，而且只有'被用武之地'"。确实，他的这个发现里绝无半句虚言。在我与他共同相处，并被"红太阳"高照着的漫长岁月里，每有政治运动，他总是成为"被用武之地"。当年，我与他都被讲政治者讲得心惊胆颤，都不约而同地想远离政治，于是也都不约而同地转向"自然科学中的哲学问题"领域"讨生活"。到这个领域"讨生活"，对我而言，是想找到我对之无缘问津、因而是虚妄的"物理学情结"的半点安慰。对他而言，则是有违他的创建体系情结的无奈选择。正如他在回忆中所言："是的，在很困难的条件下，我依然挣扎着，苦恋着，追求着，不过我明白我试图建立新的哲学体系的目标很难实现，而且做这个工作也极端危险，便重新修订目标体系，将主攻方向转向自然科学的哲学，那是离意识形态比较远一点的区域。"（同上文）但我万万没有想到，他欲创哲学体系的情结虽少年未成，却老而弥坚。记得就在 1993 年后，即他刚满花甲之年，我发现他仍在执意地创建体系，心中惊诧，曾向他进言："19 世纪可称为'体系的时代'，进入 20 世纪后，已没有什么哲学家想再创建体系，而现在已到 20 世纪末，您还苦苦追求创建哲学体系，何必?!"我的意思简直是在批评我的这位学长和老师"不合时宜"。可张华夏教授却坚定地向我丢来一句话："哲学问题要么就不解决，要么就一揽子解决。"记得他在 1996 年的谢职演说中也说了这句话，作为对我的问题的再次回答。而那时，他的体系框架已经搭好，公开报告了他的哲学体系将由三部分组成：即本体论、价值论、认识论。他称自己的哲学体系为"三部曲"，后来他在他所写的《我的哲学追求》一文中，再次清晰地勾勒了他的哲学体系的轮廓。当时，他的《实在与过程》一书已经出版。文中他写道："写完这本书，我已经快 65 岁了，这本书不过是我的'哲学三部曲'中的第一卷，对本体论哲学的探索与反思，尚有第二卷《多元价值论——对价值哲学的探索与反思》和第三卷《多重真理观——对认识论哲学的探索与反思》。"张华夏曾多次声称，退休后他的哲学研究进入了第三个春天。而在我看来，在这第三个春天里，张华夏教授哲学研究的主要工作是圆他的"体系之梦"，而且进展是如此神速。1997 年出版了他的第一部曲《实在与过程》，接着 1999 年又在湖南教育出版社出版了他的新作《现代科学与伦理世界——道德哲学的探索与反思》，这实际上就是他的哲学体系中预定要完成的"第二部曲"。而眼前的《引进系统观念的本体论、价值论与科学解释》，则是受中山大学哲学系之约所写的靶子论文，实际上是预先给出了他的哲学体系的总貌，所缺少的只是把他的"第三部曲"——对认识论的探索与反思进一步具体化了。

张华夏教授哲学研究中苦苦眷恋的"体系情结"，是从他一生哲学研究的特有体验中所形成的特有信念。在靶子论文的序言中，我们又再次看到了我所熟悉的他的那句名言："长期以来，我形成了一个信念，哲学问题要么就不解决，要么就一揽子解决。"就我而言，虽然对他那"体系情结"，以及对他那"哲学问题要么就不解决，要么就一揽子解决"的坚定信念，一向不敢苟同。但是对他的坚韧不拔、锲而不舍地在年过花甲之后仍成果累累，我是十分敬重、并且为之叹服的。更何况，要构建体系，实在需要十分广博的哲学知识、自然科学知识和社会科学知识，就此而言，我是一向自叹不如的。张华夏教授之博学，一向是我和我的那些一起接受张华夏教授之哲学启蒙的同学暨同事（如申仲英、彭纪南、陈克文教授等）长期以来既仰慕又叹服的。

三　形而上学情结

张华夏教授有"顽固的"形而上学情结，这是他所坦然承认的。不过，在他那里，常常把"形而上学"一词与"本体论"一词相混用。他曾声言："关于我个人，由于某种个人经历的原因，一直顽固地坚持对哲学本体论的研究。"此外，在张华夏教授那里，他的形而上学情结明显地和他的辩证法情结、体系情结紧密相连甚至完全融合在一起。可以说，他的形而上学就是系统辩证法（或曰"系统哲学"）的形而上学。他所欲创建的"新哲学体系"乃是一种"系统辩证法的形而上学哲学体系"。只不过，他认为他所欲创建的新的形而上学的哲学体系具有某种"革命性"。一方面，它要适应现代自然科学、社会科学、管理科学之发展；另一方面，它与旧的、传统的形而上学已有了根本性的不同。旧的、传统的形而上学常常只是一些"思辨的""超验的"形而上学胡说，它们通常违反语言的逻辑和语言的正确使用，是一些伪问题、无意义的问题，在认识论上是不能解决的问题。所以，"它们理应扫到哲学的垃圾堆里去"。而他所要创建的形而上学，则是新的、充满时代气息的形而上学。张华夏教授的这些观念也许是许多系统哲学的形而上学家所共有的观念。而他自 20 世纪 90 年代后所着力创建的新形而上学哲学体系也是受到国际上的系统哲学的"形而上学体系病"的传染所致。贝塔朗菲在他早期所著的《一般系统论》（1965）一书中，还只是羞羞答答地、不太好意思地承认："因此一般系统论是迄今当作模糊，含混，半形而上学的概念的'全体'的一般科学"[①]。从这些字里行间所透露的意向，他显然尚不满意这半形而上学的弊端而想予以改进。然而，到后来，他却是积极地倡导他的"形而上学革命"了。1973 年，贝塔朗菲在他的《一般系统论》再版的前言中，已经强调他所设想中的系统哲学的形而上学体系应包括三个大的部分，即本体论、认识论、价值论。而拉兹洛作为他的系统哲学的搭档和战友，则是亲自实践着贝塔朗菲的理想，去具体地构造系统哲学的这三大部分。拉兹洛除写有《系统哲学导论》这本通论性质的系统哲学著作外，还写有《从系统论的观点看世界》，这是一本阐述系统哲学本体论的书，还写有《系统、结构和经验》这一本关于系统哲学认识论的书及阐述系统哲学价值论的《人类价

---

① ［美］贝塔朗菲：《一般系统论——基础、发展、应用》，秋同、袁嘉新译，社会科学文献出版社 1987 年，第 31 页。

值的系统哲学》。张华夏教授关于他的系统哲学形而上学体系的三部分的构造的设想和实施，显然是受到了他们的影响。对于国际间系统哲学的这种发展究竟如何看，张华夏教授当然评价很高，并且笃行践履，热情有加。而我则曾当着他们的面，对贝塔朗菲的系统论追求"规律同形性"的努力给出批评性的评价："此种追求表面相似性的努力并非寻求科学统一性的正确道路，至少是甚为可疑的。"而后来我发现，在国际上，对系统哲学这种形而上学的发展的褒贬评价，也同样是仁者见仁，智者见智的。如张华夏教授一向非常青睐的加拿大哲学家 M. 邦格，就曾于 1977 年作出过如此惊人的评价："形而上学（本体论）只是最近才发生了极其深刻的革命，以至于没有人注意到它。其实，本体论已走向数学化并正被工程师和计算机科学家栽培着。事实上，在 30 年前，关于不同类的实体或系统最基本特征的精确理论已由许多技术家提出来了。开关理论、网络理论、自动机理论、线性系统理论、控制论、数学机器论以及信息论乃是现代技术最年轻的本体论产物。"① 情况是否真的如此？我们且来看看在邦格作出如此评价之后数年，国际著名的计算机科学家、人工智能专家、著名的认知科学家和心理学家、诺贝尔经济学奖获得者 H. A. 西蒙于 1981 年所著的 *The Sciences of The Artificial*（有汉译本，书名为《关于人为事物的科学》，由解放军出版社 1985 年出版）中的评价："近年来，关于发展一种从特定于物理系统、生物系统和社会系统的性质中抽象出来的'一般系统理论'，已经提出了若干建议。我们可能会感觉到，虽然这个目的是值得称赞的，但是，这样形形色色的各种系统很难指望有意料之外的共同性质。隐喻和类比可能是有益的，然而它们也可能步入迷途。这都决定于隐喻所捕捉的类同性是有意义的还是肤浅的。"②。相形之下，正像许多有见地的科学家一样，H. A. 西蒙对于控制论

---

① 转引自张华夏的靶文。

② ［美］H. A. 西蒙：《关于人为事物的科学》，杨砾译，解放军出版社 1985 年版，第 175 页。

的发展却作出了明确而正面的肯定性评价："不过在各式各样的复杂系统中寻找共同性质，可能并不是完全徒劳的。以控制论为名的思想——如果不是理论的话——至少形成了被证明在广大应用范围内是富有成果的一种观点。用反馈和体内平衡的概念看适应性系统的行为，用选择性信息的理论分析适应性，已经得到了好处。反馈和信息的思想为考察广泛的现象提供了一个参考框架，正像进化论、相对论、公理方法和操作主义的思想那样。"但是，众所周知，控制论是一门科学，而不是形而上学，它实际上提供当代技术科学的某种广泛的基础性理论原理和思想，在当代的自动控制技术、计算机科学和信息科学的发展中都起着无与伦比的作用。

至此，我们就可以着手来评价张华夏教授的形而上学体系了。在他的体系框架中，有一些是属于科学的，因而很难说他的体系是纯粹由形而上学框架所构成。当然，就总体而言，他的体系正像大多数我们所习见的形而上学体系一样，我们从中可以看到"大量的科学内容"，但这些"科学内容"只不过是他的形而上学框架的"填料"而已，其作用仅在于把一个形而上学的"空壳子"予以"充实"。然而，这些"填料"与"空壳子"实际上没有逻辑联系，用什么样的"填料"实际上可以信手拈来，带有很大的任意性。正如我们若要把一只空箱子"充实"，用什么填料都可以，填料和箱子并无逻辑联系一样。这与科学理论或原理与它们的经验结论有着严格的逻辑联系是全然不同的。此外，在张华夏教授的形而上学体系中，也像许多我们曾习见的形而上学体系一样，常常包含有许多对科学原理的任意"推广"，以至于误用和歪曲。

在我看来，形而上学的一个通病或"手法"就是"概念蒙混"。我与张华夏教授的一位共同朋友，香港知名哲学家李天命博士，有一次受邀来中大哲学系讲学，李博士在讲演中曾批评了某些人做哲学中常见的两种不良倾向。一曰"概念蒙混"，二曰"逻辑唬吓"。"概念蒙混"乃形而上学家所常犯，而"逻辑唬吓"乃指某些搞分析的哲学者为故弄玄虚，不必要地、过分地使用符号逻辑，在本来仅仅用普通语言就可以说明白的地方，故意再附加上长长的一个符号串来吓唬人。张华夏教授当然不会故意使用概念蒙混的"手法"，但他的过于执着的形而上学"情结"和思维方法，却仍然使他难免犯"概念蒙混"的错误。

在我看来，张华夏教授所犯的"概念蒙混"的错误，主要可以分为两种类型。第一种类型是由于所使用的概念含混，因而让人不知所云，而他则由此构建起了他的形而上学框架中的重要原则或"命题"；第二种类型则是通过对某些科学概念或原理作不恰当的（或未加论证而令人疑惑的）推广或使用，来"论证"他的形而上学"原理"，从而给人以他的形而上学原理真的有坚实科学根据的假象。

关于第一种类型，我仅举一例。张教授在他的新著的第一章中就开宗明义地阐释了他的"既使用分析方法又使用系统方法的本体论和价值哲学的研究纲领"。他认为这个"研究纲领"至少应包括14个要点，我们且不去详细分析他的每一个要点，暂且仅仅去分析他的"研究纲领"中的要点四吧。我们把此"要点"的全文引述如下："实体具有各种性质，包括内在性质和关系性质，第一性质和第二性质，本质属性和非本质属性。在这些属性中，与科学解释密切相关的因果作用效应性质和非因果的关联性质，它们是实体和基本实体具有因果力和关联性的根源。"我们暂且不去分析这段话中包含的许许多多概念本身的含混性，而仅仅去分析这段话中的最后一句话："在（实体的）这些属性中，与科学解释密切相关的因果作用效应性质和非因果的关联性质，它们是实体和基本实体具有因果力和关联性的根源。"仔细分析这句话，并联系张华夏教授在后面第五、六章中的论述，张教授的这句话实际想说的是"因果作用效应性质是因果力的根源"，"关联性质是关联性的根源"。尽管张华夏教授在这里使用了"因果作用效应性质"与"因果力"、"关联性质"与"关联性"等不同的辞藻，但这两句话究竟告诉了我们什么呢？问题是何谓"因果作用效应性质"？何谓"因果力"？以及何谓"关联性质"和"关联性"？按照语义，我们通常只能把这里的"力"理解为某种"作用"或"作用效应",而"关联性质"与"关联性"的词义是相同的,所谓"关联性"只是指的某种"关联的性质"。所以,如果我们把张华夏的"因果力"一词代以符号"X",把张华夏的"关联性"一词代以符号"Y",则张华夏上述所表述的语句就成了"X(的性质)是 X 的根源","Y 是 Y 的根源"。这究竟说了些什么?我们如何理解这两句话的意思?为了防止"望文生义",让我们再来细察一下张华夏教授自己的某些概念分析。我们没有见到张教授对"关联性质"和"关联性"这两个词的含义作了另外的区分,倒是在第五章中我们见到了张华夏对相关语词和命题作了某种很有意思的分析。我们发现,张华夏教授并未对"因果力"另作定义,倒是无异议地引用了 R. Harré 与 E. H. Madden 在《因果力》一书中的观念,然后概括说:"这里他们将因果力理解为实体的一种作用,任何特殊事物都具有因果力……因果力总是要在环境中表现出来,从而必然导致它的结果。"然而,"结果"又是什么呢?张华夏说:"结果就是这个作用(大概应读作因果力作用——林注)的一种效应。"那么,"作用"又是什么呢?张说:"作用力是通过运动状态的改变来定义的。""我们说一个物质客体作用于另一个物质客体,就是说前者改变了后者的行为状态、行为路线和行为方式"。兜了一个概念的大圈子,我们发现,除了我们最后所引的两句话还有点意思以外,对于"研究纲要"要点四中的最后那句重要的"纲领性"的原理,无非仍然是说了一句无意义的话:"因果力效应性质是因果力的根源","关联性质是关联性的根源"。如果我们进而要按张华夏教授说过的一句话:"结果就是作用力的一种效应",那么,"因果作用效应性质就是因果力的根源"就更难让人理解了,玄呀!玄之已极!对此话,可能张教授另有明确可言的深意,而我等俗子未能理解。那就请华夏教授指教了。

限于篇幅,对于我所理解的张教授的"概念蒙混"第一种类型的错误就只解剖此一案例,让我们花费多一点的笔墨来剖析他的第二种类型的错误。而为了再节省点笔墨，让我们暂时只局限于他的引进系统观念的"本体论"部分。张华夏教授说："何谓本体论？本体论是关于存在与生成的最一般性质的学科"，它要探索或揭示"关于自然、人类社会和思维运动和发展的最普遍的规律"。因此，他的"本体论部分"，"说明的是本体论的某些基本观念，勾画的是本体论的基本宇宙图景"。至于何谓"宇宙"？张华夏没有下定义。确实，"宇宙"作为一个已经被公用的名词或术语，科学界和哲学界乃至普通公众，都已赋予它以某种特定的确切的含义。所以，张华夏教授只要没有对它作另外的特殊的理解或赋予另外的特殊的指称，那是可以不必要再次给"宇宙"下定义的。"宇宙"在英语中是 cosmos。把 cosmos 译为"宇宙"乃是相当确切的，它乃指天地万物之总称。在古汉语里，如《墨子·经上》有："宇，弥异所也。"意谓"宇"乃"包括一切处所"。《淮南子·齐俗训》中也有"四方上下谓之宇"的说法。至于"宙"在古汉语中，则是指时间的总称。《淮南子·齐俗训》中有"往古来今谓之宙"之说。尽管随着科学的变化，人们对宇宙的观念也发生不断的变化，但即使就现代科学而言，不管是爱因斯坦根据广义相对论所建立的"有限无界"的宇宙模型也好，或者后来在此基础上建立起来的大爆炸宇宙模型也好，或者与之竞争的"宇宙振荡模型"也好，但宇宙乃"天地万物之总称"的含义却是不变的。根据现代天文学，我们迄今所观察到的最远的天体离地球约有 200 亿光年的距离，但即使今后我们观察到有离地球更远距离的天体，它一定也还是我们所称谓的"宇宙"的一部分。宇宙及其万物乃是我们科学的研究对象，即使当代科学对宇宙还有许多未解之"谜"，但这些"谜"都被恰当地称为"宇宙之谜"。在现代科学以及任何正经的哲学学说看来，谈论任何"宇宙之外的天国"，都将被认为是荒诞不经的，因为它们是毫无意义的。关于这一点，我们不知张华夏教授有无异议。但是，我们在张华夏教授的书中确实见到了与此相矛盾却未作交代的许多惊人的论述。试看，张华夏教授断言："宇宙就是一个系统。"那么，如何描述一个系统呢？张教授又说："任何自然系统都可以用四个基本参量来对它们进行描述。或者说，任何自然系统都有四个基本因素。这就是系统的组成、系统的结构、系统的性能和系统的环境。"（见张华夏、叶侨健编著《现代自然哲学与科学哲学》，第 88 页）这就是说，宇宙作为一个系统，也是由这四个"基本因素"组成的。而何谓作为四个基本因素之一的"系统环境"呢？张华夏教授明确地说："所谓系统的环境指的是与系统组成元素发生相互作用而又不属于这个系统的所有事物的总和。"① 我们真不知道，"与宇宙的组成元素发生相互作用而又不属于宇宙的所有事物的总和"是什么东西，在宇宙之外，另有"天国"事物的总和组成了宇宙的环境吗？若如此，按照张教授关于系统层次性的理论，宇宙还会与它的环境一起组成一个更高层次的系统，宇宙则成了这个更高层次系统中的"子系统"。但我们在张华夏的书中，却看到宇宙似乎是所有自然系统中的"顶级""系统"。除了宇宙之外，似乎没有更高的系统了。在这里，我们似乎看到了一个明显的悖论。但情况何止于此 耶？更令人吃惊的是，张华夏教授竟断言宇宙乃是一个"开放系统"。他引用普利高津的耗散结构理论，对于一个开放系统（外界向系统输入物质和能量的系统），若外界（环境）向它输入负熵流，并且若这个负熵流的绝对值大于系统本身熵增的绝对值时，系统将不会出现熵增而是出现熵减，因而系统将向着进化和有序化的方向发展。众所周知，这个结论是并不违背热力学第二定律的。19 世纪的热力学第二定律的发现者（克劳修斯、凯尔文等）都已经注意到某种"能量集中"的现象，如树木的生长、热泵能把热量从低温物体泵到高温物体中去等情况即如此，但问题是，这些都不是"孤立系统"。热力学第二定律只是说"孤立系统的熵将不断地趋向于极大"。在热力学第二定律的发现者

---

① 见张华夏、叶侨健编著《现代自然哲学与科学哲学》，中山大学出版社 1996 年版，第 99 页。

克劳修斯和凯尔文看来，由于宇宙不可能再有"外界""向它输入物质和能量"，于是"自然地"把宇宙当作一个孤立系统看待，由此得到了宇宙终将"热寂"的结论。克劳修斯曾在其经典性的论文中明确地断言：可以"以下列简单的形式来表示宇宙的基本定律：①宇宙的能是恒定的。②宇宙的熵趋于极大"（克劳修斯：《关于热之唯动说的基本公式的种种方便应用的形式》，见威·马吉编《物理学原著选读》，商务印书馆1986年版，第249—252页）。这个结论当然是与某些哲学家从地质进化、生物进化中所抽象和推广出来的一般进化论世界观相矛盾的。但张华夏教授却从普利高津的理论中得出了惊人的结论：由于有了普利高津的这个理论，"到了20世纪中叶，这个表面的矛盾由于发现系统自组织原理而得到解决"。其意思是说，"宇宙终将热寂"这个结论由此可以获得消解了。这里当然存在着一个尖锐的问题：宇宙作为一个"开放系统"，它由哪个"外界"（环境）向它输送物质和能量？对于这样一个极为重要的问题，张华夏教授既不作任何有根据的分析，也未作简单的回答。张华夏教授还引用最初由玻尔兹曼提出，后来由普利高津予以发展的"随机涨落"理论来"论证"宇宙可以避免"热寂"。但我们知道，随机涨落至多可以说明局域性的并且在有限时段内的熵增或熵减，因而可以解释宇宙局域性的进化或退化，例如太阳系在一定时段内的进化或退化。但张华夏教授却又从这里得出了宇宙可以避免"热寂"的结论，从而轻易地"解决了"一个半世纪以来科学中始终悬而未决的举世难题。翻看他的另一本专著《物质系统论》，关于这一点似乎说得更为明白：由于涨落等原因，"世界上不断地有许多高度有序的系统崩溃和瓦解，变为比较无序的系统，并进而分化瓦解为更加无序的系统，又不断有许多有序系统从比较无序的系统中形成并发展为高度有序的系统。这是自然界的由熵与负熵的矛盾决定的永恒的循环"（见《物质系统论》，第261页）。既然是"永恒的循环"，当然就可以避免"宇宙热寂"了。张华夏教授如何能得出如此惊人的结论，我们却看不到任何严肃的、认真的论证。由于我自己也曾长期被这个问题所困惑——被热力学第二定律所引出的"宇宙热寂"的结论所困惑，所以也曾比较关心科学家对这个问题的分析和结论。例如，我见过美国著名的雪尔士的《物理学》和英国著名天体物理学家琼斯（J. H. Jeans，1877—1946）对这个问题的悲观分析和结论，也见过美国著名科学家 N.维纳（控制论的创始人，1894—1964）对此问题的分析和如下悲观结论：对宇宙而言，进化是偶然的、局部的，宇宙间存在的唯一的必然性就是宇宙终将热寂。所以，他说："在一个非常真实的意义上，我们都是这个在劫难逃的星球上的失事船只中的旅客。"（N.维纳《人有人的用处——控制论和社会》，商务印书馆 1978 年版，第二章"进步和熵"）他还说：宇宙终将热寂的这种考虑，虽然是一种悲观主义，但"它比起感动俗人情绪的悲观主义来，则更多的是职业科学家的理智方面的悲观主义"（同上）。由于在看到张华夏教授的著作之前，我也曾见到以介绍普利高津的理论而享誉国内的中国自然辩证法界的某两位先生（张华夏教授的多本著作中也曾多次作为参考文选引用过他们的著作）的文章和著作中已经得出过与张华夏教授相同的结论（普利高津的理论消解了"宇宙热寂"的令人困惑的结论），因此，有一次我曾借机向我国著名的统计物理学家郝柏林院士亲自提出我的问题："普利高津的理论是否解决了宇宙热寂的问题？"郝柏林院士对此问题的回答简洁而明快："没有！"显然，作为一名严肃的科学家，郝柏林院士对我国自然辩证法界的某些先生对科学所采取的这种轻率的和不严肃的态度是很不满意的。记得一年多以前，郝柏林院士曾在《科学时报》上亲自撰文，批评对科学的那种轻率的、不严肃和不负责任的态度。文中虽未点出书的作者，却清楚地点出书名，即介绍普利高津与耗散结构理论的某著作以及出版此书的出版社（陕西科技出版社）。郝柏林院士批评此书作者对耗散结构理论自己都没有搞懂，对普利高津理论的翻译和介绍也有许多错误，造成谬种流传，等等。所以，借此机会，对于华夏教授，我作为他的学生，向这位我一向尊敬并认为他一贯认真做学问的华夏老师大胆进一言：要小心上赝科学的当。最近，我又在网上见到新华社发的一则消息，题目是《中科院院士郝柏林呼吁科学界要识别"赝科学"》。伪科学或赝科学，其对应的英文词是 pseudoscience。但鉴于中国的情况，郝院士对 pseudoscience 分别使用两种不同的译法，并对词义加以区分。他把纯粹属于江湖骗术之类的"科学发明"，如"水变油"之类称为"伪科学"，另一种现象则称之为"赝科学"。他认为："赝科学，是以一定的事实为基础提出的各种联想和推论。这些联想和推论还没有用现代科学方法去证实或排伪，就作为新主张、新理论广为传播。似是而非的赝科学一时也能哗众取宠，连许多科技工作者都难以辨认，就像字画的赝品，只要技艺高超，人们也可以观赏得津津有味，只有'道行高深'的鉴定专家才能看出破绽。"郝柏林院士还分析说，"赝科学"有四个值得注意的特点："一是某些在自己领域中卓有建树的科学家，在其他领域搞赝科学，更富迷惑性。二是从事赝科学的人士，不在真正的理论和实践上下功夫去证明自己的主张，却借助宣传和媒体扩大影响。三是这些人热衷于提出新名词，开创新学科，却从没把所提的新学科推进到底，使之成为科学。四是这些人由于过去的贡献，容易取得领导的信任，得到支持。"郝柏林院士号召：中国知识界亟待增长实证和实践的精神，不给赝科学以生长和传播的土壤。我以为，郝柏林院士的这番话具有普遍意义。它不但对我国科学界声名卓著的某一两位大人物是适用的，对我国广大自然辩证法工作者也是适用的。我愿以郝院士的这番话与我师张华夏教授共勉，也愿与我国"自然辩证法"界的所有同人共勉。

上面讲了这么多，还只是局部地涉及了张华夏教授在使用科学概念或科学原理上的某种不当或"蒙混"。胡新和教授在他的评论文章中，曾简略地指出了张华夏教授在使用科学概念上的许多不恰当的"推广"，我十分认同，就不再作一一分析了。

在我看来，张华夏教授的靶文除了在使用科学概念上犯有许多"概念蒙混"的错误以外，在哲学概念上也犯有许多类似的毛病。

例如，他经常把"本体论"与"形而上学"混为一谈，把"形而上学"与"本体论"当作"同义词"看待。比如，他说："至于本体论研究，在我国大陆几乎无人问津了。"这是因为"他们受到早期分析哲学'拒斥形而上学'思潮的影响，认为一切本体论问题都是无意义的问题。"又说，"依据这个标准（指逻辑实证主义的"划界标准"——林注）发现了一切形而上学或本体论命题，既不是分析命题也不是综合命题"，等等。像这类混淆，在书中比比皆是，不再一一列举。在我看来，这在张华夏教授是一种倒退。因为在张的早期著作，甚至在《现代自然科学与科学哲学》中，他也还未曾作这种混淆。另外，他又把他欲构建的形而上学本体论体系与奎因所指的科学理论的"本体论承诺"相混淆，以致他在书中竟以奎因的理论来为他所构建的形而上学本体论体系作辩护（"本体论的研究何以可能？"）。再次，他又把科学与形而上学本体论相混淆，甚至不加分析地借助奎因的某些论断，认为"这样本体论问题和科学问题都同样具有合法地位"，断言"本体论（指形而上学本体论——林注）可以看作是最一般的广义科学……而本来意义的科学可以看作是局部的本体论"，"现代本体论的研究，是科学家和哲学家的共同事业，这似乎是没有什么疑问了"，等等。

"形而上学"与"本体论"两者是同一个东西吗？非也！即使以逻辑实证主义而言，他们虽然主张"拒斥形而上学"，但他们何时提出过"拒斥本体论"的口号？在逻辑实证主义看来，哲学是一项语言分析活动，因此，他们也经常从语言分析的意义上去分析张华夏教授所指的许多"本体论"问题，如"空间的结构"问题，"因果性与决定论"问题，甚至也探究"伦理学和价值"的问题。在我看来，尽管逻辑实证主义哲学提出"拒斥形而上学"的口号是有失妥当的，但绝不能把"拒斥本体论"的罪名也加到他们的头上。

在我看来，张华夏教授如此地搅浑"形而上学""本体论"与"科学"这几个重要的概念，是犯了某种"概念蒙混"的错误，不利于厘清问题及解决问题的思路。我以为，根据 20 世纪以来世界哲学发展的主流，我们可以把"形而上学""本体论"和"科学"的简要关系作出如下图解的表示：

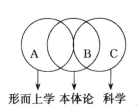

形而上学　本体论　科学

三个圆：A，B，C
A：形而上学
B：本体论
C：科学
A∩B：形而上学本体论
B∩C：经验科学
C−B：形式科学（如逻辑与科学）
B−（A∪C）：报告文学、历史记述，如司马迁的《史记》以及新闻报道等。

形而上学的本质并不在于它号称研究了世界之存在与生成的最一般的性质和规律，而是在于它实质上只是说了一些既不真亦不假，因而无所断定的毫无意义的语句，其中当然也包括由于违反语言的逻辑句法因而实质上只是作出了某种假陈述的使人不知所云的语句。例如"绝对是懒惰的""真理是红色的""我刚才所说出的真理比我手上的这支钢笔更大""美是心灵的追求"，等。确实，在哲学的历史上，许许多多号称对世界之存在与生成的最一般性质和规律作出了研究的本体论哲学是属于形而上学的，因为在深层的语法与逻辑句法的分析之下，它们之所言实质上都只不过是一些既不真亦不假，因而无所断定的"伪陈述"。但这种"本体论哲学"，虽然属于形而上学，但形而上学却不仅仅是这类"本体论哲学"。原则上，所谓本体论研究，就是试图对我们生活于其中的世界（宇宙及其万物）作出陈述或描述。形而上学本体论哲学家试图对宇宙万物及其规律作出陈述，但实际上只是作出了伪陈述，因而，他们的"研究"，也可称作"本体论研究"。但试图对宇宙及其万物作出陈述和描述的不仅只有形而上学家们的理论，而且还有科学（经验科学）。科学（经验科学）与形而上学的不同之处，就在于它并不是对世界作出了"伪陈述",而是对它有所断定,并且常常采取理论的形式,尽管这种断定或理论常常仍以假说的形式出现,但它毕竟是可以通过某种方式接受经验之检验的。如果我们对"科学"一词作广义的理解,那么,对世界本体作出陈述并需要接受经验检验的则可称之为"经验科学",但科学还有另外一些部分,它们不对现实世界作出陈述或描述,如数学与逻辑学等,我们可以称之为"形式科学"。但本体论,即试图对现实世界作出陈述和描述者(这些陈述和描述都同样是可错的,因而不同于形而上学),除了科学(指经验科学,包括自然科学与社会科学)以外,还有人类其他种类的知识形式,如新闻报道、报告文学、历史记叙(如司马迁的《史记》)等,这些东西未必能列入科学的范围,却也与形而上学不同。所以,在上述图中我们画了三个圆 A,B,C,它们分别依次代表"形而上学"、"本体论"和"科学"。则我们有 A∩B = 形而上学本体论;B∩C = 经验科学;C – B = 形式科学(包括数学逻辑学等)B – (A∪C) = 新闻报道、报告文学、历史事件的记叙等人类的其他知识形式,它们也属于"本体论"的一部分。在形而上学 A 与科学 C 之间有一条界线。这条"界限"虽不能像几何学上的没有宽度的"线"那样绝对分明,而是有着一定宽度的"实线",即有一定宽度的"带状"的粗线。在这条"带状粗线"内的点,所代表的学科、理论或陈述集,那就只有用"隶属度"的概念来描述它究竟更接近于科学还是更接近于形而上学了。某些哲学家以在科学与形而上学之间一时找不到绝对分明的界线为由,试图消解科学与形而上学的区别,那是不可取的。在国际间的这种思潮,是使伪科学能够沉渣泛起的一种助力。所以,我也不同意张华夏教授书中力图模糊科学与形而上学区别的各种论述和思想。

张华夏教授在模糊科学与形而上学的区别的论述中,特别借重于奎因的论述和某些结论。我以为这是缺乏分析的,对奎因的理论也缺乏某种批判性的思考与辨析,而只是"接受"并加以拓展应用。应当承认,奎因的《经验论的两个教条》一文确实是 20 世纪国际哲学界的一篇具有经典意义的重要文献。因为它有力地、出人意料地冲击了逻辑经验主义的两个基本教条，使得此前在国际哲学界成为主流学派的逻辑经验主义哲学的立论基础发生了危机或至少发生了严重动摇。但同时应当承认，奎因的这篇论文纯然是"解构"性的，而不是同时又是"建构"性的。奎因依据他对经验主义两个教条的批判而提出了"整体主义"的观念。他强调，"我认为我们关于外在世界的陈述不是个别地，而是仅仅作为一个整体来面对感觉经验的法庭的"。奎因在这句话的注脚中坦然承认他的这个整体主义的观念来自迪昂的著作。所以，后来国际哲学界常常把这个整体主义论题称为"迪昂—奎因论题"。但在我看来，仔细分析之下，这是一种误解。因为迪昂和奎因的论点实际上并非那么一致。作为一个物理学家，迪昂在其于 1906 年出版的《物理学理论的目的和结构》一书中曾经指出，物理学家的实验中接受检验的不是孤立的假设，而是他使用的"整个理论框架"。在这个问题上，我以为，我所曾经构建的科学理论的检验结构（见《科学的进步与科学目标》第五章，亦见《科技导报》1992 年第 1 期）比较符合科学理论检验的实际，也比较符合迪昂的原意。而我的此项工作，只不过是对迪昂的观点进行展开并具体化罢了。而奎因关于"整体论"的说法却与迪昂的观点相去较远。因为迪昂所说的是，物理学家在实验中接受检验的是他在实验中所使用的"整个理论框架"，而奎因说的却是关于世界所有陈述的"整体"，或至少是全部科学的整体。关于迪昂的合理整体性论点，实际上，在国际科学哲学界早就有人注意到了，甚至逻辑实证主义者也早已注意到并已吸收了迪昂的这个思想。卡尔纳普在 1934 年出版的《语言的逻辑语法》一书中已经讲到："检验并不是用之于一个单独的假设，而是用之于作为一个假设体系的整个物理学体系。"他并把这个论点归之为迪昂与彭加勒的贡献。由于整体性论点必然带来陈述系统中被确证或证伪的具体对象的某种不确定性，科学家必须为此付出更加严格审定的种种努力。但即使如此，实际上仍然不可能完全排除某种不确定性，因而难免带有"约定"的成分。所以，卡尔纳普后来在其所著的 *Testability and Meaning*（《可检验性和意义》）一文中，进一步说道："绝对证实的不可能性已被 Popper 指出和详细地说明了。在这一点上，我觉得我们现在的看法同 Lewis 和 Nagel 是完全一致的。假定有一个语句 S，对它已经作了一些检验性观察，而 S 在一定程度上被这些观察所确证。然后是否我们将把那个程度看作足够高，可以接受 S；或者足够低，可以拒绝 S；还是介乎两者之间，以致我们在将获得进一步的检验之前，既不接受也不拒绝 S，这就是一个实际决断的问题了。虽然我们的决断以迄今所作的观察为基础，它却不是唯一地受它们（指观察经验——林注）限定的。并没有一般的规则来限定我们的决断。像这样，一个（综合）语句的接受和拒绝永远含有一个约定成分。"而在奎因的那种"整体主义"的观念之下，科学理论的检验问题是被他搅得非常含混和混乱了。他只是一味地强调："我们所谓的知识或信念的整体，从地理和历史的最偶然的事件到原子物理学甚至纯数学和逻辑的最深刻的规律，是一个人工织造物。它只是沿着边缘同经验紧密接触。或者换一个比喻说，整个科学是一个力场，它的边界条件就是经验。在场的周围同经验的冲突引起内部的再调整……而逻辑规律也不过是系统的另外某些陈述，场的另外某些元素。"（W. V. 奎因《经验论的两个教条》见奎因《从逻辑的观点看》，冯天骥等译，上海译文出版社 1987 年版，第 40 页）奎因作为一个分析哲学家，这里的论述实在缺乏清晰性，所有的只是隐喻。他甚至还说："我曾极力主张可以通过对整个系统的各个可供选择的部分作任何可供选择的修改来适应一个顽强的经验。"（同上书，第 41 页）又说："如果这个看法是正确的，那么谈论一个个别陈述的经验内容，便会使人误入歧途。而且，要在其有效性视经验而定的综合陈述和不管发生什么情况都有效的分析陈述之间找出一道分界线，也就成为十分愚蠢的了。在任何情况下任何陈述都可以认为是真的，如果我们在系统的其他部分作出足够剧烈的调整的话，即使一个很靠近外围的陈述面对顽强不屈的经验，也可以……修改被称为逻辑规律的那一类的某些陈述而认为是真的。反之，由于同样原因，没有任何陈述是免受修改的。"（同上书，第40—41页）奎因的这些惊人议论，离科学的实际检验活动就相去非常遥远了。在科学的历史上，当科学家发现天王星的轨道与牛顿力学的计算结果不相一致时，他们必须十分严格地检验他的观察，绝不会任意武断地说那个观察结果只是一种"幻觉"，也绝不会从整个知识体系中找出一个任意的部分，如对中山大学校园里总共有多少棵红棉树的相关陈述作出修改来使天王星轨道的观察结果与牛顿力学的计算结果相协调。奎因关于科学理论检验的这类论述，完全把科学理论检验问题的思路搅成"一锅稀粥"，对科学家的科学活动不可能提供任何有效的方法论思路。而且，奎因把整个科学看作"统一整体"，也是过于含混和不合实际的。实际上，迄今为止的科学离"统一科学"的理想还相去十分遥远。所谓的科学"整体"，还是由许许多多大大小小的互有裂隙或相互分离的"碎块"所组成，其间充满着不一致或矛盾，远未达到统一和谐的程度。实际上，不但各学科的理论之间会有矛盾，同一学科的不同理论之间会有矛盾，甚至在同一理论内部也还会暗藏矛盾，更何言受检验理论与观察性理论之间常常会出现矛盾。而奎因却笼统地把它说成"统一整体"，以至于当某个科学理论与经验发生矛盾时，可以通过对整个科学中各个任何可供选择的部分作出任何可供选择的修改，就能消解该理论与经验的冲突。这种"整体主义"实在太"混沌"了。由于奎因的这种我只能把它称作"混沌的""整体主义"，把科学的检验搅浑到了这种地步，实际上取消了检验的意义或对科学陈述进行任何有效检验的可能性，于是他就进而走到了抹杀或取消科学与神话，更不用说科学与形而上学的界限的地步。在《经验论的两个教条》一文中，他竟然说："就认识论的立足点而言，物理对象和诸神只是程度上、而非种类上的不同。这两种东西只是作为文化的设定物（cultural posits）进入我们的概念的，物理对象的神话所以在认识论上优于大多数其他的神话，原因在于：它作为把一个易处理的结构嵌入经验之流的手段，已证明是比其他神话更有效的。"（同上书，第42页）奎因的这个结论是实用主义的，明显地把科学视作某种处理经验的"有效工具"。在我看来，对科学抱某种工具主义的观点并非不可，但奎因抹杀科学与神话（更不用说形而上学）的界限却是极端得近乎荒唐。但自此以后，奎因的这些相当离谱的观念，却在国际以及国内哲学界的一部分人中大行其道，尤其被有着某种反科学倾向的、挂着"后现代主义"招牌的"科学哲学家"们奉为圭臬。但是，应当看到，国际上，许多有头脑的科学哲学家虽然承认奎因的贡献，但在"整体主义"和"科学理论的检验"的问题上，绝不愿意跟着奎因一起"混沌"或搅成"一锅稀粥"。卡尔纳普已经承认了迪昂和彭加勒的合理整体主义，波普尔也看到了科学的"整体性"，但却还是强调了科学与形而上学的划界。尽管他们的"划界标准"都尚存在问题，即都遇到了不能解释的反例，但这并不等于两者之间无界可划或没有界限。在科学理论的检验问题上，他们两人的理论也都存在着这样那样的问题，但这也不等于科学理论或陈述因此和形而上学理论或陈述一样都不可检验。波普尔的学生I.拉卡托斯在科学理论的检验问题上更是抱有清晰的整体主义观念的，但也没有跟着奎因在科学理论的检验问题上搅成"一锅稀粥"。当然，在我看来，I.拉卡托斯关于科学理论检验的理论也还是存在着某种不足和问题，于是我才去努力构建了能涵盖拉卡托斯的合理结论却避免其缺点的另外的科学理论检验结构的模型。至于我的这个模型是否合理以及存在的问题，那就请张华夏教授和其他学者去批评或评论了。令我奇怪的是，张华夏教授本来是主张"实在论"而反对"工具主义"的，他何以会如此不加分析地接受奎因的带着明显的工具主义特色的"混沌的"整体主义思想呢？是不是因为那种"混沌的整体主义"与系统整体主义容易发生共鸣呢？事实上，奎因的那种我把它称之为"混沌的整体主义"观念，自它提出来之后，就受到来自科学界和科学哲学界的不少批评，以至于他在《从

◇ 评　论

逻辑的观点看》一书的 1980 年修订第二版重印版序言中，不得不
承认他在《经验论的两个教条》一文中关于"整体主义"的说法
是有点"太过了"。他承认说："《经验论的两个教条》中的整体主
义曾使许多读者感到不快，但是我认为它的缺点只是强调得太过
了。关于整体主义，就其在那篇论文中被提出的目的来说，我们实
际上要求的就是使人们认识到，经验内容是科学陈述集合共有的，
大都不可能在这些科学陈述中被拣选出来。诚然，有关的科学陈述
的集合实际上决不是整个科学；这里有一个等级层次的区别，我承
认这一点。"（见奎因《从逻辑观点看》，1980 年修订第二版重印版
序言。着重号是引者加的——林注）奎因自己都承认他的整体主义
说得"太过了"。但这种奎因自己都承认"太过了"的整体主义却
在我国哲学界，包括张华夏教授在内，仍被不加分析地全盘接受，
这实在是一种怪事。至于在那些具有反科学倾向的，常常被视为
"激进主义左派"而他们自己常常打着"后现代主义"旗号的某些
人物，仍然要抓住奎因自己也认为"太过了"的整体主义不放并视
为圭臬，我认为其中还有意识形态的因素在其中作祟，暂时就不去
说它了。

张华夏教授在哲学问题上所犯的"概念蒙混"的错误，还在于
他把他所构建的形而上学本体论体系与奎因所说的科学理论的"本
体论承诺"相混淆，以至于他竟然用奎因关于科学理论的"本体论
承诺"的理论作为根据，来论证他的"本体论研究何以可能？"即
试图以此为他着力构建关于本体论的形而上学理论体系作出合理性
辩护。在我看来，在这个问题上，他至少在两个方面对问题进行了
混淆。一是把他的工作性质与奎因的工作性质相混淆，或者说把他
所构建的理论的性质与奎因的理论的性质相混淆，这是奎因自己所
极不愿意看到因而事先声明希望不要被人所混淆的。二是把奎因所
说的科学理论的"本体论承诺"与张华夏自己心目中的本体论形而
上学相混淆。

先说其中的第一个混淆。张华夏教授所要构建的引进系统观念

的本体论，它的研究对象是世界本身。它要讨论的是世界的基本结构与性质及其规律，"勾画的是本体论的基本宇宙图景"。它要研究究竟何物实际存在，甚至要研究世界的"终极实在"是什么？经过研究，他终于作出回答："终极实在就是一般的存在本身，这就是说，终极实在是这样的存在，我们只能指出它的一般特征，我们要分析的是存在的一般形式（实体、属性、关系与过程等），以及存在的共同特征……问题在于何物存在更有独立的意义。我们认为更有独立意义的存在就是实体。"并且强调："宇宙中一切基本的实体不过就是某一层次的'协同生成子'或'协同生成体'。"所以张华夏教授认为，他的这种本体论，尽管也只是假说，但是它与科学理论一样（科学理论也不过是假说），都是要对世界图景作出描述，因而可称之为"广义的科学"。只不过这种"广义的科学"，它乃是要在最一般和更深层的意义上探索何物实际存在，以及"终极实在"究竟为何物，等等。在 20 世纪的分析哲学的利刃的剖析之下，历史上诸如此类的本体论形而上学早已被揭露乃是一派"胡言"。因此，张华夏教授就不得不为他自己的这种本体论研究何以能够成立尽力作出辩护。出人意料的是，张华夏教授竟是端出奎因的科学理论"本体论承诺"的分析性理论作为他的立论的依据。张华夏教授指出："但是，我们也必须注意，不能因为许多本体论著作有一派胡言就回避本体论的整个哲学学科。到了 20 世纪 50 年代，分析哲学家们发现了一种关于存在的新的言说方式，即 W. V. 奎因的'本体论承诺'。"张华夏教授以为奎因关于"本体论"的言说方式与他关于"本体论"的如此这般的言说方式是一样的，于是竟然拿奎因的理论来作为自己的这种本体论研究"何以可能"的立论依据，这是大错特错了。张华夏教授在这个问题上又犯了一个"概念蒙混"的严重错误。

奎因的理论是主张作张华夏教授那种"言说方式"的本体论研究的吗？非也！非也！奎因虽然说到关于本体论的问题，简言之就是关于"何物存在"（What is there?）的问题。但奎因又曾一再提醒人们，在讨论本体论问题时一定要注意区别两个不同的问题：一个是以世界为对象，讨论"何物实际存在"的问题；另一个是以某个理论、学说或陈述系统为对象，从语言分析的角度讨论"该理论或学说说何物存在的问题"。奎因认为，前一种问题是关于"本体论的事实"问题，后一类问题则是语言使用中的"本体论的许诺"的问题。奎因作为一名有造诣的分析哲学家，同样认为哲学的任务是对科学语言作逻辑分析。因而前一类问题不应成为哲学所应研究的问题。而他关于科学理论的"本体论承诺"的研究，完全是后一类问题的研究。这种研究，不能用来支持张华夏教授的那种言语方式（断言"何物实际存在"）的本体论研究。相反，为了避免被人误解，奎因事先警告，要求人们区分清楚两类不同的问题。奎因在其著作中曾经多次强调过这一点。他曾经强调，他所说的本体论，乃是"一个人对语言的使用使他对之做出许诺的本体论"（奎因：《略论存在和必然性》，1994）。奎因还曾更明确地一再表明："当我探求某个学说或某一套理论的本体论许诺时，我所问的问题只是，按照那个理论有何物存在"，"一个理论的本体论许诺问题，就是按照那个理论有何物存在的问题。"（W. V. 奎因：《悖论方法与其他论文集》，哈佛大学出版社1979年版，第201、203页）由于这个问题实际上是一个相当复杂而困难的语言分析问题，于是他曾就此花费了许多精力进行研究，并终于找出了一个经典性的答案，它的语义学公式就是："存在就是作为一个变项的值。"（W. V. 奎因：《从逻辑观点看》，上海译文出版社1987年版，第16页）"我们现在有一个更明显的标准，可据以判定某个理论或说话形式所许诺的是什么样的本体论；为了使一个理论所作的肯定是真的，这个理论的约束变项必须能够指称的那些东西，而且只有那些东西才是这个理论所许诺的。"（同上书，第13页）正是从这个意义上，奎因才说："我想，我们之接受一个本体论在原则上同接受一个科学理论，比如物理学系统，是相似的。"奎因说得如此明白，但张华夏教授竟然认为奎因的这个理论可用来支持他的"论何物实际存在"的本体论，并把我们上面所引的奎因的最后一句话，理解作接受一个如张华夏自己所构建的形而上学本体论与接受一个科学理论原则上是相似的。这实际上就导致张华夏教授在这个问题上的第二方面的概念混淆，即把奎因所说的科学理论的"本体论承诺"与张教授自己心目中的或所构建出来的本体论形而上学（关于"一般实体的存在、性质、关系与过程"，甚至"终极实在"之研究的形而上学）相混淆。

张华夏教授承认他所构建的本体论是一种形而上学本体论，并且一再把"形而上学"与"本体论"二词当作同义词相混用。但是，能够把奎因所说的科学理论的"本体论承诺"与张教授所说的"本体论形而上学"相混淆吗？不能，不能，万万不能！十分明显，奎因所说的科学理论的"本体论承诺"，按科学理论的结构而言，常常就已经成为科学理论的一个基本组成部分。以著名的分子运动论而言，它假定：所有气体都由分子所构成；同类气体的分子质量均相等；气体分子的大小可以忽略不计，每个分子是可以当作质点看的弹性小球；气体分子之间除了弹性碰撞以外没有其他相互作用，也不受重力的作用；气体分子都不停地运动着；气体分子沿着各个方向运动的机会是均等的，没有任何一个方向上气体分子的运动会比其他方向更为显著（因此，从统计的意义上，就是沿各方向运动的分子数目相等，分子速度在各个方向上的分量的各种平均值也相等）；个别分子的运动服从牛顿运动三定律，等等。所有这些假定，就构成了分子运动论的本体论承诺，即分子运动论说有何物存在。但是，从理论的逻辑结构上说，这些假定，实际上就构成了分子运动论这个"理论"的最基本成分，即构成了亨普尔所说的科学理论的"内在原理"，这些关于何物存在的假说，一旦构成科学理论的"内在原理"，它们就不再是形而上学原理，因为它们通过适当的"桥接原理"而能导出经验规律，从而接受经验的检验。即以分子运动论中的那些关于存在的假设而言，它们通过适当的"桥接原理"（如认为分子撞击容器壁的统计效果形成压强——由此结

合内在原理可导出 $P = \frac{mn}{3}\bar{v^2}$。以及认为温度是分子平均平动动能的

量度，并设定 $\frac{1}{2}m\bar{v^2} = \frac{3}{2}kT$，等等）就可以导出 $P = nkT$，从而可以

自然地导出波义耳定律、查理定律和盖·吕萨克定律等可接受经验检验的规律。所以，奎因所说的科学理论的"本体论承诺"，在性质上并非形而上学，至少主要地不是形而上学的。即以分子运动论所承诺的本体论假定而言，即使按逻辑实证主义的观点来看，它们也不是形而上学的，因为它们是可以接受经验检验的；用逻辑实证主义者的语言来说，他们虽然不是"直接可证实的"，但却是属于"间接可证实的"，因而也在其"可证实性"框架之内（请注意，对于逻辑实证主义者而言，自 20 世纪 30 年代中期以后，他们所说的"可证实性"，其实只是"可检验性"而已。例如艾耶尔的《语言、真理与逻辑》一书对此就抱有十分明确的观点）。而张华夏教授把奎因关于科学理论的"本体论承诺"的有力分析当作就是对他所构建的本体论形而上学（试图直接断言"何物实际存在"或试图描述"本体论的事实"）的有力支持，显然是把问题混淆了。

　　除了以上所分析的以外，张华夏教授在书中还有许多重要概念上的混淆。例如，他作为哲学反思而断言（或以为），在本体论的意义上，自然界实际上存在三种不同类型的"事物过程的运行机制"。一种是因果决定性机制，一种是随机性与盖然作用机制，再一种就是目的性和意向性机制。不同的事物过程中有不同类型的客观机制在起作用，或者在同一个事物过程中同时有几种类型的客观机制在起作用。并且认为，经典物理学和力学所研究的现象领域显然是因果决定性机制起作用的领域。他说："因而事物的运行机制之一，是因果决定性机制，经典物理学和各种机械装置特别向我们说明这一点。"他还特别强调地指出："钟表的机制显然是因果决定性的"，等等。我以为，作为一种科学或科普知识，我不反对这么说。但作为一种哲学反思，我们就应当问：我们凭什么说，自然界

的某个现象领域的运行机制，实际上是决定论的或非决定论的？比如说，我们有什么理由说，力学现象的领域（如各种机械装置）实际上明显的是因果决定论的？有关力学领域的现象曾经向我们提供经验证据表明它们是决定论的吗？实际上，就我们所能涉及的经验现象来说，无论有关力学的实验或者应用都没有向我们表明它们一定是决定论的。已有的情况只不过向我们表明：迄今为止我们对它们的理论处理方式是决定论的，或者说，我们是按决定论的方式来对它们作出理论解释罢了。我们今天也许可以说，迄今为止，我们对宏观力学现象的解释用决定论比较好、比较方便，而对微观领域的解释，则根据现有理论，似乎用非决定论比较好。但是，这绝不是去断言自然界（或它的某个领域）实际上是决定论的还是非决定论的。张华夏教授在书中实际上从未能作出这种反思。他实际上是在继续追问着"自然界究竟实际上是决定论的还是非决定论的"这类无意义的问题。只不过他是把波普尔与爱因斯坦试图作出的最终答案调和起来，甚至还把亚里士多德的目的论见解经过改进后也参加进来，断言"决定论""非决定论"与"目的论"各有其所，实际上，自然界的不同过程分别地或综合地受这三种客观作用机制所支配。

以上这些批评都是为了揭露张华夏教授的一生宝贵研究中的瑕疵。但是瑕不掩瑜，他的一生研究中的光辉及其璀璨成果，终究是众人共睹，亦为我辈敬仰不及的。即使对于他的"形而上学情结"及其结晶，也应当声明，我绝不是如逻辑实证主义者那样的"拒斥形而上学"之徒。我比较同意波普尔的见解，形而上学也会有价值（vorth），有坏的形而上学，也有好的形而上学，形而上学对于科学创造会有启发性。关于形而上学与科学的关系，我曾在《近代科学中机械论自然观的兴衰》一书中较简明集中地论述过我的见解（见该书第391—395页），这里就不再赘述了。在我看来，如果对形而上学理论体系还能有某种评价标准的话，例如，假定这个评价标准是：①理论体系的逻辑自洽性；②这个体系框架与现代自然科学思想在总体上的一致性或相容性；③在这个框架中作为"填料"的自然科学资料的"充实性"；④体系中吸取或运用现代分析哲学或语言哲学之合理性成果的状况等。如果以这些标准来评价，那么我认为，张教授的体系虽然暴露出种种弊病和不足，但比较其他同类体系或著作而言，虽然由于我的视野所限，不敢断言他的体系是国内首屈一指的，但却可以肯定它一定是属于上乘的或一流的。当然，我所假定的那个"评价标准"，乃是结合张华夏教授的体系之特点，是只可用来评价各种"后科学的"形而上学体系的，而张华夏教授所构建的体系正是这种"后科学的"形而上学体系。这种"后科学的"形而上学体系，常常可以被某些形而上学家号称为"乃是现代自然科学与社会科学的概括和总结"，因为这种体系，往往只是跟在科学的后面，对它作出某种形而上学的"概括"和"总结"。但对科学创造而言，科学家们还常常需要甚至常常亲自去发明某种"前科学的"（即先于当时科学中任何已被接受的观念的）形而上学。因为科学家为了解决某些科学问题而在构建科学理论的过程中，常常不得不提出种种随时可以被修改的"工作假说"。这些"工作假说"常常假定在某些新发现现象的背后存在有某种实体和过程的机制。但当这些"工作假说"还没有进一步被科学家构建出适当的"桥接原理"所补充，因而尚不能导出或包含任何经验内容时，它就还只是一些尚无经验内容的、不可被经验检验的形而上学假定。这些工作假说，在科学家的头脑中常常是变动不居的，随时可修改的。特别对于那些思维活跃的科学家更是如此。只有当科学家经过艰苦的努力进一步构建出了某种"桥接原理"，把那些最初只是作为"工作假设"出现的关于现象背后起作用的关于实体和过程的作用机制的假定，能够与经验现象结合起来，并通过"桥接原理"而能导出经验规律时，这些工作假说才脱离了它原来的形而上学性质，而成为科学理论的基本成分，即成为科学理论之基本构成要素的"内在原理"，而这些内在原理就已经是可以被经验检验的了（即逻辑实证主义者所说的可以间接地被证实或间接地被确证的了）。所以，这种"前科学的"形而上学常常是科学家所需要的，并且它作为一种形而上学常常是短命的。如果一个科学家只是去发明某种"前科学的"形而上学而不去力图使之转化为科学理论的"内在原理"，那么他就实际上没有进行科学理论的研究工作，科学界也不可能承认他在科学理论上真正有了创造。至于那种"后科学的"形而上学体系，我认为它也有价值。但这种价值与科学家所需要的那种"前科学的"形而上学是有着许多不同的。就一般而言，各种"后科学的"形而上学体系的主要功能，就是向一般的大众，特别是向普通知识分子大众提供某种"世界观"。至于对于正在从事研究的科学家们，他们是否需要这种形成体系的"后科学的"形而上学，那就很难说了。也许其中有少数科学家出于其他各种原因还会对它感兴趣，但是就一般而言，在科学发展的常规时期，多数科学家是不会（或不愿）理会这种构成体系的"后科学的"形而上学的，因为对他们来说，他们所需要的那一部分"后科学的"形而上学，已经存在于他们各自专业的"专业基底"（disciplinary matrix）或学科的"规范"（paradigm）之中了。而在科学危机和科学革命时期，对于那些思维活跃，想要从事革命性理论创造活动的科学家，更不需要它了。因为那种"后科学的"形而上学体系所提供的正是常规科学时期的世界观，"科学危机"也常常意味着这种"世界观"的危机，"科学革命"正是需要冲破这种与常规科学相联系的"旧世界观"的束缚。我们常听到一种流传甚广的教条："世界观就是方法论"，与此相联系的还有另一个教条，那就是认为"认识论或方法论一定要建立在某种本体论的基础之上"（张华夏教授似乎也持有这种教条）。对此，我是不以为然的。认识论或方法论未必需要建立在本体论的基础之上，这里暂且按下不谈。科学的世界观就真的一定能提供科学的方法论吗？也未必。贝塔朗菲、拉兹洛以及张华夏教授所努力构建的系统哲学的形而上学体系，作为一种"后科学的"形而上学体系，无论如何可以称得上是一种科学的世界观了。但在我看来，包括贝塔朗菲和拉兹洛在内的这些系

统哲学家，为构建系统哲学而寻求世界普遍规律或理论之普遍性的
方法都是十分成问题或十分可疑的。他们寻求普遍性的方法就是一
味地寻求不同领域之间的所谓的"规律同形性"。在这种方法指导
之下，所得出的"规律"或"理论"越普遍，则内容越贫乏，它
所获得的普遍性是以"牺牲内容"为代价的。这种方法从总体上是
与真正的科学方法相背离的。在科学中，越普遍的理论往往是内容
越丰富的理论。从表面上看来，这种方法似乎有着"本体论"上的
合理性，即相信世界的不同领域或系统的不同层次之间具有它们
"内在的统一性"，等等。但在我看来，在这种方法论的背后却是有
着一种十分糟糕的认识论在起作用，这种认识论甚至比一般的"归
纳主义"认识论更糟。因为 20 世纪以后的归纳主义，一般已经不
再把归纳法当作"科学发现"的方法，而只是把它当作某种"确
证的方法"。而贝塔朗菲等人强调寻求不同领域的"规律的同形
性"，恰恰是把某种类似于归纳的方法（或实质上就是归纳方法）
运用来当作发现的方法，而且又是运用在实质上归纳方法不能起作
用的地方。现代认识论已经表明：理论或深层次的理论规律是不可
能通过归纳方法去"发现"的。贝塔朗菲等人的系统论或系统哲学
强调寻求世界不同领域"规律的同形性"所体现的认识论，甚至比
19 世纪马赫的认识论还要糟糕。爱因斯坦在批判马赫的认识论时
曾经指出："在马赫看来，要把两个方面的东西加以区别：一方面
是经验的直接材料，这是我们不能触犯的；另一方面是概念，这却
是我们能加以改变的。这种观点是错误的，事实上，马赫所做的是
在编目录，而不是建立体系。马赫可算是一位高明的力学家，但却
是一位拙劣的哲学家。"① 爱因斯坦还指出："我看他的弱点正在
于他或多或少地相信科学仅仅是对经验材料的一种整理；也就是
说，在概念的形成中，他没有辨认出自由构造的元素。在某种意义
上他认为理论是产生于发现，而不是产生于发明。"（同上书，第

---

① 《爱因斯坦文集》第一卷，商务印书馆 1986 年版，第 169 页。

438 页）贝塔朗菲所倡导的寻求"规律同形性"的方法，不管他曾经作了多少复杂的说明，并列举了多少实例来予以支持，但是在实质上他还是在提倡"编目录"：从各个领域的较低级的规律中看出他们形式上的相似性或同形性，得到某种较普遍的规律；再进而看出它们之间的同形性而发现出更普遍的规律；直至宇宙间最普遍的规律。所以在他的那种方法论之下，理论以及深层的普遍规律都是发现的，而不是如爱因斯坦所言乃是包含着概念的自由构造而发明的。按照如贝塔朗菲的那种寻找"规律同形性"的方法，其结果必然如逻辑学中所讲的概念的种属关系一样，概念的外延越广则其内涵越浅。在贝塔朗菲那里，则必然是规律越普遍，其内容越贫乏。这样的方法可以成为真正的科学方法么？它与科学中所运用的实际有效的方法相距远矣！科学在追求它的理论的普遍性的同时实现了它的内容的丰富性，这与矛盾辩证法或系统辩证法为追求普遍性而牺牲内容的做法是全然不同的。这里的不同，实质上是方法思路上的不同。究竟哪一种方法更为可取、更为合理呢？张华夏教授在其《现代自然哲学与科学哲学》一书中实际上已同意了我提出过的指责："以牺牲内容为代价换取普适性"（见该书第 70 页），但他仍然未理解个中的原因，对贝塔朗菲的思想路线缺少了一点批判性。

四　经济学情结

　　张华夏教授大学本科学的是经济学专业。他对经济学，特别是马克思主义的经济学有过相当深入的研究。早在 1957 年初，当时他才 24 岁，他就已经在我国经济学的最高刊物《经济研究》上发表重要论文《对"从马克思扩大再生产公式来研究生产资料优先增长的原理"一文的意见》，与我国当时经济学界的大权威于光远先生进行学术争论。这篇文章中整篇都是数学及其推导，这在我国当时的经济学界实在是不多见的。由于他在经济学上的功底，就使他产生了对经济学的爱恋，即使被安排从事哲学的教学与研究以后，他还经常情不自禁地回头去顾盼他所爱恋的经济学。因此，又造成了他的哲学研究中所特有的"经济学情结"。

据我所获得的不完全的资料，仅从20世纪90年代以来的10年左右时间里，他就曾发表过三篇有关经济学哲学的研究性论文。这些论文是：《经济运行的哲学思考》（《科学导报》，1993年第7期）；《多层次经济运行机制和多层次经济学——与邱仁宗教授商讨市场经济哲学问题》（《自然辩证法研究》，1994年第7期）；《主观价值与客观价值的概念及其在经济学中的应用》（《中国社会科学》，2001年第6期）。

我对经济学是外行，没有资格来评论张华夏教授的经济哲学的研究论文。但有一点，我觉得张华夏教授在这方面发出的声音常常能在某处获得某种类似节拍的回响。这种回响未必是对张教授声音的回音，但至少这种回响的声调是近似的，是可以相互共鸣的。且举两个例子以作说明。

（1）记得大约是1995年吧，"全国第七届科学哲学学术讨论会"在山西大学举行。张华夏教授在会上做了一个关于经济学哲学的学术报告，提出了应当"寻求或设计一个有效的经济运行机制的问题，即社会资源的最优配置的机制问题"。他说，"为了实现社会资源的最优配置，应当有三只'手'，或曰三个'麦克斯韦妖'来进行调控。这三只手就是：①市场——看不见的手；②政府干预——看得见的手；③社会伦理——第三只手。他画了一个方框图来说明这三只手如何相互协调地调控并实现社会资源的最佳配置（可见于《多层次经济运行机制和多层经济学——邱仁宗教授商讨市场经济学哲学问题》一文）。张华夏此文发表后若干年，我似乎听到了类似节拍的回响。21世纪初，我们不是听到有关重要方面强调：除了要实行市场经济，还要实行"以法治国"和"以德治国"吗？这个回响不见得是对张华夏教授声音的回音，但至少说明张教授的见解是合理的、有远见的。

（2）多年以前，我和其他同人就已经在餐桌上听到了张华夏教授的宏论：对马克思的劳动价值说提出了批评。这些宏论，振聋发聩，令人耳目一新，不能不表示认同。不想他又于 2001 年上半年竟然大胆地把他的那些思想写进了他的论文《主观价值和客观价值的概念及其在经济学中的应用》一文之中，并寄给了《中国社会科学》杂志社。这可是有点犯忌的呀！可巧，就在当年，江泽民总书记发表了"七一讲话"，其中竟然也讲到"马克思主义经典作家关于资本主义社会的劳动和劳动价值的理论，揭示了当时资本主义生产方式的运行特点和基本矛盾。现在我们发展社会主义市场经济，与马克思主义创始人当时所面对的和研究的情况有很大不同。我们应该结合新的实际，深化对社会主义社会劳动和劳动价值理论的研究和认识"。大概正是由于此，张华夏教授那篇带有深入理论分析的文章终于"合时宜"地在《中国社会科学》当年的第 6 期上被发表出来了。这至少又一次表明，张华夏教授以他犀利的批判眼光所提出的深刻的理论见解，是合理的，并且正巧又是合时宜的。张华夏的见解超前于历史若干时间。

在我这个经济学的外行看来，张华夏的经济学情结是结甜果的。

五　数学情结

张华夏教授哲学研究的"数学情结"是早有表现的，而到了 20 世纪 80 年代以后就变得更加不可收拾。套用我党长期以来，特别是在"红太阳"高照的时代对人对事惯用的"阶级"分析方法，那么我们就可以按照"革命大批判"的方式，对张华夏揭其"老底"，挖其"祖坟"，深刻地揭露出："张华夏其人之所以在其哲学研究中，有如此深堕的数学情结，是有其深刻的家族遗传根源和个人历史根源的。"

从家族遗传根源上说，张华夏的父亲张启正，早年毕业于中山大学数学天文系，长期从事中学数学教学，驰名南粤，被称为南粤中学数学界的"四大天王"之一。张华夏的数学天赋、数学兴趣和对数学的钻研精神，很大程度上来自他父亲的遗传和感染。当然，这也就关系到了张华夏的个人经历。

张华夏其人大概一直对数学有兴趣，而且能以惊人的毅力刻苦钻研。记得那是在 20 世纪 60 年代，大概是 1964 年吧。由于当时政治形势的需要，我们所担任的哲学课停开，我们这些人被派到学生中担任"政治辅导员"，以加强对学生的政治思想工作。为了担任"政治辅导员"，张华夏住进了学生宿舍的一间房间。没想到，张华夏竟能利用那一段时间的工作之余，晚上和假日把房间反锁，把自己关在里面，自学并钻研高等数学。一年下来，他不但自学完了同济大学所编的全部《高等数学教程》，而且还一题不漏地做完了所附《习题集》中的 500 道数学题！这可是比我们这些在校工科学生在读数学期间所做的全部数学题之总和还要多得多的呀！所以，他的数学基础是如此之好，以致他在"文化大革命"结束后，终于能够于 20 世纪 70 年代初调到长沙曙光电子管厂与夫人团聚，并担任该厂职工业余大学的教员时，竟能亲自为学员开设"高等数学""逻辑代数"等课程。正是由于这些经历，所以张华夏在其哲学研究中的数学情结得以相当得心应手地尽情表现。翻开张华夏教授 20 世纪 80 年代以来的哲学著作，可以明显地看到如下特点：他往往时不时在这里来一组微分方程，在那里来一个其他函数表达式；在这里运用了集合论作为表达工具，在那里又运用图论作为工具。当然，更多的还有运用数理逻辑的长长的符号串表达他的思想。

对于张华夏教授的数学情结以及在哲学论述中较多地运用数学和数理逻辑的符号串作为表达他的思想的工具，总的来说我是持赞赏态度的，但却并非处处都是令我赞赏的。

在我看来，哲学著作是应当面向大众的，而不是只给自己同行的小圈子中的人看的。在我看来，在一般的自然哲学或科学哲学的著作中，仅当满足下列条件之一时，使用某种数学或数理逻辑才是有益的：①它具有可推理性，从而使论证中的推理更加严格；②它具有启发性，从而有助于启发人们找到合理的或者有效的思路；③能够有助于把概念或命题表述得清晰。因为自然语言常常难免含混性和多义性，一旦运用人工语言表述，它的意思常常就能被表达得更加清晰而不易发生歧义。除了这类有益的运用，在那些毫无必要的地方过多地使用数学包括数理逻辑的表述，这种表述既不提供可推理性亦不提供启发性，甚至也不会使概念清晰化，那么，这样的使用数学工具在我看来完全是多余的，它只增加累赘，应该无情地使用"奥卡姆剃刀"把它们"剃"掉。很可惜，在我看来，张华夏教授的著作中，确实还有许多可使用"奥卡姆剃刀"予以剃掉的东西。由于篇幅所限，我们不再一一列举并讨论了。

以上长篇大论地讨论了张华夏教授研究哲学的"五大情结"。这些讨论多着眼于挑毛病。因为在我看来，在纯学术的领域中，挑毛病、作批评比"唱颂歌"有益。挑毛病和作批评更有助于进步。这不同于在其他方面，例如：对一个人的人品，对一个人研究学问的精神和作风，做出某种实事求是的描述并且歌颂，这将有助于树立楷模，有助于启迪后人，也有利于激励自己。

回　　应

对批评论文的答辩

中山大学哲学系　张华夏

一　关于实体概念问题

[批评] 胡新和教授说："这里的关键，是'实体'和'终极实在'这两个概念……对于历史上沿用至今的基本概念，似也应尽可能保持其使用中的规范性。而靶文中本体论部分对于这两个核心概念并没能遵守这一规则。无论是对于'实体'（substance）还是'终极实在'（ultimate reality），靶文中都按照自己的理解和需要作了与其传统意义不同的独特定义……（亚里士多德认为）'实体'是不变的，基础的（substantial），本质的，是使一事物为一事物的根据。唯其如此，才有以后种种'实体'学说……因此，说'可变的实体'，就如同说'冷的热'和'苦的甜'一样不合逻辑。"

吴彤教授说："张文把实体扩展到包括所有物质，并且并非不变，这是一个聪明的方法。但是这样一来，与列宁的物质定义还有区别吗？另外，把实体说成第一位，属性说成第二位的，实体自立，属性非自立，这种说法是存在反例的。"

罗嘉昌教授说：认为实体含义的演变有三个阶段：ousia（这个），substance（载体），identity。谈到亚里士多德时，他在亚氏那里，实体的根本标志就是看其是不是"这某个"，而不是注重认其为承载属性的载体。这和亚里士多德后来强调形式、"是其所是"

是具有确定性的实体，而否定质料和载体是实体有必然的联系……
19 世纪以后，大多数哲学学派已不再对载体意义上的实体感兴趣。

[回应] 首先，无论在科学中还是在哲学中，任何一个基本概念
的意义，都是要看它在其所处的理论体系中如何使用来加以确定的，
不可能有什么超越不同历史、不同文化、不同学派的不变"规范性"
必须加以保持。试看自质量守恒定律确定以来，直至爱因斯坦发现
相对论为止，人们都尽可能保持"质量不变"这个使用"质量"概
念的规范。可是爱因斯坦却证明了一个物体的质量随着它的速度的
改变而改变，这是不是如同"冷的热""苦的甜"一样不合逻辑呢？

其次，要特别注意区分"实体"与"终极实体"这两个词，
它们在哲学史和现代哲学史中，从来就有非常不同的用法。将"实
体"甚至"终极实体"看作永恒不变的东西，这种观点只是某一
些哲学家的主张，主要是机械论哲学的主张，他们将原子或/与质
量，看作世界的终极实体。还有一些重要学派的哲学家并不是这样
看的。例如，柏拉图就认为一切现实世界的实体都是暂时的、变化
着的、有生有灭的。只有理念才是永恒，而理念并不是实体。近代
哲学家莱布尼兹主张单子论，认为"世界终极的单纯的实体"是单
子，可是单子就是活动的单元，是充满着内部变化和活力的。他
说："一切事物是会变易的，此乃大家公认的事实，由是，单子亦
会变易的，而且这变易，在每一个单子中是绵延不绝的"，"单子的
自然变易，是它的内在原则"。① 再想想古代希腊哲学家始祖，他说
万物起源于水，这个"水"难道真的是现代人们所想象的不变的
H_2O 吗？我们完全可以将它解读成流动的东西（fluid），即万物起
源于、复归于某种易变的流动的东西。至于赫拉克利特的"火"，
它本身就是一个变化着的实体或实体的过程的概念。他说："宇宙
过去是，现在是，而将来也是一团永远活生生的火。"② 还有现代哲

---

① ［德］莱布尼兹：《单子论》第十、十一节，《哲学论集》1976 年第 8 期。
② ［德］黑格尔：《哲学史讲演录》第一卷，贺麟、王太庆译，生活·读书·新知三联书
店 1956 年版，第 307 页。

学中的唯能论，主张世界的终极实体是能量，可是能量本身就是一个活动过程。W. 海森堡说："现代物理学在某些方面非常接近赫拉克利特的学说，将火当作既是物质又是一种动力。如果我们用能量一词替换'火'一词，我们就差不多用我们现在的观点一字不差地来重述他的命题。能量实际上是构成所有的基本粒子，所有原子，从而也是万物的实体，而能量是运动之物。"我"把能量定义为世界的原始实体"①。能量属于运动、变化的范畴，总不能说它是绝对不变的实体吧！其实，从许多古代哲学家到许多现代的物理学家，都将实在和终极实在看作某种实体与过程的统一了。连罗嘉昌教授也承认"实体涵义演变的三个阶段"（尽管我不同意这个划分，但我同意实体含义是演变的）。甚至胡新和自己也暗中讲到实体是变化的。他说，"实体原本由不变的第一性质所规定，现代科学的发展，揭示出性质在特定的关系中确定。实体、性质和关系三元一体（实在），共同构成了科学理论所描述的对象。"如果实体不是变化着的，他这句话怎能成立？

其实，在哲学中实体是相对于属性（包括关系属性）的范畴。在这个问题上亚里士多德说得非常清楚。他在《形而上学》第八卷中写道："已经说过，我们所探索的是实体和原因，本原和元素。有一些实体是大家全都同意，而有些则是不同学派各有其主张。各种自然实体是众所同意的实体，诸如火、土、水、气以及其他简单的物体；其次还有，植物和植物的各个部分、动物以及动物的各个部分；最后是天以及天的各个部分。而有某些其他的学派主张，形式和数学对象是实体。可以推出，还有其他的实体：是其所是和载体。另外也还可以说，种比属更是实体，共相比个体更是实体。"（1042a）亚里士多德并不同意他所说的"其他学派"关于实体的观念。因为他认为，大家公认的实体"这一切之所以被称为实体，因为它们不述说其他主体，而是其他东西来述说它们"（1076b）。

---

① ［德］海森堡：《物理学和哲学》，范岱年译，商务印书馆 1981 年版，第 28、103 页。

他在《形而上学》最后两卷中，还有十三、十四卷中都否定了数是实体，种和共相是实体。并且在相当大的程度上否认质料是实体。他说，"以上的考察得出，实体就是质料。但这是不可能的，因为可分离的东西和'这个'看来最属于实体。因此，人们似乎认为，形式和形式与质料组合的具体事物，比质料更是实体"。（1029a）从上述分析可以看出，个体的事物并不是亚里士多德讨论实体的一些"例证"，而是作为实体的主要标准。亚里士多德的实体标准有三个。①不表征述说任何别的东西，而是别的东西表征述说它。这就是它不是属性而是属性的承担者，是终极的主语。②分离性、独立性，即不像属性那样不能独立于载体而存在。这里所谓独立性就是无须依赖别的东西作为载体而存在。所以，亚里士多德绝非罗嘉昌教授所说那样"否定载体是实体"。③"这一个"，即个体性。用现代的话说，与胡新和所理解的不同，即使引力场也有个体性和特殊性，只要世界上还存在有不同于引力场的其他事物存在，例如，有电磁场强相互作用场，弱相互作用场等，引力场个体性也就显示出来。所以，亚里士多德主要将实体定义为具体的个体事物。当今英、美的众多的"形而上学"或"本体论"教科书中都将实体定义为具体事物，正是这些具体事物成为各种属性的载体，并且认为不但属性是变化的，实体也是变化的。正因为这样，我不但不想遵守实体是不变的这个"规范"，而且要在亚里士多德的实体三标准中加上实体的第④标准：一切实体都是暂时的，在时间中变化着的，不过相对于属性的变化来说，有某种恒定性或持续性罢了。这样，实体便体现在过程的暂时同一性和持续性之中，成为过程的持续体，在这个意义上，对于历史上沿用至今的实体基本概念，我已尽可能保持其使用中的"规范性"了。这个"规范"就是主体、个体、载体和持续体。不过，它不是实体概念演化的几个阶段，而是实体概念几个方面。我并没有发现现在大多数的形而上学者对其中某个方面（如载体）已不感兴趣了。即使大多数哲学学者对"载体"不感兴趣，我对它感兴趣也未尝不可。其实，我是对实体的四项标准和四个特征都感兴趣。

还须指出，正是由于混淆了"实体"和"不变实体"这两个概念，导致各种无实体的实在论的出现。至于用实体的概念来定义物质，并不发生循环定义的问题，也不发生混同于列宁的物质定义问题。因为我们的实体概念，是相对于属性和关系来说明和定义的，不像列宁的物质概念，只是相对于人的意识来定义的。按照这个定义在人的意识之外的一切存在都是物质。于是，时间、空间是物质，运动也是物质，信息也是物质。在我的哲学体系中实体是原始概念，不依赖于物质来定义，而物质却要依赖于实体来定义。列宁的物质定义的缺点恰恰在于他忽略了这一点。

二 关于过程的概念和"生成论"

[批评] 金吾伦教授在《抛弃构成论，走向生成论》一文中指出，"构成论"的基本思想是主张宇宙及其万物的变化是"不变要素的结合与分离"，而"生成论"主张变化是'产生'和'消灭'或者转化"，是"潜存—显现"，是"有生于无"。

"张华夏先生倡导的（本体论）观点归根结底是我们称之为'构成论'的观点，因此，他本质上是一个构成主义者。但由于他以系统观作'伪装'（引者按：指引进突现、生成等观念），因而成为一个精致的构成主义者，扮演着类似于为证伪主义辩护的拉卡托斯的角色。"

金教授提到 1997 年我和他共同提出"协同生成子"观念的故事后，引了我的下述观点："作为基本实体的协同生成子所阐明的物质层次结构的概念是突现生成的概念而不是'一尺之棰，日取其半，万世不竭'的无限可分的概念或由越来越小的东西构成的概念，它所阐明的实在概念是实体、过程、关系三位一体的概念，这里实体的概念不过就是某种突现生成，有某种持续性的过程和相对稳定的结构，整体性地与其他事物发生作用的东西而已。" 对此，他批评道："问题是为什么张华夏一定要把'生成'概念纳入到'实体'和'结构'之中去呢？究其根源，我认为，华夏把'生成'仅仅理解为'有生于有'，而并没有考虑到'有生于无'的问题。"金先生特别注意到我上段论述中"东西"两个字。指出："这一切都说明了一点：实体、结构等归根结底都是生成的，不是永恒存在的。这就是说，华夏认为是东西的东西原本就不是东西，即使是'东西'也……是潜在的东西。""可惜张华夏先生没有进而接纳生成论，而是用六个分析维度（即①载体的分析；②关系与结构的分析；③过程的分析；④还原的分析；⑤本层的分析；⑥扩展的分析）回到他'对于系统中发生的事件的分析'中去了。这种分析本质上是一种构成主义的分析态度。"

[回应] 从金先生对我的批评中可以看出，尽管他没有阐明什么叫作生成，如何描述和表达生成，生成是由什么内容和要素组成，生成有几种不同的样态或类型，生成的机制和原理或规律是什么等问题（这些问题作为一种"生成的哲学"是必须回答的），但是他至少表达了关于生成的下列几个观点。

（1）在讨论世界的本原和终极的实在时，甚至在讨论像电子那样的事物时，完全排除任何实体与结构的概念。生成本身是个初始概念，不是"什么东西"生成"什么东西"，是无实体、无结构、不是东西的东西生成东西。

（2）至于世界上的具体事物除了有生于有之外，更重要的是有生于无，因为至少最初的有只能由无产生。

（3）生成是一种由潜存的东西到显现的东西的过程，由潜在可能性转变为现实性。

这几个论点尽管是用了一些诸如量子场论等现代物理和"后现代物理"作为例证，其基本思想与当代世界主要哲学流派之一，即过程哲学或过程形而上学不谋而合。A. N. 怀特海在20世纪30年代创立的过程哲学，在当代已成了一个热门的研究对象。澳大利亚有过程哲学研究会，日本有过程哲学研究中心，美国有过程哲学研究会和新思想运动。还有国际场有哲学研究所，所长就是美国美田大学华人哲学教授唐力权。将过程哲学与系统哲学结合起来进行研究的还有在比利时建立Principia Cybernetica Web 的布鲁塞尔自由大学跨学科研究所的F. Heylighen, Turchin 等几个哲学家和计算机科学家。我个人在本书中也有相当大的程度吸取了这个学派的观点。因此有必要结合这些学派的研究成果来看金大侠的生成哲学和他对我的批评。

①首先来分析过程或生成的概念。

按照我的观点，从数学或物理方面看，过程自然应该是某事物从一种状态变迁到另一种状态，或从一种事物变迁到另一种事物。例如（用金教授举的例子）从一个苹果（$S_i (x)$）变成两个西瓜（$S_j (y)$），其变化规律为 g，即过程可表示为有序三元组（$S_i (x)$, $S_j (y)$, g）。现在我们暂且将"事物"或"东西"即 x、y 抽象掉。过程就是由一种状态变迁到另一种状态：（S_i, S_j, g）。但是过程显然是可以分析的。它是由一系列活动作用（action）组成的。这"作用"在怀特海那里是一个存在于时空中的最小单元。他有时用实际机缘（actual occasions）来表示，用以说明它无决定论的意思。他有时又用 create（创生）来表示，用以说明生成有某种自由创造性。金吾伦教授生成的概念用的是 generate，意思大概差不多，不过比怀特海客观一些，没有讲到有某种神秘的创生力量支持生成。不知我这样解释是否符合金先生的意思。这样，过程便是一个作用、活动、创造的序列，可以是有始有终的，可以是无始无终的，等等。

②再来分析作为终极实在的过程或生成过程。

关于这个问题，布鲁塞尔学派三巨头 F. Heylighen、C. Joslyn、V. Turchin 合写了这样一段话："传统的系统哲学将'组织'看作是存在的基本原则，而不是上帝，物质或自然律。不过我们仍然可以提出这样的问题，组织是从哪里来的。另一方面，在我们的进化的系统哲学看来，这个本质就是过程，通过过程，组织被创造出来。因此，我们本体论从基本的作用（elementary actions）出发，而不是从稳定的物体、粒子、能量或思想出发。这些作用是初始元素（primitive elements），是我们实在之所以得到显示的建筑材料，并因此而没有定义的。作用并非一般地是非决定论的，不过它包含自由的因素、作用的序列组成过程。因此我们的本体论是与怀特海与卡丁（T. d. Chardin）的过程形而上学相联系的。它在历史上起源于从康德到叔本华的哲学，并加以发展。"[①]

③实体是怎样被还原为作用的？

可以这样还原，实体是一系列活动作用（action）的表现。在最简单的情况下，设有两个活动集 A_1，A_2。而 $a_i \in A_i$，则有序列 $\langle a_1, a_2 \rangle$ 就是一个客体。这里的有序对解释为，如果 a_1 出现，则 a_2 出现。推而广之，如果外界有一组作用 A_{01}，A_{02}，$\cdots A_{0n}$，与之相应地，我们的观察者通过认知（cognitive）活动 A_{cogn} 有一系列对 A_i 的表象 R_{0b}，它因为表达了同一对象从而有一种恒常性，所以，当我们有某种表象 $r \in R_{0b}$ 时，总存在一个函数 $f_a(r)$，使我们做某种活动 a 时，会预期有另一种表象 $r' \in R_{0b}$ 出现，即 $f_a(r) = r'$。则我们称这种恒常性为对某个实体对象的表达。

即对象 $O \underset{df}{=} \langle A_{01}, A_{02}, \cdots A_{0n} \rangle$ 其 A_{0i} 有某种恒常性。

认知一种对象 $O_{cogn} \underset{df}{=} A_{cogn} \times R_{0b} \times R_{0b}$。

这里 A_{cogn} 是认知活动，如果实践唯物主义者将它看作一种实践活动也未尝不可。$R_{0b} \times R_{0b}$ 为两个表象集的笛卡儿积，其中 $r \in R_{0b}$ 与 $r' \in R_{0b}$ 组成一有序偶，有 $f(r) = r'$ 的函数成立。于是，V. Turchin 径直将一个实体定义为 $\{f_a : a \in A_{cogn}\}$，即定义式：$O = \{f_a\}$。这可能会将实体 O_{cogn} 与我们对实体的认知搞混，故上式中我用后者代替前者。总而言之，一个实体不过是一种恒常出现的作用序列的集合。当作用与过程作为初始概念时，实体就是被推出的概念。它是相对不变的一组过程、一组作用，用过程表象的变换函数集 $\{f_a\}$ 来定义而已。[②]

―――――――――――――

① 引自互联网 Principia Cybeernetica Web/title：Metaphysic. 1997. 10. 写作。

② 引自互联网的 Object 条目。作者为 V. Turchin，写于 1997 年。这里我对他的公式表达作了一些修改。

不过关于第（3）点的另一种表达方式，爱因斯坦与罗素曾经发生过激烈的论战。罗素说"爱因斯坦像别的许多人一样，反对我把各个'事物'归结为一束性质（a bundle of qualities）。关于这一点，它是奥卡姆剃刀的一种应用"，"如果人们能够想象太阳上存在着有智慧的生物，那么由于那里一切东西全是气态的，就可以推测到他们不会有数的概念，更谈不上有事物的概念"。爱因斯坦则指出："（罗素）由于对形而上学的恐惧，就引起他把'事物'设想为'一束性质'，而性质必须由感觉材料中取得……（不过）如果把事物（物理意义上的客体）作为一个独立概念，连同有关的空间—时间结构一起带进这个体系中来，我就看不出这会造成什么'形而上学'危险。"① 我个人同意爱因斯坦的观点，那"客体"并不是多余的东西，是剃不掉的。

我不知道金先生及其生成哲学是否同意过程哲学这几点最新研究成果。无论如何，事物是实体、过程与关系的三位一体（用数学语言来说，它们是有序三元组），这三者是对事物的几种不同表达的方式。这里将事物还原为过程，正像将实在还原为关系一样，只是一种表达方式，将它推向终极（ultimate），引入其他的表达方式，未免有点以偏概全之嫌。

金吾伦的批评论文有个缺点，就是他首先将"构成论"（constructivism）定义为"将宇宙的事物及其变化看作不变要素的结合与分离"，然后将许多主张事物有自己的实体与结构的观点，以及变化是从一种实体及其结构变化到另一种实体及其结构的观点都打成"构成论"。例如，因为我的研究纲领中有7条是关于实体的，就不管我明确宣布"实体虽是作用与过程的载体，但它却不是孤立和不变的。实体本身又是活动作用的一个组织，是过程的一个结构，是事件序列的一种持续性的体现"，也无可幸免地成了他的意义上的"构成论者"。例如，量子力学的电子概念，尽管它主张

① 见《爱因斯坦文集》第一卷，人民出版社1977年版，第410—412页。

电子是"云"，以"某种几率"的形式出现，只因为它主张"它还是现存地存在于原子内部，作为确定的物质构成体在那里存在，而且有确定的性质"，也成了构成主义。按照这个逻辑，就很难找到不是构成主义的事例。例如，海森伯认为电子及其他基本粒子，能够纯粹从动能中产生，这似乎是生成论而不是构成论。可是，在金吾伦的引文中紧接着有一段他不加以引用的话"能量事实上是组成万物的实体"，他还是把它们纳入"实体"中，那么，岂不是海森伯的唯能论也是一个构成论了吗？例如，作为生成论例证的统一场论，它"要求一切粒子从统一场经对称破缺产生"，可是，统一场或规范场总不能看作"无"吧，而且场的对称性破缺，总可以将它解释成一种"结构"吧，这样看来，被它作为生成论的实例的电子及基本粒子的生成的论证岂不也成了"构成论"了吗？至少对于基本粒子从场中产生可以有两种解释，一种是从过程的角度加以解释。这是金先生所支持的。但还有另一种解释，它是从一种实体结构到另一种实体结构的变化。这两种解释是等价的。作为存在的范畴，实体、过程、关系，三者不可或缺。作为生成，我们现在只能找到有生于有的实例，并未找到有生于无的实例。一个苹果生出两个西瓜也是有生于有，因为那个苹果是存在的。当然，不是说"有生于无"的形而上学假说没有意义。过程哲学将终极实在追索到纯粹作用过程，已经走得够远了，再将作用过程追索到"无"，主张存在的终极实在是无，这似乎走得过远一些。金先生造成某种概念混淆的原因，在于他对于生成有哪几种不同的形式或类型不去作过细的分析，以致将许多生成的类型划入"构成论"中去了。他也不去过细地分析研究生成有几种不同的方法，以致将我所提出的对生成的六个分析方法划入"本质上是一种构成主义的分析态度"中。

三　关于实体、关系与过程

[**批评**] 邬焜教授说："在张先生著作的多处行文中都流露或渗透出试图把实体实在论、关系实在论和过程实在论加以统一的倾向，但他并未将这一倾向贯彻到底。由于他更强调了实体实在的第一性的完全存在的意义，并认为在'研究本体论时，实体、属性与关系，它们之间的地位是不能任意调换的'，所以，张先生的系统本体论便少了一些多元协同综合的系统辩证关系，而更多陷入了实体决定论的经典哲学的樊篱。""综合的系统观念不应当预设任何形式的实体的先在性和本源性，而应该强调特定的实体结构是在特定的关系与过程中锻造出来的……所以，对于实在来说，实体、关系和过程并不存在谁是第一性、谁是第二性之类的问题，也不存在先有怎样的实体，后有怎样的关系或过程之类的机械论命题。在这里，在实在的具体形式中，不仅实体是关系与过程的载体，而且关系与过程同样是实体的载体；作为系统的实体是关系的网络，在此，实体是由关系构成的，实体即是关系，没有关系就没有实体（系统）；作为要素的实体是关系的扭结，在此，实体是由关系规定和约束的，没有关系就没有作为要素的实体，作为要素的实体不能简单被认为是可以游离于此系统之外的'自立体'；过程是新旧实体、新旧关系、新旧系统变化、转换或生成的载体，没有过程就没有新的实体、新的关系和新的系统的创生、发展和进化；从一个特定的角度来看，也可以把过程看作系统纵向演化的系统关系体现者、承载者。其实，在张先生设定了'可变实体'的概念的同时，就意味着对关系与过程的第一性存在价值的肯定，只不过张先生并没有把'可变'二字所蕴含的革命性意义贯彻到底。"

桂起权教授说："华夏先生所主张的系统本体论与我的系统本体论，虽然总纲领一致，但在子纲领层次上却存在很大差异……我主张'自然本体是依赖于系统整体或场境的、生成的、潜在的实在'……其要旨就是对牛顿式物理本体论采取批判立场，取消、替代牛顿本体论的'自我支持'的孤立存在论点，依我看华夏先生不知不觉陷入了牛顿本体论的泥潭。"

[**回应**] 这类批评虽然不全是，但在一定程度上是基于对我的靶文的误读，特别是对于"自立体""自我支持""实体"这些概念的误解。我所讨论的问题是实体与属性［这里"属性"包括"关系"，而所谓关系就是诸实体之间协同具有其分开来不具有的属性，即多元属性 P（x，y，…）］之间的关系问题，实体对于它具有的属性与关系来说是载体，是"自我支持"的"自立体"的存在，即有某种意义上的独立性，而不像红色或微笑一样需要依赖于玫瑰花或微笑者而存在。我这里所说的"自我支持"的独立性，不是相对于其他实体、其他事物来说的，将它解读为"孤立实体""游离于系统之外"，我对此不负文责。因此，将实体相对于属性具有的自我支持的自立性或自在自为的性质当作与其他事物或整体场境隔离开来的"牛顿式的本体"来加以批判显然是对错了号。我的实体实在论并不否认系统整体或场境的、生成的、潜在的实在，它只否认无对象的场境，无关系者的关系，无生成者的生成，所以需要实体实在，作为基础来补充关系实在、过程实在和潜在实在，以便消除将事物看作感性要素的"集"，属性的"串"和关系的"束"这种无实体的形而上学见解。桂起权教授的"系统整体"以及"场境"不就是我的定义中的自我支持的自立体或实体吗？

胡塞尔从现象学出发指出，实体是可以自为地表象或分离地表象它的，即"将这个对象表象为一个自为存在的东西，一个在其中相对于所有其他东西而言独立的东西……当我们表象它时，我们不必依赖于另一个在它之中、在它之上或与它相联结的东西，即一个可以说是由于其仁慈才使它得以存在的东西"。例如，"我们可以'分开地'或'自为地'表象一匹马的头部，这就是说，我们可以在想象中抓住它，同时可以随意地使这匹马的其他部分以及整个直观环境发生变化并使它们消失"。对于"窗户"和"脑袋"这些对象的表象也是一样。但是他又指出："一个脑袋可以与具有此脑袋的人相分离地被表象。但一种颜色、形式等不能以这种方式被表象，它们需要一个实体，它们虽然可以在这个实体上独立地被注意到，但却不能与这个实体相分离。"关系与属性是"一个不独立的内容，它被描述为某个只是根据其他的，并且是独立的内容才被给与的东西"，"也就是说，如果它们所处于其中的具体的总体内容没有得到统一的突出，它们就不能自为地被注意；但这同时意味着，它们在确切的意义上成为对象，我们不能自为地注意到一个形态或颜色，除非具有这个形态和颜色的整个客体得到突出。"① 胡塞尔在这里是从现象学的观点看出实体相对于关系与属性来说，是独立的、自在自为的完全意义的存在，而关系与属性是非独立的、不可分离的、非完全意义的、不可被自为地表象的存在。它们在本体论上和现象学上有不同地位。这种不同的地位是不能任意颠倒的。我虽然并不同意现象学的基本立场，但对他的这种划分是同意的，并认为这是自亚里士多德以来，哲学本体论上的一个成就。

邬焜教授将实体与关系、过程二者的关系看作完全对称的，可以相互调换的，即认为关系与过程也是实体的载体、承载者，并且对于实体来说是第一性的。当然，一个事物（实体）与它所具有的和它所包含的关系过程是相互依赖的，谁也离不开谁，不过，这种相互依赖有强弱之分，有程度之区别。研究这种相互依赖的强弱程度是逻辑学的任务，不过，我还没有发现一种逻辑能帮助我解决相互依赖的强度问题。权且根据胡塞尔《逻辑研究》一书第三编中关于整体与部分的学说，我们对相互依赖的强弱之分作这样的逻辑分析：一个对象 a 弱依赖于对象 b，当且仅 $a \rightarrow b$，即有 a 存在则有 b 存在，无 b 存在则无 a 存在，一个对象 a 强依赖于对象 b 可定义为 $(a \rightarrow b)$ & $(a \not\subset b)$，即不仅有 a 则有 b，无 b 则无 a，而且，b 不属

① ［德］胡塞尔：《逻辑研究》第二卷，倪梁康译，上海译文出版社 1998 年版，第 246、252、257 页。

于 a 的一部分，即 a 对于 b 超出了包含关系的依赖性。依据这种观点，属性、状态、过程、关系对实体的依赖是强的依赖，因为实体并不是前者的一部分。而实体对于它所有的属性、状态、过程或关系的依赖则是弱的依赖，因为后者是前者具有的，属于前者的一部分。[①] 实体与关系、过程的关系是不对称的。实体是第一位的，关系与过程是第二位的，这是我的系统本体论的一个基本预设。所以我将我的本体论称为物质系统论或实在论的系统本体论。

在承认这个基本假设的前提下，不是在终极意义上，而是在具体问题的分析上，我们将实体分析、过程分析和关系分析看作对事物的三种不同表达方式。

（1）对事物的实体表达方式：这是控制论创始人艾什比和物理学哲学家邦格提出来的。某一具体事物 X，可以用它的实体 x 和实体所具有的属性 $P(x)$ 的有序对来表示或定义：即 $X = (z, P(x))$。在这里，性质 P 是用 x 来定义的：x 就是 $P()$ 的定义域，而实体 x 与 y 以及其他实体的关系不过就是多元性质，用性质多元函数表示：即 $P(x, y, \cdots)$。

一个实体有许多性质：

$P(x) = \langle P_1(x), P_2(x), \cdots, P_n(x) \rangle$ 它们与时间相关。即：

$P(x, t) = \langle P_1(x, t), P_2(x, t), \cdots, P_n(x, t) \rangle$。实体 x 在某一时刻 t_i 的性质 p_i 的值的总和，就构成它在该时刻的状态。

实体 x 在某一时刻 t_i 的性质 P_i 的值记作 P_{ji}，而实体 x 在该时刻的状态便是 $S_i(x) = \langle P_{1j}, P_{2j}, P_{3j}, \cdots, P_{nj} \rangle$ 它用 n 维性质空间（状态空间）的一个点 S_i 来表示。

状态函数 $S(x) = (S_1, S_2, \cdots, S_n)$

实体的变化（即事件）就是该实体从一种状态到另一种状态的

---

① J. Kim and E. Sosa（eds.），*A Companion to Metaphysics*，Blackwell，1999，p. 482.

迁移，记作 (S, S')。过程就是前后相继的状态连续序列：$\pi(x)$ $= (S(t) \mid t \in T)$。

（2）对事物的过程和关系表达方式：相互关系，主要是一种相互作用。作用即 action，当忽略了作用者时，作用即过程，过程即作用，因此，过程分析和关系分析就是作用分析，现在作用（关系或过程等）是原始概念，通过它来定义事物的实体。设有作用 A_1，A_2，$\cdots$，A_n，它们组成某种有序的集合时，我们称它为实体。即实体 $X_1 df = \langle A_1, A_2, \cdots, A_n \rangle$。例如一个龙卷风的风柱可以看作是个实体，它由各种风尘的活动作用组合而成。看上去是固定的实体，将它分析开来，不过是许多不相同的活动作用整合成为一个有序的结构而已。一个苹果也是一样，它的实体性可以定义为看它是红的、圆的，摸它是硬的，咬它是可入口的，吃它是香的甜的……这些活动作用及其表象（也是一种活动作用）的有序结构就是苹果。不过，在大多数宏观事物中，我们总可以找到作用者和被作用者，在对苹果的作用中，人是作用者，苹果本身是被作用者，在龙卷风中，空气分子是作用者，等等。可是当我们讨论到基本粒子相遇、湮灭的辐射以及原子的放射性衰变，我们探测到这种作用，但谁是作用者，我们根本不知道，没有任何概念、理论与模型，我们便只好将它忽略，将作用本身看作原始的概念，当这些作用组合成相对稳定的结构时，我们称它为事物，称它为派生的实体，例如某种物质场等。总之，从方法论上说，实体实在论、关系实在论、过程实在论，各有各的用处，它是相互补充的描述事物的几种不同的方式，这也许可以算作邬焜教授所说的"多元协同综合的系统辩证关系"了。

四 关于系统与非系统的问题

［批评］吴彤教授指出："张文不仅是在'关联'性意义上使用系统的定义，而且是在'紧密关联'的意义上使用系统的定义。

这就自然导致一个与张文后来行文矛盾的立论，按照张文的系统定义，我们自然逻辑地推论，非紧密联系的元素构成的'东西'是什么呢？如果它们能够构成什么的话。按照张文的系统定义，这种非紧密的元素集合，应该不是系统，那它们是什么呢？"关于这点我曾提出一种解决方案，即要区分要素和元素，区分系统性存在、演化与非系统性存在、演化以及'无'……按照我的系统哲学观点，世界的各个部分有系统，系统的组成部分，非系统，以及'无'。"吴彤教授的意见是建构性的。他认为，区分了系统、非系统以及无这三个概念不但能解决系统哲学备受质疑的一个难题，即系统规律的普遍性难题，而且能体现世界的"五彩缤纷，多样性的存在"，并建立"多元化解释的根基"。另一方面，胡新和教授的批评则是彻底地对系统哲学进行解构。他说："当什么都成了系统时，系统也就失去了其质的规定性，无以区别于其他，从而也就等于什么都不是系统了。无论如何，对像我的书房中的家具，同一个班级的学生（或更松散些，一个商场中的顾客），或是不同的伦理学观点所组成的'系统'，应用起那些'普遍的'系统规律或'观点'时，比起那些严格的'具有动态学联系的元素之内聚统一体'来，总是要让我们的'系统哲学家'们勉为其难的。""当着'系统主义'的'扩展思维'拓展到意在用系统观点去建立体系并说明一切时，它也必然落入自然哲学倾向的固有陷阱"，即宣布绝对真理，用纯粹的想象来填补现实的空白。

[回应] 我不知道吴彤教授的二分法，把系统与非系统作为一对范畴，加入实体与属性、现象与本质、必然与偶然、目的与手段等本体论范畴体系中是否可以消解胡新和对系统哲学的质疑，不过，我觉得我们应对这种二分法，特别是因普遍性困境而提出二分法的视角抱一种有戒心的存疑态度，这就不会在接受二分法的同时落入它的"陷阱"，就像我们接受普遍性是不会同时落入它的本体论上的本质主义和认识论上的绝对真理"陷阱"一样。

首先，系统性和复杂性，是一个程度的和相对的概念。假若我们依贝塔朗菲将系统定义为处于一定的相互关系中的元素的集合，又依贝尔将复杂系统定义为具有动态学联系的元素之内聚统一体，这是什么意义呢？这就是说我们建立的一个理论模型，在这个模型下定义了一个基本概念，现实世界在多大的程度上适合这个模型，它就在多大程度适用于它所阐明的系统规律，即适用它的结论。如果我们发现世界上不存在绝对无系统和完全不复杂的事物，我们就应该在不同程度上承认系统规律是事物的普遍规律。当然，如果我们发现有些事物不太适用这些概念和规律也不必加以强求，像恩格斯所说的那种"自然哲学"那样，为了捍卫"绝对真理"，用幻想的联系代替现实的联系。只要我们生活的世界中，在我们各门科学研究的对象里，绝大多数的事物都在不同程度上是个系统，我们就至少能在统计意义上将系统规律看作普遍规律。我想，只要我们采取一种非本质主义的态度，我们就不会落入胡新和教授所说的自然哲学陷阱的。

正因为这样，所以，我在本体论上不同意吴彤教授将世界上的事物截然地划分为系统与非系统两类。至于他的那个"无"，只是黑格尔的"特定的无"，他自己也承认，它事实上是"有"（有"物质、能量和元素"）。所以，更不能将世界划分为系统、非系统和无这三类。诚然，国内外有不少学者作了系统与非系统的二分。但是，他们从来没有向我们举出哪一些是非系统的例子。吴彤教授说，同质单元组成的东西就是非系统的堆积物。于是，演化中的原始星云、热力学理论中的理想分子运动系统其组成都是同质单元，但它们却是公认的系统。胡新和教授举出了"书房中的家具""同一班级的学生""一个商场中的顾客""宇宙""夸克"等，认为这些都是非系统，将它们看作系统只能是牵强附会、"勉为其难"，是落入"陷阱"的过分"想象力"。不过事实并非如此。"书房中的家具"，它们的形式及其摆布，在一个建筑设计师和家具设计师的眼光中，不仅是一个实用性的工具系统，而且是一个复杂的美学系统。他们不知道绞尽了多少脑汁，将它们"最优化"，求得系统工程中的优化解和美学上的最大效应。至于胡教授书房中可能摆得很乱的家具，是不能孤立地看的，可以纳入人机系统来进行研究。至于"一个商场中的顾客"，它们在时空中的概率分布及其与商店雇员分布之间的关系，正是美国 Santa Fe 复杂系统研究所研究复杂适应系统（CAS 系统）的一个典型的案例，它早已是复杂系统的研究对象，将它作为具有动态学联系的元素之内聚统一体，并不是勉为其难，也无须叹服他们的想象力。至于大爆炸的"宇宙"，宇宙学早已将它作为一个动力系统进行研究，它的演化机制在相当大的程度上为天体物理学所揭露。我们说，"宇宙是一个系统"，就是在这个意义上说的。至于"无法以有效手段探索其内在结构"的夸克，说它是系统和说它是非系统具有同样的哲学启发性和同样的认识论地位，否认它是一个系统并不比承认它是一个系统有更多的优越性，否认系统哲学并不比承认系统哲学需要更少的想象力。

我们认为，世界上不存在绝对的非系统或堆积物，只存在相对意义的非系统或堆积物。我在1987年出版的《物质系统论》一书中用了一整节详细讨论这个问题。系统哲学的最大启示就是要从仿佛是偶然堆积的事物背后，看出它们的系统性。所以从世界观上，我们反对将世界划分为两个部分：系统和非系统，而认为系统无所不在。世界的一切事物，不是系统就是系统的组成部分。不过，从方法论上，从逻辑上，从理论模型上，我们还是承认非系统或堆积物这个范畴。"这不仅是为了以此来衬托和阐明系统的概念，而且还因为：①堆积物、非系统、没有内部的相互作用的物体，是物质系统的极限情况，每一种相互作用都有一定的阈值，低于这种阈值的相互作用不会引起相互之间的实质性的变化，因而我们可以将它们忽略不计。对于那些内部联系弱、系统性差的事物，如一盘散沙之类，从方法上看，可以近似地看成堆积物，研究它，着眼于部分而不是整体，着眼于分析而不是着眼于综合。这样，非系统的概念就正如绝对刚体、理想气体、绝对零度这些概念一样是科学抽象的产物。②任何一个物质系统都同时存在着系统性和非系统性（即加和性）两种情况。例如，一化合物的质量是它的各个原子的原子质量的加和。它的热量是它的原子、分子的动能的加和。就这一方面说，在系统中包含非系统性或加和性的因素。我们可以用非系统或加和的概念来处理它。"① 至于"无"，它是思辨哲学在讨论存在的起源时不可避免要预设的逻辑起点。在作了以上各点声明后，我从逻辑、方法论和理论模型的需要出发同意吴彤教授的下述分类：

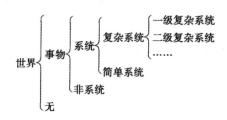

作出这种分类的根据是：虽然系统性和复杂性是个程度的概念，但不同程度的事物之间有着某种质的区别。如果不作出这种简化的分类，建立模型，辨明主要特征，那么我们对于系统和复杂性的研究，就会过于泛化。最后，我还想请读者注意，这个分类和控制论创始人 N. 维纳于 1943 年提出的行为分类表（这个分类表为维纳控制论的研究奠定基础）几乎是一一对应的，他的分类是：

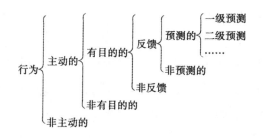

后面我们关于广义目的性问题的答辩与这个分类表有关。

---

① 张华夏：《物质系统论》，浙江人民出版社 1987 年版，第 95—96 页。

五　关于系统本体论的出发点问题

[批评]　王志康教授说："张先生说他接受世界是一个系统这样一个结果作为反思的起点。因为世界是个系统已经是结果，是反思的起点，所以'世界为什么是系统'的问题便不在张先生的题内。""有没有或需不需要说出作这种设定的理由呢？我想张先生的回答大概是没有或不需要。那么系统就是本体论的一个元概念了。但是仅系统一个设定不足以构造一个本体论知识体系。所以，必然还有其他不能被系统推出与系统平行的本体论设定。它们是怎样共同演绎出本体的知识体系呢？……希望在本书的第三部分读到张先生对系统作为本体论研究的出发点何以可能的阐释"。

[回应]　系统哲学在它的发展过程中大致可以划分为两个阶段。第一阶段除了柏格森、怀特海不说，主要是传统系统哲学，贝塔朗菲、包尔丁、拉兹洛、邦格等人建立的系统本体论。这时系统、层次是这些哲学体系的中心概念。这时，他们对于王先生说的"系统何以可能"问题没有进行很好的分析。从一个层次系统进化到另一个层次的机制问题，也没有很好地加以说明。第二阶段是进化系统哲学阶段，这时在系统科学上，有普利高津提出的远离平衡态的通过涨落分叉而自组织的原理，以及哈肯等人的通过序参量协同竞争而进化的原理说明系统进化的机制。在哲学上，V. 图秦（Valentin Turchin）1977 年在他的《科学的现象》[①] 中，提出通过多样性和自然选择而形成系统的哲学概念，被称为元系统转化理论（Metasystem transition theory）是"进化的量子理论"。I. 詹奇的《自组织的宇宙——正在形成的进化范式的科学和人文学意义》[②] 也是属于这个类型的书。这种哲学的发展，大体上可以从本体论上解决王先生

---

① 　V. Turchin, *The Phenomenon of Science*, Columbia University Press, New York, 1977.

② 　[美] 埃里克·詹奇：《自组织的宇宙观》，曾国屏等译，中国社会科学出版社 1992 年版。

的"系统何以可能"的问题。系统何以可能呢？系统是在自组织进化中成为可能的。所以，系统、突现、进化、层次都成了系统本体论的几个中心概念。

从逻辑上看，系统并不是出发点。系统是由元素、关系、生成、过程这些初始概念来定义的。因此在讨论系统之前，必须讨论实体、关系、过程这三个范畴。关系是实体之间的关系，过程是实体的状态变迁。所以我的本体论系统研究纲领中有7—8条研究这三个范畴。我只是为了说明我的本体论要引入哲学观念才将基本系统观点（第二章）放在"实体关系过程"（第三章）之前讨论。在本书中我已申明这样做的理由："本体论中的系统范畴比起本体论中的基本实体来说是个更复杂的东西，理应放在后面讨论。"这是逻辑关系，只是考虑到表述关系，在论述顺序上作了颠倒。用什么范畴将实体、关系、过程这三者统一起来呢？1977年我与金吾伦教授共同提出"协同生成子概念"，提出"作为基本实在的协同生成子……它所阐明的实在概念是实体、过程、关系三位一体的概念"。

虽然运用语言分析方法和逻辑分析方法分析实体、关系、过程这三个范畴已经是一件很吃力的事，一直到现在我还没有分析清楚，并且我相信，罗嘉昌、金吾伦也没有分析清楚，以致直至现在我们三人各持己见、各执一端。不过，无论如何，单有一些相互联系的原始概念还不能建立起一个形而上学体系，必须寻找能说明系统如何生成的生成原理。我想我现在可以将它归纳为三个原理。

（1）突现生成原理：说明系统如何可能突现生成。在第二章第二节中，我们讨论了通过多样性与环境选择而实现系统自组织的原理，系统必须有足够的多样性突变、分叉，才能在环境的选择与适应中生成新系统，并不断进化。

（2）因果—随机—广义目的三机制的生成原理：多样性如何能够生成，又如何能够适应外界环境，需要三个机制的联合作用，对这三个机制的说明也是一个十分吃力的事。其中，对于偶然性（随机性）产生多样性这个分歧不大，最有歧义的是广义目的性。在生命世界中和低于生命的耗散结构中，它是否能够用信息的概念代替或诠释广义目的性概念，是我一直在犹豫不决的问题。

（3）协同生成原理：系统生成不是只从基础元素中协同生成，而且是从整体中生成。基本粒子不仅是从更基本的元素中生成，而且是在整个规范场的整体中激发生成。社会上的个人不能单在自我努力中成长，而且是在整个社会文化背景中成长。以这个原理代替一分为二和无限可分的旧概念，成为生成的一个基本原则。

有了这三个原理，我们可以解释以时空、场、基本粒子、原子、分子、晶体、耗散结构、细胞、植物、动物、人类、社会、文化……的层层突现的宇宙进化图景。正因为如此，我的系统主义哲学是属于第二阶段的系统哲学，即进化的系统哲学。如果今后我有机会重写这本书，我愿意按逻辑顺序来陈述系统进化的哲学内涵，将现在的第二章移到后面去，而且将本书定名为《分析的系统哲学》。

六　关于形而上学与本体论的研究对象

[批评] 林定夷教授说："我在靶文中经常把'本体论'与'形而上学'混为一谈，把'形而上学'与'本体论'当作'同义词'看待……'形而上学'与'本体论'两者是同一个东西吗？非也！即使以逻辑实证主义而言，他们虽然主张'拒斥形而上学'，但他们何时提出过'拒斥本体论'的口号？""再次，他又把他欲构建的形而上学本体论体系与奎因所指的科学理论的'本体论承诺'相混淆，以致他在书中竟以奎因的理论来为他所构建的形而上学本体论体系作辩护。""张华夏教授如此地搅浑'形而上学'、'本体论'与'科学'这几个重要概念，是犯了某种'概念蒙混'的错误，不利于厘清问题及解决问题的思路。我以为，根据20世纪以来世界哲学发展的主流，我们可以把'形而上学'、'本体论'和'科学'的简要关系作出如下图解的表示：

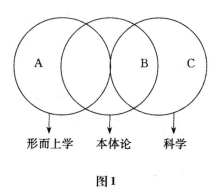

形而上学　　本体论　　科学

图1

"……形而上学的本质……在于它实质上只是说了一些既不真亦不假，因而无所断定的毫无意义的语句……对世界作出了'伪陈述'……但本体论，即试图对现实世界作出陈述和描述者（这些陈述和描述都同样是可错的，因而不同于形而上学），除了科学（指经验科学，包括自然科学与社会科学）以外，还有人类其他种类的知识形式，如新闻报道，报告文学，历史记叙（如司马迁的《史记》）等等，这些东西未必能列入科学的范围，却……也属于'本体论'的一部分。"

　　[回应]"形而上学"（Metaphysics）一词是公元一世纪中叶，罗德斯的 Andronicus 在整理亚里士多德有关范畴的著作，将它编入亚里士多德的物理学卷的后面而起的一个名称，这些范畴，包括本体、存在、实体、性质、关系、现实与可能、本质与偶性、数量、质料与形式、时间、地点、动因等。Metaphysics 一词有元物理学、物理学之后，或超越物理（世界）的意思。这个超越当然有"非经验的"意思。因此，在这个意义上，中国有些学者将它译成"玄学"也未尝不可。正因为有这种意义，康德将形而上学划分为三个分支：①理性神学；②理性心理学；③理性的（非物理学的）宇宙论。这三个分支，分别表明对神、灵魂和世界作先验的研究。本体论，亚里士多德叫作第一哲学，关于"作为存在的存在的科学"，本来就是亚里士多德形而上学的主要内容。这个概念，当然有些含

糊。1729 年，C. 沃尔夫（Christian Wolff）按亚里士多德的意思，作了如下定义："本体论或第一哲学是关于存在或一般存在的科学"。"本体论"（ontology）这个词首先是沃尔夫起的，用以概括亚里士多德形而上学最关心的问题。现在，我们将本体论理解为形而上学的一个分支。根据最有权威的韦氏国际大词典第三版，本体论被定义如下："①有关存在（being）的科学或研究；它特别地，是形而上学的这样一个分支，讨论存在的性质与关系；它是这样一门特别的哲学，在其中存在的性质被研究；第一哲学。②它是关于被一个语言系统所承诺的有关实体的种类，特别是抽象实体的种类的理论。"（*Webster's Third New International Dictionary*）世界观（worldviews）是将各种知识联系起来，从而建立的统一地理解世界的一般概念框架。在形而上学、本体论和世界观这三个概念中，我着重使用的是本体论这个概念，因为这是世界公认的一个基本哲学学科。我用本体论来说明形而上学的主要问题，避免人们将我的体系只看作思辨体系；又用本体论来指称世界观的各种核心概念，避免人们将我的体系误认为要解决一切问题的"自然哲学"。顺便说，考虑到"自然哲学"这个概念的不确定性，在靶文中我只说过我的研究是属于本体论或世界观的研究，从未说过这种研究属于"自然哲学"。我要说的明明是存在的一般性质和范畴结构，从来没有指望越俎代庖去解决诸如血液循环问题、肠胃消化问题以及癌症之类的具体问题。

在作了上述的一些说明之后，我便可以回答林教授的问题了。

（1）根据哲学史，也根据"20 世纪以来"的研究，"形而上学"与"本体论"确实不是一个东西，形而上学的哲学学科至少包括本体论形而上学、道德形而上学、宗教形而上学、心智哲学（philosophy of mind）。但是，当我们讨论一般存在（being in general）的特征及其范畴结构时，将形而上学与本体论作为同义词使用，有何不可？特别是 20 世纪以来的哲学，当讨论存在问题时，大多数的形而上学家们都将自己的学科称为本体论。在我的靶文中，当看到"形而上学或本体论"的短句时，请读者们不要大惊小怪，以为发生了什么了不起的混淆。

（2）既然本体论是形而上学的一个主要分支，逻辑实证主义主张"拒斥形而上学"就已经包含了"拒斥本体论"了，何须再提出一个"拒斥本体论"的口号？或再提一个拒斥伦理学和价值哲学的口号？如果不信，请翻阅 R. 卡尔纳普的《通过语言的逻辑分析清除形而上学》一文罢。在这篇反形而上学的檄文中，他写道："全部形而上学都是无意义的……这个判决打击了一切思辨的形而上学……这样的论断还必须扩展到整个规范哲学或价值哲学，扩展到任何作为规范科学的伦理学或美学。因为价值或规范的客观有效性是不能用经验证实的，也不能从经验陈述中推出来的，因此它是根本不能断言的。"所以，"它就变成一个假陈述"。"至于抽象实体如性质、关系、命题的实在性和非实在性的本体论论点也有同样性质。"所以，逻辑实证主义者不但事实上，而且公开声明自己拒斥一切本体论和拒斥一切道德哲学和价值哲学。

（3）林教授的形而上学—本体论—科学关系图表明了他对于本体论有一个独特的理解。本体论包括什么内容？按林教授的理解至少包括四个部分：①自然科学；②社会科学；③人类其他种类知识，如新闻报道、报告文学、历史记叙；④形而上学本体论。在这里，本体论几乎是关于世界的一切知识的总和，而如果我们不想要形而上学"伪陈述"，则本体论就不包括任何哲学。这是我首次在哲学文献中接触到的这种新本体论定义。我实在不知道如何对待这个定义，因为除了"伪陈述""伪科学"之外，在这个图中，哲学已无任何立足之地。

在林教授的概念图中，还有一点值得注意，在科学与形而上学之间，是两圆相切，并无相交。只不过实际情况绝不是这样。这里单举一个反例，大家知道达尔文的进化论是一个科学理论，其中有一个基本的原理，叫作自然选择，适者生存，不适者淘汰。可是，许多科学家和哲学家，包括著名哲学家卡尔·波普尔指出，"适者生存"中的"适者"是不可事先预言的，哪一个变体或变种最适合于环境，在达尔文那里唯一检验的标准就是看它是否能幸存下来，于是，"适者生存"就成为"幸存者生存"这个同义语反复。在某种意义上，这是一个道道地地的"没有断言什么"的形而上学原理。关于这个问题，波普尔在他的《客观知识》一书中有详细的论述。在科学中，这样的例子比比皆是，恐怕不像林教授说的那样"是一时找不到"的问题。

（4）林定夷教授预先设定"何物存在"的问题，如实体、属性、关系过程是否存在的问题，以及存在的一般形式与共同特征的问题属于形而上学伪问题，是无意义的。按此，他将奎因有关本体论承诺的逻辑分析，只局限在某一种具体科学理论说有何物存在。至于"以世界为对象，讨论何物实际存在的问题"，不属于本体论承诺理论对之进行语义分析的范围，而属于"外部问题"范围。但这恰恰是卡尔纳普的观点，而不是奎因的观点。按照奎因的观点，无论什么样的理论或语言的使用，当它指称的对象落入它的语言表达式的约束变元的值域时，它就作出了对这种对象的本体论承诺。语言中的本体论承诺有两类，第一类是范畴问题，如关于实体、关系、性质、数的存在问题，它穷尽了约束变元的整个值域，它是属于哲学本体论问题。第二类是属类问题，它问的是如此这般的东西，例如，原子、分子、人、马这样的东西是否存在。这类东西并不穷尽约束变元的整个值域，是具体科学的本体论承诺问题。当这两类陈述合乎逻辑加以构造时，都不会陷入伪问题的泥潭。根据这种观点，在张华夏的形而上学本体论理论中，讨论了实体是存在的。只要这个实体落入我的本体论语句中约束变元的值域中，我的理论就对实体作了本体论承诺，即张华夏的本体论理论说有实体存在，这是说了一个有意义的问题。逻辑分析中不存在任何东西拒斥张华夏的本体论。而由于关系与属性这些对象，在我的本体论表述中，只是属于谓词表达式的语言成分而不属个体变元的值域中，所以我对此没有作出本体论承诺。所以，在这个意义上，奎因的理论的确为我的形而上学本体论作了辩护，这个辩护不是说我的本体论是正确的或唯一正确的，而是说我的本体论讨论的问题可以不是伪问题，它和讨论其他科学问题一样可以是有意义的。我引用奎因的理论为我构造自己的本体论的理论作辩护，为何会是"不可！不可！万万不可"的"概念蒙混"呢？况且，读者如果看过我的靶文第一章，就会明白，我本来只是说了奎因的本体论探索重新肯定了本体论哲学作为一门学科的地位这个众所周知的问题，根本没有讨论奎因的本体论和我的形而上学本体论之间的关系。不过，既然林教授这样解读我的文章，指我"竟（敢）以奎因的理论来为他所构建的形而上学本体论体系作辩护"，我便只好回答：即使这样，也未尝不可。

七　关于本体论的研究方法

[批评]　韩东晖博士指出，"①实证主义对形而上学的驱逐是不成功的，因为它在架空'物'的形而上学之后，又偷运着'事'的形而上学。似乎可以说，要触及实在，必须要确立某种关于实在的形而上学。②但是，这场'哲学的转变'的积极意义在于，此后的任何形而上学探究都必须建立在语言批判的基础之上。换言之，形而上学的探究实际上是我们在语言的层面上'触摸'实在，更确切地说，必须在语言的层面上用概念建构实在，构造关于实在的范畴理论。在这两个意义上，张华夏教授引入系统哲学建立本体论的构想和语义分析方法的运用是能够建构一种有价值的形而上学的"。

胡新和教授则指出，"（张华夏的靶文）实际上是'系统哲学的世界体系'……应归于'自然哲学'门派……自然哲学的一个特征，就是倾向于从体系化的形态，去描绘自然界的图景。而自然哲学的另一个特征……则总是倾向于立足或相关于一种具体的自然科学成就，来提供这种体系化的图景……基于牛顿力学的机械自然观如此，基于热力学的唯能论如此，基于系统科学的拉兹洛系统哲学同样如此"。这两种特征或倾向之间有着内部矛盾。具体自然科学只是人类认识的一个局部，一个剖面，如何"概括上升为一种什么'观'，什么'论'？""必然要面临这样一个难题：如此一种由，（科学）'点'到（哲学体系的）'面'的'扩展思维'是何以可能的？""而'扩展'到'面'，即扩展到各种结构、各种形式、各种作用，以至于各个领域时，你何以保证其可靠性，即原有的实证性和完备性仍然具有可传递性呢？""正是在这里，暴露出了这种自然哲学倾向的最大弊病，这就是对于科学和哲学不加区分：一方面套用科学概念之名，但另一方面却并不遵守科学的定义和界限；一方面明明是哲学家身份，另一方面却总愿越俎代庖，去干应当属于科学家的事。""当着'系统主义'的'扩展思维'扩展到意在用系统观点去建立体系并说明一切时，它也必然落入自然哲学倾向的固有陷阱。"

[回应] 这里的问题是，可不可能有一种本体论的研究方法。如果有，除了用语言分析的方法研究本体论之外，是否可能有一种经验概括的研究方法呢？跨学科领域（包括系统科学）的出现是否可能为后一种研究方法提供一点什么？这就是我的"靶文"第一章要提出的根本性问题。

韩东晖博士说得对，早期分析哲学实现哲学的"语言转向"，在抛弃传统形而上学，特别是黑格尔派的一派胡言的同时将小孩和洗澡水一起倒掉了。从前门赶走了"物"的形而上学，又从后门偷运了"事"的形而上学。经过这段反思之后，当代分析哲学的主流，承认形而上学的学科。他们研究形而上学的方法，是分析语言体系的本体论承诺。于是，存在与实体、事物与性质、个体与共相、决定论与自由意志、时间与空间、因果性……这些本体论范畴都成了分析的对象。其中描述的形而上学（descriptive metaphysics），按 P. F. Strawson 所说，他讲的并不是世界本身的结构，而是"有关世界的我们的思想的结构"。正如奎因所说的，这个本体论承诺指的是"我们的理论体系说有些什么东西存在"。但问题在于语言的主谓结构承诺了个体与属性，存在量词的域承诺了实体的存在，牛顿力学承诺了绝对的时间与空间和超距的作用力。量子力学可能承诺了绝对的偶然性，格式塔心理学承诺了突现的原则，而达尔文的进化论则承诺了自然选择理论这种形而上学的研究纲领。某些理论体系是否承诺某一种存在的普遍特性本身是值得争论的。而当各种不同理论的本体论承诺之间发生矛盾时，应作何选择，是否有一种选择的标准本身也是个问题，于是就有所谓"修正的形而上学"（revisionary metaphysics），按一定的美学的、道德的、认知的标准来建构和选择关于世界的存在特征和总体图景的学说。也许正是通过修正的形而上学，可以走出单纯语言分析的研究方法。只是有两个问题必须重新考虑：①本体论学科的各种概念是否必须通过语言分析和语言批判而产生；②评价和选择不同本体论概念与理论的标准是否应去除美学的和道德的标准（因为这是会混淆"世界是什么"和"世界应该是什么"的问题）只留下认知标准。这种认知标准是否只是理性标准而无经验标准呢？是否像波普尔所说的那样"形而上学的观点虽然是不可检验的，却是可加以合理的批判和论证的，因为它们可能企图解决问题"（波普尔根据这种批判选择了承认世界有规律性的实在论，而拒斥了决定论、唯心论、非理性主义、唯意志论和虚无哲学五种形而上学）。①

　　存在是否有它的最一般的性质？世界上的事物是否有它的最普遍的共同特征呢？我相信大部分科学家和哲学家对这个问题的回答是肯定的。当然我们可以这样回答，世界上的事物如此普遍，各有各的特征，根本就没有共同的性质。我相信，这也是对世界共同特征的一种回答，至少是对世界有无共同特征的问题的一种回答，已经进入了本体论或形而上学。既然我们肯定了有本体论的问题，我认为，除了通过语言分析去研究它之外，还可以通过对各门科学的

---

　　① ［英］卡尔·波普尔：《波普尔思想自述》，赵月瑟译，上海译文出版社1988年版，第209—210页。［英］卡尔·波普尔：《猜想与反驳》，傅季重等译，上海译文出版社1986年版，第8章。

成果进行综合、概括的方法去研究本体论。在这条道路上，跨学科
领域的存在和系统科学的出现已经走得很远了。这是形而上学研究
的自然主义的、经验的或半经验的方法。当然，可以提出疑问说，
这种从特殊规律到一般规律，从"点"到"面"的扩展何以可能？
但这不是我特有的问题，这是一切科学都面临的问题。这是休谟提
出的永恒的归纳问题。从逻辑上讲，特别是从胡新和教授指出的从
真值"可传递性"来说，根本不可能从单称判断归纳到一般判断。
正如爱因斯坦所说的，"事实上，我相信，甚至可以断言：在我们
思维和我们的语言表述中所出现的各种概念，从逻辑上来看，都是
思维的自由创造，它们不能从感觉经验中归纳地得到"。① 爱因斯坦
在不同场合反复地讲了类似的话，用了"自由创造""自由想象"
"Free fantasy"（自由幻想）来说明基本理论概念是怎样在"经验
的提示"② 中产生的。为什么本体论就不能这样做呢？连 R. 卡尔
纳普都说过，他拒斥形而上学，"但不包括对于各门科学的成果进
行综合、概括的努力"，③ 为什么我们要拒斥这种努力呢？当然，哲
学家本身也许力所不及，但为什么我们不可以通过参加或自己组织
跨学科研究团体来进行这种努力？从各门科学成果，特别是跨学科
研究成果中获得启示，建构一个世界观概念框架和本体论范畴体
系，真的会成了科学哲学的异端吗？建立这种框架虽然是在黑暗中
摸索，但却不是毫无约束的。和其他科学一样它要符合：①内部协
调一致性；②简单性；③视野的广泛性，即以最简单的原则去解释
尽量广泛的范围；④有效性，即尽可能揭露各门学科之间的前所未
知的关系；⑤与现行科学成果的尽可能的一致性。④ 以上五个评价
或逻辑标准都是 T. S. 库恩提出来的，只有第⑤点是我为适合于本

① ［美］爱因斯坦：《论伯特兰·罗素的认识论》，《爱因斯坦文集》第一卷，许良英等
译，商务印书馆 1977 年版，第 409 页。
② 同上书，第 316 页。
③ 洪谦主编：《逻辑经验主义》上卷，商务印书馆 1982 年版，第 36 页。
④ ［美］T. S. 库恩：《必要的张力》，纪树立等译，福建人民出版社 1981 年版，第 316 页。

体论而进行的修改。库恩对科学理论的要求是"导出的结论应表明同现有观察实验的结果相符",他叫作"精确性"。形而上学或本体论是尚未转变为有精确理论形式从而有可用实验进行检验的检验蕴涵的那种科学,我们只能要求它尽可能与科学成果相一致,而不能要求它拿出实验证据来。德漠克利特和伊壁鸠鲁的原子论不失为一个伟大的形而上学理论。但要等到道尔顿将它精确化并拿出证据来却等了 2000 多年。本体论既然讲的是存在的最一般特征,我们就没有必要去要求它如同具体科学那样解决问题,否则自己也是越俎代庖,混淆了科学与哲学的界限。

由于现代本体论有一个学派如同科学哲学中的认知进路问题一样采取了半经验的自然主义的研究方法来研究本体论,便产生了很多有关世界观框架的描述性或解释性的自然图景的理论或模型。如詹奇的《自组织的宇宙》(美国版,1980)Leo Apostel 研究中心的《世界观:从片断到整合》(比利时布鲁塞尔大学版,1994)以及 Phillip Scribner 的《本体论哲学:世界的整体》(纽约大学版,1999)。对于这些世界图景模型及其完全的经验方法,本人持十分慎重的态度。我的靶文只有第二章讨论了基本系统观点,并只有一页纸(第 27 页)讲到世界演化图。而在我进入正题之后,本书中讲的问题,都是传统的本体论问题:实体、关系、过程、物性、物类、自然律、因果、随机、目的、决定性与自由意志之类。请问:这些问题有哪些可以代替自然科学与社会科学?又有哪门科学可以代替本体论来讨论这些问题呢?当然,在讨论这些问题时,我除了采取语言分析的方法之外,还采取了半经验的综合方法。

八　关于广义目的性问题

[批评] 胡新和教授在批评我时说:"既然旨在打造'系统哲学'体系,当然首先要清理出,或不如说是'发现'从本体论到价值论的内在线索,从而打破传统的'是'与'应该','事实判

断'与'价值判断'之间截然二分的壁垒。文中如此沟通的途径，再次是由'扩展思维'或'概念泛化'法来担当的。""其中关于广义目的性，尽管有维纳之言在先，但也只能说是一种启发性的比喻……绝不是在独立于人这一主体的意义上。"

彭纪南教授说："在靶子论文的第七章关于"广义目的性概念和自然系统的目的性机制"的论述中，看来张华夏把'目的性'概念作了不适当的推广。按文中论述，上足发条的钟表最后停下来，受激发原子最后回到低能级的基态，一个活跃的元素倾向于与其他元素相化合成稳定化合物，地面上的流水流向低洼地，都看成是追求某种目标的目的性行为。这未免将这一概念推广到不适当的地步，而且与维纳等系统科学家的原意并不符合。至于某些自动机器，的确是表现出由目标定向的目的性行为，但是值得注意的是，这个起定向作用的目标，往往是由制造机器的人所设置的，体现了人的目的；而且从这一目的性行为的内在机制上考察，往往可以还原为因果作用机制，例如：用反馈机制来实现某些目的性行为。因此，这类机器也很难说是具有内在目的性，将'内在价值'赋予这类机器恐怕也未必合适。因此，我认为将'内在价值'概念拓广到生命体为止，可能要恰当一些。"

[回应] 胡新和教授说得对，我的靶文的重要目的之一正是要"'发现'从本体论到价值论的内在线索，从而打破传统的'是'与'应该'，'事实判断'与'价值判断'之间截然二分的壁垒"，其中广义目的性的概念正是"如此沟通的途径"。不过它绝不是通过玩弄概念游戏和泛化概念的定义域而达到的，而主要是依赖于控制论的科学研究而达到的。

首先，我们必须明确广义目的性的概念。它不同于历史上的两种目的论，即亚里士多德提出的目的论和马克思提出的目的论。亚里士多德认为任何事物，不论生命与非生命事物，它的存在与活动，都是为了自己的内在目的。所以，亚里士多德的目的论是广义的，而且是泛心论的。马克思在《资本论》中详细谈到目的性，但

— 476 —

他将有目的的活动定义为人类特有的在大脑中预先想到其结果的活动。所以，马克思的目的论是狭义的，是人脑定位的。控制论和系统论的目的观与亚里士多德和马克思的目的观都不相同，介乎二者之间。它们的基本出发点是："存在着适用于一般化系统或亚类的模型、原理和规律，而并不考虑它们的，特定种类、它们的组成元素的性质、它们之间的关系或'力'。"① 所以，它们的目的论或目的性概念，是一个一般系统或它们的亚类——控制系统范畴，它说的是行动者行为的特征，以及它与环境关系的特征，而不问这种行为者的元素与结构是人类、生命、机器或是无机物，也不问实现目的性行为的"力"是社会力量、脑力、生物化学力或物理力。正是这种系统主义、功能主义和行为主义的方式使控制论和系统论作出新的目的性的界定。控制论和系统论区分了目的性行为与非目的性行为，认为目的性行为至少有两个特征作为它的存在的充分必要条件。

（1）目的性行为是有目标的。这个目标可以是行为或行动者与另一客体发生的时空关系（如声纳导向水雷要命中的目标、捕食者要追杀的猎物、航船要驶向的码头等）；可以是保持系统自身某种参量的恒定性（如恒温动物的体温、空调房间的温度以及维纳所说的"磁针最后停下来的那个位置"）；可以是生命保持其生存状态本身；也可以是生物群体的物种的繁衍。一般来说，目标状态是复杂系统的这样一种相对稳定的存在状态，该系统的运动、活动和行为总是倾向于（tend to）、会聚于（converge to）它，而不论它的初始条件、边界条件和外界条件如何。于是，它就成了结局（final state）、目标（aim）、目的（purpose，goal）或吸引子（attractors）。而与其相关的并促进其达到目的的事件、条件、活动、行为变成了手段。如果采取控制论创始人艾什比的方法，我们可以将目标看作

---

① ［奥］L. 贝塔朗菲（1973）：《一般系统论》，秋同、袁嘉新译，社会科学文献出版社1987 年版，第 27 页。

是系统的这样一种存在状态，其状态空间域值为 $\{x_1, x_2, x_3, \cdots, x_n\}$，而系统的任何别的状态 x_i（$i \in 1, 2, 3, \cdots, n$）总要经历一定的变换 ϕ 达到这种状态，即 $\phi(x_i) \in \{x_1, x_2, x_3, \cdots, x_n\}$。因此，依这个定义，不仅人是有目的性的，也不仅生命是有目的性的，非生命的东西也可以是有目的性的。当然，目的性可以作出由低级到高级的分类：从导弹要命中的目标到一个政党要实现的政治目的，有着各种不同的层次。而外在的目标（靶子）和内在的目的（自稳定的生存状态）又有所不同，讨论这个分类需要另文进行。这里我们所要表明的是：目的不是心灵的特征，而是客体或系统的行为特征，所以完全能够"独立于人这一主体"。而在最基本的层次上，自主系统（autonomous system）或复杂系统（complex system）的最基本目标是适应性的生存，即保持它的本质的组织，所有的生物都按照这个基本目标受到自然的选择，而所有不能使自身的行为会聚于适应性生存的生命体的变异都被淘汰了，正是生命的这个基本的目标决定生命的价值所在，并派生出它的各种子目标来，例如：恒温动物的保暖、觅食等。（2）目的性行为是通过负反馈的调节与控制行为来达到目标的，这就是说行动者必须与一定的目标相耦合，即行动者必须从它的内部环境或外部环境中获得信息，并依据这个信息和目标信息的差距来不断调整和修正自己的行为，以缩小这个差距，从而达到目标。这样，追求目标的行为可以完全是无意识的，它是通过负反馈机制来实现的。只有当我们观察到有这类依据环境信息矫正自己行为的情况，我们才能判明目的性以及目的性行为。有了第二条标准，我们就可以排除将钟表停走或损坏的时刻与位置当作钟表的目的，低洼地当作流水的目的，以及人的死亡当作人生的目的这类对目的性概念的误解。但同时我们也可以承认磁针的左右摆动是寻找目标的行为，某商品市场价格的波动趋向于均衡价格，也是目的性行为；原子受激会返回稳态，只要有负反馈的机制促其实现，也是一种目的性行为。彭纪南教授说我在靶文中把"目的性"概念作了不适当的推广，可能是他对我的论述有些误解，也可能是我有些地方说得不够明确。因为我没有对目的性可能适用的边界作出限定。我相信，我们这里依据 N. 维纳控制论将目的性行为的判断标准归纳为两条标准之后，有可能划清目的性行为与非目的性行为的界限。不过我要声明，我从来没有说过，"上足发条的钟表最后停下来"以及"地面流水流向低洼地"是目的性行为。这里并不存在负反馈，彭教授建议我将内在目的和内在价值只赋予生命体。当然，这个限制对于旨在解决生命伦理已经足够了，对于解决生态伦理问题还是不够充分的，因为生态系统包括无生命系统。彭教授的建议是机智的，不过这只是我的最低纲领。

因此，上述定义的广义目的性，绝非胡新和教授所说的"只能说是一种启发性的比喻"，不能在"独立于人这一主体的意义上"使用。维纳对他的目的性概念说法非常清楚。他说："目的性概念是科学的基础范畴之一。"① "目的性行为是受负反馈控制的行为的同义语，它由于充分限制了内涵而得到了精确的含义。"他又说："我们在说明某些机器的行为的时候，为什么要使用原本只用于人类的目的和目的论的概念？显然，既不是那个机器是人或高等动物；也不是机器能够像人或高等动物的问题致使我们作出这样的选择，可以说这个问题基本上与科学研究毫不相干，我们相信，用于研究人和动物行为的唯一卓有成效的方法同样也能用来研究机器的行为……我们的主要根据是，作为科学研究的对象，人和机器是完全一样的。"② 怎么说"只是比喻"呢？有了目的性和目的性行为的精确概念及其判别标准，我们便可以分析目的性行为的控制论模型，并将这个模型运用于价值论和跨越"实然"与"应然"鸿沟的古老哲学问题中去。

控制论创始人之一，Willian T. Powers 提出了一个最简单的模式：

① A. Rosenblueth, N. Wiener, Purposeful and Non-purposeful Behaviour, *Philosophy of Science*, Vol. 17, No. 4, 1950, p. 321.

② Ibid., p. 326.

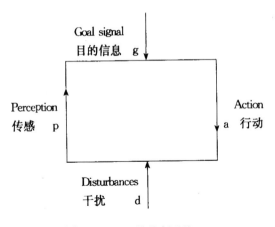

图 2 Powers 的控制系统

这些符号，在我们的下面一个较为具体的图式中得到说明：

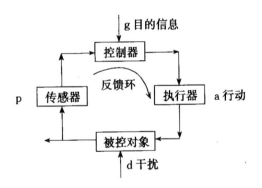

图 3 反馈与控制示意图

以空调为例，当制冷机工作（即执行器行动 a）使温度低于指定的（即目标信息 g）时，有一个传感器，即一个热敏电阻或其他传感装置将被控对象的温度信息（p）反馈到控制器（一个将电流变为机械动作的装置）中，这导致制冷机电源的切断，于是，执行器（制冷机）停止工作（其工作状态记作 a），温度随之因环境的影响（d）而上升。而当温度上升超过目标温度（g）时，传感器又将信息反馈到控制器中，于是电源开关合上，制冷机又开始工作（a）。这就是通过反馈调节室内温度的制冷空调机的目的性行为的过程。

在图 2、图 3 中，反馈回路有两个输入，即干扰 d 与目标信息 g。回路中从 g 到 d 中间有行动 a，从 d 到 g 中间有个传感信息 p。控制器输出控制行动 a，是其输入 p 与 g 的函数，由于这个控制行动旨在缩小被控对象的状态偏差以便达到目标，所以有：

$$a = K (g - p) \tag{1}$$

而被控对象的输出是控制行动 a 与干扰 d 的两个输入的函数，它通过传感信息 p 报告行动 a 抵消干扰 d 的情况，所以有：

$$p = F (d - a) \tag{2}$$

在最简单的情况下，K 与 F 是常数，公式（1）与公式（2）变成线性方程。这样，所谓目的性行为，就是使目的信息变量与传感信息变量的偏差（g - p）达到最小化的行为。

从以上的分析中我们可以得出三个重要的结论：

（1）复杂系统就它也是控制系统来说，它的活动与行为是一个解决问题的过程。这里所谓问题，就是目标状态与现实状态的差距即（g - p），解决问题就缩小（g - p）以便达到目标的过程。由于内部环境与外部环境的干扰，现实状况与目标状态的偏离总是不断出现，因而解决问题的行为也总是不断发生，就像夏天空调的制冷机总是要不断地开动一样。波普尔长期寻找的通过尝试与排错进行的知识进化与达尔文物种进化和等级系统进化这几个领域的统一，就在控制论的基础上得到了很好的论证。这三个领域都是"通过试错解决客观的问题"。

（2）复杂系统的适应性自稳定和适应性的生存是系统的内在目的。实现这个目标就成为系统的内在价值之所在，而有助于达到目标的各种手段对于该系统便具有工具的价值。这样，对于复杂系统，或更一般地说，对于控制系统，它们的信息有两种不同的表现或陈述：事实的或描述的陈述和规范的或命令的陈述。陈述传感器获得的信息，如动物感觉器官获得的信息，是事实陈述或描述陈述，而陈述由控制器或执行器发出的信息，是规范陈述或命令陈述，说明行动者应该这样行动，才能达到目的。"是"与"应该"这个被称为休谟问题或自然主义谬误（naturalistic fallacy）的古老的哲学难题，在控制论中也有了一个较好的解决方案。且看控制器的输入与输出的关系，是在公式（1）中，或更一般地说，在 a = k（g，p）中，p 信息，用事实判断来表示，它们表明系统的环境情况是什么，g 信息既可用事实陈述表示，也可用规范陈述表示，表明系统的目的是什么；而 a 信息用规范判断或价值判断来表示，它说明控制器给出的一种行为指令，说明应该怎样行动才能达到目的（或想要的目的，如果系统是有意图的话）。这里，规范陈述虽然并不是从事实陈述中推出，但表示"应该"的规范陈述是事实陈述（有关目的信息陈述和有关被控对象状态的陈述）的控制函数，它是根据某种事实陈述作出的。我们可以将公式 a = K（g，p）视作"是"与"应该"的对应原理，事实与价值的对应原则。一旦找到了这个对应原则作为前提，依据于它，其他规范判断最终便可以从事实判断加上对应原则加以推出，由此便可以建立各种"实然"与"应然"的关系逻辑。这是我们对解决"实然""应然"鸿沟的一种新见解。也许价值判断、实践推理、功能解释、伦理学的理论结构以及技术解释结构问题的解决都可以从这个对应原理中获得启示。当然，我们还可以像胡新和教授所要求那样"打破应然、实然之间截然二分的壁垒"，将陈述划分为三类：事实陈述、目的陈述和规范陈述，以此来沟通事实判断和价值判断。这是一种很有根据的设想，而不是"概念泛化"。

（3）整体目标与个体或子系统目标的冲突与协调。在复杂控制系统中，诸行动者组成新的复杂系统，行动者或子系统的原有目标可能相互冲突，于是有些原有目标可能被控制，服从于新的系统的目标；也有可能被完全排除；还有可能的是诸多行动者的目标相互整合，整合成一个新系统的目标体系。这样，便出现了复杂控制系统的多层目标的控制行为。以二层目标控制为例，它可以用图 4 表示。

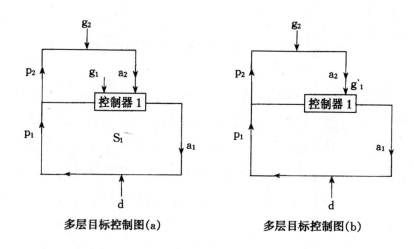

多层目标控制图(a)   多层目标控制图(b)

图 4 多层目标控制

见图 4 中，图（a）表示高层目标 g_2 与低层目标 g_1 的价值区别或价值冲突，例如：一个社会的适应性生存 g_2 可能与社会成员的适应性生存 g_1 发生冲突。在一个生死存亡的民族战争中，有些民族英雄牺牲个人的生命来保卫民族利益就是这种冲突的一种解决。图（a）中同一个控制器 1，同时接受 g_1 与 g_2 两个相互冲突的目标指令。图（b）表示高层次目标 g_2 与低层次 g_1 整合成目标体系 g_1' = f（g_2，g_1）。例如：恒温动物（如人）的体温控制目标为 36.5℃，这是低层次控制，而这个属于 35℃—42℃范围的量值又是由高层次目标，即恒温动物的适应性生存来控制的。值得注意的是，在多层次目标和多层次价值中，到底哪一个层次的目标与价值是基本的目标与价值要视具体情况而定。例如，就社会与个人的关系言之，个人的目的与价值是基本的目标，社会的首要目标是保证每个个人在不妨碍他人目标与价值实现的情况下，各自的目的与价值实现。而社会的终极目的是保证社会全体成员自由而全面的发展得到实现。

以上三个论点是系统哲学打通本体论与价值论之间的壁垒的关键所在。

九　关于广义价值与生态伦理

[批评] 甘绍平博士指出，"从理论上讲，生态伦理学的核心是代际公正的关系问题"。"所谓环境问题，并不是人类与自然的矛盾与冲突的问题，而是今天生活在自然中的人与未来生活在自然中的人的关系问题。破坏环境并不是对自然的不负责任的行为，而是对后代的不负责任的行为。""但……张教授所赞同的是一种生命中心主义的生态伦理，因为他主张生命是有目的性的有机体……生命体的这种内在的自我目的，就是维持自身的生存与繁殖的欲求。凡是有利于这一目的之实现的事物，就都是善的，反之，就是恶的……推而广之……一切有利于生态系统的完整、稳定与完美的事物，才是有价值的，否则，便是恶的，无价值的。"

"然而，我认为这种生命中心主义的观点完全经不起推敲。首先，张教授在这里没有区分出功能目的与实践目的的本质差别……生态系统的维持生存、繁衍后代的目的就是功能目的，它只是一种客观事件，没有好坏善恶之意义。如饥饿的猛虎捕捉人体为食物，或艾滋病病毒侵蚀人的机体，这些行为都是生命体维护其生存的自保行为，是一种本能的行为，故我们不能让老虎或病毒为其损害人类的行为负责……实践目的所关涉的是拥有理性选择能力的行为主体，即人类……善恶总是与人相关，总是相对于人类而存在……以生命机体拥有'目的'为由，来论证生命自身的价值地位，这无疑是不合逻辑的。""其次，张教授在这里并没有对动植物生命的目的与人类生命的目的作出明确区分；没有明确解释动植物生命的价值与人类生命的价值的差别；没有明确说明，在人类的生存与健康需求同动植物的生命的保护之间发生矛盾冲突的时候，为什么要毫无疑问地作出维护前者牺牲后者的选择。"

[回应] 甘绍平教授对我的广义价值与非人类中心的生态伦理

提出批评时，特别提醒我注意生命的功能目的和人类的实践目的，"动植物生命价值"和人类生命价值之间的区别，而且他的论证还特别启发了我要注意价值与道德价值这两个概念的区别，这些都是十分重要的，这是我要特别感谢他的地方。但是，他的整个论证的前提是：只有人类才有内在价值，只有相对于人类才有善恶好坏之分，只有人类才应得到伦理关怀。而这几个前提正是我要加以质疑的。我的结论只是相对于他的前提才是不合逻辑的。"原初的价值"（primary value）如果不是从上帝那里来的，那是只能从自由意志和理性选择那里来的吗？那么，体现自由意志和选择的人的价值又是怎样来的呢？我想考察的正是从系统进化的观点来看人类价值和社会价值怎样从自然价值和生命价值中发展起来的。这样便有了下列几个问题。

（一）复杂系统的目的性与价值

在靶文中，我已经明确地定义了复杂系统的目的性状态，它就是这样一种相对稳定的状态，该系统的运动、活动和行为总是倾向于它，而不论它的初始条件、边界条件和外界环境如何，于是它就成了结局（final state）、目标（end 或 goal）、吸引子（attractors）或目的（purpose），而与其相关的并促进其结局的事件、活动和行为便成了手段。这种论述没有任何神秘的地方。当然，如果我们一定要用人的或神的有计划有目的的行为特征来解释我这里的概念，从而推翻这个概念，这种误读将实践目的与功能目的相混淆，与我这里的论述没有关系。

复杂系统的目标是如何实现的呢？幸亏控制论创始人维纳、艾什比等人给出了它的最基本的模式。图 5 是其中的一个最简单的负反馈机制达到系统目标的模式：

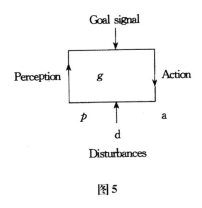

图 5

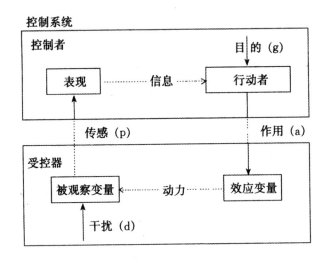

图 6

这些符号在图6中得到说明。

这里，所谓目的性行为就是使目标信息变量与作用表现信息变量的差距达到最小化的行为。目标的实现就是系统的价值。

将这个图式尽可能最为广泛地运用到宇宙中的广泛事物时，有两个情况必须注意。①当不同系统相互作用，或整合成一个新系统时，系统的原有目标如果相互冲突，有些原有目标可能被控制（而服从新系统的目标）或被排除，也有可能诸原有目标相互整合成一个新系统的目标体系。②在上述图式中当运用到更广泛情况时，有些变量可能取值为0，这就变成控制系统的特殊情况。

（二）生命系统的目的性与价值

生命是一个复杂的控制系统，它的目的信息存在于基因组，即特定的DNA大分子中，没有这种信息的作用，生命立刻崩溃为一盘散沙；这些信息就是亚里士多德所说的形式因或目的因的现代的非神秘主义的等价物。它是一个语言系统，记录了庞大的生命信息，比起我们日常运用的语言不知有多少倍。它又是一个意向系统（intentional system），某种生命的目的、计划、意图、期望都在这里加以规定。它又是一个动力系统，即它总是有一种从基因型潜在形式向表现型功能形式的驱动运动，将环境成为它的资源，以自我保存生命和繁殖同类型的生命。同时它又是一个规范系统或评价系统，对环境进行评价，和对自我进行评价，所以它能够区分"好""坏"，哪些对生存有利，哪些对生存不利，哪些是适应环境的，哪些是不适应环境的，并及时做出反应。正因为这样，我们将生命看作有自主性、能动性的价值主体是毫不过分的。

幸好，甘绍平博士也承认生命是个有目的的行动者（他叫作"功能目的"），并若隐若现地承认"动植物生命的价值"，使我的答辩可以省去许多笔墨。既然生命是一个有目的的行动者，并具有我上述意义的语言系统、意向系统、动力系统和评价系统，因此，相对于该种生命的生存与繁殖这个目标，它的确在环境中能区分出好与坏、善与恶。它将自己的自我保存和自我繁殖的目的作了内在价值的评价；对于环境的有利与不利因素作了工具价值的评价。你拿起猎枪将华南虎打伤，华南虎当然视作是恶的，虽然它没有"恶"的概念，也不会将你告上法庭，要求你承担道义责任。但它逃跑或反咬你一口，便是他对"坏的""恶的"环境的一种反应。这就是生命的客观的内在价值和客观的工具价值，它是不依人类的评价标准为转移，也不依人类的主观意志为转移的。这就是我们不得不承认的动植物的目的与价值。因为我们面临了一个问题：为什么我们可以只承认人类的评价系统是存在的，而不承认其他生命的评价系统也是存在的呢？为什么我们只承认人类及其文化是解决自己生存和发展的有关问题，而不承认其他生命也在解决自己的怎样生存、怎样繁殖、怎样适应和怎样发展的问题呢？哲学家波普尔也正是面对着这个问题而承认了广义的自然选择理论和广义价值的。他说了许多有关"从阿米巴到爱因斯坦都是解决问题"的话，他指出阿米巴是通过试错，在环境中区分出什么是"好"的和"坏"的，从而解决生存问题，这与爱因斯坦通过尝试与批评来解决理论问题是同一个模式。然后他就说："价值同问题一道出现……就问题而言，我们可以着眼于某些人（或者某些动物或植物）作这样的猜想，他（或它）是在试图解决某一问题，即使他（或它）可能一点也没有意识到那个问题……人们常常提出，价值只有同意识一起才进入世界。这不是我的看法。我认为，价值同生命一起进入世界，而如果存在无意识的生命，那么我想，即使没有意识，也存在客观的价值。可见，存在两种价值：由生命创造的、由无意识的问题创造的价值，以及由人类心灵创造的价值，这种创造以先前的解决问题为基础，是要尝试解决那些可能被或好或差理解的问题。"①

（三）生命个体之间和生物物种之间的价值冲突与协调

前面讲过，当几个不同的控制系统联系在一起时，它们的不同目的会发生相互冲突，有些目的被排除、有些目的被整合，于是产生了一个高层次的目标或价值来解决这些低层次目标冲突与整合的问题。我在第一节讲到这个问题时没有举例说明。本节就是它的例子。

在老虎—野鹿联合体中，有些野鹿为老虎所食，老虎的内在目

---

① ［英］卡尔·波普尔：《波普尔思想自述》（1974），赵月瑟译，上海译文出版社1988年版，第274—275页。

的达到了，它的内在价值实现了，而被吃的野鹿生存目标消灭了，它的内在价值转换成老虎的工具价值。但就物种而言，没有老虎的野鹿群必定向着衰弱的、多病的、缺乏活力的方向发展。生存竞争使老虎物种和野鹿物种协同进化。协同进化是共同利益之所在。因此，在解决生命系统的价值冲突与价值协调的目的层次结构中，有一个最高的价值或原则支配着，这就是适应性协同生存和适应性协同进化。从生态总体的角度上说，这就是生态共同体的完整、稳定和完美。这是调节整个生态共同体（人类是其中一个成员）的最高的客观价值。

对于人类来说，描述这个生态共同体的客观的最高目标或最高价值是一个事实判断。但由于它是一切价值的源泉，我们人类应该遵循这个目标，把趋于保护生态共同体完整、稳定和完善的事物与行为看作好的、善的，把趋于破坏生态共同体的行为看作坏的、恶的，则是一个价值判断，并且是道德价值判断，这是人类道德价值的公理。在道德哲学中这是人类规范伦理的出发点之一，从逻辑看，无须论证，也不存在不合逻辑的问题。

这样看来，一切生命都可以是价值主体，但只有人才是道德价值主体，因为他们有自由意志从而有道德责任。我们并没有要求老虎和病毒为其损害人类的行为负责，我们只要求猎杀华南虎的人和放出炭疽菌的人为自己的行为负责。不仅是为了后一代，而且是为了生态系统的完整性、稳定性和完美性。的确，我"没有明确说明，在人类的生存与健康需求同动植物的生命的保护之间发生矛盾冲突的时候，为什么毫无疑问地做出维护前者牺牲后者的选择"，因为这只是人类中心主义的最高原则，不是我所理解的生态伦理的最高原则。地球生态系统的 intergrity、stability 和 beauty 才是最高原则。在许多国家自然保护区周围，常常有人被老虎或其他野兽吃掉，可是自然保护区还是需要的。这可以看作牺牲了人类的部分利益甚至生命来保护某些动物及其物种的生存和繁衍。

（四）对称性的浅层人际伦理和不对称的深层生态伦理

甘绍平博士似乎局限在人际公正与代际公正的原则范围内，采取交谈程序伦理的基本进路来讨论环境伦理问题。这可能导出如下结论，即伦理关系必须是对称的：你要别人怎样对待你，你就必须怎样对待别人；自然并无意识，"动物无法理解和遵循道德规范，无法像人类那样对存在着权利与义务达成谅解"，因此人对自然无伦理关系，人对非人的生命没有伦理的关系，只有人对人才有伦理关怀。

甘博士论证交谈程序的共识目标和自主性原则以及他对工程师模式的规范伦理的批判使我大开眼界，但我对于交谈程序伦理了解甚少，就未免引起许多问题想请教甘博士，其中一些问题很可能是我对程序伦理的误解。首先，我认为，虽然规范伦理的体系大多数都是使用假说演绎方法建立的，但它的基本原则的产生并非任意的；今天来个三条，明天来个四条，后天来个五条。这些条条的产生有一个理论模型可供批判，为人性论的、理性论的、决策论的、博弈论的还有进化论的，等等，交谈程序是不是也是基本伦理规范赖以产生的一个理论模型呢？我们是不是承认一个健全的社会，或如他所说的民主社会有自己的基本的伦理规范呢？如果有，交谈程序可否导出这种规范呢？如果没有，交谈程序又怎样可以达到"共识"呢？其次，从对称性关系方面来说，我们处理许多伦理问题，已经超出了对称性的交谈范围。未成年的婴儿或儿童、弱智者、精神病患者、植物人……我们也无法与他们通过交谈程序达成权利与义务的谅解。为什么我们要尊重他们的人权？特别是要给他们予以伦理的关怀呢？至于代际伦理、代际公正，本身也是不对称的。那些后代人尚未出生，也不知姓甚名谁，又如何进行对称性的交谈呢？所以，不对称性并不能给予我们多少逻辑根据，说人对自然、人对非人生命没有伦理关系；说如果不是因为后一代，人类对自然环境的破坏没有责任。

　　不对称的单向的伦理也是一种伦理，这种伦理在生态伦理中表现得尤为突出。我们今天所理解的"人对自然应有爱，人对自然应有责"，虽然在历史上起源于一种原始神秘主义或自然崇拜，但今天却不复归于神秘主义，它是人类道德进步的表现，是人类变得更加文明的表现。现在，在欧洲，人们通过交谈程序达成共识，反对人类虐待动物的行为。人们反对穿着野生动物，甚至家养动物的皮毛；反对用羽毛装饰帽子。在英国、荷兰、澳大利亚和美国，野生动物的皮毛贸易几乎绝迹了。许多国家逐渐结束工厂式的动物饲养，将它们放回自然界，放回开放式的牧场中去。瑞士已禁止鸟笼式的养鸡场，英国已立法禁止在畜舍内养牛，并逐步结束厩内养猪。1988 年瑞典议会通过法律，10 年内完全禁止工厂式的牲畜饲养场，让家禽家畜恢复其自然行为。[①] 所有这些，我们都很难论证这完全不是为了动物的利益，而仅仅是为了后一代。

　　甘绍平博士运用他的人性论（人的鸽性随远近亲疏向外辐射的距离而递减，而人的狼性则随此距离而递增）质疑我将仁爱原则确定为伦理基本原则之一；又运用他的不对称原理质疑我的仁爱原则向自然推广。其实，我对人性的理解与甘博士的理解基本一致，至少比他想象的分歧要少得多。人性本身，利己是第一性质，利他是第二性质。从生物学的观点看，自私基因比利他基因强得多。但是，我的仁爱原则并不是单纯建立在人类的利他基因基础上，它和公正原则一样主要是自利的个人之间博弈的结果。关于这一点，我在靶文第十章第一节中讲得十分清楚。因此，在社会生活内部，这种仁爱原则体现为互惠性利他主义，并且一旦博弈完成，仁爱便成了人的一种社会属性，比起利他基因所决定的爱强烈得多。在这方面，我的见解与他的见解完全相同："人类自利的需求并非只有摧毁性的力量，恰恰相反，它也有着创造性的对社会有益的力量。"至于将仁爱原则推向自然，这是人类文明的表现，也是人类理解的

产物，虽然在权利、义务、"结构"等问题上这种关系是"不对等"的。但将仁爱原则推向自然，在某种意义上也是人与自然的博弈的结果。只可惜我对人与环境的博弈研究得很差。

以上的论证也是对于甘博士要将我的四项基本伦理原则砍掉两项（环保原则与仁爱原则）的一种回应。

十　关于广义价值与人类四项伦理原则的还原问题

[批评] 陈晓平教授说"张先生从系统论得出广义价值论，从知识论的角度我是赞同的，因为每一生命系统都有自身稳定和繁荣的目的，有目的就有其内在价值和相应的工具价值。但从实践的角度我却不能赞同，因为在实践中我们无法代替别的系统求得稳定和繁荣，否则，我们就把自己摆在上帝的位置上了……我们只要求得人类自身的稳定和繁荣，就为地球生物圈的稳定和繁荣作出贡献……一个自适应系统不会离开自稳定之需要而去有利于其他某个系统的稳定性，人也是如此……要求一个系统如人可以以牺牲自身稳定为代价来换取没有人的地球之稳定和繁荣，应该说，从系统论的观点看，这是没有根据的。"

他又说："对于一个生命系统，工具价值是以其合目的性的程度来衡量的。合目的性就是一种广义的功利，在这个意义上，任何工具价值都是功利价值。其实，在功利主义创始人边沁和密尔那里，'功利'（utility）这个词就是被广义地使用的，它包括人的物质幸福和精神幸福。在这个意义上，仁爱原则、正义原则和环保原则都可以隶属于功利原则之下，因为这些原则对于人类来说都有着某种合目的性。""四项基本原则可以看作隶属于合目的性这一终极功利原则的次一级准则。"

最后陈教授说，"我在《现代科学与伦理世界》的序中曾说，张先生用四项基本原则取代系统功利主义是多走一步，现在，我更愿意说他少走了一步。如果他在四项基本原则的基础上再向前迈进一步，或者说把他早已建立的人类福利模型再向前推进一步，就可达到合目的性的功利主义一元论了。"

[回应] 很感谢陈教授的批评，并且他在提出这些批评之前，又相当准确地表达了我的广义价值论的基本观念。而上述的批评之后，又表达了能从广义价值"导出"人类四项基本伦理原则的统一价值（他叫作广义功利）的期望。这种逻辑与运思之路我是寻求很久了。我除了勉强地从发生学的模型论上将四项基本伦理原则统一于自利个人之间的博弈之外，我在走向一元论之路上举步艰难，便只好在多元论的小山坡上休息一下，看看还能不能再向前进。

不过晓平同志给我指的路也并不是很清楚很易走的。首先是生命系统的目的，是生存、稳定与繁荣。这是一个认知上的事实陈述，用价值的（或如陈教授所说的"实践"的）语言来表达它，用什么词最好呢？求"生存"（survival），求"适应"（adaption）、求"进化"（evolution）吗？陈教授建议用"保持自身的存在性"，我暂且接受这个建议，用 survival 表示生命的最高价值。可是这个 surrival 的价值内涵是什么？是 optimized survival 呢，还是一般的 survival？而且，它是哪个层次的 survival？个体生命？社群？人类？还是生态系统呢？讨论伦理与价值，应定位在哪个系统上呢？陈教授自觉不自觉地定位在人类这个系统上。不过，这已经是"替别的系统求得稳定和繁荣"，因为"以个人为中心"，"人类"除我个人之外，都是属于别的系统。既然你已经为别的系统做了一次"上帝"，为什么就不为别的生命系统，为整个生态系统再做一次"上帝"呢？至于人类的生存（survival of human）或人类的最优的生存（optimal survival）的目的性是与功利（utility, happiness 或最大多数人的最大幸福）是同一个概念吗？无论是与不是，我们应该如何分析这个可能统一四项基本原则的概念以便我们能多走一步呢？让我们再作一些试探性的思索吧！

（一）生命的基本目标和最高价值：适应性生存

从系统进化的观点看，我们可以将适应性自稳定和适应性自组织这两个系统特征合成一个词，叫作适应性生存（adaptive survival）。不过，这里的自组织以不改变该生命系统的基本结构与功能为限度，否则，变成完全另外的系统就无所谓这个系统的适应性生存了。在作了这些具体解释之后，它应该看成是生命的最高目的与价值。[①]

适应性生存，被了解为任何一种特定生命的这样一种生存的性质，与其他类似的生命体相比，它能够以更高的概率被自然选择而存活下来。"适应性大"表示这种类型系统的数量不断增加，"适应性小"表示这种类型系统的数量不断减少以致消失。高度的适应，就是该系统高度的自稳定和自组织。因此，进化系统哲学家海里津（F. Heylighen）用下列公式表示特别的生物型构 x_i，在随机过程中的适应性生存的那个适应度 $F(x_i)$：

$$F(x_i) = \text{Sum}_j P(x_j \rightarrow x_i) \triangle t_i \quad (i, j \in [1, \cdots, n])$$

这里，$P(x_j \rightarrow x_i)$ 是 x_j 转换成 x_i 的概率。我在海里津适应度公式中加上 $\triangle t_i$，表示 x_i 的平均寿命。高适应性的生存就是 $F(x_i) > 1$，即这种生命形式是在地球上不断增长的。

自然选择决定了每一种生命的目标是求得自己的生命形式的最大限度的适应性生存，最优的适应性生存。艾根的超循环理论还指出，这种生存与繁殖的目的性，早在生命产生前的大分子自催化和交叉催化的超循环中已经存在。这种携带特种信息的大分子序列保存和复制自己的适应性的强弱程度，以及由此引起不同分子种之间

---

① ［美］E. O. 威尔逊，社会生物学的创始人，他早已讲过："达尔文的适者生存，其实是宇宙中稳定者生存（survival of the stable）普遍法则的一个特殊情况……如果一组原子在受到能量的影响而形成某种稳定的模型，它们总是保持这种模型。自然选择的最初形式只是选择稳定的形式，抛弃不稳定的形式。"（《新的综合》，阳河清译，四川人民出版社 1985 年版，第 31—32 页）

的竞争，可以用艾根的"选择价值"这个新概念来表示。在艾根的分子进化选择的动力方程

$$\dot{x} = （A_iQ_i - D_i）x_i + \sum_{k\neq i} W_{ik}x_k + \Phi_i$$

中，$A_iQ_i - D_i$，"这一项可以称为（内在的）选择价值"。它由该序列的分子种 i 的种群体变量 x_i 的生成速率上 A_i，分解速率 D_i 以及介乎 0 与 1 之间的复制生成的品质因素 Q_i（包括活化自由能等）所决定，表示其他亲属群体 x_k。因错误复制而对突变产生 x_i 的贡献。Φ_i 为个体流或运输项。[1]

没有"选择价值"这个目的性参量，生命起源是不可能的。因为，自然界的基因长度一般很少超过 1 000 个序列。假定只有一个基因，其基因化学物质 A、T、G、C 的序列便有 $4^{1000} = 10^{600}$ 种。如果选择是随机的，那就意味着要从 10^{600} 种不同的序列中选出其中的一个序列。如果借助于高效率的酶，以至于一种基因序列合成或降解所需的时间只需要 1 秒，则历遍各种突变就需要 10^{600} 秒。而根据大爆炸宇宙学，我们宇宙的年龄只有 10^{18} 秒。而宇宙总质量也只相当于 10^{74} 个基因。这意味着，代表优化功能单元的基因不可能在随机过程中产生。[2] 宇宙中出现生命的概率小得可以忽略。但是，有了代表目的性和系统编好的选择价值这个因素，便大大提高了生命出现的概率，成为生命起源中的决定因素，所以，在严格的决定性和盲目的随机性之上，加上广义的目的性，才能解释复杂系统的生成机制和运行机制，并看出适应性生存这个价值项在生命起源和发展中的作用。

适应性生存显然包括两个方面：①个体的适应性生存，即保持个体系统基本结构组织的持续性；②后代的适应性生存，即保持同类的结构组织的持续性。前者表现为长寿，如象、龟、人。后者表

---

① ［德］M. 艾根：《超循环论》，曾国屏、沈小峰译，上海译文出版社 1990 年版，第 24—26 页。

② ［德］克劳斯·迈因策尔：《复杂性中的思维》，曾国屏译，中央编译出版社 1999 年版，第 117 页。

现为多产，如昆虫、老鼠、细菌等。而适应性生存的定量描述正是二者之积，即 $p_i \times \triangle t_i$。从现代社会发展看，人类的适应性生存的价值与适应性生存的策略，越来越不是"多子多福"，而是提高个人的生活质量和整个社会的文明水准。

适应性生存显然包含两个含义：①内部适应，包括个体生命或群体生命的强健，内部协调、稳定的能力；②外部适应，即作为整体适应环境。人类的适应性生存似乎尽可能将二者统一起来，但侧重点是个人的适应性生存能力的提高。

依据我们的系统基本观点，无论适应性自稳，还是适应性自组织，这里讲的适应性生存的能力主要是通过自动控制来实现的。生命系统有它的作为最佳生存状态的目标状态，而生命系统的现时状态总是与此发生偏离。返回目标状态，就表现为生命的内在需要（如营养的需要、求偶的需要、空气水分与阳光的需要等）对抗与抵消这种偏离的能力就表现为适应性生存的能力，这种适应性生存能力，包括它的物种的进化能力，以对抗环境对生存目标的更大的持续性的偏离。对于高级动物来说，适应性生存的价值有客观方面也有主观方面。生存的目标，客观的需求，达到需求的客观能力是生命系统基本价值的客观方面，而"快乐"（happiness）表现为满足需求，抵消偏离。实现目标即实现客观价值的主观心理表现，而"痛苦"则是偏离目标的主观心理状态。也许适应性生存的概念要比功利主义的"快乐"（pleasure）、"幸福"（happiness）、"效用"（utility）更为全面、更为基本、更为明确、更能体现人类生命与其他生命形式的联系。如果要从我的四项基本伦理原则的"多元论"返回"一元论"，我宁愿选择适应性生存这个概念而不使用广义功利这个概念。不过，这不是伦理价值的概念，而是生命价值的概念。四项基本伦理原则还不能因此就还原为一项基本伦理原则。

2. 系统的适应性生存

. 适应性生存是生命目的性和价值的总称。不同的生物有不同的适应性生存的要求和各种目标，以达到其生存的最优化。人类的适应性生存要求及其最优化不同于非人的生物的适应性生存及其最优化，这里有一个社会文化的问题，是非人类生命世界所没有的。为了研究的方便，我们暂且撇开这种差别不谈，将适应性生存看作宇宙所有复杂系统的共性。世界上存在着各种各样的适应性生存的目的与需求，它们的共性就是它们都受自然选择、适者生存的支配。

现在我们讨论价值问题。各种生物包括人类都将适应性生存（或如陈晓平教授所说的但没有展开其内容的"广义功利"）看作自己的最高的价值，不过，这里必须明确，这个最高的价值不只是一般的适应性生存，而是最优化的适应性生存，例如，不仅要吃得饱，而且要吃得好。现在的问题是：哪一个层次的最优化适应性生存？个人、家庭、社群的、全人类、还是整个生态系统呢？这个追问不是没有道理的，因为我们都是家庭的、社群的、人类的和整个生态系统的成员。我们不能不加论证、不自觉地将价值定位在人类这个物种上，并推出"只要求得人类自身的稳定与繁荣，就为地球生物圈的稳定和繁荣做出贡献"，并宣称这是"系统论观点"。

其实，系统论观点的一个最明显地原理就是"整体不等于部分之和"（见靶文第二章）。系统的最优化不等于子系统的最优化，反之亦然。关于这一点，冯·诺尔曼早已指出：在数学上不可能将两个变量同时最大化。[①] 我将靶文的第十章第一节称为"个人理性与整体理性的矛盾"或"整体悖论"。现在，我们还是将博弈论及非零和博弈的典型案例"囚犯困境"和"合作狩猎"请出来，以便澄清和精确化"个人利益""人类功利""生态系统稳定"这些概念。不过，由于我在靶文中对这些案例已作了详细诠释，这里恕不赘述。简言之，有行为者 A 与 B，各有两个策略：1.（逃跑）；2.（合作）。从个人的最适应的生存方略出发考虑问题，A 和 B 只

---

① J. V. Neumann and O. Morgenstern, *Theory of Games and Economic Behavior*, Princeton University Press, 1947, p. 11.

能采取逃跑方案的行动；可是，从整体的系统的最适应生存方略出发，要求 A 与 B 采取合作方案行动。他们的支付矩阵如下：

	A1（逃跑）	A2（合作）
B1（逃跑）	（2，2）	（10，0）
B2（合作）	（0，10）	（6，6）

这个案例表明，一旦子系统采取合作行为范式，达到系统的最优化生存（6＋6＝12），子系统就必须放弃它们的最优化期望（10），而愿意采取次优化期望（6），即他们各自牺牲了 10－6＝4 的"得分"。牺牲 10 分的期望，取得 6 分的效益。牺牲个人的最适生存，取得集体的最适生存。不过，这是数学模型，不是现实世界。

在现实世界中，自然界和人类有一连串通过博弈达到合作，出现行为模式的突现或系统结构突现的事例：单细胞通过博弈达到合作组成多细胞；多细胞通过博弈达到合作组成器官；器官通过博弈达到合作组成个体；个体通过博弈达到合成组成群体；人类个体通过博弈达到合作组成家庭、社群；社群通过博弈达到合作组成国家；国家通过博弈达到合作组成全人类及其有关组织，如联合国或国际贸易组织之类的组织；人类、其他生命以及环境通过博弈达到合作组成生态系统，等等。在每一个步骤里，我们都会发现系统的目标、价值与最适的生存和子系统的目标、价值与最适的生存以及超系统的目标、价值与最适的生存是不一致的。一个生物个体要达到适应性的生存，即使不是最适的生存，也要不断牺牲许多细胞和器官的适应性生存。行走时脚皮最先遭殃，人体发热时为了整体的最适的生存牺牲了许多细胞。如果它们有伦理，它们便是最强劲的利他主义者。至于动物社会，如许多属于膜翅目的昆虫，如黄蜂、蜜蜂和蚂蚁等，群体的最适的生存与个体的最适的生存是如此的不一致，必有大批牺牲个体最适的生存来保卫整个群体的最适生存。至于某种雄蜘蛛在交配之后，被当成雌蜘蛛的一顿美餐，也是为了后一代。这是群体最适生存与个体最适生存最明显的冲突。当然，非人类生命世界的系统、子系统与超系统之间的价值冲突之解决是通过自然选择与基因安排和高级动物的学习与模仿这些机制来解决的。只有原始的类伦理可言，无真正的道德王国可说。在这里，价值王国与道德王国是分开的。

人类有自由意志，对自己行为有理性的自决，对于自己的行为除了基因的调控之外，主要有社会文化的调控。从而通过协商与博弈产生了约束人类行为的伦理规范，这些伦理规范又通过自然的选择和社会选择不断进步。不过，我们面对的问题同样是系统与子系统之间的最适生存之间的矛盾。人类的伦理规范不单是基因图式，正是为了处理这些冲突达到合作而建立起来的。如果加以简化表述，这里存在着三个基本价值系统：①个人，它的自由、福利和最适的生存；②人类社会，它的繁荣、稳定和最适的生存；③生态系统，它的繁荣稳定和最适的生存。从系统论的观点看，必须同时承认这三种最适的生存都是系统的最高价值，各适用于各自的范围。于是，陈晓平教授所谈的目的一元论变成目的三元论，必须派给一定的权重来处理三者发生价值冲突时我们人类的行为取向。恰好，对应于这三个层次的适应性生存，人类个体通过博弈结果得出四项基本伦理原则。

（1）环境保护原则。对应于在生态系统范围是承认生态系统的最基本价值，即生态系统的完整、稳定和完美，为最适的生态系统的生存。

（2）功利效用原则。对应于承认社会作为一个整体的最高价值，最适的、最优化的人类生存，就是最大多数人的最大利益。

（3）正义原则。对应于承认个人最适的生存：个人必须具有平等的自由和最佳的利益。

（4）仁爱原则。贯穿于三个层次，使之具有同时稳定性的原则。

由于有三个层次不同的最优化的生存，社会伦理不可以还原为人类功利最大化的原则。于是，结论只能是不同情景下有不同权重的多项基本伦理原则。这已经是协商、交往的结果，并通过自然选择和社会选择达到的原则。"只有程序伦理，没有规范伦理"的论点是不对的。"因为今天有个张华夏提出四项原则，明天又有个陈华夏提出五项原则……所以没有什么基本原则"这个论点也值得商榷。

十一　关于伦理学与经济学之间的关系

[批评] 中山大学管理学院博士生周燕女士说："张教授在靶文第九章《主观价值和客观价值》中提出的三大福利问题是伦理学研究的规范性问题，可以说并不属于科学经济学的研究范围。经济学涉及的是可以确定的事实，伦理学涉及的是估价与义务，实证研究与规范研究的法则之间存在着一条明确的逻辑鸿沟。"然而"人本主义与科学主义这两大主义不断冲突而推进了学术进步。两者并非完全割裂，而是可以沟通的……但一般大众因为认识能力有限，在认识上只能将人本主义与科学主义区分开来……因此以人本主义与科学主义中的一种主义来作为治学的向导就在所难免。张华夏教授想用客观价值下的社会福利概念来批判效用价值论，也许正是在尝试作这种融合。"

[回应] 我在靶文第九章中确实有一个许多哲学家和经济学家都加以反对的企图，从价值哲学（启发式而不是演绎式地）进入经济学。其中，我质疑了流行的微观经济学中福利（welfare）的概念，并指出其所依据的基本概念"偏好"（preferences）与"效用"（utility）的局限性，我提出了三个问题说明主观偏好的满足并不等于福利。周燕指出，这是伦理学问题，"不在经济学的回答范围之内"，"不属于科学经济学的研究范围"。当然，一般说来，质疑一个学科的某些基本概念或公理是属于该学科的元（Meta - ）学科问题，可以属于该学科的领域也可以不属于该学科的领域。例如，元数学属于数学，元伦理属于伦理学，但元物理学（Metaphysics）不

属于物理学。所以我的"三大福利问题"属于元经济学（Metaeco-nomics）问题，也同时属于伦理学与经济学的学科交叉领域，或者直接地就属于福利经济学问题。周燕女士要将它划出科学经济学的范围之外，我也没有多大的异议，这不过是一个定义问题而已。问题的实质在于，在跨学科、边缘学科、交叉学科、综合学科的研究起着非常重要作用的当代，是否还要坚持罗宾斯所说的"除了把这种研究（经济学与伦理学）并列，以其他形式把它们结合起来的企图，在逻辑上似乎都是不可能的"。[①] 不过，周燕说得比较客气，她给罗宾斯的划界作了一点点修正。他说，除了"百年一见的大师"之外，一般人"难以"将两者沟通。

但是，人类的行为是统一的，人类的经济行为（如生产、交换、分配、消费行为）是统一的。只是为了学科分工的方便才将它划分为实证的研究和规范的研究，实证经济学的研究和福利经济学的研究，经济学的研究和伦理学的研究。这种分工是最近200多年来经济学突飞猛进的条件，以致经济学家们忘记了他们是从道德哲学家中诞生出来，而他们在现实生活中分析和解决许多经济问题时常常离不开道德的前提和道德的结论。事实上，对于经济行为的解释、预言、评价与决策之间根本没有什么"鸿沟"可言，有时人们不知不觉地越过了界，还以为自己是用纯粹经济学家的观点去看问题，结果却用了狭隘的伦理观念去分析问题和处理问题。举两个例子来说：

例一，正当邓小平南方视察之际，世界银行首席经济学家L. Summers 于1991年底1992年初写了一份关于向不发达国家输出污染的备忘录，发表于1992年2月《经济学家》杂志，运用边际效用的经济分析，指出，"有关特定的有害健康的污染量的成本在最低工资国家是最低的"，"污染成本的增加很可能是非线性的"，"基于

---

① L. Kobbins, *An Essay on the Nature and Significance of Economic Science*, Macmillan & Co., 1935, p. 148.

美学与健康的理由而清洁环境似乎有很高的收入弹性的"，"发达国家对占人口百万分之一的前列腺癌病变的关注大大高于不发达国家十分之二的 5 岁以下的儿童死亡率的关注"。所以，"体现美学污染的物品贸易使大家的福利都有所增加"，"将有毒的垃圾大量倒进这些低工资国家，做这种事情的背后的经济逻辑是无懈可击的"①。这个建议和我们国家吸收外资的建议不谋而合。这个建议将解释、预言、评价、决策一气呵成地进行论证。这里包含的好几个价值判断，如"一笔交易，凡是双方都偏好的，就是增加了大家的福利的"，"凡是经济上有利的就是应该去做的"，等等。只有很细心地逻辑分析才会查出它是周燕所说的"非经济学判断"，是经济学不该言说的。而纯粹经济学家要言出他不该言之言，而如果他不研究道德哲学，不研究经济发展与环境伦理的关系，难道就不会出现经济学的霸权主义吗？

例二，再来看看公费医疗的改革问题。可以用一组以医疗服务消费量为纵坐标，以非医疗服务消费量为横坐标的无差异曲线分析图来表示，取消公费医疗将那笔钱交回个人会达到个人偏好（及其医疗保健与非医疗保健的消费比例上）的帕累托最优，并从而减少资源浪费、腐败和官僚主义，因此非改不可。如果这个决策由经济学家建议，又有经济学家反对。这又需要仔细分析才能揭示出隐藏在"帕累托最优"中的自由主义伦理观点以及隐藏在福利经济学中涉及的每个人有生存的平等权利和享受福利的平等权利的道德权利这样一些伦理问题的争论。

所以，不是只有百年一见的大师才应或才能将经济学与伦理学两者沟通。每一个经济问题、每一个经济决策都涉及将经济学与伦理学两者沟通。管理学本身就是要将经济学与伦理学两者沟通来确定管理原则。我当然不是大师，但我觉得自己应该做经济学与道德哲学之间的沟通工作。靶文的目的之一就是要进行这项工作。

---

① *The Economist*, Febrary 8, 1992.

再来看看经济学中的"经济人"假说就会明白经济学与伦理学的关系。周燕举了张五常等人举过的例子："100 元现钞放在马路上，3 分钟之内不见了。这个问题物理学家解释不了，化学家解释不了，而经济学家却是能够解释的。经济学家是如何解释的呢？首先从人是自利的假设前提出发，接着分析约束条件……最后推断会有人将其拿走。"我们继续扩展这个案例。假定放有这 100 元的钱包记有失主的名字和地址，几天后有人将这 100 元送还。这个问题不但物理、化学家解释不了，经济学家也解释不了，而伦理学家却能够解释。这说明经济人假说的局限性。周燕说："经济学是一门科学还体现在它以人性自私和需求定律为'公理'，进而推断人的行为，并以此解释现象。不要追问人为什么是自私的，人是否是自私的，这些问题属于本体论的问题。而假设的非现实性并不重要，重要的是以此为公理而推断出来的理论体系是否具有解释力。"但问题在于，如果以此为公理推断出来的理论体系及其对人类行为的预言在某些范围里缺乏解释力，"追问人是否是自私的"，便是科学方法论的一种要求。

我认为，事实的情况是这样，在约束条件下的利己，而且是最大限度的利己，在约束条件下的偏好，而且是最大限度满足自己偏好这个纯粹前提下，经济学就有可能对经济现象进行量化，将数学，特别是高等数学应用于经济学，从而建立一整套严密精确的理论体系，发现许多经济行为的规律，对经济现象进行比较彻底的、逻辑前后一贯的解释和预言，它取得了伟大的成就是毋庸置疑的。但问题在于"经济人模型"是有局限性的，它只能说明某一部分经济现象，不能说明另一部分经济现象。因为经济人的前提是简化了的，而现实世界是十分复杂的。现实世界在什么程度上偏离它的前提，现实世界也就在什么程度上偏离它的结论，必须引进一些"修正因子"才能完满解释现象。人们的行为是复杂的和综合的。不同的因素，特别是文化因素不可能不影响到人的经济行为和经济决策。所以，用经济人来分析各个具体人的经济行为时就会产生很大偏离。就人口生育来说，这应该也是一个经济问题，可是它却受中国的"多子多福"的传统习惯与传统文化的影响，很难说是最大限度利己和理性的。至于日本工业在"二战"后的飞跃发展，它的企业制度是不能全由"经济人"推出的。有人指出，企业成员对团队的忠诚这个伦理因素起了很大的作用。人性不仅是利己的同时也是利他的，人的动机毕竟是多元的、综合的。人类作为"经济人"的生活和作为"道德人"的生活，不可能是精神分裂症式的生活或双重人格的生活。我期望管理学的研究能达到经济人与道德人的综合。

十二　关于劳动价值说与效用价值说

[批评] 周燕说："在肯定了价格理论（按：相当于我所说的"效用价值论"，但她对我的这个概念有保留）比劳动价值论更具解释力后"，"张老师显然接受了'马歇尔的剪刀'，即认为由供给与需求两刃相交决定价格"，并认为"在供给方面，（价格的决定）是有客观成分的"，"然而，供应同样是主观的结果，与需求一样也是主观价值的体现……100多年来，一般的经济学者都误解了物品市价的确定。市价的确定绝对不是因为市场需求曲线与市场供应曲线相交。正相反，市场两线相交，是因为数之不尽的需求者与供应者各自为战，即一大群自私自利的人，不约而同地争取自己的边际用值与市价相等，从而促成市场需求曲线与市场供应曲线相交之价……因此，市价是由许许多多人的主观用值共同决定的，供应与需求都是主观的。"

[回应] 我和周燕在这个问题上的分歧很可能产生于哲学工作者关于价值、主观价值、客观价值的含义与经济学工作者关于偏好序、用值、换值的含义的区别，因而产生对话的困难以及我对马歇尔剪刀的宏观层次的"运动学"理解和她对这把剪刀的微观层次的"动力学"理解的区别，因而产生理解阻碍引起的。

首先谈马歇尔剪刀。马歇尔讨论的问题是商品的数量（消费者需要的商品的数量或厂商生产出来的商品数量）与商品价格的函数关系。需求曲线和供应曲线分别表示消费者和厂商的总体。马歇尔问的问题是：（在数学上）如何确定该种商品的均衡价格。很显然，它就是两线的交点。用系统论、控制论的观点来看它，它就是供求价格系统的一个"吸引子"，或供求运动的客观"目标"。当价格离开这个均衡价格时有一种负反馈机制调节供求，促使系统返回供求平衡和均衡价格的状态。这里分析的是一种函数关系。如何"确定"市价的值？这就是求一个由两个方程组成的联立方程的解，即供求曲线与需求曲线的交点。这是唯象的分析、功能的分析和宏观的分析。我想，如果一般经济学者将产生这个唯象结果的"经济人"机理看作一个既定的事实，而宣称正是两线相交确定了市价，他们对问题就不会产生什么误解。所以，张五常关于"100多年来，一般经济学者都误解了物品市价的确定。市价的确定，绝对不是因为市场需求曲线与市场供应曲线相交"这个论点是值得怀疑的。至于周燕对"那一大群自私自利的人"如何促成"曲线相交之价"的微观因果结构的分析我没有任何异议，因为大家讲的是不同层面上的事。

至于周燕所说"市价是由许许多多人的主观用值共同决定的，供应与需求都是主观的"。她这里使用"主观的"一词，指的是与主观偏好相关的。我的哲学的价值概念，正是将价值看作主体与客体的相互关系的一种形式。因此，我既承认供应与需求是主观相关的，又承认供应与需求有其客观的内容（客观的根源、客观的成分和客观的效应）。市场上千百万人的主观偏好就会构成对该商品或服务的社会客观需求量。供应一种商品或服务的客观困难，如资源的短缺、知识不足、资本与劳动的耗费，会决定厂商对该商品沽出时应有代价的一种主观评价。我是在这个意义上来说供给价格的客观成分的，也是在这个意义上将劳动价值说这种客观价值说综合到我的哲学价值论和经济价值论中，因此，价值决定是多元论的、多因素的。既然不能将其他各种因素忽略不计，只抽取一种因素当作本质的本质主义价值决定论是不对的。

十三 关于"情结"及其他

[**批评**] 见林定夷教授批评论文。

[**回应**] 除了对林教授关于形而上学与本体论的界定及其研究方法，奎因整体论等问题已在答辩有关题目中进行回应之外，这里还要略提一下他关于我的"情结"及其他一些问题的分析。首先，我要感谢他对我的哲学研究进行弗洛伊德式的心理分析和心理揭发，不过，尽管研究工作的心理情结可以作客观的分析与评论，不过，这种分析与评价应该与研究结果的分析与评价区分开来。正如在凯库勒发现苯环的梦（他梦见 C_6H_6 分子变成一条咬着自己尾巴的蛇而发现苯的环状分子结构）的分析与苯环分子结构的评价完全是两回事一样。

对于他通过"情结"的分析而表扬我的刻苦学习精神，此事实在不敢当。回想过去，我确实有读死书之弊病，又无主见，并且效率不高。不过，至少他对我的一些批评，也确实有点雷声大、雨点小之嫌。

例如，关于我犯了第一种类型的"概念蒙混"（概念含混，不知所云）问题，他指出我的整个物性论是概念蒙混的，"仅举一例"，特别分析我的"因果作用效应性质……是因果力的根源"一语是同义语反复的"无意义"的"玄之已极"的话。不过"因果作用效应性质"一词，英文原名为 causall effective features，来自美国波士顿大学曹天予教授的名著 *Conceptual Development of 20th Century Field Theories* 以及他的论文 *What is Ontological Synthesis*。关于这种因果效应性质，曹文举的例子是夸克的"点状结构""短程相互作用自由""分数电荷"等以此说明夸克的相互作用力的特征，如夸克禁闭。我因对量子场论不甚了解，所以在《立论》中只举了"电子的质量、自旋、电荷等等同时也就是这种因果效应或作用效应性质。"（第四章第二节）。如果分析一下牛顿万有引力公式 $F = G\dfrac{Mm}{r^2}$，电荷相互作用的库仑力公式 $f = k\dfrac{q_1 q_2}{r^2}$ 说事物因果效应性质 m 或 q，是因果力 F 或 f 的根源，似乎并没有什么同义语的反复也没有什么故弄哲学的玄虚。这个思想与迪昂的《物理学的目标和结构》也有关系，并在第四章第二节中作了较为详细的论证。况且，我的本体论和价值哲学研究纲领（4），主要想要说明划分因果效应性质和非因果关联性质在现代科学和科学解释中有十分重要的意义，其意义不亚于传统的本质属性与非本质属性，第一性质和第二性质的划分。对于这个划分，我主要受关洪教授区分因果与关联的论文的启发，这也与概念含混毫无关系。可见"概念蒙混"的雷声大，却没有打中因果效应性质的论述靶子而落下倾盆大雨。

再来看看我犯的所谓第二种类型"概念蒙混"（将科学概念作不适当的推广来论证自己的形而上学或伪科学，即 pseudo-science）的错误。不过很可惜，在这方面，林教授却是对我的论点作了不适当的"推广"。首先，他对于"宇宙热寂的世界观"情有所钟，便猛攻我的一般进化论宇宙观，斩头去尾引了我关于"宇宙是一个系统"这句话。我的原话是这样的："有许多系统科学家和系统哲学家还指出……自然界、宇宙就是一个系统……关于这个问题尚有许多分歧，有些哲学家说世界既有系统，也有非系统……又有一些哲学家说，所有这些都不是哲学要研究的……这个问题我们暂且存而不论。"既然我没有肯定宇宙是一个系统，既没有将宇宙定义为有限的大爆炸宇宙，也没有定义为无限的"包括一切"的宇宙。在这样的"存而不论"的前提下，是不可以推出我主张至大无外的宇宙是个开放系统这个结论的。可是，他却说，"更令人吃惊的是张华夏教授竟然断言宇宙乃是一个开放系统"。请问，我在哪一页上作了这个断言？他又从这个我所没有谈到的前提出发，加上我谈到的系统自组织，又推出了我所没有说过的话："张华夏教授却又从这里得出了宇宙可以避免'热寂'的结论，从而轻易地'解决了'

一个半世纪以来科学中始终悬而未决的举世难题。"请问，我在本书上的哪一页上得出了宇宙可以避免热寂的结论呢？

应该说，在靶文中，我对宇宙是否热寂这种世界观问题持一种十分谨慎的态度，我的靶子论文中通篇根本没有"宇宙终将热寂"或"宇宙终将避免热寂"这种表述，因为这是一个宇宙论问题，我们还不知道引力在宇宙起源中以及在宇宙的未来中起到什么作用，在林教授提到的"宇宙振荡模型"中又起到什么作用，它是作为一种表现形式包含在热力学第二定律中呢？还是能起到对热力学第二定律的作用发生某种抗衡呢？由于不了解科学是否解决了这些问题，所以，我既不肯定宇宙终将热寂，又不肯定宇宙永不热寂。我只是说，在承认热力学第二定律的条件下，由于发现了开放系统的自组织，宇宙中不断出现由无序到有序，由简单到复杂的非平衡态结构的物质进化的现象得到了合理的解释。于是，普利高津和罗杰·开罗瓦所问的问题"卡诺与达尔文能够都正确吗？"这个问题得到解决，正是在这个意义上，我讲了"这两股进化思潮及其世界观结论的表面矛盾由于发现系统自组织原理而得到解决"。我的这个表达与普利高津的下述表述大体相同。普利高津说："著名的熵增加定律把世界描绘成从有序至无序的演变。然而生物或社会进化向我们表明的却是从简单中出现的复杂性。这怎么可能呢？结构怎样从无序中得出呢？在这个问题的解决上已经取得了巨大的进展：现在我们知道，非平衡（即物质和能量的流）可能成为有序的源泉。"① 现在看来，我的表述可能不够确切，我愿意将"得到解决"一语改为"在解决上已经取得巨大的进展"，并将"表面矛盾"的"表面"二字删去，以消除林教授所批评的"概念蒙混"的问题。

---

① ［比］伊·普利高津、［法］伊·斯唐热：《从混沌到有序》，曾庆宏、沈小峰译，上海译文出版社1987年版，第28、172页。

十四　关于科学解释（explanation）问题

[批评]　胡新和教授说，"科学说明旨在研究科学理论何以说明自然现象和经验定律，研究这种说明的逻辑结构和形式……实际上，靶文在此部分也确实是着力最小的，只是限于列举此问题上种种有代表性的见解，指出其存在问题，并表明'自己倾向于本体论进路研究科学解释，同意对一个事件进行解释的核心问题就是要阐明这个事件发生和运行的机制'的态度了事"。"如果作者确实想做科学说明问题，至少从全文框架来说，应当是从科学说明问题入手，而不是从引入系统观点和发布'本论和价值哲学的研究纲领'，这样的体系化方式入手更为妥当；如果作者确实是在做科学哲学问题……（则）存在着明显，甚至于严重的内在矛盾，这就是以自然哲学的思维方式，做科学哲学的工作；以自然哲学的体系取向来解决科学哲学的问题。"

殷杰博士指出："随着 20 世纪 80 年代语用学分析方法在科学哲学中的普遍展开和应用，科学解释开始在语用学维度中寻求固有难题的求解，并试图由此而构建新的科学解释语用模型。但是，通观张先生的论文，似乎很难说是在科学解释发展的这一趋向上来讨论科学解释问题。"

[回应]　感谢胡先生和殷博士对我的靶子论文中对科学解释（即胡教授所说的"科学说明"）研究不足的批评。不过，靶子论文并非一本专门研究科学解释的专著，研究科学解释只是本文的三个目标之一，并且我在本文中研究科学解释，着重于研究科学解释与本体论和价值论的关系，并从这个侧面来讨论"科学解释的逻辑结构和形式"。

我为什么要采取这种定位来讨论科学解释（或许还有伦理解释）的问题呢？这不仅是因为就山西大学科学技术哲学中心的重点课题——科学解释问题来说，本文只是一个中期研究成果，并非是

最终地、全面地完成这个重点课题的论著，而且更重要的是，逻辑
经验论的"标准科学解释模型"之所以遇到如此巨大的困难与反例
（如解释的恰当性、相关性、不对称性和高概率性难题与反例）主
要是因为"标准模型"的提出者，坚持"拒斥形而上学"的主张，
只从纯粹的逻辑和算法上来研究科学解释，拒绝分析科学解释赖以
存在的本体论前提，包括物性与物类，因果性和相互作用机制，以
及不同物质层次之间的相互作用问题等，把这些问题看作一种哲学
家不应研究的"自然哲学"问题来对待。因此，要在科学解释问题
研究上有所突破，必须研究本体论、价值论与科学解释之间的
关系。

　　沿着这种"本体论思维方式"或"本体论进路"，来"做科学
哲学的工作"，"研究科学解释的问题"，我在靶子论文中，主要取
得四项研究成果。

　　（1）揭示本体论中的物类划分与自然律的划分和科学解释模型
分类之间的关系。奎因讨论何物存在时，他的立足点是：最基本的
存在是个体事物及其类。存在有什么基本的类型与范型？我在第四
章"物类与自然律"中指出，有三种物类：自然类、建构型家族类
似类与非建构型家族类似类。与这三种物类相对应并从这三种物类
分析中可导出，存在着三种自然律：普遍自然规律、高概率统计规
律和低概率统计规律。与此相对应，存在着三种解释模型：DN 解
释模型，IS 解释模型和我与张志林共同探讨过的 FA 解释模型（即
功能类比解释模型）。这种本体论分析表明：我们不应全盘否定 DN
解释模型和 IS 解释模型，它在物类论中有其本体论根据；长期未
解决的自然定律与偶适概括的区别也有其本体论划分标准。但这种
分析又表明，DN 模型、IS 模型有它的局限，它们不能穷尽一切解
释类型，基本上属于归类解释，并非都能揭示事物的相互作用机
制，而一种解释未能揭示被解释者的运作机制，它的解释力便黯然
失色。

　　（2）指明解释的关键问题在于揭示出被解释现象生成与运作的

机制，作出机制解释。标准解释模型的创始人只从逻辑关系看解释者与被解释者之间的关系，明确地否定因果概念在解释中的作用，因而不能消除他们的模型中所包含的解释不相关事例，解释者与被解释者之间以及解释与预言之间的对称性事例。

W. C. Salmon 引进因果机制来说明科学解释，他有两句名言说明科学解释的核心是引进因果性的本体论概念，他说："在大多数的情况下，解释一个事实就是说明它的原因。"（In many cases to explain a fact is to identify its cause）"现在到来这样的时期，要将'原因'引入'因为'当中"（It is the time to put the "cause" back into "because"），① 因此，Salmon 的说明导致了科学解释问题上的重大突破。但是，第一，Salmon 只承认一种机制，即因果性机制，用它来统一一切机制解释就不免有某种片面性；第二，他坚持反对解释就是论证，把它称为"经验主义的第三个教条。"② 于是，解释就变成了说明原因的一组语句（Sentences），结果不但不研究科学解释的逻辑形式与结构，甚至也不研究解释陈述的程序与结构。靶子论文在解释问题上的第二个重要研究成果，就是指明，存在着三种机制解释，即因果机制解释、随机机制解释（第六章第二节）和目的性解释或功能解释（靶文第七章第二节），后者还包括人类行为的解释（靶文第七章第三节），并分别研究了它们的逻辑模型和陈述结构。最后还提出了机制解释的一般逻辑模型，这些都是有新意的。

（3）从系统层次的分析出发，研究了突现解释、还原解释和扩展解释。这是一个包含上向层次解释和下向层次解释的多层次解释模型，散见于靶文第二章相关的地方。

（4）在价值论研究的基础上，我在靶子论文的第七章中较详细地分析了人类道德行为的解释模型和解释结构。

---

① W. C. Salmon, *Causality and Explanation*, Oxford University Press, 1998, pp. 3, 193.
② Ibid. , pp. 95 – 107.

对于以上四点结果，我实在不能理解，它们会是胡教授所说的
"自然哲学思维方式""自然哲学的体系取向"与"科学哲学 研究
工作"的"严重内部矛盾"所散发出来的"怪味儿"。当然，拒斥
形而上学的科学解释可能没有"怪味"，不过，它整个说来已经过
时了。

殷杰博士指出我没有注意科学解释的语用学转向，对于这个批
评我欣然接受，我除了在靶文第十章第四节在讨论人类道德行为的
解释时将范·弗拉森的解释者与被解释者相关的情景函数来说明一
些医学伦理之外，没有讨论科学解释的语用学分析。因为我在靶文
中讨论的问题主要是本体论与科学解释的关系问题，而且范氏的科
学解释的语用学分析，基本上仍然是将解释问题当作一个逻辑问题
来进行研究，不过不是像亨普尔那样将这个逻辑问题看作前提与结
论的关系，而看作问题与解答的关系，这个解答又与解答者的兴趣
相关，这个兴趣可以将解释不相关变成相关，解释的对称变成不对
称，使别人认为是不好的解释变成好的解释，连因果关系也与兴趣
相关。由于范氏的科学解释研究是与本体论隔离开来研究的，所以
我在本文中没有怎样注重它。科学解释的语用学研究，只是研究科
学解释的诸多进路之一，并非科学解释的研究整个方向要转向于
它。如果"转向"一词在前面的意义上使用，我是同意的，而如果
在后一意义上使用，这是我本人所不同意的。

附　　录

别开生面的学术会议

——全国本体论、价值论与科学解释学术研讨会综述

中山大学哲学系学术委员会　朱雪梅

最近，中山大学哲学系《哲学文库》推出"靶子论文"系列，并通过将靶子论文上网的方式广泛征集批评意见。第一篇靶子论文是张华夏教授的《引进系统观念的本体论、价值论与科学解释》。此文上网不到三个月就收到 17 篇批评性论文。为了给靶子论文的作者和批评者提供一个当面对话和辩论的平台，中山大学哲学系于 2002 年 4 月 23—27 日在广州主办了全国本体论、价值论与科学解释学术研讨会。

这次会议有三个鲜明的特点。第一个特点是：简化烦琐仪式，集中讨论问题。会议的开幕式十分简短：由中山大学哲学系副主任冯平教授用三分钟时间致欢迎辞，随即转入正式讨论。会议结束时也免去了正规的闭幕式，而以靶子论文的作者对批评的回应作为会议的终曲。会议的第二个特点是：精心设计主题，促成当面交锋。根据靶子论文和批评性论文所涉及的内容，会议设计了三个专题：本体论专题、价值论专题和科学解释专题。其中，本体论专题集中讨论了四个问题，即本体论及其必要性和可能性；本体论的基本类型和研究方法；实体、关系与过程；因果性、随机性与目的性。价值论专题集中讨论了三个问题，即广义价值论与人类中心主义；道义论与功利论；伦理学价值与经济学价值。科学解释专题集中讨论

两个问题，即"覆盖律解释模型"及其遇到的困难；科学解释"语用转向"的证据。由于靶子论文的作者和批评者对这些问题持有不同的看法，加上每个专题讨论之前都请靶子论文作者再次陈述自己的观点，所以讨论时当场辩论、针锋相对的效果非常显著。会议的第三个特点是：灵活安排程序，提倡自由对话。这次会议不要求按部就班宣读论文，而是围绕上述根据靶子论文及其批评性论文设计的问题展开讨论。因此，无论是靶子论文的作者还是批评者，都有多次发言机会。加上每个专题之后另设一个"自由对话"的安排，形成了一种在发言者之间相互追询、相互答疑的活泼局面。

关于本体论专题，张华夏教授首先阐述了如下观点：他的"引进系统观念的形而上学本体论"是以存在和生成的普遍特征和范畴、结构为研究对象，以实体概念为基础的本体论：这种本体论不过是自奎因（W. V. O. Quine）提出"本体论承诺"以来所产生的众多本体论和形而上学理论中的一种而已，这种本体论研究不但使用语言分析方法，而且使用跨学科的经验综合方法。针对这些观点，中山大学林定夷教授认为靶子论文没有足够清晰地说明"本体论"与"形而上学"两个概念的区别和联系，他本人则力图用一个直观的图式来表示二者的区别与联系；他还指出奎因的"本体论承诺"概念只讨论科学理论和语言系统"说何物存在"，而不涉及世界上实际存在什么的问题，而张华夏借鉴"本体论承诺"，却要构建一个关于宇宙存在和生成基本范畴的体系；林定夷进而强调，断言"宇宙是一个系统"，而又用要素、结构、功能、环境来界定"系统"是自相矛盾的。中国社会科学院金吾伦教授批评靶子论文所阐述的本体论实际上是一种精致的构成论，而不是与当代科学发展相一致的生成论，进而提出"抛弃构成论，走向生成论"。中国社会科学院罗嘉昌教授在分析本体论研究几次转折的基础上，指出靶子论文阐述的本体论力图捍卫实体概念，其思路带有 18 世纪机械唯物论和苏联旧辩证唯物论的色彩，他提出的正面观点是：实体和在场事物只有在关系中才能显现自己的存在，它不过是变化中的不变性和功能的同一性而已，不宜用作本体论的初始概念。青岛大学的谭天荣教授也强调实体概念已发展为变换群中不变性的观点，进而认为作为"承载者"的实体不复存在。中山大学翟振明教授基于"虚拟实在"的思考，得出虚拟实在与人们通常理解的实在在本体论上具有对等性，进而宣布基于实体概念的"实在论的最后崩溃"。武汉大学的桂起权教授则基于自己对系统科学哲学和多元协调逻辑的研究，力图为靶子论文中关于"目的性"概念及其与"因果性"和"随机性"的辩证关系作辩护和改进，并通过生动的反例表明"矛盾辩证法"确实存在，但需重新解释。中山大学的王志康教授从系统科学哲学角度、张宪副教授从现象学角度对靶子论文中本体论建构的改进提出了具体的建议，王宾教授则从词义和句法角度对"存在"和"生成"概念及其关系作了细致的分析。

关于价值论专题，张华夏教授立论性的阐述是：广义目的性表征的是生物的适应性生存之目的和复杂系统通过负反馈而实现的目的性行为；系统的广义目的就是该系统的内在价值，而达到此目的的手段和条件则是该系统的工具价值（外在价值）。他认为，生态的伦理问题和社会的价值问题都应在此脉络中进行思考。冯平教授不同意这种观点，她认为价值哲学关注的核心问题是人在宇宙中的特殊地位，关键在于对人的责任和义务的思考。但是，靶子论文中的广义价值论述说生态系统的价值，实际上是一种拟人的描述，表现出典型的自然主义态度。翟振明教授强调康德伦理学主张"人是目的"中的"目的"（实践目的），与张华夏教授所说的"系统的目的"中的"目的"（功能目的）具有根本的区别，因而所谓"广义目的性"缺乏伦理学和价值哲学意义。华南师范大学的陈晓平教授不同意翟振明教授的这种论断，他认为，张华夏教授从系统目的本身界定"内在价值"与康德所说的"目的"并不矛盾。但是，陈晓平教授认为，张华夏教授的"广义目的"可以进一步解说为"广义功利"，这样还可以用功利主义一元论统摄张华夏教授的伦理价值系统多元论。

　　关于科学解释专题，中山大学张志林教授在简单阐述靶子论文中的有关内容以后，着重阐述了覆盖律解释的三种模型（DN 模型、IS 模型、DS 模型）、三个典型的反例（定律/似律反例、论证反例、解释—预言对称性反例）及三种研究科学解释的进路（认识论进路、本体论进路、模型—机制论进路）。林定夷教授对这些内容提出了两点质疑：其一是有些"反例"可以消解，例如，旗杆反例（针对对称性问题），墨水污染白布反例（针对定律/似律问题）；其二是本体论进路和模型—机制论进路缺乏独立性。对这两点质疑，张志林教授一一予以反驳，其中对墨水污染白布反例的反驳得到中山大学关洪教授的支持。山西大学殷杰讲师根据刚完成的博士论文，阐述了范·弗拉森（B. Van Fraassen）关于科学解释语用研究的成果，认为科学解释的研究中已出现"语用转向"。据此，他认为靶子论文未注意到这一转向是一不足。

　　作为对与会者批评的回应和答谢，张华夏教授最后陈述了两点意见：第一，他无意用奎因的"本体论承诺"为自己的形而上学本体论辩护，只是想表明，他关于本体论和价值论问题的深层动机是在于认为哲学讨论宇宙、人生、伦理规范和政治问题并非如早期逻辑实证主义者所说的无意义之举；他主张实体实在论也无意否认过程实在论和关系实在论，而认为实体、关系、过程不过是描述事物存在的三种不同的表达方式而已；第二，在区分实践目的与功能目的的前提下，似乎广义价值论难以成立。但是，靶子论文中的广义价值论正是要挑战这个前提。张华夏教授反问为什么只有实践目的才能称为价值，而功能目的就不能称为价值呢？

　　参加这次会议的代表共 34 人，来自全国各地。与会者一致认为，这次会议主题集中、形式灵活、气氛热烈，充溢着平等、开放、自由、求真的精神，是一次别开生面的学术会议。

后　记

张华夏

　　作为第二主编，我又重新阅读了自己的立论以及各位学者的评论。再次谢谢诸位不辞劳苦的批评。我首先要感谢张志林教授，他设计和主持了靶文写作、邀请批评、设定主题，召开研讨会等整个过程，最后统编全书并写下了在学术上非常规范的导引，统率全书各个篇章。

　　我特别要感谢"打靶"诸者的是：他们使我模模糊糊感觉到但又未能明确说出的靶文整体缺陷清晰起来。其实，本书不是一本成熟的著作。首先，在本体论、价值论的研究对象上是立论不够明确的，分析哲学家所说的"存在一般特征"与系统哲学家或系统科学家所说的各个科学领域的共同特征和"存在的一般模式"到底是不是一回事呢？这是要深入探讨的。其次，本书号称为既使用分析方法又使用系统方法和研究本体论与价值哲学，其实这个结合并不太成功。在讨论具体哲学问题时，事实上我使用分析方法多于使用经验综合的方法，并且二者的内部不协调又常常表露出来。关于这点，彭纪南、胡新和、甘绍平等人都已经指出或暗示了。我期望这个早产儿以后能健康成长。再次，靶文作者对于分析哲学和系统科学所下的功夫都不够，至少是心有余而力不足，有许多地方甚至没有对应文献，例如对复杂适应系统的研究就是这样，以至于对复杂性系统科学哲学的研究成果掌握不多，有创见的观点也少。张志林教授曾明确指出，在"形而上"与"形而下"之间有一个"形而中"。我将它理解为跨学科研究。我计划下一步要着重研究"形而中"，即系统科学的基本理论，期待在这个基础上再对本体论和认识论发动第二场战役。也许若干年之后还有第二篇靶子论文让大家批判。也许有朝一日我的体系成熟了、更新了，我的工作完成了，那就是死亡。最后，我特别希望本书的读者能对我的本体论、价值论和科学解释的立论以各种形式进行批评。报纸杂志上、专著上的批评当然欢迎，顺手写来贴在网上更是方便，中山大学哲学系网站http：//philosophy. zsu. edu. cn《哲学文库》栏有我的靶文及其评论文章。